"十三五"国家重点出版物出版规划项目

世界海洋文化与历史研究译丛

生命的海洋:人与海的命运

王松林　丛书主编

[英]卡勒姆·罗伯茨　著

杨新亮　王益莉　译

海洋出版社

2022年·北京

图书在版编目(CIP)数据

生命的海洋：人与海的命运/(英)卡勒姆·罗伯茨著；杨新亮，王益莉译. —北京：海洋出版社，2022.12
(世界海洋文化与历史研究译丛/王松林主编)
书名原文：The ocean of life：the fate of man and the sea
ISBN 978-7-5210-0868-5

Ⅰ.①生… Ⅱ.①卡… ②杨… ③王… Ⅲ.①人类-关系-海洋-研究 Ⅳ.①P7

中国版本图书馆 CIP 数据核字(2021)第 262509 号

版权合同登记号 图字:01-2017-9329

Shengming de haiyang：ren yu hai de mingyun

责任编辑：苏 勤
责任印制：安 淼
海洋出版社 出版发行
http://www.oceanpress.com.cn
北京市海淀区大慧寺路 8 号 邮编:100081
鸿博昊天科技有限公司印刷 新华书店北京发行所经销
2022 年 12 月第 1 版 2022 年 12 月第 1 次印刷
开本:787mm×1092mm 1/16 印张:30
字数:318 千字 定价:198.00 元
发行部:010-62100090 邮购部:010-62100072 总编室:010-62100034
海洋版图书印、装错误可随时退换

丛书总序

众所周知，地球表面积的71%被海洋覆盖，人类生命源自海洋，海洋孕育了人类文明，海洋与人类的关系一直以来就备受科学家和人文社科研究者的关注。21世纪以来，在外国历史和文化研究领域兴起了一股"海洋转向"的浪潮，这股浪潮被学界称为"新海洋学"（the new thalassology）或曰"海洋人文研究"，学者们从跨学科的角度对海洋与人类文明的关系进行了深度考察。"世界海洋文化与历史研究译丛"萃取当代国外海洋人文研究领域的精华译介给国内读者。丛书先期推出10卷，后续将不断补充，形成更为完整的系列。

本套丛书从天文、历史、地理、文化、文学、人类学、政治、经济、军事等多个角度考察了海洋在人类历史进程中所起的作用，内容涉及太平洋、大西洋、印度洋、北冰洋、黑海、地中海的历史变迁及其与人类文明之间的关系。丛书以大量令人信服的史料全面描述了海洋与陆地及人类之间的互动关系，对世界海洋文明的形成进行了全面深入的剖析，揭示了从古至今的海上探险、海上贸易、海洋军事与政治、海洋文学与文化、宗教传播以及海洋流域的民族身份等各要素之间千丝万缕的内在关联。本套丛书突破了单一的天文学或地理学或海洋学的学科界限，从跨学科的角度将海洋置于人类历史、文化、文学、探险、经济乃至民族个性的形成等视域中加以系统考察，视野独到而开阔，材料厚实新颖。丛书的创新之处在于融科学性与人文性为一体。一方面依据大量最新研究成果和发掘的资料对海洋本身的变化进行客观科学的考究；另一方面则更多地从人类文明发展史的角度对海洋与人类的关系给予充分的人文探究。丛书在书目的选择上充分考虑到著作的权威性，注重研究成果的广泛性和代表性，同时顾及著作的学术性、科普性和可读性，有关大西洋、太平洋、印度洋、地中海等海域的文化和历史研究成果均纳入译介范围。

在大西洋历史和文化研究方面，托马斯·本杰明（Thomas Benjamin）的《大西洋世界：欧洲人、非洲人、印第安人及其共同的历史（1400—1900）》（*The Atlantic World*：*Europeans*，*Africans*，*Indians and Their Shared History*，1400-1900）全面考察了1400年至1900年间大西洋流域的民族交往史。作者指出，大西洋是欧洲、非洲与美洲之间人与物流通的重要通道。相互的联通与交流促进了欧洲、非洲和美洲的社会与经济转型，并沟通了大西洋区域各民族的文化与思想。该书全面、清晰地勾勒了这一人类历史上最重要、最具影响力的跨文化碰撞图景。作者认为，在欧洲对外扩张的驱动下，大西洋沿岸各民族创造性地吸纳了海上扩张带来的经济和文化养分，由此促进了大西洋世界各帝国和经济体的繁荣。全书视角独特，文献丰富新颖，结构紧凑，图文并茂，生动地再现了500年间大西洋沿岸世界各民族海上交流、海上扩张和文化碰撞的历史。

太平洋文化和历史研究是20世纪下半叶以来海洋研究的热

点。大卫·阿米特基（David Armitage）和艾利森·巴希福特（Alison Bashford）合编的《太平洋历史：海洋、陆地与人》（*Pacific Histories: Ocean, Land, People*）是这一研究领域的力作，该书对太平洋及太平洋周边的陆地和人类文明进行了全方位的考察。编者邀请多位国际权威史学家和海洋研究者对太平洋区域的军事、经济、政治、文化、宗教、环境、法律、科学、民族身份等问题展开了多维度的论述，重点关注大洋洲区域各族群的历史与文化。西方学者对此书给予了高度评价，称之为"一部太平洋研究的编年史"。

印度洋历史和文化研究方面，米洛·凯尔尼（Milo Kearney）的《世界史中的印度洋》（*The Indian Ocean in World History*）从海洋贸易及与之相关的文化和宗教传播等问题切入，多视角多方位地阐述了印度洋在世界文明史中的重要作用。作者对早期印度洋贸易与阿拉伯文化的传播作了精辟的论述，并对16世纪以来海上列强（如葡萄牙和后来居上的英国）对印度洋这一亚太经济动脉的控制和帝国扩张得以成功的海上因素作了深入的分析。特别值得一提的是，作者考察了中国因素在北地中海的影响，并对冷战时代后的印度洋的政治和经济格局作了展望。

黑海位于欧洲、中亚和近东三大文化区的交汇处，在近东与欧洲社会文化交融以及欧亚早期城市化的进程中发挥了持续的、重要的作用。近年来，黑海研究一直是西方海洋史学研究的热点。玛利亚·伊万诺娃（Mariya Ivanova）的《黑海与欧洲、近东和亚洲的早期文明》（*The Black Sea and the Early Civilizations of Europe, the Near East and Asia*）就是该研究领域的代表性成果。

该书全面考察了史前黑海地区的状况，从考古学和人文地理学的角度剖析了由传统、政治与语言形成的人为的欧亚边界。作者依据大量考古数据和文献资料，把史前黑海置于全球历史语境的视域中加以描述，超越了单一地对物质文化的描述性阐释，重点探讨了黑海与欧洲、近东和亚洲在早期文明形成过程中呈现的复杂的历史问题。

把海洋的历史变迁与人类迁徙、人类身份、殖民主义、国家形象与民族性格等问题置于跨学科视野下给予考察是"新海洋学"研究的重要内容。邓肯·瑞德福特（Duncan Redford）的《海洋的历史与身份：现代世界的海洋与文化》（*Maritime History and Identity: The Sea and Culture in the Modern World*）就是这方面的代表性著作。该书探讨了海洋对个体、群体及国家文化特性形成过程的影响，侧重考察了商业航海与海军力量对民族身份的塑造产生的影响。作者以英国皇家海军为例，阐述了强大的英国海军如何塑造了其帝国身份的历史，英国的文学、艺术又如何构建了航海家和海军的英雄形象。该书还考察了日本、意大利和德国等具有海上军事实力和悠久航海传统国家的海洋历史与民族性格之间的关系。作者从海洋文化与国家身份的角度切入，角度新颖，开辟了史学研究的新领域，研究成果值得海洋史和海军史研究者借鉴。此外，伯纳德·克林（Bernhard Klein）主编的《海洋的变迁：历史化的海洋》（*Sea Changes: Historicizing the Ocean*）对海洋在人类历史变迁中的作用做了创新性的阐释。克林指出，海洋不仅是国际交往的通道，也是值得深度文化研究的历史理据。该书借鉴历史学、人类学以及文化学和文学的研究方法，秉持动态的历史观和海洋观，深入阐述了海洋的历史化进程。编者摒弃了以历史时间顺序来编写的惯例，以问题为导向，相关论文聚焦某一海洋地理区域问题，从太平洋开篇，依次延续到大西洋。所选论文从不同侧面反映真实的和具有象征意义的海洋变迁，体现人们对船舶、海洋及航海人的历史认知，强调不同海洋空间生成的具体文化模式，特别关注因海洋接触而产生的文化融合问题。该书融海洋研究、文化人类学研究、后殖民研究和文化研究等理论为一炉，把持辩证的历史观，深刻地阐述了“历史化的海洋”这一命题。

由大卫·坎纳丁（David Cannadine）编著的《帝国、大海与全球史：1763—1840年前后不列颠的海洋世界》（*Empire, The Sea and Global History: Britain's Maritime World, c. 1763-c. 1840*）就18世纪60年代到19世纪40年代的一系列英国与海洋相关的重大历史事件进行了考察，内容涉及英国海外殖民的得与失、北美殖民地的独立、英国战胜拿破仑及其海洋帝国的形成、英国对印度的军事及商业扩张以及在南非、澳大利亚及新西兰开始的殖民活动等，此外，还涉及1807年废止奴隶贸易及1833年大英帝国内部全面废除奴隶制等问题。可以说，这一时期海洋成为连接英国与世界的纽带，也是英国走向强盛的通道。收录于该书的8篇论文均以海洋为线索对上述复杂的历史事件进行探讨，视野独特新颖。

海洋文学是海洋文化的重要组成部分，也是海洋历史的生动表现，欧美文学有着鲜明的海洋特征。从古至今，欧美文学作品中有大量的海洋书写，海洋的流动性和空间性从地理上为欧美海洋文学的产生和发展提供了诸种可能，欧美海洋文学体现的欧美沿海国家悠久的海洋精神成为欧美文化共同体的重要纽带。地中海时代涌现了以古希腊、古罗马为代表的“地中海文明”和“地中海繁荣”，从而产生了欧洲的文艺复兴运动。随着早期地中海沿海地区资本主义萌芽的兴起和航海及造船技术的进步，欧洲冒险家开始开辟新航线，发现了新大陆，相关的海上历险书写成为后人了解该时代人与大海互动的重要文献。之后，海上贸易由地中海转移至大西洋，带动大西洋沿岸地区的文学和文化的发展。海洋，一方面带给欧洲空前的物质繁荣，为工业革命的到来创造了充分的条件；另一方面，也铸就了沿海国家的民族性格，促进了不同民族的文学与文化之间的交流，文学思想得以交汇、碰撞和繁荣。可以说，“大西洋文明”和“大西洋繁荣”在海洋文学中得到了充分的体现，海洋文学也在很大程度上反映了沿海各国的民族性格乃至国家形象。

在研究海洋文学、海洋文化和海洋历史之间的关系方面，菲利普·爱德华兹（Philip Edwards）的《航海故事：十八世纪英国海洋叙事》（*The Story of the Voyage*：*Sea-Narratives in Eighteenth-Century England*）是一部重要著作。该书以英国海洋帝国的扩张竞争为背景，根据史料和文学作品的记叙对十八世纪的英国海洋叙事进行了研究，内容涉及威廉·丹皮尔的航海经历、库克船长及布莱船长和“邦蒂”号（Bounty）的海上历险、海上奴隶贸易、乘客叙事、水手自传，等等。作者从航海叙事的视角，揭示了十八世纪英国海外殖民与扩张过程中鲜为人知的一面。此外，约翰·佩克（John Peck）的《海洋小说：英美小说中的水手与大海：1719—1917》（*Maritime Fiction: Sailors and the Sea in British and American Novels*：1719-1917）是英美海洋文学研究中一部较系统地讨论英语小说中海洋与民族身份之间关系的力作。该书研究了从笛福到康拉德时代的海洋小说的文化意义，内容涉及简·奥斯丁笔下的水手、马里亚特笔下的海军军官、狄更斯笔下的大海、维多利亚中期的海洋小说、约瑟夫·康拉德的海洋小说书写以及美国海洋小说家詹姆斯·库柏、赫尔曼·麦尔维尔等的海洋书写，这是一部研究英美海洋文学与文化关系的必读参考书。

伴随海洋的文明化进程及其推动的世界经济、贸易发展，海洋的开发和利用给环境带来的影响早已引起国际社会和学术界的关注。英国约克大学著名的海洋环保与生物学家卡勒姆·罗伯茨（Callum Roberts）《生命的海洋：人与海的命运》（*The Ocean of Life: The Fate of Man and the Sea*）一书探讨了人与海洋的关系，详细描述了海洋的自然历史，引导读者感受海洋环境的变迁，警示读者海洋环境问题的严重性。罗伯茨先生对海洋环境问题的思考令读者振奋，他始终保持乐观的态度。该书以通俗的科普形式对石化燃料的应用、气候变化、海平面上升以及海洋酸化、过度捕捞、毒化污染、排污和化肥污染等要素对环境的影响进行了详细阐述，并探讨了阻止海洋环境恶化的对策，号召大家行动起来，拯救我们赖以生存的海洋。可以说，《生命的海洋：人与海的命运》是一部海洋生态警示录，它让读者清晰地看到海洋所面临的问题，意识到海洋危机问题的严重性；同时，它也是一份呼吁国际社会共同保护海洋的倡议书。

古希腊学者地米斯托克利很早就预言：谁控制了海洋，谁就控制了一切。21 世纪，海洋更是成为人类生存、发展与拓展的主要空间。党的十八大报告明确提出“建设海洋强国”，指出“海洋强国”是实现中华民族伟大复兴的必由之路。一般认为，海洋强国是指在开发海洋、利用海洋、保护海洋、管控海洋方面拥有强大综合实力的国家。但是，我们也认为，海洋强国的另一重要内涵是指拥有包括海权意识在内的强大海洋意识以及为传播海洋意识应该具备的丰厚海洋文化和历史知识。我们译介本套丛书的一个重要目的，就是希望国内从事海洋人文研究的学者能借鉴国外的研究成果，进一步提高国人的海洋意识，为实现我国的“海洋强国”梦做出贡献。

王松林

于宁波大学

2017 年 11 月 6 日

译者序

在我们生活的地球，约有70%被海洋覆盖，海洋环境与我们的生活息息相关，密不可分。随着人类经济和社会的不断发展，陆地资源的逐渐枯竭，海洋日益成为21世纪人类发展的关注点。然而，受人类海洋活动及陆源污染物的直接影响，入海口环境恶化，导致入海排污口邻近海域环境质量退化；海岸开发、海洋能源及矿产、海洋渔业、海洋运输等资源利用都已达到极限，从而使海洋生命的生存面临严重危机。海洋生态环境已成为人类面临的重要挑战，为此，国际组织、各国政府、环保组织、有识之士及民间团体等纷纷采取对策与行动，参与环境保护，拯救海洋。

中国明确提出："把生态文明建设放在突出地位，融入经济建设、政治建设、文化建设、社会建设各方面和全过程，努力建设美丽中国，实现中华民族永续发展。"继而出台《海洋生态损害国家损失赔偿办法》《海洋生态文明建设实施方案》等系列政策法规。在积极参与国际环保合作与行动的同时，采取绿色工程，定期禁渔，推广清洁能源，提倡低碳生活，加大立法执法等一系列具体措施，开展环境保护和海洋生态建设。

然而，大众对海洋生态危机的了解甚少，对海洋环境的危机意识仍需加强。为此，我们这套丛书选择了将英国约克大学教授、著名海洋环保生物学家罗伯茨（Roberts）的著作《生命的海洋：人与海的命运》翻译成中文，推介给国内各界的读者，在为学界研究海洋提供学术参考的同时，推进海洋科普宣传，增强民众对海洋环境及生态危机的意识，从而为我国的海洋生态文明建设尽匹夫之责。

《生命的海洋：人与海的命运》一书用风趣的叙事方法讲解人与海洋的关系，不仅对海洋生态危机的原因进行了详细阐述，还着重探讨了一系列相应可靠的对策。作者对海洋的自然历史进行细致的描述，用生动形象的语言风格引导读者体会、感受海洋环境的变迁。尽管海洋环境问题十分严峻，但作者对海洋环境问题的思考令读者振奋。他始终以乐观的态度感染读者，在书中不仅对石化燃料的应用、气候变化、海平面上升以及海洋酸化、过度捕捞、有毒污染、排污和化肥污染等要素的相互关系进行了详细阐述，而且以乐观的精神探讨了阻止海洋环境恶化的对策，富有正能量，颇具感召力。可以说，《生命的海洋：人与海的命运》一书不仅仅只是一部警示录，让读者清晰地看到海洋所面临的问题，意识到海洋危机的严重性，更是一份倡议书，探讨了海洋危机的前因后果，提出了相应对策，呼吁人类协同行动，拯救海洋，拯救人类自己。可以说这也是本书最大的亮点之一。

为更好地翻译此著作，我们在认真研读的同时，也阅读了丰富的翻译理论和实践方面的文献，如对凯瑟琳娜·赖斯的著作《翻译批评：潜力与制约》（*Translation Criticism：The Potentials and Limitations*）的研读和探讨。该书对文本类型进行了分类，并以此为基础提出了各类文本的翻译原则和批评标准。赖斯通过对不同文本类型的特点归纳分析，最终将文本类型划分为“信息型文本”“表情型文本”以及“感召型文本”。后来，她又将此扩充为四类，增加了“视听文本”。每种文本类型的语言特点不同，其语言功能也各有侧重，因此，翻译时应遵循的翻译原则，采用的翻译策略和方法也各不相同。

通过认真的阅读、交流和研究，我们认为《生命的海洋：人与海的命运》一书属信息型文本，兼有“感召型文本”的特征。信息型文本是“关于事实的平白交流”，包括知识、信息、观点等。语言具有逻辑性和指称性的特点，内容和主题是交际的重点。在翻译时，应忠实原文，将其中的全部信息都翻译出来，译文应简明、通俗，具有科普的特征。而感召型文本旨在感染或说服读者，使其同意某种观点，并采取某种行动。为达到译文的感召效果，译者在翻译此类文本时，可以适当舍弃原文的内容和形式，以译文特有的感召语言风格，使译文产生与原文相同的语言表达效果，引起译文读者的行为共鸣。

从信息的视角看，本书内容涵盖了地球、人类、生命的发展过程与历史以及海洋、环境、生物、化学、地质、物种、气候、水文、养殖等众多学科领域，学科知识和信息丰富，因而，各学科专业词汇丰富，尤其是地质年代、生命进化、海洋生物与物种、地理名称、气候与环境等方面的专业术语是翻译的一大难题，考验译者的背景知识熟悉程度和语言表达能力。为此，译者检索、查阅了大量的文献资料，了解与海洋的相关知识，准确翻译其中的专业术语以及概念、定义和相关要点的阐述和说明。例如，海洋鱼类的名称，不仅覆盖面广，而且种类繁多，如鳕，拉丁语词 Gadus，普通词 cod，类属词 black cod，ling cod 等。为精确表达原文中的例证鱼类，译者不得不借助更专业的文献和工具书，甚至咨询海洋学院的相关学科专业老师予以帮助，力求做到专业信息的准确性和学术性。

《生命的海洋：人与海的命运》一书的主旨在于揭示海洋环境恶化问题及其严重后果，探讨问题的应对策略。作者在充分利用自己的海洋、生物、环境等专业知识的同时，以学者和地球公民的双重角色，呼吁学界、政界、国际组织、企业以及民众关注海洋，参与海洋治理和环境修复，因此，语言既具学术性，同时又兼有抒情和感召性。感叹大自然的神奇与魅力，惋惜人类对海洋自然的漠视和妄为，激励和昭示人们爱护自然，保护自然。译者结合上下文语境，准确把握作者的语气和风格，适时调整信息和情感的交互与表达。

经过一年的努力，我们终于完成了《生命的海洋：人与海的命运》一书的解读和翻译。本书的前言及第一章至第十五章由宁波大学外国语学院的杨新亮翻译，王益莉校对；第十六章至第二十二章由王益莉翻译，杨新亮校对；全书由杨新亮负责审校。在本书的翻译过程中，宁波大学外国语学院的硕士研究生王龙粉做了大量的文献查阅和术语翻译查证工作，在此，向她表示由衷的感谢。

杨新亮

2018 年 5 月 31 日

前　言

我蹚着冰冷的海水，前去拖拉锚泊在不远的电动快艇。停泊的潟湖透明清澈，快艇很容易就被我滑拖到了海滩，朱莉拿着我们的潜水装备在那里等着。我们结婚刚一个月，我劝她放弃了蜜月，来到澳大利亚大堡礁这片偏僻的海域，开展为期两个月的考察，观察研究鱼的行为。这是 1987 年的 6 月，正是澳大利亚的冬季，等夏季来临，我们即可回家。绵延的海滩上有两只鹭在慢悠悠地捡拾早餐。当快艇外挂的引擎"突突"发动的时候，两只鹭拍打着翅膀飞走了，我们也起航出发，前往一英里外的一片珊瑚区，那里像迷宫一样，环境错综复杂，即使是最熟练的领航员，也有可能迷失航向。

那里有一处碎石脊岭，把潟湖与宽阔的外海相隔，我们把快艇停泊在那儿。这是我们第一次在这片海域潜水，激动的期待中还有一些害怕。潜过表层普通的绿色和褐色珊瑚，湖的深处是深色的靛蓝槐属植物。庞大的珊瑚垛墙壁一样并行伸入数百英尺深的湖底，相互间分布着深深的沟壑。千姿百态的紫色指纹珊瑚与黄色的柔纹珊瑚在这里争奇斗艳，而湖底则簇生着硕大的蓝色和绿色的珊瑚虫团块。

珊瑚就像高峰期的中央车站一样，人头攒动，纷扰繁忙。铁蓝色条纹的矮壮刺尾鱼若有其事地四处串游，而懒散花哨的鹦嘴鱼群则趋之若鹜。成群的少女鱼和花鮨小鱼在它们的上面浮云一样盘绕，优雅地采食着水中无形的食物。在珊瑚群的边缘，我查了一下，有八只蠵龟，每只占一个珊瑚墙垛。一头灰礁鲨旁若无人地朝我们游过来，擦肩而过。这场景凝固了时空，完全像是原始的动物世界。我被惊呆了。

当我们回到岸上时，我想知道，若遇到一位不客气的智者，预言再有100年，这美丽壮观的珊瑚将日益磨蚀，逐渐成为残砾，靓丽的珊瑚崖壁将颓败成为绿色的绒状物，各类精灵一样的鱼种群也将不断衰退，化为成堆的海蜇和浮游生物，那么，我会做何感想。也许我会真的认为他疯了。然而，似乎没有什么是不可能的了。也许用不了25年，大多数严肃的海洋科学家都会预测到这样的海洋命运，而且我们已经能够看到，海洋正在走向这样的命运。

在我们蜜月潜水度假后的11年中，预示了日益变暖的世界就要到来，海洋急剧升温，世界1/4的珊瑚死亡。印度洋的大部分海域，70%至90%的珊瑚灭亡，随之而亡的就是无数赖以生存的海洋生物，它们失去了珊瑚寄居地，失去了珊瑚食物链。如果到了那个时候，我们3/4的森林枯萎死亡，那么，人们就会迫切想知道为什么会这样，就会制定应急的对策，希望能恢复这些自然环境的生态。可是，在海洋科学之外的众多领域，面对这样的全球性灾难，人们却熟视无睹，置若罔闻。

在人类文明历史的大部分时期内，世界的海洋一直处于稳定状态，没有太大的变化。自最后的冰川时代以来，六七千年间，海洋的变化大多都是可以预见的。的确，随着海浪和潮汐的涨落作用，海岸时隐时现，但海洋自身似乎没有什么变化。海洋的稳定性与海平面之上的陆地世界形成了鲜明的对比，伴随着最初的农牧业的发展以及后来城市和工业的繁荣，陆地面貌发生了剧烈的变化。因此，今天的海洋也同样面临着命运的转折，走向变迁的时代。

这是一本有关全球海洋变迁的书。在过去的半个世纪，人类对自然的主宰最终走向了海洋。海洋变迁的速度和范围令我们始料未及。海洋变得日益排斥生命，不仅排斥海浪下潜游的、疾驰的和爬行的海洋生灵，而且也敌视我们人类。然而，直到最近的10年左右，我们才逐渐意识到人类的活动如何在改变着海洋，才认识到这种改变对人类的幸福意味着什么。

长期以来，我们深知人类对陆地的改变。几千年来，甚或上万年以来，为了顺应人类自己的需要，我们改变了地理地貌，给野生动植物带来了巨大的影响。试想一下，澳大利亚土著和美洲印第安人是如何用火来清理植被，如何以此促进动物猎捕和农耕的。可是，正如拜伦所言，我们坚持认为人类对自然的主宰最终不会走向海洋。然而，即使在拜伦那个时代，人类对海洋的影响也是显而易见的。在其之后的20年，海雀灭绝了，大西洋的灰鲸永远消失了。渔业的发展正在加快近海鱼类的衰退，正在不断破坏海洋生物的栖息地。人们在沿海构筑海防设施，大片的江河入海口和湿地被开发应用于港口建设和农业发展。在人口稠密地区，江河入海口的近岸区域和海湾沉积着厚厚的陆地冲积泥沙。

我们对海洋的影响日益加重。最近的200年，我们目睹了海洋栖息地不断受到破坏，渐渐消失，变化的程度超出了我们的想象。随着人类对海洋影响的不断加快，海洋在近30年的变化是史无前例的，是空前的。在许多地方，诸如鲸、海豚、鲨鱼、海雕及海龟之类的大型海洋动物由于全球不断的疯狂猎捕，75%以上已经消失；有些种群的数量急剧下降了99%，如白鳍鲨、深海鲨、美洲锯鳐和北欧的无鳍鳐等。到20世纪末，1千米左右的浅海区几乎都被商业性渔业开发殆尽，而目前，一些地方已经扩大到3千米深的海域。

数千年以来，海洋一直是人类的商业航道。今天，已成为世界全球化的快速通道，海洋的各个角落都可以听到引擎的轰鸣声，甚至极地冰层下面也不例外。海洋不断地为我们提供着丰富的油、气能源，日益短缺的能源促使我们冒险走向远海和深海。10年左右，我们就会开启深海采矿业。数千米以下黑黝黝的海洋深处蕴含着丰富的矿藏，珍贵的金属黑块金和稀有金属分布在大洋底部，海山蕴藏着丰富的金属钴，海底热泉喷涌出的金、银、锰等矿藏，几乎都会成为人类即将开采的海洋资源。

日益广泛的证据业已表明人类对海洋产生了深刻的影响，可是，为什么有众多的人坚持认为海洋仍处于蛮荒的自然状态，仍远未受到人类的影响呢？部分原因在于海洋变化的缓慢性。不同年代的人都有各自不同的环境观，年轻的一代通常意识不到上一代人所经历的变化，因此，对过去状况的认知随时间的变迁而日益淡化、消失。年轻人往往对老一代人的故事不屑一顾，倾向于相信自己的经历和体验，从而否定前辈的言传身教。这就是所谓的“变更基线综合征”现象，据此，我们想当然地认为数十年前发生的事同样是难以想象的。

斯克里普斯海洋研究院（Scripps Institution of Oceanography）的研究生罗兰·麦克琳娜琴（Loren McClenachan）在佛罗里达州的门罗县图书馆做研究的时候，在馆藏档案中发现了一个变更基线的例证。[1] 她发现了20世纪50年代到80年代之间一家娱乐型垂钓公司进入基韦斯特（Key West）捕鱼的一系列照片，并把这些照片与她自己在同一码头拍的21世纪的照片放在一起。由此可以清晰地看出，20世纪50年代，捕获的主要是大石斑鱼和鲨鱼，其中许多比垂钓者还要大而肥。随着年代的流逝，鱼开始萎缩，石斑鱼和鲨鱼不见了，变成了更小的鲷和鲈鱼。可是，今天的垂钓者开心的笑容和50年代一样的灿烂，现在的游客不会想到，这里的一切已今非昔比了。

海洋正以地球史上前所未有的速度，经历着史无前例的变迁，而导致变迁的正是我们人类。这些变迁正考验着无数生命未来生存的能力，同时也改变着我们人类与海洋的关系，威胁着我们一直拥有却不以为然的一切。我们对环境的不断恶化熟视无睹，尽管环境的恶化已经损害了我们生命的质量，削弱了生命的抵抗力。极端的环境威胁着人类的幸福与安宁。历史有众多的例证，充分表明了人类自己的不明智所导致的环境灾难，摧毁了人类文明。复活节岛的岛民为了雕筑他们的神像砍伐了自己家园的树木，导致土地干涸，岛民饥荒而死；美索不达米亚人发明了复杂的农业灌溉系统，可是，最终却造成农田盐碱化，再也无法耕作；玛雅人的山坡地耕作造成该地区表层土壤流失，从而在长期的干旱中加剧了其伟大文明的崩溃。这些例证及其他众多同样的事例表明，其破坏效应尽管局限于岛屿或地区，但是，今天，我们的影响却波及全球。因而，必须全球一致行动，扭转、消除我们业已造成的恶劣影响。

我开始了研究珊瑚鱼的职业生涯。当我第一次潜入红海珊瑚礁的那一刻，就被深深地吸引了。我的夫人朱莉同样也被大堡礁的蜜月旅行所感动，也成了海洋生物学家。此后的30年，鱼仍然是我研究关注的核心，但我的视野已经更加开阔，也开始关注历史进程中人与海洋的关系。然而，在我从事本书相关的研究时，我发现在众多的海洋科学领域，自己的认识仍然相当地模糊。科学家就是专家，随着时间的推移，其终生致力于研究的范围不断地浓缩，不断地走向专业化。他们对世界的某一领域就像对待马赛克的拼块一样，不断地审视，反复地思考。污染的管控与渔业的管理相互分隔，相应地，如同一个地方很少考虑海洋运输或气候变化等之间的联系。这同样意味着不同的会议相互孤立地讨论不同的影响，参与讨论的人也从未整体审视问题的概况。因此，我倍感有必要整合这些相互割裂的领域，决定撰写这本著作。撰写过程中的发现不断地启发我去揭示相关领域的本质与联系。

我们畏惧变化，抵制变化。也许这种抵制根植于我们的基因，本能地认为熟悉的比未知的更安全。许多动物不辞艰辛，长途跋涉，回到自己出生、成长的地方，这也许是因为那里过去的成功赋予它们更大的信心，可以确保未来的成功。这是一个动态的世界，变化有时预示着好的结果，可是，有些变化却是破坏性的，有些变化给我们的地球带来难以修复的破坏。这正是所谓的“不是不报，而是时候未到”。正如我要揭示的那样，我们现在的行为正把海洋生态系统不断地推向崩溃的边缘。无视其严重的后果，我们将耗尽海洋的鱼类资源，海洋将被污染；无休止的各种实验加速温室气体排放，将不断地渗透影响我们的大洋、深海。

尽管本书中我要阐述的人类对海洋的影响已持续了数个世纪，可是其中一些影响的确就发生在最近的50年。从这种意义上讲，现代人类对海洋的影响就发生在其生活的15万年的不足千分之一时期，那么，影响就颇具突发性，几乎是瞬时猝发。因而，消除这些影响所需的应对策略也必须具有紧迫性，规模上也必须是全球的。然而，至今，我们仍未看到所面对的问题的核心。

通过本书，我将带你踏上了解海洋的旅程，向你揭示我们普遍陌生的大洋大海，揭示数世纪以来人类活动是如何影响、破坏海洋生命系统的。直到最近，我们仍在盲目地开发利用海洋，而对由此造成的伤害却熟视无睹。可是，随着人类影响规模的扩大，程度的加深，海洋变迁的速度也在加快，因此，我们现在必须面对业已造成的严重后果。

为此，我们首先必须了解海洋的过去。在讲述我们人类出现在地球上的史话之前，本书先从世界的诞生开始。数万年以来，我们对海洋唯一真实的影响就是从中收获鱼类和贝类，所以，我先要简述狩猎和捕鱼的历史以及其历史发展的概况；然后阐述工业革命，它预示着人开始成为地球变迁的行为代言；尔后，揭示化石燃料的应用及其对大气和气候的影响，并如何在几十万年，甚至数百万年中无形地改变着海洋。海平面上升的速度比仅仅20年前预测的最高速度还要快，目前已对世界的众多都市构成严重威胁，50年内有可能危及面积辽阔的良田，从而危及食物安全。

其中最容易被忽略的，但却是最具破坏力的，就是温室气体二氧化碳的排放，与之相应的后果就是海洋自身酸性的不断上升，其后果可能是灾难性的。那么，包括许多维持海洋食物链的贝壳类动物以及由此受波及的渔业生产，都会面临生存危机。如果我们不能及时地控制、缩减碳排放，那么过去5500万年未曾出现的海洋破坏，将会在未来的100年产生史无前例的灾难。

海洋通过吸收热量，挽救人类免受地球变暖所带来的灾难的伤害。然而，变暖的海洋促使其生命的运动。因而，在未来几年，靠渔业发展经济的国家就会受到影响，有的走向繁荣，而有的就会走向衰落。但是，海洋升温所造成的严重后果远不止是影响海洋生产力，它会导致一些区域资源过剩，而另一些区域则变成了贫瘠的海洋荒漠。气候变化和海洋渔业的情况已经很糟糕了，但还不是我们对海洋生命造成的唯一威胁，海洋生命还面临着其他的冲击，如污染等。我对污染影响的讨论所涉及的领域包括有毒物质和目前普遍存在的塑料污染、废物排放和化肥以及人们不太了解的噪声和入侵物种的污染等。污染问题随着时间的流逝而日趋严重，在许多污染严重的地区，由于腐烂的浮游生物从水中汲取氧气，从而导致大面积死亡海域的出现和蔓延。人类对海洋所造成的冲击形式各异，但后果都一样，其综合效应比单独效应更具影响力和破坏力。海洋生命的改变，就意味着人类在毁灭自己的生存空间。

本书不是对未来必然灾难的编录，而是对未来的警示和召唤。如果我们抓住机遇，积极行动起来，就可以逆转海洋退化的进程和趋势。然而，时间是根本。我们视而不见，置若罔闻得越久，避免未来伤痛的可能性就越小。本书的后一部分，我将探讨如何保护海洋和人类的新路径。我认为，我们所需要的就是要制订一个远大的计划，逆转海洋长期损耗和退化的趋势，重新彰显海洋对人类和野生生物的价值，提高每个人的生活品质，尤其是未来数代人的生活品质。我们关爱海洋，就不能袖手旁观，就要负得起爱的责任。有志者，事竟成，我们一定能看到生态日益趋好的海洋。

书 评

我可以毫不夸张地说，《生命的海洋：人与海的命运》不愧是一部优秀的著作。作者罗伯茨（Roberts）先生在书中整合了丰富的科学发现，令读者神往……他的本意不只是想告诉读者海洋正在发生的事情，更重要的目的在于探讨海洋生命的退化对人类未来的寓意……我推介此书，以飨读者。总之，只有认真体味人类对自然界影响的潜在后果，才有希望去改变它。——G. Bruce Knecht 华尔街杂志

生物学家罗伯茨以对珊瑚礁的研究而闻名，常以陆地热带雨林为参照，关注海洋退化的热点——珊瑚。在书中，他引领读者体验和了解地球发展过程中的生物学、化学和地质学知识，让我们体味语言幽默、格调风趣的复杂科学的辩说……科学家的辨析与睿智是我们的宝贵财富，罗伯茨就是这样一位科学家，他的《生命的海洋：人与海的命运》一书尽管记述了海洋的悲剧，但仍不失风雅趣味……他对灾难性海洋剧变的描述堪称绝世之作。——Mark Kurlansky 华盛顿邮报

故事科学严谨，叙述精湛……在对待过度捕捞、pH 值缩减、塑料污染、生物地理变迁等诸多海洋问题时，我不知道还有什么其他的著书论述能够如此精准，如此敏锐。书中每个章节对海洋

生命的详细描述充满趣味和诱惑……《生命的海洋：人与海的命运》就是一部行动倡议书，它详尽地描述了给这个世界最大的生物圈带来恶劣影响的事实，向人类发出了清醒的警示。书中弥漫着作者对海洋的眷爱，彰显了作者对海洋的关切，作为全人类的资源，我们应关注海洋生态的可持续性。——Stephen Palumbi 自然杂志

海洋危机的严重性及其对人类的寓意难以想象。可是，同样严重的是，我们的决策者对此竟仍知之甚少，普通的民众就更是知之甚少。应对如此复杂问题的书寥寥无几，似乎任何鸿篇巨制对此都爱莫能助，然而，罗伯茨这位环保生物学家不辱使命，他的旷世之作《生命的海洋：人与海的命运》一书填补了这项空白。——经济学家杂志

罗伯茨以其非凡的叙事才能和无可争辩的事实向读者传授博大精深的知识。他的著作《生命的海洋：人与海的命运》不仅揭示了问题的严重性，而且探讨了可靠的对策，让我们看到了拯救海洋的希望，因此，值得所有关注海洋的读者认真拜读。——《搜寻海洋巨兽：鲸》的作者 Philip Hoare

年度最佳图书的候选还为时尚早，但是，就环境方面的著书而言，罗伯茨最近的力作应该最具竞争力……他就是那颗最珍贵的明珠，作为从事研究的科学家，他不仅谙熟自己的学科及领域，而且擅长撰写颇具雅趣和说服力的写实作品……罗伯茨刻苦钻研，广罗资料，精心笔耕，通过读者最熟知的海洋，全面阐释可持续的海洋开发与管理。他的《生命的海洋：人与海的命运》让读者清晰地看到了世界海洋所面临的危机，人类对海洋的影响

令读者震惊，甚至感到沮丧和绝望……然而，该书以 1/3 之多的篇幅倾注于可能的危机对策探究，这也正是该书列选“必读”的重要亮点。——卫报（伦敦）

人们习以为常地认为海洋那么辽阔，那么富有自我循环的能力，不会受到太严重的影响……罗伯茨著作的使命就是告诫我们，这种想法是多么地荒谬……我们可能在盲目无止地攫取自然，对此仍存疑虑者应该拜读一下罗伯茨的这本著作，就会醒悟，就会嗅到飘自海洋的恶臭。而著作也为海洋的关注者采取行动提供了借鉴，以保护海洋，保护渔业经济。——独立报（伦敦）

《生命的海洋：人与海的命运》是一部警示录。罗伯茨冷静地从科学的视角，以风趣的故事叙事，优雅地揭示了自古以来令人担忧的人与海洋的关系……他历经五年著作的艰辛，矢志不移地探寻人与海洋的问题，却始终保持对海洋未来的乐观态度……在建立世界第一批公海保护区的过程中，罗伯茨发挥了至关重要的作用。在最难管控的大洋深处建立保护区，以期更好地保护世界共有的海洋及其资源。我希望，他的这本著作能够唤醒更多的人加倍努力，积极成为保护海洋的斗士，而不是破坏海洋的罪犯。——Helen Scales 环球邮报（多伦多）

著名海洋生物学家罗伯茨通过优美的故事，叙述了地球大气与海洋的演变，倾注了他对海洋的热情和痴爱。通过科学的考察和研究，他以其独特的远见卓识，迫切地呼吁我们不要在灾难性的道路上一意孤行，渐行渐远。正如蕾切尔·卡逊颇具影响力的著作《寂静的春天》（*Silent Spring*）唤起了一场环保运动一样，

《生命的海洋：人与海的命运》以雄辩的事实和科学的权威呼吁变革，并规划蓝图，引导我们拯救人类伟大的海洋。——《神圣的平衡》（*The Sacred Balance*）的作者大卫·铃木

关注海洋未来的人可以不断地疾呼，可以大声地向全世界的领导人呼吁，“请倾听罗伯茨的倡议！”这也许就可能会发挥不一样的作用。同时，我们都应该拜读他的《生命的海洋：人与海的命运》一书，他对海洋自然历史的叙述令人叹服，而更重要的是，他号召我们积极采取行动。——《河岸小屋烹饪指南》的作者休·芬利-维亭斯拖尔（Hugh Fearnley-Whittingstall）

罗伯茨探讨了人与海洋的关系，吸引读者感受6500万年的环境变迁……尽管人类与海洋相互依存的严峻现实令人担忧，但罗伯茨对海洋问题的思考仍令读者振奋，渴望奇迹的发生。——出版人周刊

生物学家和环保活动家罗伯茨阐述了石化燃料的应用、气候变化、海平面上升以及海洋酸化、过度捕捞、毒化污染、排污和化肥污染等要素的相互关系……虽然海洋的前景令人担忧，可是，罗伯茨依然探讨了阻止海洋进一步退化的对策。这正是每位关心地球未来的读者必读的部分。——图书馆杂志

卡勒姆·罗伯茨（Callum Roberts）简介

罗伯茨，英国约克大学海洋环保生物学家，《反常的海洋史》一书的作者。该书获得了蕾切尔·卡逊环境图书奖，被《华盛顿邮报》选为年度十佳畅销图书。他经常出席蓝色使命、环球会议、技术、娱乐、设计大会（TED）、斯科尔基金会社会创业论坛等国际会议，并做主旨演讲。在一部有关世界渔业危机的纪录片中，罗伯茨既是顾问又是主演，而且还在国家地理纪录片《哥伦布之前的美洲》中担任重要角色，他还是巨幕电影《野性海洋》的顾问。此外，他是广域海网（Seaweb）委员会成员，为世界首个公海保护区的成立提供科学支持。

狂涌吧，深邃幽蓝的海洋！
纵使千万船舰肆掠亦是徒劳，
大地刻满人类损毁的印记，但
却在你的岸边止步……

——拜伦《恰尔德·哈洛尔德游记》

目　录

第一章　45 亿年的地球与海洋 …………………………… (1)
第二章　来自海洋的食物 …………………………… (18)
第三章　日益萎缩的海洋鱼类 …………………………… (34)
第四章　海风与洋流 …………………………… (50)
第五章　海洋生命的变迁 …………………………… (74)
第六章　潮汐与海洋 …………………………… (86)
第七章　腐蚀的海洋 …………………………… (110)
第八章　死亡海域与世界的大河 …………………………… (124)
第九章　有毒的海域 …………………………… (138)
第十章　塑料与海洋污染 …………………………… (156)
第十一章　喧嚣的海洋世界 …………………………… (173)
第十二章　异类物种入侵与海洋生命的同化 …………………………… (189)
第十三章　海洋疫害 …………………………… (215)
第十四章　未知的海洋 …………………………… (230)
第十五章　造福人类的海洋生态 …………………………… (247)
第十六章　海洋养殖 …………………………… (260)
第十七章　海洋净化 …………………………… (282)
第十八章　人类能否拯救日益趋暖的海洋世界 …………………………… (293)

第十九章　海洋新政 …………………………………………………………（308）
第二十章　生态循环的海洋生命 ……………………………………………（330）
第二十一章　拯救海洋巨兽 …………………………………………………（343）
第二十二章　生命的海洋,严峻的挑战 ……………………………………（367）
附录一　问心无愧的海鲜 ……………………………………………………（382）
附录二　保护海洋生命的慈善机构 …………………………………………（388）
注释 …………………………………………………………………………（399）
后记 …………………………………………………………………………（440）

第一章
45亿年的地球与海洋

在偏远的西澳大利亚，有一片小山丘，绵延起伏，横亘在那里。在岁月的抚摸下，它不断地被腐蚀，已失去了山的突兀，变得低矮而平滑。夏天的太阳烧灼着裸露的红土，那些稀疏干渴的树木根扎得很深，以汲取红土下的生命之水。近看，杂乱的混凝土路面下露出光滑的鹅卵石层。显然，这些鹅卵石是被非常久远时期的洪水冲过来的，大约30亿年前，也就是杰克山区的岩石初步生成的时期。或许，一本关于海洋的书以内陆沙漠这样的荒蛮之地开篇，看似会有些奇怪，但正是这些不起眼的岩石承载了我们星球最初的历史。

锆石是由冷却的岩浆凝聚而成的晶状物，呈金字塔形。尽管在板块构造运动的影响下，我们星球的地壳不停地循环变形，可是这些锆石竟奇迹般地在一次次的重熔淬火中永生，还形成了各种瑰丽的宝石。一般认为，“锆石”的名字来自波斯语“扎尔贡”，意思是“金色的”，可能是与半透明的黄金石有关。这些黄金石的贸易一度从斯里兰卡做到波斯，再从波斯做到欧洲，又从欧洲做到中国。人们从河泥中开采出了璀璨的天蓝色水晶，从而建造了柬埔寨辉煌的吴哥寺。

杰克山区的锆石没那么耀眼。事实上，它们小到用肉眼几乎看不到。然而，若要击穿不到一枚顶针大的锆石，则需要消耗杰克山超过 200 磅①的岩石力。[1] 你能在每一块晶状物中发现铀的痕迹。随着时间的推移，它们衰变成铅原子，成为一个万年不变的地理坐标。通过铅原子可以测量铀的含量，就可以将晶状物形成的时间追溯到几万年以前。杰克山区最古老的晶状物有 44 亿年的历史，这让我们想到一块直径二倍于人发的锆石晶粒在地球上形成的时间，最近的可能也有 1.7 亿年的历史。由此，我们可以窥见一颗星球初生的状态。

我们无法确定地球的诞生及其早期的状态，因为没有人会去探讨它远古的始源，也无法回到过去一探究竟，而最好的办法就是满世界寻找历史久远的岩石和化石，探寻其中的奥秘。我们从中发现有根据的理论，并依据不断出现的新数据对理论加以适当的改进。当今，随着探索手段的快速发展，地球起源的画面也变得逐渐清晰。在本章中，虽然我将要讲述的不确定事物很多，但却可以建立更好的、广泛的范式，大约 45.7 亿年前，地球由旋转的尘埃和碎片凝聚而成。[2] 太阳的年龄与此相仿，我们的太阳系也是这样形成的。我们的星球正是与火焰炽热的太阳系相伴而生的。随着碎片将膨胀的地球击打成形，它变得越来越热，直到将岩石熔化。

从黑暗的太空往下看，我们的地球就像夕阳一样泛着微光。大约 45.3 亿年前，一颗火星大小的天体撞上了这个新生的世界，撞飞出来的碎片形成了月球。猛烈的撞击蒸发了岩石中的水分，

---

① 1 磅力=4.45 牛顿。——编者注

而史前世界的地表也被一层岩石和其他气体组成的大气严严遮住。随着地球逐渐冷却，矿物开始凝结，而随后的 2000 年中，熔化的岩石不断地从空中落在大片的岩浆上。这场上千度的岩石雨终止后，大气依然浓厚，充斥着蒸汽和其他气体，烈焰熊熊的海面上的气压也比今天高数百倍。[3]

这次撞击其实造福了人类。撞击使地球的转轴偏转，因而形成了四季。[4] 在漫长的地质年代中，月球速度变慢，地球的转动也趋于稳定，因此一天的时间也变长了。10 亿年前，一天只有 18 个小时，而一年却有 480 天，地、月之间的距离比现在要短，从地球上看月球也显得更大。月球引力比遥远的太阳引起的潮汐更大，而且在短暂的一天中，涨潮更高，退潮更快，潮汐也就更加猛烈。[5]

地球熊熊燃烧似火球的年代称为冥古代。我们一直以为地球在诞生之初的 5 亿年里一直处于这种地狱般的状态中，但近期在杰克丘发现的锆石却改变了这种观念。这块锆石中，已有 44 亿年历史的晶体和其他颗粒是在能将花岗岩和液态水相结合的温度下形成的。[6] 陆地是由花岗岩构成的，所以，从这块不起眼的石头我们可以发现，这种地方远早于人类而存在，远远超出了人的想象，那时冷却的地球上就已经有陆地和水的存在了。相比于熊熊火海，我们的世界当时可能更像一个蒸汽缭绕的大桑拿房。

地球辽阔的海洋使其成为太阳系中独特的星体。那么，这些水是从哪儿来的呢？形成太阳系的尘埃和气体中含有水分，但一些科学家认为太阳系的内部，也就是地球形成的地方，温度太高而不会存在水。[7] 他们认为水是在地球诞生很久之后由冰冷的彗星和陨石从遥远的宇宙深处带来的。争论至今仍未停止。每隔几秒钟就会有一个卡车大小的“雪球”融化在外层大气中，但这些“雪球”的同位素组成却表明它们只给地球带来了很少一部分水。[8] 人们曾认为陨石带来了余下的大部分水，但最近人们发现一颗彗星的同位素组成与地球海洋十分相似，所以彗星带来的水可能比我们想象的更多。[9] 另一种观点认为，太空中漂浮的水分子与尘埃颗粒相结合，因此岩石和水是相伴而生的。我们星球上的水实际上足够形成 5～10 个海洋，甚至更多，而大多数的水都藏在基岩中。以重量为标准的话，玄武岩中大约 0.5%的水蕴藏在矿物晶格中。[10]随着早期地球温度升高和岩石熔化，水蒸发到了大气中。在将近 1 亿年的时间里，海洋其实就是在发光的地球表面上不断翻滚的一层浓密的蒸汽。

当地球稍微冷却时，天上又开始下雨了，这次下的是滚烫的水。大雨持续了数千年，而随后的 50 万年里，随着外太空碎片的猛烈撞击，海洋的上层水蒸发了，这样的雨又反复不断地出现。小行星对地球的撞击又持续了 5 亿年，这些小行星比 6500 万年前将恐龙毁灭的小行星更加庞大。如今依然能看到这些撞击的痕迹，因为我们的地壳不断向内部移动，但从月亮上我们仍然能感受到撞击的猛烈，月球的表面记录了这些强烈的撞击，而且也凝固了曾经的撞击。

最初，地球大部分被海洋覆盖，而且海水量曾经是现在的两倍。[11]岛屿在地壳板块碰撞的地方突然出现，火山喷发形成了火山灰山和熔岩山，但大陆是在之后才缓慢形成的。由于地壳由两种不同的岩石构成，因此地球如今分为大陆和海洋两部分。海洋下面是玄武岩，其密度稍大于构成大陆的花岗岩。地球诞生之初温度极高，持续不断的重熔现象将构成大陆的密度更低的花岗岩分离开来。两种岩石都漂浮在地幔中大片灼热黏稠的岩浆上，但大陆浮在上面的部分更高。而冰山在水上的部分与水下的部分是相等的。大陆根基很深，所以大陆浮在地幔上的部分要高于海洋地壳。因此，陆地的平均高度是海拔 840 米，而海洋的平均深度是 3680 米，这种差异是源于各自不同的岩石密度。[12]

对我们来说，海洋是广阔无垠的。海洋面积达 3.6 亿平方千米，含有约 13.3 亿立方千米的水。1 立方千米的水有多少根本难以想象。若把整个纽约中央公园灌满 30 层楼高的水，也只需要大约 0.5 立方千米的水而已，而要填满整个海洋则需要 26.6 亿个中央公园的水量，简直不可思议。但如果把地球比作一个苹果的话，海洋的厚度也只相当于苹果的皮。[13]

地幔黏稠的岩浆使地球表面处于不断的运动当中。从地下涌出的高温岩浆在某些地方形成了新的地壳。由于地球并不会变大，因此，这种创造性的力量也被其他地方的毁灭性现象所抵消，如地壳会缓慢回到地幔中等。地球表面也因此分成若干板块，各个板块会随着时间流逝像舞蹈一样缓慢移动。此时，海洋和大陆地壳的密度差异再一次起了作用。由于海洋地壳很薄且密度较高（4～10 千米厚，而大多数大陆的花岗岩有 30～40 千米厚），因此其回归地幔的速度也比大陆地壳大约快 10 倍。（所有海洋地壳的历史均不超过 2 亿年，而大约 7%的陆地则已存在了 25 亿多年）。[14]我们可以把大陆看作瀑布下面的水塘上四溅的水雾，水向下落，但水雾一直都在。

大陆很早就开始形成了。地球还很热时，地壳在初期就与地幔循环，但随着地球温度下降，循环速度也慢了下来，而强烈的陨石撞击在40亿年前就停止了。大陆逐渐扩展，并于25亿年前近乎达到了如今的规模。自那以后，大陆的循环速度一直与生成速度持平。现在的板块移动速度很慢，大西洋每年增大1英寸，比指甲的生长速度还慢了一点点。

不算锆石的话，世界上最古老的岩石是位于加拿大北部的阿卡斯塔片麻岩，已有40亿年的历史。阿卡斯塔片麻岩成形于地底深处，因此我们几乎无法靠它来判断地面的情况。最古老的地表岩石是位于格陵兰岛南部高度变质的伊苏瓦沉积物，这些沉积物在水下形成，因此，我们也首次得到了关于海洋的直接证据。[15]值得注意的是，这些沉积物表明，在它们形成之前，生命就已经开始进化了。伊苏瓦沉积物中没有任何化石，但其中碳的化学组成却表现出生命存在的特征。

在冥古代之后延续15亿年的太古宙时期，最早的生命形态开始进化。当时的世界与现在大不相同。首先，大气中几乎不含游离氧，太阳的亮度比现在要低25%。[16]产甲烷微生物于41亿至38亿年前开始进化，并产生了比二氧化碳强25倍的温室气体，[17]进而甲烷含量上升，地球也开始降温。[18]此后的10亿年间，大约25亿年前，随着太阳的热量使地球温度升高，温室气体使液态海洋保持了原样。假如大气中没有这股浓密的气体，海洋可能早已凝冻，而生命也就从不会出现，即使出现也会被早早扼杀。

生命之光首次出现之后的数亿年间几乎没有任何生命体存在，只有岩石内部出现了化学改变。[19]但近期基因学和运算方面所取得的重大进展能够使我们从叶到根倒溯树的生命之源，从生命出现伊始进行全方位研究。所有生物，从微小的细菌到庞大的鲸，它们的基因中都存在共同的遗传因素。正如达尔文所说的，这种相似性表明，今天的所有生物都是从生命的原始形态进化而来。我们可以对具有不同代谢功能的基因进行编码，标记出各自出现的时间，将其按出现的顺序放在生命之树中。我们从中可以看到生命进化过程中关键节点出现的时间，也可以此推断环境的变化情况。某些情况下，早期的生命形态需要应对地球的各种剧烈变化，但很多时候，改变周边环境的正是这些生命形态。

深海中有温泉承受着巨大的压力，喷出的水温高达 300 ~ 400℃，而水中富含的矿物质使水流呈浑浊的黑色或白色。温泉中还富含金属类的化合物。在早期的海洋中，这些化合物会催化很多重要的化学反应。如今，很多生物群落完全依靠微生物引发的化学反应所产生的能量而生存，而这些温泉也维系着它们的存在。从这里也多少可以看出早期微生物是如何生存的，甚至可以看出生命的起源。

单细胞和微生物黏泥统治地球曾长达 30 亿年。我们难以想象这么多年究竟有多长。可以这样想，假如一年只有一秒钟的话，上面所说的 30 亿年就相当于 95 年之久。微生物进化得最晚，因为它们的生命周期非常短暂。即使太古宙时期的海洋可能远不如今天的海洋适合生命的存在，但仍有足够的时间使数十亿代生物繁衍，[20]并且每一代生物的变异都可能为创新进化创造条件。这是一个创造力无比发达的时期，也为今天几乎所有生物的形成与发展奠定了基础。

微生物早期进化除了可以产生能量之外，非常关键的是还可以将硫化氢（臭鸡蛋的味道就来自这种从深海温泉喷出来的气体）转化成硫酸盐。[21]一些微生物还进化出复杂的化学结构，以便在浅水中通过吸收阳光中的能量来进行物质转化，由此产生光合作用。微生物很难变成化石，但可以石化成一种叫燧石的坚硬岩石。最早的化石是嵌在34.5亿年前形成的澳大利亚燧石中的线状体，但对这些化石的分析结果却各有千秋。[22]它们看上去很像如今依然普遍存在的蓝藻细菌。蓝藻细菌后来可以进行光合作用，如同世界上所有其他初级生物一样，可以从阳光中汲取能量。它们可以用阳光中的能量将二氧化碳和水转化成碳化合物作为其自身的营养，而产生的废物就是氧气。

在有27亿年历史且富含有机物的页岩中，人们发现了最早具有制氧光合作用的化学痕迹。[23]我们应该感谢这项影响世界发展的创造，因为现在几乎所有的游离氧都是由光合作用产生的。经过数亿年的时间，氧气含量才终于达到可以检测到的水平。澳大利亚西部麦克雷山上形成于25亿年前的黑色页岩使我们首次得以了解氧气的情况。[24]

不久之后（地理学上来讲很短，但实际上却用了5000万年），我们在世界各地的岩石中都发现了氧气的证据。地质学家将之后的1.5亿年称为大氧化事件时期，它包含了今天的大气形成的第一个重要阶段。不过，氧气一开始给地球带来的是重大危机，而非像后来一样使气候变得温和。氧气与甲烷相结合产生了二氧化碳和水。甲烷产生的温室效应是二氧化碳的25倍，因此地球的防护罩变薄了，气温随之骤降。

一些科学家认为，由此而形成的冰川期后果非常严重，甚至连热带的海洋和大陆都结冰了。[25]当纬度低于 30° 的地区结冰时，冰面将大量热量反射回太空中，冰川进而得以不断蔓延。因为地球热带地区吸收的太阳热量比极地地区要多，因此低纬度地区冰川反射的热量也比高纬度地区多。对这一时期地球的模拟实验表明，此时的海洋结冰深度可能高达 1000 米。数百万年后，火山活动给大气层带来了足量的二氧化碳，冰川因此逐渐融化并消退。生命在如此寒冷的地球上很难生存，因此有人猜测，地球相对于太阳的倾斜度肯定与现在不同，所以极地地区比热带地区要暖和，并且某些地方在此期间并未结冰。[26]另一个可能性是天气系统使某些区域免遭冰川的侵袭。

你是绝不会想在原始海洋里游泳的。冥古代和太古宙时期，海洋中富含溶解铁并缺少氧气。海水中的铁来自深海温泉和风化岩石。环境中缺氧时，铁会溶解并极易进入海水，而在有氧的情况下，氧化铁则不会发生变化。早期的微生物使铁发挥了作用。它们可以用阳光的能量将游离铁氧化，并用二氧化碳和水合成食物。铁在海底沉淀，并形成了今天称为“条状铁层”的、厚厚的沉积物。[27]

我家里的书架上放着一块有 25 亿年历史的海床碎片，虽然只有 1 厘米厚，但却沉得吓人。碎片上有许多条暗黑色和灰色的磁铁矿，其间穿插着一层层锈褐色、黄色和橙色的波浪状二氧化硅。厚厚的几层发光虎睛石嵌在碎片缺口处，这里的石头在压力下逐渐变形扭曲。非常漂亮的一块石头，用手轻抚这块史前海洋残片的感觉真是妙不可言。大多数条状铁层都逐渐回到了地幔中，但少量史前海床仍镶嵌在澳大利亚、加拿大、俄罗斯和其他地方的岩层中，并成为如今世界上最大的铁矿石产地。条状铁层中的大部分岩石已有25亿多年的历史，而之后它们从记录中消失了近4亿年。很久以来，人们认为蓝藻细菌制造的氧气已溶解在海洋中，并且将海水中的铁清除干净，但岩石沉积物的化学性质表明实际情况很可能并不是这样。丹麦学识渊博的地球生物学家唐纳德·坎菲尔德认为，在大气层中的氧气含量开始上升的数亿年间，海水中的氧气只存在于薄薄的表层面上。他指出，氧气与陆生岩石中的硫化物发生反应，并以硫酸盐的形式进入海中，而将海水中的铁清除干净的正是硫酸盐而非氧气。又过了10亿年的时间，大氧化事件才开始延伸至深海。

为什么会这么晚呢？当时大气中的氧气含量仍很低，还不到现在的1%。在那种环境下，人肯定会窒息而死。随着表层海水的下沉，氧气随之进入深海，但分解表层海水沉下来的有机物（也就是死亡的微生物）就把这些氧气耗尽了，仅仅分解沉下来的少量有机物所消耗的氧气就比新增的氧气要多。即使这样，我们仍然很难解释在制氧光合作用大范围出现后，为什么深海缺氧的状况仍然会持续那么久。早期的制氧生物生活在阳光充足的浅水中，像现在的生物一样，它们的生长也需要营养和阳光。由于大多数营养是由下沉的死亡微生物带来的，因此需要深海海水上涌进行循环。另一种有趣的观点认为，富含硫化氢的缺氧水流上涌至有阳光的较深海水层，[28]遇到将硫化氢耗尽但未产生氧气的光合作用系统，阻止了大多数营养到达海面的制氧生物。[29]此外还有另一种关于营养的说法。一开始，生命将少量金属铁和钼与固体氮的酶相结合，以此将生命所需的基本营养物质据为己有。这些金属是基本不会溶解在含硫海水中的，否则会与硫化氢发生反应生成不溶解的化合物，并沉积在海床上。因此，永久阻碍地球氧气增加的很可能是海洋的剧烈变化和营养不足。

如今很多地方仍存在硫基光合作用。黑海就像四面封闭的一盆水，阳光充足，而且温暖的表层水比下方的冷水密度要低。如此温暖的海面，氧气很少会向下扩散，所以黑海表层 150 米以下的水中曾数千年不含氧气。假如你取一点黑海深层水的话，你会闻到古代含硫海水一样的臭鸡蛋味儿。随着缺氧水逐渐靠近海面，水中绿色和粉色的硫细菌会像它们的原生态一样用阳光来合成食物和能量。

古代的海洋是否都像今天的黑海一样含有这么多硫还不得而知。能告诉我们答案的岩石大多数都已经回归地幔了，因此能让我们寻找答案的地方所剩无几。我们能确定的是，随着古生物学家所谓的“无趣的 10 亿年”的结束，情况在 9 亿至 8 亿年前开始有了变化。在此期间，海洋的化学性开始逐渐接近现代海洋的构成，持续强烈的造山运动可能促进了微量营养元素向表层水移动，进而促进了制氧生物的繁荣。大气中氧气含量增加加强了日照水域下方的物质交换，进而终结了硫细菌对该区域的统治，并给制氧生物带来更多的营养物质。这种积极现象逐渐引发了不可逆转的大气充氧，并为生命的下一个伟大创造，即多细胞化，奠定了基础。

达尔文写作《物种起源》时，世界上存在大量可追溯至寒武纪生命大爆发时期的化石，而极易化石化，且拥有较硬身体的物种也是在寒武纪开始出现的。而在此之前，岩石中什么都没有。这就好比是造物主造了一个原始生命的动物园，而后来的所有物种都是由动物园里的生命分化而来的。人们经过150年的大范围搜索才终于找到了早期生命的神秘痕迹，而其中大多数是微生物。要是知道我们今天的发现，达尔文一定会高兴坏了。

地球大气层的充氧是生命发展史中的一件大事。基于呼吸氧气的新陈代谢所产生的能量比采用缺氧方式高16倍。游离氧的出现创造了大量的机会，并且在之后逐步得以实现。人们采用最新的基因测序库和强大的计算机技术，通过回溯蛋白质的进化史发现了最早的用氧酶。虽然前寒武纪时期的化石非常缺乏，但从某种意义上说，我们每个人的身体里都存在着数百万年前的太古宙时期形成的基因化石库。通过研究蛋白质形状的变化史，我们有了可以确定新事物何时首次出现的分子钟。游离氧出现的第一个阶段十分缓慢，大约始于29亿年前，而4亿年后，岩石中才出现了最早的游离氧的证据。[30]氧代谢过程中的蛋白质则在大氧化事件中成倍增长。第二阶段使用氧气的进化式创造出现于12亿年前，并一直持续至寒武纪的生命大爆发。至寒武纪伊始，大气氧含量已升至如今的12%。

氧气由有机物的光合作用而产生，而呼吸和有机物分解会消耗氧气。若是氧气的产生速度与消耗速度相等，则空气中的氧含量便不会升高。但一部分有机物埋藏在海底或沼泽和湖床中。在前寒武纪晚期，大气中的氧气含量有所升高，表明有机碳埋置的速度下降了。硫酸盐与铁发生反应生成硫化铁（就是黄铁矿，也叫愚人金）时也会产生游离氧。所以黄铁矿埋置速度上升也会增加大气中的氧含量。我们尚无法确定埋置速度为何会上升，但海洋充氧应该是一个重要的原因。

不管是什么原因，很多人认为氧含量上升促进了生命大爆发，二者是相辅相成的。大型需氧动物需要大量氧气来为身体组织供氧。由于空气中的氧含量无法满足它们庞大体型的需求，因此它们在过去30多亿年间从未出现，直至氧含量升高到足够的水平才开始出现。

寒武纪出现了许多伟大的进化创造。通过5.42亿年前的寒武纪初期2000万年间形成的岩石，我们能了解当时出现的，且如今依然存在的几乎所有物种的情况。若以期间出现的最成功的物种来区分某段时期的话，那么寒武纪就属于节肢动物时期，外骨骼和分节的腿是它们的显著特点。昆虫、蟹类、龙虾、多足类动物、蜘蛛和其他类似动物都是节肢动物现存的后代。不过，如今已灭绝的三叶虫是寒武纪时期最具代表性的物种。寒武纪时期的海洋中到处都是这种矮小却极具破坏力的生物，它们的身体和头部的甲壳有时候也是漂亮的装饰，还长着尖刺、复眼和透明的晶状体。三叶虫用它们的分节盔甲来抵御周围捕食者的攻击。寒武纪大爆发的一种解释是，动物们展开了一场疯狂的军备竞赛，有些动物用这些武器帮助自己逃跑或击退捕食者，而其他动物则进化出更有效的捕猎方法。食草和捕猎早在寒武纪的数亿年前就已经出现了，但吞食大型猎物的动物却是在寒武纪进化出现的。寒武纪止于约4.88亿年前，在此期间的海洋为现代食物网奠定了基础。

虽然生命在不断地趋于多样化，但生命之树却因一系列环境危机而无法变得枝繁叶茂。正当大气变得越来越适合呼吸时，海洋再次变得缺氧，并且水中的硫又多了起来。[31]可能的情况是，随着海水上涨，缺少氧气的海水上涌至浅水大陆架，并杀死了大量三叶虫和其他物种。虽然可能有点矛盾，但这些危机恰恰抬高了大气中的氧含量。寒武纪时期，海洋缺氧与表层生产力提高和有机碳埋置增多有关。排泄物及死亡的动植物比在远古时期的海洋中更快地从阳光充足的表层海水中下沉，所以埋置的碳越来越多，尤其是在物质分解缓慢的缺氧水中。因此，游离氧的含量大幅攀升。

此后，现代海洋生态系统的发展也与氧含量升高有关。说起来可能有点难以置信，但陆生维管植物的进化一定程度上得益于鲨鱼的存在。[32]这些植物最早进化出了分化的器官，如叶子、根和茎，成为营养和食物在体内传输的复杂导管系统。这类植物包括蕨类、石松类、松柏类和开花植物，而开花植物晚些时候才出现。维管植物约在4.2亿年前出现，在随后的3000万年间，它们进化出了根，以便从土壤中汲取营养，并支撑日益变大的体型。至3.7亿年前，大陆已被植物染成了一片郁郁葱葱的绿色。

而这些又与鲨鱼有什么关系呢？用来摄取营养的根和其他适用性变化加速了硫酸盐（一种重要的植物营养物）冲刷土壤，进入海洋。海洋生产力迅速提高，进而催生了更长的食物链和体型更大的捕食者。同时，陆生植物通过径流将大量有机碳埋置在沼泽和海洋沉积物中。这些现象使大气氧气含量与现在非常接近（占大气的21%），并在最近3.5亿年中一直保持这个水平，仅有5%的波动。有了充足的氧气，这段时期开始出现行动敏捷且需要大量氧气的捕食者。

5. 8 亿年前的前寒武纪时期，就已经出现了体长 1 米的动物，包括不爱动的食草动物和食腐动物。之后的 8000 万年间，动物更加多样化，出现了体型相当于小孩子的猎兽。而在 4 亿年前，海洋中到处都是原始鱼类，包括长满甲壳的盾皮鱼，其中一部分在 3. 7 亿年前变成了大小如公共汽车的可怕巨兽。巨型食肉动物也出现了。随后的 1. 2 亿年间，鲨鱼也出现了，还有鱼龙、蛇颈龙和乌龟等爬行动物。食肉动物在近期达到顶峰，按地质时间来说就好像昨天一样。在距今 2300 万年至 500 万年前的中新世时期，海洋中出现了体大如鲸的巨型鲨鱼，而鲸则以同类为食。当时也出现了庞大的抹香鲸，其体型与现在的抹香鲸一样，但牙齿却是现在的三倍大。根据赫尔曼 · 麦尔维尔的虚构小说《白鲸》，人们将这种抹香鲸命名为麦尔维尔鲸。[33]

这些大型捕食者表明当时海洋中的物种比现在要丰富。在过去的 5 亿年中，海洋及其生物经历了太多的起起落落。生物种类不断增加，但过程并不稳定，并且也不仅仅是新旧物种的简单累加。曾经生活在地球上的绝大多数物种都已经消失了。寒武纪的环境危机引发了五次物种大灭绝，三叶虫几乎全部灭绝，而这些灭绝很可能是海洋再度缺氧所致。[34]第一次大灭绝始于 2. 51 亿年前的二叠纪，彼时，超过 90%的海洋生物和 2/3 的陆生物种的化石突然从岩石中消失了。二叠纪大灭绝之前，穴居动物充斥着海床沉积物，并不断地将其搅动。大灭绝之后，沉积物便没有任何变化。

关于此次大灾难的原因还存在很大分歧，但最有可能的是，一场历时 50 万年的火山活动将 50 万吨玄武岩倾泻在现在的西伯利亚地区。[35]3000 米厚的岩浆覆盖了 160 万平方千米的土地，并穿过层层碳酸盐岩将巨量二氧化碳排到了大气中。寒武纪之后的近 2400 万年间，二氧化碳含量下降了 10 倍，由于这种温室气体的减少，地球进入了长达 6000 万年的冰川期。

到了二叠纪之后的三叠纪时期，地球温度又升高了。随着二氧化碳含量上升，地球逐渐变暖，极地冰川也融化了。全球温度急剧上升，比现在要高 6℃。海平面上升，北极气温高达 15～20℃。[36]高温放慢了深海混合的速度，滞流水也从上到下逐渐变暖，具体原因后面会讲到。温暖的气候融化了极地和海底沉积的大量甲烷，造成严重的全球变暖。陆生植物逐渐枯萎，土壤流失严重。停滞的海水除表层水外又变得缺氧。同时，溶解的二氧化碳使海洋酸性增加，对珊瑚虫、海胆、钙质海藻和海绵产生灾难性影响。[37]二叠纪末期的大灭绝几乎使全部生物消失殆尽。但生命再次崛起。1000 万年间，新物种遍布海洋的各个角落。

有一天，当我坐在花园里考虑写这本书的问题时，我的思绪突然回到了 45 亿年前的世界诞生之时。说起来难以置信，当时的世界与现在完全一样。地球飞驰在空旷的太空中，陌生而又熟悉。我的思绪急速向前，幻想着大陆的攀升、缓慢移动、合并与分离，海平面的起起落落，海洋、沙漠和冰冠的时隐时现；怪异又熟悉、奇形怪状又令人生畏的海洋生物不断地涌现，又不断地消失不见；巨大的礁石出现在眼前，被毁灭后又反复映现；生命欣欣向荣，又不断地灭绝与重现。在这段奇异且断断续续的过程中，乌龟、鲨鱼、鹦鹉螺和水母却并没有什么变化，扮演着时空连接者的角色。而最后，人类出现了，生命的内在联系也存在于我们每一个人当中。人类是海洋的产物，海绵和生命诞生之初的单细胞微生物都是我们的祖先。本书余下的部分将会讨论人类出现后海洋发生的变化。

第二章
来自海洋的食物

很长一段时间内，人类学和考古学总是狭隘地认为，早期的人类就是在开阔的平原上捕杀大型猎物的猎人。捕猎使我们由树栖动物进化成为双腿直立行走的草原动物。高超的智慧和计谋是人类在开阔地带抵御食肉动物的必备技能，而直立行走使我们可以腾出双手使用工具和武器。较大的大脑后来使我们进化出了语言，为发展科技和文化创造了条件。

人类起源的这种观点带有一定的神秘色彩，认为人类是在与重重困难的勇敢抗争中繁衍生息的。[1]但这种观点也存在一定的缺陷。狒狒也生活在草原上，但并未进化成有智慧的两足动物，而且人类的很多适应性变化是与水有关的。现在人类的皮下脂肪含量比其他灵长类动物（跟长须鲸差不多）多10倍，假如我们的祖先也是如此的话，他们就很难长时间地追捕猎物，但却有利于涉水躲避水患。直立人密实的骨骼很像海牛等潜水哺乳动物，而并不太像平原上跑得很快的猎兽。人类很容易脱水，这种特点在草原生物中并不常见，而且人类跳入水中时会本能地憋气。长鼻猴是如今除人类以外唯一的两足动物，它们可以用后腿穿越沼泽。那人类进化成两足动物会不会是为了在水中捡拾贝壳而产生的水生适应呢？

来自比利时的马克·沃海根（Marc Verhaegen）博士和他的同事最近重新提出了人类是“水猿”的观点。[2]沃海根认为，直立人是在水边进化的，并且将原始森林物种砸碎水果和坚果的技巧用来砸开贝壳、乌龟和蟹类。

寻找搜集贝类并非难事，虽然其本身热量并不高（15 万个牡蛎的热量才相当于一只鹿的热量），但贝类含有大脑发育所需的大量蛋白质和其他营养物质。神经系统于 5 亿年前由海洋中进化而来，且发育离不开藻类和浮游生物产生的 ω-3 脂肪酸。陆生动物很难获取这些化合物，这也解释了为什么重达 1 吨的犀牛等动物的大脑只有人类大脑的 2/3，而海豚等海洋哺乳动物的大脑却很大。人类是在草原上进化的说法认为，人是从找到和捕获的陆生哺乳动物的大脑中获取大脑食物的，但从贝类、水鸟和乌龟等水生动物中却更容易获取。

想推翻人类靠猎杀大型动物生存的观点是很难的。博物馆用标本固化了人们如今的观点，让一代又一代人接受了这些说法。我仍然清楚地记得，小时候经常会看到身披兽皮、健壮且毛发旺盛的人炫耀着自己捕获的水牛和羚羊。这种场景通常只能在开阔的草原上见到，而且远处会有湖泊和河流给我们提供生存所必需的水。沃海根曾指出，草原猎手的人类进化论几乎比所有古人类化石都要久远。[3]此外他还指出，在此之前或之后发现的所有智人化石都与湖泊、河流、三角洲和海岸有关。“水猿”的概念在人类学领域存在广泛的争议，但我个人觉得，这比解释人类在非洲尘土飞扬的平原上进化的复杂逻辑理论要更有说服力。

250 万至 200 万年前，最早的人属物种的遗迹都是在内陆水体发现的，如埃塞俄比亚的贡纳冲积平原和肯尼亚境内的奥杜瓦伊湖淡水泉。晚些时候，这些人属物种开始来到海岸边生活。大约 280 万年前，非洲正与世界其他地方一样经历着反反复复的强烈气候变化，时而干旱，时而潮湿，气候多变，不宜居住。湿润期使撒哈拉沙漠长满植物，或许也打通了通往非洲的道路，而干旱期则将这些人属物种驱赶到一片适合居住的弹丸之地，其中之一便是非洲的南部，这些人属物种在这里第一次喜欢上了海。我们的基因也表明人类曾经在安哥拉和纳米比亚地区生活过。[4]

尖峰洞（Pinnacle Point Cave）13B，听着像房子的地址，其实是南非海岸人类断断续续生活了 3 万年的地方。此地意义非凡，因为一些最早期的现代人，即晚期智人，曾经在这里生活。[5]该洞目前位于奢侈的尖峰高尔夫度假村的第九个洞的下方，而附近的悬崖上则坐落着成排的现代公寓。洞穴深处厚厚的沉积物见证着时间的流逝，也向人们讲述着人类觉醒的故事。洞中发现的鲜艳的代赭石表明，早在 16.4 万年前人们就开始使用颜料了，目的很可能是用作装饰。石头上的交叉刮痕表明象征艺术和小型尖锐石器当时已经出现。此处往西是同样位于海岸上的布隆伯斯（Blombos）洞穴，考古学家在这里发现了距今 7.5 万年用食肉蜗牛咬出孔的小贝壳制成的首饰。

尖峰洞最早的居住者在退潮时搜集贝类作为食物，洞穴地面上有大量贝类沉积物。14 万年前生活在布隆伯斯洞穴的人类也在食用贝类，而且人类在此生活时，贝类一直是很重要的食物来源。[6]（我曾在一个学生的公司里待了一个夏天，接触了他们研究要用到的一堆堆腐烂的贝类，我敢说那种味道真不是普通人受得了的。）人们曾在布隆伯斯洞穴发现了距今 7.7 万年的鲷鱼和刀鱼的骨骼，这种鱼常常顺着潮水捕食。这些鱼骨中并未发现鱼钩，因此当时的人很可能是用矛或双手捕鱼的。不过人们有可能是用破碎的海胆或贝壳制成的假鱼将这些鱼引到浅水，然后用镶有骨头的矛将其捕获。不久之后的 7.1 万年前，尖峰洞的人类又迎来一次智力上的飞跃，他们发现加热的石头更容易制成尖头的工具。[7]

人类的非洲祖先很久之前就出现了，自此，人类便会一次性捕获很多猎物。人类食用水产品的证据最早在肯尼亚被发现，那里遗留着被宰杀的鱼、鳄鱼和乌龟的残骸，还有直立人的祖先制造的石器。[8]在南非的布隆伯斯和克莱西斯河（Klasies River）洞穴，除了鱼和贝类以外，人们还发现了人类捕获的企鹅、海豹、羚羊和水牛的遗迹。

在直布罗陀居住了 3 万年的尼安德特人（Neanderthals）的洞穴中，人们也同样发现了僧海豹和宽吻海豚的骨头。[9]这些海豚可能是搁浅而死去的海豚残骸，但海豹肯定是人们在地中海捕获的，因为海豹在海滩上繁殖时很容易捕获。法国南部海岸城市马赛附近的科斯奎（Cosquer）洞穴中有很多壁画，描绘了人们用矛捕获僧海豹的场景。[10]洞穴入口如今位于海平面以下 37 米处，证明了冰川期后海平面的上升，但在洞穴倾斜的方向有一个无水的洞窟。法国潜水员亨利 · 科斯奎（Henri Cosquer）于 1985 年发现了科斯奎洞穴，但壁画直到 1991 年时才被发现，当时他和他的两个同事深入洞穴并发现了岩石上的人手印。之后的数次考察中，人们共发现了 177 幅各种野牛和大型麋鹿的画像，很多都极其精美。科斯奎洞穴的壁画描绘了很多独特的海洋物种，比如现已灭绝的大海雀，还有僧海豹和水母。这些壁画是由现代欧洲人的祖先创作的，距今已有约 1.9 万年。

俄勒冈大学考古学家乔恩·厄尔兰德森（Jon Erlandson）认为，食用海产品和在海岸上生活的其他适应性变化对人类走出非洲具有重要意义，人类从此沿着海岸来到亚洲，并随之跨越白令海峡到达美洲。[11]迁徙的路上有很多物种丰富的海岸栖息地，如珊瑚礁、红树林和海藻林等，为人们提供了全年不断的食物供应。来到亚洲的人分散居住在印度尼西亚，比如陆桥和其他如今已成岛屿的地方。人类迁徙时地球正被冰雪覆盖，而海平面则降到比如今低 30~60 米。大海是个不小的障碍，最棘手的是印度尼西亚和澳大利亚之间的海域。但了不起的是，人们在 5 万年前仍然克服重重艰险，来到了澳大利亚。3.2 万年前，另一部分人还登上了日本南部的琉球群岛（Ryukyu Islands）。3.5 万至 2.8 万年前，人们又来到了 90 千米以外且从陆地上看不到的俾斯麦群岛（Bismarck Archipelago）和所罗门群岛（Solomon Islands）居住。

澳大利亚的人类定居是最早关于现代人使用船只的证据。[12]这段时期的船只都没有留存下来，也没有任何渔具的痕迹。木头和植物纤维制成的渔具早就损坏消失了，即使是更耐用的材料制成的，比如常用来做鱼钩的贝壳，在某些情况下也很难保存，大多都已化为灰烬了。

地球在过去的 12.5 万年间，大多数时间都被冰雪覆盖，大陆上成堆的冰冻岩床使海平面下降了 120 米。约 2 万年前地球温度重新升高时，海平面开始上升并在6000年前达到现在的高度。在12万至1.5万年前，人类生活在海岸边的实物证据大多数都被冲走或淹没了。

人类一开始是怎么捕鱼的呢？人们最早是用诱饵把鱼引到浅水，后来开始用石头修建了很多阻挡潮水的障碍物。非洲的海岸角有许多为人熟知的类似障碍物遗迹，这些障碍物通常用来阻挡天然水沟，但仅有不到一个世纪的历史。[13]树枝和棍子建造的潮水障碍物在过去几千年里广为人知，但已全部湮灭在历史的长河中。

人们在澳大利亚北部的岛国东帝汶发现了最早关于人类捕鱼技巧的证据。[14]东帝汶的东北地区是一片高耸的珊瑚礁阶地，人类在这块遍布洞穴和裂缝的地方生活了数千年之久。那里的杰里马来岩窟（Jerimalai Rock Shelter）有许多鱼骨化石，其历史可追溯到4.2万年前，包括隆头鱼、石斑鱼和刺尾鱼等许多珊瑚礁常见的近海鱼，也有从船上捕获的远海鱼，包括金枪鱼和鲨鱼等。这种说法与人类祖先8000年前越洋抵达澳大利亚的观点不谋而合，当然远海鱼也有可能是在近海捕到的。

加利福尼亚海峡群岛的洞穴和贝冢提供了关于捕鱼行为发展的详细证据。20年来，乔恩·厄尔兰德森和同事们通过挖掘逐渐揭示了其中的秘密。[15]成堆的鲍鱼、牡蛎和蛤蜊堆积物半掩在吹沙中，传递着美洲原住民对海产品的追捧。这些堆积物已有1.2万年的历史。海产品是他们饮食中极其重要的一部分，因此厄尔兰德森和同事认为，日本和墨西哥之间曾存在一片海藻林，东方的船员在几千年前用这条“海藻高速”来到西方居住。人们在加利福尼亚的贝冢和岩洞里发现了石器、鱼钩、鱼叉和海草编织物。在与欧洲人接触之前，这里的渔民就已经造出了渔网和捕鱼器。

鱼钩最早证明了钓鱼的存在。鱼钩由棍子、骨头或贝壳制成，两头削尖并挂上诱饵，中间绑在鱼线上。当鱼咬住诱饵，渔民就把鱼线往上拉，这时鱼钩就呈 90°角勾住鱼的嘴或内脏。鱼钩在 3000 年前的欧洲变得十分流行[16]，而其发明时间可能更早。值得注意的是，直到 20 世纪，帕劳群岛及其他太平洋群岛地区的渔民仍在使用这种鱼钩，其他很多地方的人可能也在用。这些渔民说，虽然不比现代鱼钩有效率，但这种鱼钩制作起来很容易。[17]早期的鱼线大概是用动物毛发或植物纤维制成的。帕劳的渔民在 20 世纪时就已经用椰子纤维做出了坚韧的麻线，而这种方法可能已经存在了数千年。

我们还不清楚渔网是什么时候发明的。人们在黑海海岸和南非的洞穴里发现了渔网残片，这些残片可以追溯数千年。5000 年前的苏美尔（Sumerian）浮雕墙和 4500 年前的埃及壁画上都有关于渔网的描述，但渔网的发明时间无疑比这还要早得多。考古学家认为，4. 2 万年前的东帝汶渔民就是用渔网捕获金枪鱼的。[18]当时的渔网可能是用亚麻、大麻或草织制成的。种植亚麻的证据最早出现于 3 万年前的捷克共和国[19]，而相对不太重要的纺织证据最早也是在捷克发现的，在 2. 5 万至 2. 3 万年前湿黏土图画上均有描述。[20]

很多捕鱼方法都是无数次创造变化的结果。考古学家在世界各地都发现了几千年前使用的单片鱼钩。在东帝汶的杰里马来洞穴中发现的贝壳制成的鱼钩是迄今发现的历史最悠久的鱼钩，至今已有 2.3 万年的历史，并且在 3000 年前的加利福尼亚[21]和 1200 年前的澳大利亚都在使用这种鱼钩。[22]

在漫长的人类历史中，商业捕鱼的历史却并不久远。商业捕鱼的萌芽出现在地中海或黑海地区，但在 10 万多年的时间里，人们捕鱼只是为了满足自身和亲人的需要而已。在美索不达米亚和埃及，古人在河流和湖泊中发明并磨炼自己的捕鱼技巧。壁画和浮雕墙出现了对渔网、捕鱼器、鱼钩和鱼线的描述，甚至还有早期“鱼竿”的象征。[23]而在数千年前，捕鱼在这里似乎成了一门职业。

商业捕鱼的证据在公元前 1000 年前后逐渐增多。加的斯城（Cadiz）［旧称加迪斯或加迪尔（Gades or Gadir）］可能是古代出现的第一个渔港。加的斯位于西班牙的安达卢西亚海岸，直布罗陀海峡西侧。腓尼基人（Phoenicians）向加的斯传授了早期的捕鱼技术，他们都是技艺高超的船员，据说在公元前 10 世纪或 11 世纪建造了黎凡特城（Levant）。加的斯是第一批腓尼基殖民地之一，并逐渐成为谷物、银、锡、纺织品、染料和咸鱼的重要产地。之后的数百年里，腓尼基人的影响力逐渐波及整个地中海地区的贸易路线上。到公元前 800 年时，这些贸易路线上分布着数十个腓尼基殖民地，地点包括非洲的迦太基（Carthage）以及位于今天意大利和法国海岸的热那亚（Genoa）、马赛（Marseilles）和巴勒莫（Palermo）。

加的斯的地理位置非常适合捕鱼。当地的海水中生活着丰富多样的鱼类，而且加的斯离蓝鳍金枪鱼的季节性迁徙路线非常近，古代人对这种6英尺①长的大家伙非常熟悉，文学作品中也有大量描写。奥比安（Oppian）是一位非常喜爱鱼类的诗人，他来自克里克斯（Corycus），这是一个位于今天土耳其东南部的小城。因为惹怒了一位来访的罗马高官，他的父亲因此于公元2世纪被流放到了马耳他。此时奥比安年龄虽不大，却写出一首3500行的希腊六步格诗，名为《论鱼的天性和古人的捕鱼活动》。罗马皇帝马库斯-奥里利乌斯（Marcus Aurelius）十分欣赏这首诗，赏赐给他350枚金币并赦免了他的父亲。以下就是奥比安对蓝鳍金枪鱼迁徙地中海的描写：

金枪鱼从广阔的大海中游来，当春季因交配期而意乱情迷之时，它们就来到了我们的海域。首先强大的伊比利亚人在伊比利亚海域大肆捕捞，然后凯尔特人和福西亚的古代居民在罗讷河河口捕捞，之后轮到特里纳基亚岛的居民在第勒尼安海上尽情捕捞。最后，金枪鱼在无边的深海中沿着不同的路线在大海中肆意畅游。春天，当大批金枪鱼出动时，等待渔民的是一场大丰收。渔民首先会在海上标记一个地点，既不能在海岸下显得太窄，也不能太开阔，从而避免大风，但会露出大片天空并装有不易察觉的掩蔽物。然后，一个熟练的金枪鱼观察者会爬上陡峭的山头，观察各种鱼群的种类和数量，然后把这些信息告诉同伴。渔民马上把渔网撒开，像一座城市一样，有大门，还有内城。金枪鱼成排地加速往前游，好像一群行军的战士，有老有小，还有的刚刚度过生命的一半。成群的鱼争相涌入渔网，直到鱼丰网满，成就了渔民的好收获。[24]

---

① 1英尺=30.48厘米。——编者注

马耳他从古至今一直是金枪鱼的主要产地。奥比安精确描述了金枪鱼的迁徙、繁殖和捕获过程，表明当时的人们对金枪鱼十分了解。同时也记录了如今仍在使用的这种捕获金枪鱼的古老方法：用渔网拦截迁徙的鱼，精细分工，分区作业。奥比安30岁时死于瘟疫，但我们从他的描述中深入理解了2000年前的地中海捕鱼业，因此他至今仍被铭记。[25]

不久之后，地中海东部的文化中出现了用盐保存鱼肉的方法。最早从公元前15世纪开始，咸鱼就已经出现在了地中海和黑海的市场。当时很多沿海城市将蓝鳍金枪鱼印在自己的货币上，由此可见蓝鳍金枪鱼在咸鱼贸易中的重要地位。加的斯的钱币上有两条金枪鱼的形象，而西班牙阿夫季拉（Abdera）的钱币上则把金枪鱼画成了寺庙的柱子。[26]金枪鱼被切成片，用盐腌制并装在罐子里，然后送到成百、上千英里外的顾客手中。原来金枪鱼“罐头”已经存在很久了！很多其他鱼类也用这种方式保存和运输，比如海鲷和胭脂鱼，另外还有河流和河口里捕获的大型鲇鱼和鲟鱼。

奥比安写道，当时的渔网种类“不计其数”，并列出了主要的8种：抄网、拉网、拖网、囊网、围网、套网、接地网、球网，以及我最喜欢的中空通用网。当时的捕鱼技术无疑是非常发达的。奥比安还提到了一种很精巧的装置，用来捕捉贴近海底的鱼：

他们有一根粗大的木棍，虽然只有胳膊那么长，但很粗。木棍的一头灌铅，还装了许多三个互相紧贴在一起的矛尖，旁边绑着一根卷起的长长的缆绳。渔民乘船来到海水最深的地方，把木棍用力扔进深不见底的海水中。借着铅和铁的重量，木棍在海水里迅速下沉，直接刺中缩在淤泥里的鲣鱼。如果鱼群不幸被击中的话，就可以刺中更多的鱼。渔民迅速把鱼拉上来，一条条的鱼都被铜铁矛尖固定着，不停地挣扎，让人心生怜悯。看到这些被捕的鱼痛苦地死去，就算是铁石心肠的人也会顿觉怜悯。

如今人们很难想象，从船头扔下一块满是钉子的木板怎么可能抓到鱼。除非海里挤满了鱼，或者海水很浅，很清澈，否则这种装置是不会起作用的。[27]

人们在公元 1 世纪和 2 世纪时发明了彩色装饰马赛克，海洋景观装饰不久就流行开来。突尼斯的哈德鲁梅（Hadrumetum）之前是腓尼基人的殖民地之一，人们在这里的赫尔墨斯地下墓穴中（Catacomb of Hermes）发现了一处瑰丽无比的地板捕鱼装饰马赛克画。画中，在各种鱼类和龙虾成群的大海上，渔民们坐船乘风破浪，不辞辛劳地忙碌着。他们有的用篮式诱捕器，有的用鱼钩和鱼线，还有的用鱼叉；每条船上，一人负责织网，另外两个人则用装有漂浮木塞的围网捕鱼。他们的船都不大，靠船桨提供动力。

很长一段时间内，地中海上到处都是大型渔船，但捕鱼基本上用不到大船。只有少数富人买得起冰［罗马作家伽林（Galen）曾提到过，公元 2 世纪时人们已经在用雪保存鱼肉[28]］，因此渔民一般都在近海捕鱼，以防返程时间过长而使鱼腐烂。

公元前 5 世纪，地中海岸边修建了很多大型腌制厂，多数集中在产量较高的西部水域。这些腌制厂一开始专门做咸鱼，不过后来逐渐开始制作深受古希腊人和古罗马人喜爱的鱼酱。鱼酱产量经常起起落落，公元前 5 世纪到 4 世纪达到一次顶峰，当时主要供应希腊市场。到公元 2 世纪时，罗马统治了地中海大部分地区，鱼酱产量达到了第二次高峰。[29]当时的腌制厂有许多大桶，可以同时储存超过 1000 立方米的鱼肉和鱼酱。

与如今的马麦酱和蓝干酪一样，当时的人也并不是都喜欢吃鱼酱。公元 1 世纪时，古罗马作家老普林尼（Pliny the Elder）把鱼酱称为“精致的液体”，而档次最高的鱼露可以卖到跟香水一样的价格。[30]可是同时期的古罗马哲学家塞内加（Seneca）却说，鱼酱“只不过是昂贵的烂鱼内脏而已”，他的话所言不虚。大多数腌制厂都是臭烘烘的，因此全都建在远离居民区的城墙外面。

一部公元 10 世纪编撰的古代作家作品集中记录了鱼酱的做法。[31]一种方法是把蓝鳍金枪鱼的肠子、血液和鳃取出来，撒上盐捣成酱，然后放在瓶子里发酵两个月就可以了。另一种方法介绍了如何用多种鱼类混合制作档次较低的鱼酱，所用的鱼通常是其他地方用不到的，凤尾鱼就是不错的选择。还有一种做法是一份鱼加两份盐，放置一个晚上，然后放到黏土容器里面，容器不封口放在阳光下静置两三个月，并且不定期地用棍子搅拌。这种做法听起来就让人没食欲了，不过一种叫阿莱的鱼酱更让人不想吃，因为阿莱酱是用发酵罐底部的残渣做出来的。

最近，西班牙食品技师用现代方式模拟古代技术制作了一种鱼露[32]，其中关键的一步是用酶分解鱼内脏的蛋白质，从而将鱼肉分解成氨基酸、脂肪和营养物质做成的酱。最后制成的鱼酱与如今的亚洲鱼酱大同小异，都富含 ω-3 脂肪酸以及大量维生素和矿物质。[33]鱼酱可以说是古代的健康食品。

随着罗马帝国的疆域顺着欧洲向北延伸，罗马人也把他们的食物传播到各地。罗马人把大量鱼酱运到了他们的殖民地，当时在北欧的城市20%的罐子都用来盛鱼酱[34]，而且高卢北海海岸上还建起了许多制造厂。随着罗马帝国的瓦解，这些工厂也倒闭了，鱼酱也随之从菜单上消失。海洋捕鱼活动也减少了，只有斯堪的纳维亚半岛未受影响，因为那里气候寒冷，大多数农作物都无法存活，人们只能靠捕鱼为生。8 世纪或 9 世纪时，英格兰、佛兰德和北欧其他地区的垃圾场中，鱼骨残渣都是在当地长期或季节性生活的淡水鱼，包括鲟鱼、鲑鱼。到了 11 世纪，海洋捕鱼重新兴旺起来，捕鱼业的扩张和工业化开始了，并且发展至今，仍未停止。

考古学家们翻遍了 100 多个厨余垃圾堆，终于揭开了北欧海洋捕鱼革命的细节。[35]捕鱼业在 11 世纪中期的数十年里发生了巨大变化，捕获的淡水鱼曾占到总量的 80%，后来却被咸水鱼取代，包括鳕鱼、黑线鳕和鲱鱼。人口增长和城市化迅速提高了鱼肉的需求量，而基督教的传播也功不可没，因为基督教教义要求人们一段时间内或永久不得食用四足动物的肉。由于人类活动极大地改变了河流、湖泊和河口的栖息地环境，淡水鱼供应量一落千丈。农业扩张导致森林减少，农民为了种植农作物而在土地上深耕作业。结果，水土流失愈发严重，原本流速很快、凉爽且清澈的河水流速变慢，温度升高并变得浑浊，使得鲑鱼等鱼类难以生存。另外，欧洲各地在河上大范围修建水坝，用来为玉米加工厂和其他工业设施供电，然而却对从海里来到河中产卵的鲑鱼和其他鱼类造成严重影响。由于水坝阻塞了迁徙路线，淡水渔业随之急速衰落。

中世纪时的鱼大多数是在本地消费，但鱼类长途贸易在13世纪左右重新兴起，交易的鱼肉变成了风干鱼和腌制鱼。[36]地处北极的罗弗敦（Lofoten）群岛是鳕鱼的产卵地，渔民在这片鱼群密集的地方捕鱼，然后把鱼放在寒冷的空气中风干，最终的成品有一米长，像木头一样坚硬。这些鱼最远被运到地中海地区，满足了沿线城镇的需要。鳕鱼干能存放两三年，在没有冰箱的年代是一种完美的方便食品。

15世纪前后，阿姆斯特丹渔民研究出了更先进的用卤水腌制鲱鱼的方法[37]，其实这种方法是一种再创造，因为古代渔民已经是腌鱼专家了。捕鱼业随之迅速发展，荷兰和英国船队先后诞生。到7世纪时，设得兰群岛（Shetland Isles）至波罗的海之间已有2000多艘荷兰渔船在捕获鲱鱼。从欧洲西部到加拿大和新英格兰沿海地区，由于数量丰富且体型庞大，人们逐渐把目光转向了鳕鱼。

随着新捕鱼方法的发明，欧洲的捕鱼技术逐渐提高。14世纪时出现了桁拖网[38]，网上的木棍使网呈展开状态，渔民拖着网在海底捕鱼。这种网的制作灵感可能来自拖捞网，这是一种用来捕捉海底龙虾的小型网。

18世纪50年代，一名叫亨利-路易·杜哈美尔·杜蒙索（Henri-Louis Duhamel du Monceau）的法国贵族编撰了一份详细的捕鱼方法录，并配有版画进行详细说明。[39]这些方法包括挂满鱼钩的潮间和潮下长线，由人从平台上操控、撒在浅水里并挂着诱饵的敷网，还有捕捉鲱鱼所用的，通过勾住鱼的鳃进行夜间捕鱼的流网等。除了捕捞鳕鱼和鲱鱼的大型渔船外，大多数人还是用小船在近海捕鱼。人们尚未解决腐烂变质的问题，因此大多数捕获的鱼都在近海的城镇和村庄消费掉。人们通过改良希腊的技术造出了活鱼舱船，以便在远海捕鱼。这种船载有水箱，可以把北海中部捕获的大比目鱼、鳕鱼、大菱鲆等等运到汉堡和伦敦等城市。18 世纪末至 19 世纪中期，新、旧大陆的鱼市场迅速扩大。收费公路和铁路使沿海和内陆的交通更为便捷，因此内陆城市的人也能享受新鲜的鱼肉了，而这又反过来促进了捕鱼技术的发展。不过，此时的捕鱼业仍然用的是中世纪时期的技术，如帆船、船桨、鱼钩、渔网和诱捕器。

而在世界其他地方，捕鱼技术的发展与工业化国家不相上下。我知道的最了不起的捕鱼方法应该是来自马来西亚和西太平洋群岛。[40]当地人用椰子树叶的中脉把一片风干的面包树叶加固并做成一个风筝，然后用椰子壳纤维制成的绳子把风筝放飞。风筝拖着一个蜘蛛网做成的垫子在水里漂，垫子上站着一个技艺高超的渔民，他会控制垫子躲过浪花，并用这种方式吸引雀鳝。雀鳝一旦咬住诱饵就会被缠住。我一直在想，世界上第一个风筝是不是渔民根据绑在绳子上并放飞的椰子叶发明的呢?[41]好像有点跑题了。

19 世纪 80 年代，蒸汽船的出现标志着现代商业捕鱼的诞生。摆脱了风浪的束缚，渔船队的数量开始成倍增长，并向大陆架进发。有了发动机，人们便有了在远海和深海捕鱼的能力，而且即使在恶劣天气中仍能照常作业。随着发动机功率和需求的增长，渔船变得更大，同时也用上了更大的拖网和渔网。20 世纪初期，柴油机取代了蒸汽机，而随着渔船数量的增长和新技术的出现，捕捞强度随之攀升。第二次世界大战结束后，工业化达到第二次高潮并延续至20世纪70年代。在此期间，渔船的尺寸和动力继续增大，单股长丝渔网也取代了大麻和棉花制作的网，人们因此可以用更大的捕捞设备，从而大大提高了捕鱼效率。方方面面的进步大幅提高了捕鱼能力。挂着成千上万个鱼钩的长线增加到数十千米长；类似长度的流网变成一道死亡之墙；大型发动机可以拖动尺寸比教堂还大的中层拖网；而水底拖网绵延100米宽，缆绳上还装有沉重的钢球，可以让渔网顺利沉到水流湍急的海底。

20世纪50年代以前，捕鱼技师们主要是对古代的传统方法加以改进。他们更换原材料，优化设计，增加发动机功率，并使用更多更大的捕捞设备。20世纪50年代，回声探测器的使用标志着新一轮捕鱼革命的开始。回声探测器可以发现极深水中的鱼，在这之前，即使是技术最娴熟的船长都办不到。20世纪80年代，得益于计算机和卫星技术的辅助，回声探测器等电子设备又一次提高了捕捞量。

回顾人类发展的悠久历史，让我印象最深刻的是技术发展的速度在不断加快。人类最早的祖先每隔数万年才会取得一项重大发明。1万年前，在冰川期结束后，发明的速度加快了，新的捕鱼方法每隔1000年甚至更短的时间就会出现。而在过去的1000年里，随着人们捕获的鱼种类越来越多，捕鱼和保存的方法愈发新颖，发展的速度也更快了。最近100年来，发动机功率的提高和现代材料的使用极大地扩展了捕捞范围，而最近30年中，计算机和卫星技术的应用又一次刺激了捕鱼业的发展。后面两章中，我将对捕鱼业的快速发展如何影响海洋生命加以研究。

第三章

日益萎缩的海洋鱼类

有一种鱼叫大比目鱼，体型硕大无比，需要两个人才能勉强把一条鱼拖上船。不过这种鱼多的是，所以渔民只吃鱼头和鱼尾而把鱼身扔掉。

——约翰·史密斯上尉，詹姆斯敦首任领袖，《弗吉尼亚史》，1624 年[1]

清晨的海面一片漆黑静谧，而远处小山处传来的发动机轰鸣声却打破了这许久的宁静。一条渔船径直驶向岸边，岸边的水深只比船的吃水深度大了一点点。船员们在船边操纵着两组拖捞网，共 4 条，落水的渔网溅起巨大的水花。渔网沉重的钢架上布满垂直的锯齿，可以把海底的扇贝一个个扒起来，送入钢架上的网袋。发动机发出巨大的轰鸣声，渔网被慢慢拉上来。半小时后，渔网从远离海岸的水中被拖到了甲板上，里面塞满了石头、海草、海星和扇贝。一名船员负责分拣收获物，而渔船则掉头重新驶向岸边再次打捞。除非有别的办法，否则船长绝不会在苏格兰克莱德河口湾（Firth of Clyde）上的浅水里，冒着撞上礁石的危险作业，但是捕鱼业这些年来非常不景气，所以船长觉得没有别的出路而只能在岸边捕捞谋生了。

虽然有着先进的技术手段，但是现代的渔船队却一直为盈利而苦苦挣扎。捕鱼一直都是个苦差事，繁重劳累，汗流浃背，脏乱无比，有时候还很危险。但是不管怎样，以前的渔民却永远不用担心收成。19 世纪的码头照片上，鱼的收获量非常大，在现在看来简直不可思议。码头周围堆满了箱子，箱子里塞满了硕大的鱼，而大比目鱼、鳕鱼、狼鱼、大菱鲆等实在太大，石头地面上的板条箱根本装不下。不过，到了 19 世纪末期，渔民们也开始抱怨收成不佳了。1883 年，一个调查委员会开始调查渔民们抱怨的事。由于没有渔业统计数据，就无法解决产量下降的问题，因此委员会建议政府着手收集数据，1889 年，数据收集工作正式展开。

1983 年，欧洲委员会颁布了共同渔业政策，然而奇怪的是，在此之前的统计数据却被忽略了。直到几年以后，我的一个研究生鲁斯·特斯坦（Ruth Thurstan）才重新把这些数据收集利用起来。当时的人们也许是觉得这些数据太老，完全没有利用价值，所以才弃之不用。数据收集的方法一直在变，所以很难把新旧数据加以对比。不过一切努力都没白费，这些老旧的数据图表清晰地展示了捕鱼业的现状，一个比现代数据反映的更糟糕的现状。

底层拖网渔船是一种可以拖动大型张网捕捞底栖鱼的渔船，其捕获量的统计图表看上去就像一座有两个深谷的陡峭山峰。[2]捕获量从 1889 年开始飙升，到 20 世纪中期达到顶峰，之后一段时间一直保持平稳，但平稳期后到现在一直大幅下滑。1889 年，英国海域底栖鱼（包括鳕鱼、黑线鳕和鲽鱼等）的捕获量是现在的 2 倍多。考虑到当时和现在巨大的技术差距，这种情况真的是难

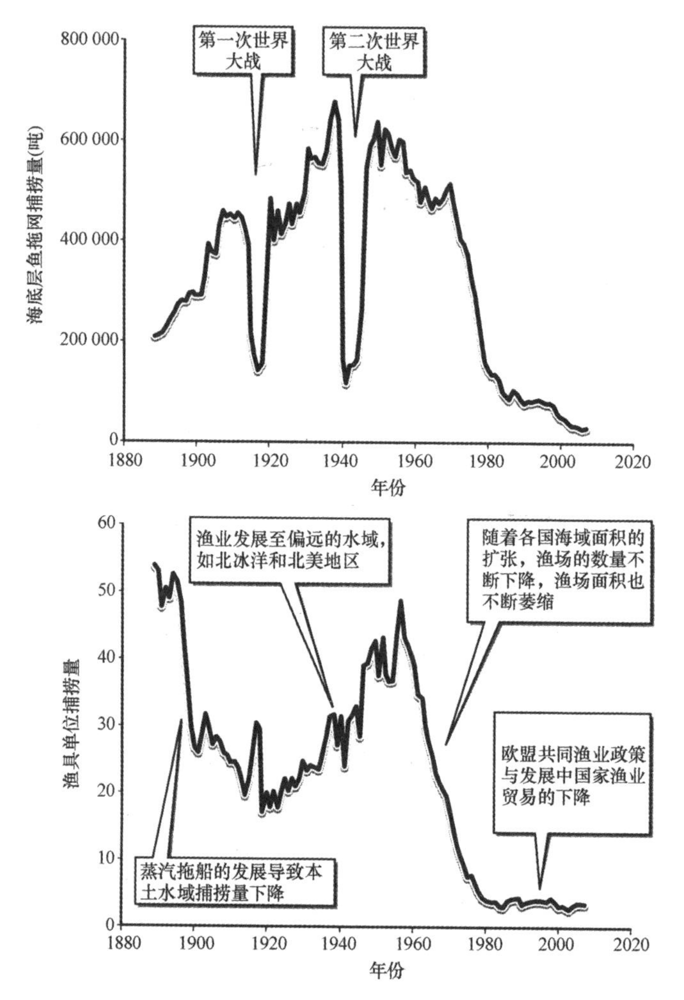

英格兰和威尔士底层拖网渔船队捕获量的变化情况（上图）：1889 年至 2007 年英格兰和威尔士底层拖网渔船队的总捕获量。捕获量在两次世界大战期间急速下滑，因为当时局势太危险不适合捕鱼。捕获量是由海洋里鱼的数量和船队的捕捞能力共同决定的。（下图）该图表示的是单位捕捞能力的捕获量，表明现在的船队需要付出 17 倍的工作量才能达到 19 世纪 80 年代的捕获量

以置信。捕获量在1938年达到巅峰，当时渔船队的捕获量是现在的5倍多。图标上的两条深谷刚好与两次世界大战重合，战时由于局势太危险不适合捕鱼，并且很多船只都挪作他用，比如布置水雷等，因此捕获量大幅下滑。

捕获量并不能展示全部实际情况，因为捕获量是由海里鱼的数量和捕捞时间共同决定的。要想更清楚地知道有多少鱼可供捕捞，就需要按照捕捞能力把捕获量分成几个部分。用单位捕捞能力的捕获量可以更精确地计算出海里有多少鱼。

幸运的是，渔业统计数据还包括了每年实际捕到鱼的船只的数量和尺寸。但帆船和拖网渔船之间该如何比较呢？去世多年的19世纪渔业科学家沃尔特·加斯坦（Walter Garstang）帮我们解答了这个问题。采用前10年的官方数据，他计算出单位捕捞能力的捕获量在1889年至1899年之间下降了50%。并且据他估算，蒸汽拖网渔船比帆船多用了一倍多的捕捞能力才达到相同的捕获量。我们采用了类似方法估算20世纪至今渔船捕捞能力的增长情况，并以此追踪记录每一次技术的进步与发展。[3]

鲁斯把按照船队捕捞能力变化划分的捕获量图表给了我，看完图表我简直说不出话来。我已经预料到捕获量会下降，但实际数字却低到了极点。19世纪80年代，帆船占大多数的渔船队捕鱼效率比现在要高得多。虽然配备了最先进的电子探鱼设备，但现在的渔船每小时的捕获量只有120年前的6%。换句话说，今天的渔民要付出17倍的努力才能和19世纪的渔民捕到同样多的鱼。造成这种巨大差距的原因很简单，因为海里的鱼变少了。假如按鱼的种类来分析这些数据的话，19世纪和21世纪之间的差距就更加明显了。在单位捕捞能力与捕获量方面，21世纪与19世纪相比，鲽鱼下降了36倍，黑线鳕下降了100多倍，而且表明，大比目鱼则不可思议地下降了500倍。

工业化捕鱼开始之前海里是什么样子呢？过去几个世纪里，有亲身经历的人记录了美洲海域鱼类群集的场面。以下是1870年6月4日刊登在马萨诸塞州《格洛斯特电讯报》上的一篇报道：

新泽西有报道说，上周大批竹荚鱼抵达巴尼加特河口，挤满了河湾、浅滩和河道，还把大量其他的鱼挤到了小海湾、小溪、沟渠，甚至是草地上的池塘里。小蛋港入海口处的竹荚鱼还把西鲱鱼挤到了岸边，人们不费吹灰之力就能装满一货车。小溪和池塘里到处都是鱼，旁边是两英尺高的草地，人们随便找个叉子就能把鱼抓到船上或者直接扔到河岸上。

刚刚提到的“其他的鱼”指的是油含量极高的鲱鱼，人类以及所有海洋食肉动物都以鲱鱼为食。1913年的一份美国鲱鱼捕捞报告指出，当年美国鱼的捕获量为10亿条，以此为原料生产的油和化肥分别高达650万加仑和9万吨。[4] 如果把这些鱼头尾相接排列起来可以沿赤道绕地球6圈。

在其他一些19世纪的照片上，从西海岸普吉特海湾捕获的鲑鱼堆得跟人的大腿一样高，有时一次能捕到3000条鱼。1915年，仅仅阿拉斯加海域就出产了4亿磅①鲑鱼。假如把这些鱼放在能装200磅鱼的桶里，一个一个摞起来，足足有1200英里②高。[5] 墨西哥湾的船队会先派出帆船用装着诱饵的鱼线试水，找到红鲷鱼

---

① 1磅=453.59克。——编者注
② 1英里=1.6千米。——编者注

群后开始捕捞，他们在有些地方一天就能捕到2000条鱼。[6]

1819年，居住在纽芬兰的刘易斯·安斯帕克（Lewis Anspach）牧师描述了康塞普申港（Conception Bay）捕捞毛鳞鱼的情景。[7]毛鳞鱼是一种在岸边产卵的浅水鱼，很多动物都以毛鳞鱼为食。

此时正值“毛鳞鱼头涌”之夜，康塞普申港的壮观场景简直无法想象，难以言表。庞大的港区到处都是多种多样、大大小小的鱼，一个个都在彼此奋力追赶或躲避；鲸从水中跳起又落下，溅起巨大的水花；鳕鱼在浪花上蹦蹦跳跳，银色的躯体反射着皎洁的月光；毛鳞鱼飞快地在浅水里游动，试图在岸边寻找藏身之地，浪花却把数不清的鱼带到了沙滩上，妇女儿童早已守候在此，手拿篮子和桶，静候着一场珍贵的大丰收。

有些鱼很有用处，但有些鱼却被当作有害动物，需要人们花大力气消灭它们。说起来可能有点不可思议，20世纪五六十年代，加拿大西部掀起一场针对姥鲨的大范围行动，试图剿灭这种海洋中体型第二大的鲨鱼。姥鲨以浮游生物为食，但经常被困在用来捕捞鲑鱼的刺网里，因此渔民对它们非常憎恶。人们配备了船头装有切割设备的捕捞保护船，可以把在海面进食的姥鲨切成两半。数千头姥鲨死在了渔网里，或者被这些切割设备杀死。[8]在欧洲，角鲨鱼和鼠海豚也同样被认为是有害的，因为它们会从渔网和鱼钩上把鱼偷走，18世纪时曾有人目睹了渔民大量捕杀鼠海豚的情景，并把当时的情况记录了下来。[9]

除了管控较好的阿拉斯加鲑鱼以外，这些历史小故事中提到的鱼的数量都从历史高位大幅下滑。普吉特海湾的鲑鱼数量少得可怜，而如今，红鲷鱼、竹荚鱼和鲱鱼在美国都遭到了过度捕捞，毛鳞鱼的数量也大大低于19世纪时的数量。2010年，美国经过评估的商业鱼类资源中有25%遭到过度捕捞，也就是说，鱼类资源总量远远低于历史高位[10]，实际上，过度捕捞的情况其实更严重。悲哀的是，在调查的528种美国鱼类资源中，有一半多的275种无法确认其实际状况。因为这些鱼数量稀少，根本不值得收集数据，或者收集的数据不够可靠，数量稀少的原因正是由于过去的过度捕捞，而19世纪的时候这些鱼都是美国人经常吃的。世界其他地区的情况也基本差不多。不过，2007年美国开始实行渔业管理政策，美国的鱼类资源情况开始好转，后面我也会讲到这部分内容，但在其他地方，糟糕的情况仍在持续。

我们很难相信过去的鱼类资源居然会如此丰富，因为我们已经很久很久没见过了。相比其他人所说的，人们更愿意相信自己的亲身经历。正如我在本书开头所说的那样，这样的结果是认识世界的方式的转变，而这种转变已经延续了好几代人。科学对这种基本情况的变化非常敏感，因为科学家一直在研究前沿的知识，并且热衷于追寻最新的观念。

很多记者曾经问我，在我们发表了鲁斯关于英国拖网渔业衰退的研究之前，为什么那些旧的渔业数据会被忽视如此之久。他们对这个问题感到非常不解。因为大家认为以前的数据与“明年还有多少鱼可捕”的问题没什么关系了，而这个问题也是渔业科学家们经常被问到的。要回答这个问题，就要搞清楚现在海洋里鱼的存量，因此必须要通过调查得出数据，而不能去看几十年或几百年前有多少鱼。但是，只有了解过去的信息，才能得出鱼类资源的整个变化情况，并据此判断可持续性。

在过去150年的大部分时间里，渔民和鱼之间角逐的天平已经失衡，完全倒向了渔民一边。过去几十年中，我们制定了一系列法规来限制捕捞能力的增长，却仍没有为大多数鱼种的繁殖留出足够的时间和空间。对于那些与目标鱼类相伴而生的鱼种而言，其生存更是危机四伏，这种鱼也被称为“副渔捕物种群”。现在的捕捞强度实在太高了，某些鱼类的数量一旦达到可以捕捞的水平，那么，用不了一年的时间被捕捞的量都在30%~60%之间，有时甚至更高。

据统计，拖网渔船每年的捕捞面积相当于地球大陆架面积的一半[11]，再加上克莱德河口湾的扇贝捕捞船等挖泥船，改变了海床上的生命环境，把生活着大量珊瑚、海绵、海扇和海草的复杂栖息地完全变成了一片无边无际且毫无生命气息的碎石、沙子和淤泥。除了这些船只毁掉了海底环境以外，原先的手钓线现在也变成了多钩长线。每个晚上在海里钓鱼的多钩长线加起来能绕地球500多圈。

虽然大海的确广阔无边，但海洋生命大多数都集中在海水表层、大陆边缘和其他物种聚集地，因为这里的表层水富含大量从海底涌上来的营养物质。我们也集中在这些地方捕鱼，造成了毁灭性的影响。金枪鱼和剑鱼等洄游性鱼种每年在海里行进的路程有上万英里，但在捕食区和繁殖地等对它们至关重要的地方，人类却可以随时将其拦截捕获。

历史上，人类捕鱼的发展模式几乎一模一样。一开始，我们只是就近捕鱼。当鱼所剩不多时，为了不让捕获量减少，我们要么想更好的办法捕鱼，要么就去以前没去过的地方捕鱼或者捕捞差一点的鱼。詹姆斯·贝特兰（James Bertram）在 1873 年就注意到了这种趋势，他曾哀叹道："我们夜以继日、永不停歇地掠夺着海洋里的食物资源。当近海的鱼消耗殆尽的时候，我们就直接奔向深海，继续捕捞。"[12]

这种模式也体现在英国拖网渔船队的变化上。从 1889 年至第一次世界大战时期，英国拖网渔船主要的捕捞场所仍是本国海域。随着本地的鱼类资源耗尽，单位捕捞能力的捕获量也随之骤降。第一次世界大战结束后，人们不远万里来到冰岛、北极和西非寻找新的鱼类资源，单位捕捞能力的捕获量随之升高。到 20 世纪 60 年代时，这些地方的鱼也消耗得差不多了，捕获量又一次大幅下滑。20 世纪 70 年代，情况变得更加糟糕，因为随着各国开始扩大自己的主权水域，把专属经济区向外延伸了 200 海里，渔船被迫回到本国海域，而这里的捕获量已经下降得十分严重了。

历史上大部分时间里，地理扩张和寻求替代鱼种都让渔民受益良多。19 世纪至 20 世纪初期，美国的牡蛎捕捞业一直是沿着河口进行的，北起纽约，南至圣弗朗西斯科，将沿途的牡蛎消灭殆尽。但 20 世纪以来，捕鱼业的范围变得更宽更深，直至今日已经触及海洋的各个角落。第二次世界大战后，日本多钩长线渔船开始驶入公海捕鱼，并向世界各大海域进发，至 20 世纪 70 年代时，日本渔船几乎已经无处不在了。苏联渔船则在 20 世纪 60 年代和 70 年代一个接一个地扫荡着海底山脉。如今，海底山脉的捕鱼活动又加入了来自日本、斯里兰卡和中国等国家的船队，而捕捞对象则从金枪鱼和剑鱼扩大到鲨鱼、鲯鳅、月鱼和珍贵的深海鱼，包括生活在南大洋的冰冷海底、身长 2 米的智利海鲈鱼。渔船的捕捞活动已经延伸至极地冰架和数千英尺的深海，而捕鱼业的影响范围则比捕捞设备的最大触及深度还要大。[13]在海面和海底来回迁徙的动物也会被渔船捕捞，而掀起的淤泥则在远处沉积下来。据统计，世界上大多数主要渔业物种的数量已经下降了 75%~95%，甚至更多。联合国粮农组织的数据显示，20 世纪 50 年代以来人类捕捞的鱼种中，数量大幅减少的种类占了 2/3，而下降的速度仍在加快。[14]从此不难看出，人类的捕捞活动就是一种滥杀行为。

俗话说人生从 40 岁开始，但对大多数人来说，生育能力最强的时间段是在 40 岁之前，当然上了年纪的有钱人却是反其道而行之。不过对鱼类和贝类来说，年龄越大，生育能力越强。个头和年龄较大、体型肥胖的鱼会比年轻、行动敏捷和体型较小的鱼产下更多的后代。体型和经历是它们的优势所在。它们的卵比小鱼的卵营养供应更加充足，所以能突破艰险长大的后代会更多。但在一两个世纪的时间里，捕捞活动却终结了大鱼的主宰地位，而进化方向也随之改变。

捕鱼业的一条普遍规律是，当人们捕捞一种鱼时，鱼的平均尺寸会变小。大多数捕鱼方法是看体型的，也就是说鱼的身体或嘴要比网眼或鱼钩大。即便是用手捉的鱼和贝类也会受到影响，因为人们总是喜欢把最大的和最鲜美的鱼挑选出来。因此，久而久之，捕鱼业逐渐改变了鱼群中大鱼和小鱼的数量平衡。捕获的鱼越来越小，这种情况并非现在才出现的。从加利福尼亚的古代贝冢中，我们也能看到捕捞强度日渐提高的迹象。1 万年前至 200

年前，贝类的个头缩小了40%多，而用来食用的红鲍鱼的尺寸则从20厘米缩小到7厘米。[15]

自然进化的方向是尽可能地增加动物后代的数量。而由于人类的捕捞活动，动物在生长过程中的死亡风险增大，那些生长缓慢、成熟较早、体型较小且繁殖较早的物种就会在进化中占有优势，这也和现在野生环境中的情况一模一样。生活在加拿大圣劳伦斯湾的鲑鱼现在长到四岁时就开始繁殖，而40年前则要到六七岁时才有繁殖能力。北海地区的鳎鱼现在进入成熟期时的体重只有1950年时的一半。[16]这些适应性变化对那些饱受捕鱼业屠戮的物种应该是很有帮助的吧？但是，不一定。小鱼产的卵比大鱼要少很多，而且由于工业化捕鱼的捕捞强度太高，很多鱼种在进入成熟期后没几年就被捕杀了。这也意味着卵和幼鱼的数量越来越少，不足以维系后代的种群规模。很多鱼种的繁衍数量成百倍，甚至成千倍地减少，鱼类因此面临灭顶之灾，而捕鱼业没了鱼是无法持续的。

数十年来，北大西洋涛动等气候循环让鱼类后代的生存状况时好时坏。很多鱼种为了适应环境，便进化出长寿能力，并可以多次繁殖，用这种方式让尽量多的后代生存繁衍。过度捕捞降低了鱼类的繁殖年限，增加了繁殖失败和种群崩溃的危险。捕捞活动使进化向原本的反方向进行，进而增加了种群骤减的危险，也毁掉了鱼类几千年来不断进化而成的适应性能力。针对加利福尼亚海岸海洋生物的长期调查显示，渔业物种的变异情况比其他物种要多。[17]

长期的高强度捕捞逐渐降低了大型物种的数量。人们给这种非常普遍的现象起了个名字，叫“沿食物网链向下捕捞”。该现象与有序过度捕捞是息息相关的，后者是指按从大到小，从捕食者到被捕食者，从高价值到低价值，以此顺序降低种群数量，而这三种顺序常常是同时进行的。我们最开始是从体型大和价值高的物种开始的。体型较大的鱼类一般都是捕食者，因此它们的肉坚实鲜嫩，人们非常喜欢。而捕食性鱼类通常又胆大又贪吃，很容易受到诱捕器、鱼钩和渔网诱饵的诱惑。当这种鱼近乎绝迹时，我们就继续捕捞体型较小的、不太受欢迎的且价值较低的鱼。[18]

以前，在美国南部河口里翻来滚去的是个头很大的锯鳐，而现在则被体型较小的鱼取代了。19 世纪 60 年代，人们在苏格兰西海岸的罗科尔浅滩发现了新的鳕鱼资源，当时的一份报道写道：“船员们用诱饵以最快的速度把鱼往船上拖，而涂着蓝装且凶光毕露的大鲨鱼一直在船边游来游去，一旦有鳕鱼脱钩，马上就被鲨鱼吃掉了。”[19]而现在，蓝鲨基本没了踪影，鳕鱼也近乎绝迹了。

除了恶劣环境以外，大自然的生命网链是极其复杂的，动植物以各种各样的方式相互影响。它们之间是捕食和被捕食的关系，有些还会抢夺其他物种的生存空间。当一个物种数量下降或完全消失时，生命链里的其他物种也会受到影响，并造成难以预料的后果。通过农场的环境，我们知道了简单的生态系统会产生很多问题。丰富的植物群一旦削减到只剩几个物种时就会增加病虫害的发生几率。在陆地上出现这种不利情况时，我们还能用化学喷雾和精耕细作来解决，但是在海里，这些办法就失灵了。

我们可以把生命网比作一个多人游戏，游戏里有些玩家的角色是类似的，而周边环境决定着它们的命运。某些环境条件对一个或一些物种是有利的，当环境变化时，它们的命运随之改变并被其他物种取代。但角色本身是继续存在的。如果生态系统的物种越丰富，构成越复杂，它们应对环境改变的能力也就越强，而因为过度捕捞或污染等其他因素导致物种减少的话，鱼类的适应能力就会变弱。

本章一开始提到的克莱德河口湾就生动地体现了可能出现的糟糕情况。克莱德河口湾长 100 千米，径直向西深入苏格兰西部，并与群山遮蔽的法恩湾（Loch Fyne）的源头交汇。18 世纪时，这里的岸边和水湾里随处可见各种鱼类、贝类、鲸和鼠海豚，还有每年来此地繁殖的数量庞大的鲱鱼。彼时，当成群的鲱鱼来到这里时，整个海面的 2/3 都被鱼群占据，这样的景象也让游人惊叹不已。庞大的姥鲨在潮来潮去的水面上尽情享用着浮游生物，而鳕鱼则抵抗着一群群捕食性鱼类的袭击。丰富的鱼类资源滋养了发达的捕鱼业。一位名叫亨利・比尤弗伊（Henry Beaufoy）的英国下院议员向我们描述了 1785 年捕鱼业的盛况：

和一位渔民聊天时，他告诉我说，他捕的鱼多到不可思议；他用相对较小的鱼线捕捞鳊鱼，一根线挂着 400 个鱼钩，他信誓旦旦地对我说，他用一根鱼线就能轻而易举地捕到 350 条鱼，有大菱鲆、鳎鱼和巨齿牙鲆，每条鱼都有两三磅重。他一般不去捕鳐鱼，因为卖不上价，不过他说如果他想捕的话，用一根鱼线捕到的鳐鱼就能把船装满。其他人的说法也差不多，所以他的话，我也一点都不怀疑。[20]

19 世纪末期，克莱德河口湾南部的巴伦特雷开始用渔网和底层拖网在浅水处的鱼类繁殖地捕鱼，而这里正是鲱鱼的产卵地。之后的几十年里，这里的鲱鱼捕捞业便一落千丈。灾难性的后果促使渔民颁布了一条禁令，严禁在克莱德河口湾上使用底层拖网，禁令一直持续至 20 世纪 80 年代。禁令生效期间，多种底栖鱼的捕获量都出现回升，但 20 世纪 60—70 年代，同是鲱属的鲱鱼和青鳕都因为电子鱼群探测器和中层拖网的发明而绝迹了。

鲱鱼完全消失后，对虾拖网渔船又开始对鱼类资源造成了压力。1984 年，该禁令被废除，之后不到 20 年时间里，鳕鱼、鲽鱼、黑线鳕和牙鳕等克莱德河口湾里所有数量较多的鱼都近乎绝迹。如今的水底一片荒芜，只剩下对虾和扇贝，但也已经捕捞过度。这里已经成了一片海洋废墟。[21]

可以预见，克莱德河口湾捕捞过度的情况即将结束，因为很快就无鱼可捕了。不幸的是，这种情况并非独一无二。世界上所有海洋里都存在捕捞能力上升而鱼类避难区减少的情况。克莱德河口湾让我们看到了一个鱼类灭绝的未来世界。

2010 年，鲁斯・特斯坦和我发表了关于克莱德河口湾的研究报告，很多熟悉这个地方的渔民和其他人都对我们的结论深表赞同。用简・奥斯汀（Jane Austen）的话说，我们认为克莱德河口湾捕鱼业糟糕的状况是“一条举世公认的真理”。但行业领导者却不高兴了。两家渔业组织的负责人在报纸上发表文章，用最常用的三个方法进行否认：攻击科学事实，诋毁科学家，并推诿责任，以各种托词为自己开脱，比如污染、地域和气候变化等冠冕堂皇的理由。[22]他们最后说了这么一句：“我们没必要理会这份报告……真正的海洋科学家会证明这份报告都是胡说八道。”要不是因为他们引发的后果太严重的话，我还真觉得他们的话挺好笑的。

两名钓鱼爱好者也就同一问题接受了采访，他们勇敢地说出了当地人的心声。其中一个说，“那里只剩下鲭鱼了，而且只有夏天才有。以前大家会在西湾的沙滩上钓鱼，晚上也有很多人，但是现在一个人也没有了，因为根本没有鱼。”另一个人说：“这种情况可不是一个人拿着鱼竿造成的，也不是因为克莱德河口湾很脏，现在这里比 70 年代可干净多了，罪魁祸首是拖网渔船。”

过去几年里，我听到了很多渔业代表们否认事实的惊人表态。全世界的议会大楼和委员会办公室里，代表们固执己见，坚决抵制有助于鱼类资源恢复的法规。政客们宁愿相信，严格的立法会造成很多不必要的麻烦。事实上，不愿承认和处理问题会对他们自身的生存造成更大的威胁。欧盟的政客和捕鱼业之间的关系就跟医生帮病人自杀差不多。过去 25 年来，政客提供给捕鱼业的捕捞配额平均比科学家推荐的安全限额高出 1/3，[23]而这种政策的唯一后果就是鱼类资源和捕鱼业的崩溃。如果不信的话，那就想象一下，假如农民每年拿去卖的羊比羊群的产仔数多 10 只会怎样？不论编故事的本事有多厉害，人永远骗不了大自然。

毁灭的故事到此结束，我想再来说一说大西洋的蓝鳍金枪鱼，这种体型硕大的鱼近年来已经成为人类破坏行为的典型受害者。自 1970 年以来，它们的数量至少下降了 2/3，而最近一个世纪以来的下降幅度则接近 95%。截至 20 世纪 70 年代，随着蓝鳍金枪鱼迁徙鱼群的绝迹，这种鱼几乎从北海完全消失了。[24]截至 20 世纪 80 年代，北海中已经没有它们的存在，而现在则被认定为灭绝。不管怎么说，这种鱼是因为我们而从繁荣走向了灭绝，相关的科学证据是确凿无疑的。但是，名不副实的国际大西洋金枪鱼资源保护委员会却继续向其成员发放捕捞配额，并且远远高于鱼类可恢复的限度。企业的贪婪压倒了人类的道德。

丹尼尔·保利（Daniel Pauly）是来自加拿大英属哥伦比亚大学的一名魅力无穷的渔业科学家，他把世界捕鱼业称为一场巨大的庞氏骗局。此类骗局里的骗子付给投资者的钱并非来自投资收益，而是来自别人的投资。假如没有新的外来资金流入，庞氏骗局就垮掉了。自 19 世纪工业化捕鱼刚刚开始时，捕获量的稳定一直是靠远海和深海捕鱼维持的。捕鱼业一直依赖这种持续注入的新资本。某种鱼快要捕完时，渔民就会转而捕捞其他鱼种。久而久之，捕鱼业耗尽了所有的资源储备，而并不是对年产量做出限制。捕鱼业现在已经处于衰退之中，因为就像庞氏骗局一样，已经没有新的资金可用了。我们不断地跑到更远的海洋里捕鱼，甚至是产量极低的深海。已经没有别的地方可以捕鱼了，能吃的鱼也已经被我们捕了个遍。让一部分人不吃鱼是解决不了问题的，我们必须制定新的法规并保证落实到位。本书后面还会讲到这部分内容，到时候再考虑对策的问题。

捕猎和捕鱼是人类对海洋造成的最久远的影响，而捕鱼大概是最严重的。不过近一个世纪以来，温室气体排放导致的气候变化也在潜移默化地施加着影响。气候变化在近 20 年来已经变成一个不容忽视的问题，而且开始影响到我们的日常生活。在接下来的 4 个章节中，我会讲述温室气体如何对海洋产生各种影响。

第四章
海风与洋流

本杰明·富兰克林被誉为美国开国之父、机敏的外交官，同时也是美国第一个公共图书馆的创始人之一。作为一位多产的发明家，他的设计范围可从避雷针到双焦眼镜。他的兴趣爱好之广泛以及展现出的非凡才能，家喻户晓，但他在海洋学领域做出的杰出贡献却鲜为普通民众所知。

独立战争爆发之前，富兰克林曾担任邮政局长，当时主政的还是英国殖民者。因此他便利用自己超人的才智苦心钻研如何提高新、旧大陆之间的货运效率。具体来讲，他思考伦敦到纽约的距离是固定的，为什么船只从伦敦出发比从纽约出发要多花两个星期。他的表弟蒂莫西·富尔杰（Timothy Folger），是名捕鲸船长，对他说，船只从英国出发是逆流而上，而从美国出发则是顺流而下。1770 年，富兰克林和其表弟二人共同潜心研究美国所有记录在案的捕鲸事例，最终绘制出了现在被人们称为墨西哥湾流的第一张地图。

墨西哥湾流是一种快速移动的表层流，它经过佛罗里达海峡，沿着美国东海岸北上，之后流入大西洋。事实证明，在哈特勒斯角以南的海域，墨西哥湾流横跨大西洋进入欧洲海域，分流后形成了北大西洋暖流。它是“全球大洋传送带”（global ocean conveyor）（温盐环流和热盐环流）的一部分，即从属于从表面到深海环绕地球不断循环的洋流系统。

与同一时期的著名人物不同，本杰明·汤普森（Benjamin Thompson）还是一位忠诚的爱国者。在战争期间，从马萨诸塞州移居伦敦。他首次提出海水会产生上下对流运动这一观点，表层海水流向深海底部，之后再从底部流回表层。

他是欧洲著名的科学家和政治家。至今，人们还记得，是他提出了增高壁炉烟囱的方法，去除了几百年来困扰人们的室内浓烟。他在新罕布什尔镇（New Hampshire town）长大，即现在的康科德（Concord），1791 年，汤普森成为拉姆福德伯爵（Count Rumford）。此后，基于对热能原理的了解，他认为浅层海水会向下流动，与深层海水汇合。1751 年，一艘英国奴隶运输船在热带大西洋测得海平面下 1100 米的深海温度，这次的测温数据引发了他的思考。[1]测温低于 12℃，与海面的 29℃温差巨大。[2]鉴于这样的测量结果，他认为，在极地纬度地区，冷风夺走了海水大部分的热量，表面的海水回流海底，却不能回暖；此外，在同一深度，其比重（密度）大于较温暖纬度地带的海水，所以，一回流海底，就立即扩散，并流向赤道区域，而且，洋面必须产生逆流。这些洋流的存在都得到了有力证明。[3]

人们通常称上下对流的洋流为“温盐环流”，因为它是由温度和盐含量之间的差异驱动的。北极和南极之间的海水下沉的原因不同。南极洲气温极寒，海水结冰，淡水通过冷冻结冰，与咸水分离，从而未结冰的海水含盐量增高。这种又冷又咸的海水密度比普通海水密度更大，因此，毫不夸张地说，它不断下沉，就形成所谓的“深底层水结构”。

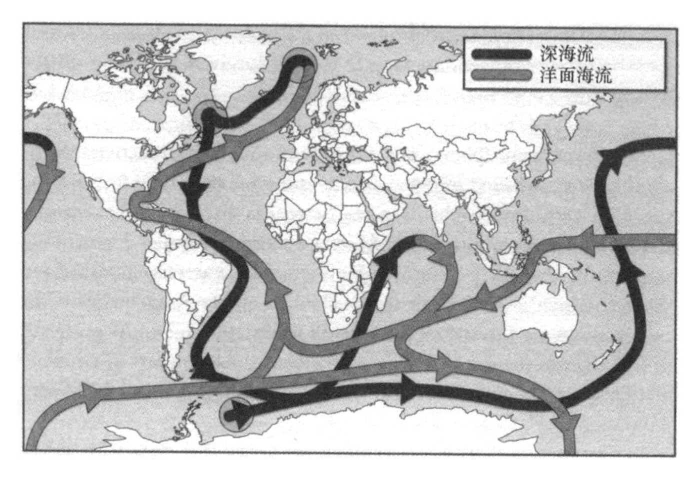

全球大洋传送带洋流简图

灰色环线表明表层水下沉形成深底层水的区域

海水热盐深层大循环：海水热盐深层大循环是海水在大洋浅层和深海底层绕地球的循环流动。灰色表示此处海水温度较低，含盐量高，密度较大，沉入深海，从而形成了海底深层水；位于两极附近下沉的表层水与低纬度涌升的深层水相抵消。这些涌升流营养物质丰富，促使浮游生物大量繁殖，鱼类资源十分丰富

位于大西洋最北端的墨西哥湾流，把盐度相对较高的海水注入极地海域，使得其盐度升高。同时，再加上从格陵兰岛和欧洲吹来的又冷又干的强风，把该海域大量水分蒸发掉，如此一来，极地海域的含盐度就更高了。在南北两极，这些又冷又咸、且高密度的海水下沉时，也吸入了表层水流。这种吸力是墨西哥湾流和北大西洋漂流所需的能量（另外一种是风）之一。这些海水下

沉，逐渐形成深层水，大约经历1500余年的时间，它们再从海底涌升，转为表层水。

你可以通过吹凉一杯茶来形成一个有点儿像全球大洋传送带一样的海水热盐深层大循环。对着杯子内的水不停地吹，直到里面的水碰到杯子的边缘。接着它就在杯子内部下沉，穿过杯底，然后重新从你吹气的一侧涌上来（如果你没有茶匙，这个方法可以快速将牛奶混到你的茶里）。

拉姆福德所提出的海洋流通理论同许多有天赋的思想家所提出的观点一样，都是在去世后很长一段时间才被广泛接受。尽管美国政府赦免了他在独立战争期间的亲英行为，并授予他哈佛大学教授的职位，但他再也没有回国。尽管富兰克林和汤普森的出生地相差只有12英里，且二人兴趣相同（即前者发明了火炉，后者在此基础上进行了改进），然而令人称奇的是，并没有证据表明他们曾经见过或相识。后来，罗斯福称富兰克林、汤普森和杰斐逊为美国历史上最伟大的人物。

20世纪60年代，大气核试验所产生的放射性物质被冲进北极，这为我们提供了一种方法，用来追测海水流入深海的速度。科学家发现海水热盐深层大循环以每小时1米多的速度下沉，[4]这就意味着每秒钟有1550万立方米的水被更替循环，相当于80条亚马孙河那么多，又或者说是世界河流水量总和的12倍。[5]海洋中的这种像河一样的循环同样威力巨大，通过海洋学家所说的“北大西洋水泵”，所有海洋里的水循环一次的周期大约是2800多年。

据我所知，南极的罗斯海和威德尔海（the Ross and Weddell

Seas）是另外两个深层海水形成的关键区。它们 1 秒钟内可将 2100 万立方米的水从海面转移到深海，从而使深海中水流循环所需的时间减少到了 1200 年以下。这些“水泵”对世界海洋里水的垂直混合至关重要。它们把含有新鲜氧气的海水带入深海，帮助维持那里的海洋生命；它们也将大气中的二氧化碳转移到深海，这一点我稍后会讲到。

海洋中的水体，特别是深海中的水体，温度和含盐量相对稳定，而且这一特征可以保持很长一段时间，这一点让我十分着迷。海洋学家通过使用船只上悬挂的仪器来测量海水的盐度和温度，从而建立起海洋三维结构图。事实证明，海洋是由大量的水体组成，这些水体受风和密度差异的驱动，处于不断运动的状态。它们在海洋盆地周围产生和运动的路径都可以被追踪，例如，在地中海的河口，水通过直布罗陀海峡的表面流动。而在这儿的下面，还有一种深层水流，它绕地中海盆地附近流动，经水分蒸发，浓缩成了密度极高的咸水，注入大西洋。再从直布罗陀海峡浅水区倾泻而出，形成巨大的紊流，西至亚速尔群岛，北至爱尔兰。类似的测量结果表明，与墨西哥湾流的表层水一样，北大西洋的深层水向南流动得并不紧凑，但却宽阔，并沿着北美东部沿海地区缓慢流动。

最近，由多国气候学家组成的研究团队认为，全球大洋传送带的发动机即北大西洋和南大洋（南冰洋、南大洋或南极洋），可能是气候的“临界点”。[6]这意味着如果洋流处于一个相对稳定的状态，那么海水的温度和密度一定不会超过特定的临界值。倘若超过了这个临界值，那洋流则会快速切换到另外一种状态。由于主要的洋流是沿着风力大小和海水密度梯度流动的，如果世界气候发生变化，那么它们也会跟着发生变化。这也就是当前为什么那么多科学家都十分关注这种情况可能发生的原因。

过去这些变化归根结底是因为地质结构或天体性质，而现在则是由于我们人类自身。人口不断扩大，并且人类活动也已渗透到世界的每个角落。以前，我们是自然界统治下的一个物种，现在我们能利用自然来达到自身的目的。不知不觉，人类的聪明才智无限释放，不可控制，并威胁着自身的生存。

1896 年，瑞典化学家斯凡特·阿伦尼乌斯（Svante Arrhenius）首次提出，某种形式的全球变暖是因燃烧化石燃料引发的。[7]那时，人们沉迷于冰河时代，近些年来，我们才理解这个时代对世界的影响。阿伦尼乌斯认为，大气二氧化碳的含量变化可能在冰河运动时发挥了关键作用。[8]他的想法得到了进一步的证实。一天傍晚，阿伦尼乌斯走在乌普萨拉（Uppsala）冰冷的街道上，此时许多烟囱排出烟雾，聚拢环绕。置身于此景的他，就在聚集的烟雾中产生了想法。他认为大量化石燃料的燃烧最终导致了地球变暖。从客观的角度来看，他认为气候变暖将是一件好事：

很多人经常感叹，说我们这一代人不考虑未来发展，浪费地球上的煤炭资源。正如凡事都有两面性，可能会因祸得福，这样考虑的话，我们便能获得一丝安慰。随着大气中碳酸（二氧化碳）含量增加带来的巨大影响，我们可能更希望生活在一个相对寒冷的地区，生活在气候稳定、宜人的时期，那个时期与现在相比农作物产量丰硕，宜于人类繁衍生息。[9]

按照阿伦尼乌斯的计算，大气中二氧化碳含量每增加一倍，地球平均气温将上升4℃，后来联合国政府间气候变化专门委员会将这一数值范围改为2～4.5℃。对于一个19世纪的化学家来说，这是一件好事。

今天我们不像阿伦尼乌斯那样，对全球变暖的良性影响持乐观态度。一点点的气候变暖并不是单纯地帮助人类摆脱冬季的寒冷，或者延长农作物生长季节那么简单。现在我们知道，气候变暖会改变风、云层和降雨的模式，改变生存环境，令人难以预测，难以适应，甚至付出昂贵的代价。数以千计的研究表明，全球变暖会对气候产生深远影响。现在我们通常说全球变暖的本质就是“气候变化”，与夏季酷热、长时间干旱一样，创纪录的暴雪、突然的龙卷风或猛烈的季风洪水，都是全球变暖的产物。对山脉和湖泊、冰川和冰盖、沙漠和雨林、海岸和海洋的测量都说明了全球气温正在上升。

正如我在第一章所说明的那样，地球的大气层就像是一条毯子，它既能保持地球温度，同时又能吸收太阳热量，保护我们免受有害紫外线的辐射。如果地球上没有大气层，那么温度就会像月球上的那样，处于极端剧烈变化之中。[10]在月球上，阳光照射的地方，温度可高达100℃；而背离太阳照射的地方，温度则低至近-150℃。月球平均温度为-23℃，地球平均温度为15℃。相比之下，地球上的温度更温和。大气层的温度取决于其吸热气体的含量。这些温室气体共同作用，阻挡地球表面辐射到宇宙空间的热量。其中最重要的是水蒸气、二氧化碳、甲烷和臭氧，但除此之外，还有一些其他气体。

前工业化时代（1750 年以前）以后，大气中二氧化碳的浓度从百万分之 280 增加至百万分之 388，上升了 38%，[11]同期甲烷的浓度从 10 亿分之 700 增加至 10 亿分之 1745，上升了 150%。尽管大气中甲烷的含量比二氧化碳的含量少得多，但它却是一种更有效力的温室气体。现在回想一下我在第一章中关于早期地球的描述，一个甲烷分子的吸热能力是一个二氧化碳分子的 25 倍。[12]二氧化碳主要来源于化石燃料的燃烧，而甲烷则来源于家畜（像牛和其他反刍动物不停排放的矢气）、垃圾掩埋场和稻田。它也是气候变暖的副产品，因为在两极附近，冻土融化释放了大量的甲烷。[13]正如阿伦尼乌斯预测的那样，化石燃料燃烧增多，气温随之上升。自工业时代以来，全球温度平均增长了 0.7℃。但令人担忧的是，现在全球气温的增长速度已经达到每 10 年 0.2℃。我们正在走下坡路，气温在加速恶化。

到目前为止，大部分的温室气体所吸收的热量都已被海洋吸收了。不然，我们现在会感觉很闷热。海水的热容量是空气的几千倍，所以海洋吸收了大气中的热量。[14]正因如此，海洋温度上升的速度要比陆地温度上升的速度慢。自 1955 年以来，从洋面到海床的平均温度，仅上升了 1/25℃。[15]这听起来并不多，但是大部分的气候变暖已经接近洋面温度。20 世纪，洋面的平均气温已经上升了 0.6℃。[16]不同的地方，气温上升的速度也不一样。例如，有的地方升得较快，其他地方则未发生太大变化；热带地区变化温和，而两极地区变化迅速，所以北极熊和企鹅就成了气候变化的标志。

过去 50 年里，南极半岛气温上升了 6℃。[17]那里的阿德利企鹅曾经在冻土上筑巢繁衍，而现在它们却可怜地挤在深及脚踝的泥巴里。小企鹅的羽毛十分柔软，这使它们能很好地适应冰天雪地的气候环境。但若是雨夹雪或小雨天，它们的羽毛就会被雨水浸湿，失去保温效果，最后因寒冷死去。很显然，它们需要迁徙到更冷的群栖地，但是企鹅们却不愿意离开自己世世代代繁衍生息的地方。正因如此，在过去30年的时间里，阿德利企鹅的数量下降了90%。在世界另一端，北极熊和海豹依靠海冰进行捕猎和繁衍。现在，北极熊经常在距离最近海岸或冰面60英里的开阔水域游泳，如果长时间找不到浮冰，它们便会筋疲力尽，淹死在大海里。[18]

如果全球平均气温上升2度，预计会引起两极地区气温上升4~6度。近年来，夏季海冰覆盖面积迅速下降。2000年的夏天，联合国政府间气候变化专门委员会主要成员、哈佛大学海洋学家吉姆·麦卡锡（Jim McCarthy），在南极的一艘破冰船上航行，突然出现的无冰水面，让他叹为观止。自那时起，夏季海冰覆盖面积已经在定期缩小。预计到2030年的夏季，该地区将无海冰覆盖。[19]

气候变化对极地海洋产生巨大的影响。较少海冰的形成意味着两极表层水含盐量相对较低，而且与冷水相比，温度高的海水密度小（这里的“暖”是相对的，即便生活在温室环境里，你也不可能在两极地区游泳）。这些变化的共同作用，降低了海水的下沉速率，减少了深底水的补偿。另一个与气候变化有关的因素同样进一步减缓了全球大洋输送机的发动机能量：更多的雨水和冻土的融化使北冰洋沿岸的河流水量猛增，并注入北冰洋。这种淡水降低了洋面水的密度，因此也抑制了深层底部水的形成。

自富兰克林时期以来，人们普遍认为，墨西哥湾流将加勒比海的热量带到北纬地区，造成英国和法国冬季温和、潮湿，长岛和波士顿海水温暖。人们已经开始相信，如果没有墨西哥湾流，寒冷和冰冻就会降临到伦敦和纽约。[20]

2004 年在美国上映的惊悚片《后天》，轰动一时。影片以墨西哥湾流突然停止运转为前提，讲述了北美东部和欧洲地区由于墨西哥湾流的突然停止运转而陷入冰河时代的故事。尽管这一想法有些牵强，近乎瞬间冻结的情节也并不真实，但这部电影足够引起人们的关注。在北大西洋，海洋学家们已经发现那里的深层流移动缓慢。1957 年到 2004 年间，深海水流流量减少了 30%（尽管这一变化并没有减慢墨西哥浅湾流和北大西洋暖流的移动速度）。不过要把洋流运动减慢的原因和气候变化联系起来还为时尚早。

格陵兰岛地区的冰层核中每年的积雪层记录了约 12 万年的气候变化，表明在过去的时间里，海水热盐深层大循环已经停止过多次。造成这种情况的导火索就是北极海域盐度突然下降。[21]如此看来，短短几十年后，海水热盐深层大循环就会快速崩溃。格陵兰岛冰核覆盖的末次冰期，约从 11 万年前开始，约 1 万年前结束。在这段时期，北美和欧洲的大部分地区都被冰、雪覆盖。经过数千年降雪的累积，这些地区的冰盖越来越厚。最终，它们变得头重脚轻，十分不稳定。冰块通过哈得孙海峡进入北大西洋，在那里融化，使海水焕然一新，并切断了海水热盐深层大循环的北端，阻碍了深层水的形成。越来越多的冰块从波罗的海冰湖源源不断地注入大西洋东部。[22]所有这些都被标记在底部的沉淀物中。当冰盖破裂时，近海海面上就会出现大量的冰筏、碎冰。

在过去的6万年间，海洋环流在每次循环结束后又突然出现，这种情况至少出现过7次。我们知道，当相对温暖的海水流入时，该海域表面温度会骤升几度，这种情况可以一直延伸到百慕大群岛。在那里，深海沉积物的岩核可以显示地表温度突然上升，一般在16~21℃（现在超过了22℃）。[23]谁也不知道这些洋流发生变化的确切原因。地球轴线倾斜的波动可以改变其热平衡，大气中二氧化碳的含量变化可以影响北大西洋温度上升的时间，所有可能促使洋流发生变化的因素都只是发生了微小的波动。然而，科学家们已经给出了很好的解释。

一种解释是：在北大西洋，冰盖覆盖面积广泛时，形成深水层的地方越靠南，此时有三种不同的稳定状态，即：上部稳定、下部稳定和部分稳定。[24]其中一种状态会长时间占据主导地位，并且随着时间的推移、条件的变化，洋流也会不同。如果当这些因素的其中一个变化超过临界值时，海水深层热盐大循环就会切换到另外一个稳定状态，在自身保持这种稳定状态上百年，甚至上千年后，大循环又会切换到另外一个稳定状态。不同稳定状态的切换十分敏感。其他驱动因素（如二氧化碳或甲烷浓度）的微小变化也可能导致整个气候系统发生很大变化。

如果这样解释听不懂的话，那下面的例子可能会对你有所帮助。想象一下：深夜，一个醉汉沿着河边的小径行走，准备回家。在路上，他左右徘徊，但没有偏离小径。有路人从他对面走来时，他就稍微往河岸那边靠一下继续走路，但摇晃得更加厉害。差不多又走了 100 米，他掉进了河里，于是就从地面状态转换成水里状态。

取自格陵兰岛、南极洲的冰核以及世界各地的冰川，都表明了气候骤变的事实，同时冰核内含有大量关于降雪、大气气体浓度和尘埃含量的信息。冰中化学同位素的沉积告诉我们气温的情况，而另一方面堆积的尘埃层揭示了沙漠的延伸程度以及森林大火和火山喷发的频度及规模。据此，我们可以慢慢追溯，在有冰积层的地方不断向下深探，日复一日，年复一年，从四季变幻，到年代更迭。我们能有多少发现取决于地核的深度，从几千年前的冰川到 70 万年前的南极地心。如果说这里有可汲取的教训的话，那就是，过去几千年人类历史的气候，在冰川剧烈活动和突变的长期背景下显著地保持着稳定。冰川活动记录揭示的气候骤变并不会让你感到措手不及，以致你没有时间购买极地夹克和升级家用锅炉。但情况已经很严重，一旦发生，我们很难调整、适应。这条巨大的海流是全球大洋的传送带，如果它受到阻碍，那么，将对海洋浅层面和深海层的生命产生深远的影响。海洋气候发生的剧烈区域变化会促成生态环境和人类社会的大规模重组。然而，也有一些令人欣慰的事实，那就是政府间气候变化专门委员会告诉我们：北大西洋作为巨大的全球海洋传送带，在未来 100 年内还会发挥作用。但有些变化已经发生了，比如北冰洋的海水变暖。

极地海洋的表面水流向深海，其速度相当于 2 万个尼亚加拉瀑布。由于海洋以不同体积扩大，所以海水流动必须与速度相等且方向相反的上升流均衡。这种均衡来自热带向上暖流的交汇。

在其他地方，上升流是由风驱动的表面拉力。这些上升流集中在海洋的东部边界，就像美国西部一样，那里的风向与海岸平行。

这个上升流解释了为什么加州北部的海洋在春天和夏天是最受人欢迎的以及为什么圣弗朗西斯科会云雾缭绕。在北风的影响下，凉爽的深海海水也在上涌。在地球自转的物理巧合中，水运动的均衡方向与风的方向是成直角的。[25]在北半球，转动是向右的，而在南半球则是向左的。这种效应被称为科里奥利（Coriolis）力，取自19世纪的法国数学家加斯帕德－古斯塔夫·德·科里奥利，他计算出作用在像水轮这样的旋转物体上的作用力的相互作用。据我们所知，科氏从来没有想过将他的观点应用于旋转机械的能量生成之外，但是科里奥利力对水和空气在海洋和大气中的传播有着深远的影响。的确，它适用于一切在地球表面移动的物体。如果没有校正科里奥利力，那么飞行员将会错过目的地，炮兵枪手将会射偏目标。

从南面吹来的风，沿着南美洲海岸，把世界上最大的上升流带至秘鲁。虽然这些上升流的海洋覆盖面积仅有1%，但却产生了地球将近一半的捕鱼量，意义重大。好的年份里，光秘鲁鳀鱼的捕捞量就能占世界捕鱼量的10%。这种鱼类，表面光滑且呈银白色，成群生活，鱼群规模令人难以想象，主要以浮游生物和公海的微小植物为食。海底的上升流促使浮游生物大量繁殖，关于这一点，我稍后会讲到。另外人工投放的丰富养料也会引起浮游生物大量繁殖。

大部分海洋的洋面区域可分为两层：浅层水面和深层水面。受阳光照射，浅层水比较暖。当这些暖水的密度小于冷水的密度时，浅层水面就浮在温度较低的深层水面上，此时二者基本上不会相互混合，这就是“温跃层”，即由于上面的薄暖水层和下面的厚冷水层之间水温急剧下降而产生的层。如此一来，给海洋生物造成了麻烦。海水透明度不同，确保海洋植物生长所需的光照到达的水层面也不同。一般只能照射到 10~100 米的水层面，但在太平洋中部，那里海水清澈，透明度高，阳光能渗透到 200 米深的水层面。即使这样，对于平均水深 3680 米的海洋来说，200 米根本微不足道。在阳光照射的区域，海洋植物通过摄取溶解的营养物和吸收二氧化碳来维持生存。它们被海洋中的动物、微生物摄取，实现营养物质的循环；否则，就沉入海底。“温跃层”是通常发生在水深 30~100 米范围内的一种典型现象。[26]当穿过“温跃层”时，营养物质就会流失到海底。于是浅层水面的营养物质渗漏到深层水面，致使海洋植物生长受限。相反，深层水面营养物质丰富，但没有光照，海洋植物依然无法生长。这里的海洋动物，靠摄取下沉的“残羹剩饭”存活。很少有生命的存在。洋流离开秘鲁时，在浅层水面推（或拉）动深层水面的地方，营养物质涌上浅层水面，海洋植物疯长。

世界最强烈的上升流出现在平行风稳定且风力强的地方。如非洲的西部、赤道以南（北）区域以及南美洲太平洋海岸。这些风是因为陆地和海洋之间升温程度不同而产生的结果。亚热带地区的春、夏季，陆地温度要比海洋温度上升得快；热带地区终年也是如此。[27]热空气从地面吹起，带着水蒸气，上升时变冷，水蒸气凝结成水，形成壮观的暴风雨。而在热带地区，如果在炎热的海滩上喝饮料，或许你会看到它正在往上翻腾。冷凝雨水倾盆而下，如同你在淋浴。

水的凝结会使云层高度的空气变得稀薄、温度升高，使得热空气继续往上升，直到完全冷却为止。越来越多的空气从下面涌上来，将高纬度的冷空气往两侧推，赤道以北的往北推，赤道以南的往南推，同时也将热量从热带地区带到了更高的纬度地区，直到南、北纬30°左右，这些空气在高压地区冷却、下沉。

翻阅地图册，你会发现世界上的许多大沙漠都聚集在这些纬度地区。因为气流上升时，水分一直减少；当到达这些纬度地区后，就变成没有水分且极其干燥的下降气流。例如北美的索诺拉沙漠、莫哈维沙漠（Mojave）和奇瓦瓦沙漠（Sonoran and Chihuahuan），非洲的撒哈拉沙漠和阿拉伯沙漠，中国的塔克拉玛干沙漠，智利的阿塔卡马沙漠等。赤道的空气没有被其他空气取代，无法上升，所以地面风把这些更高纬度地区的空气吹回热带地区，从而完成空气循环，推动气流上升。在温带地区，地表风吹向南、北两极。在那里，热带循环圈与其他风相互交错，摧动热量向两极流动，并把冷空气带回温带地区。

随着温室气体浓度的升高，热带地区将会吸收更多的热量，这将加快热量的重新分配，并强化上升流的风力。[28]这样一来，使海洋渔业受益，同时帮助海洋吸收更多的二氧化碳（这是一把双刃剑，我稍后会介绍）。奥斯卡·王尔德（Oscar Wilde）曾对亚里士多德的观点嗤之以鼻（亚里士多德认为："过度与不及都损伤节制和勇敢，唯适度可以保全之。"），讽刺道："适度是极其致命的事情。过度带来的成功是无可比拟的。"但在生活中，他失望地发现事物与他所想的恰恰相反。上升流就是如此，过多的

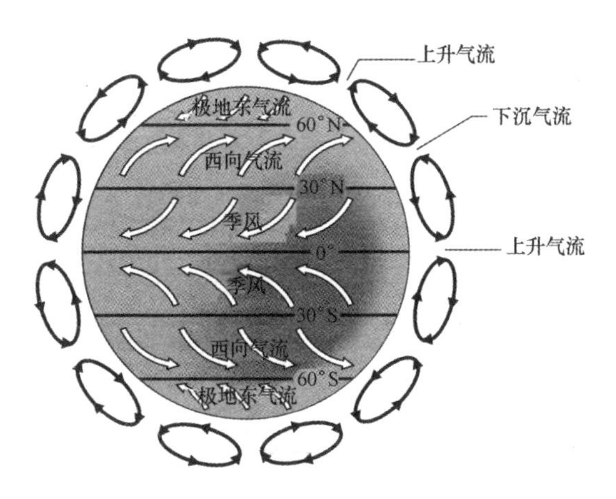

地球气流团循环简图

全球大气循环：从简单直观的角度展示了气流团在地球上的循环情况，包括循环方向以及在不同纬度中地表风的名称。周围的这些小圆圈表示不同纬度地区垂直方向的空气循环。向上的箭头表示温暖、潮湿空气形成的上升气流；向下的箭头则表示寒冷、干燥空气形成的下降气流

上升流会给海洋带来灾难。或许，在非洲西南部，我们体会到在温室一样的世界里上升流的未来。

纳米布沙漠（Namib Desert）广阔的红色沙丘附近的本格拉（Benguela）海岸，维系着地球上最强的上升流之一。它的海岸植物稀少，海底却很丰富，两者形成了鲜明的对比。由于大量营养物质的供应，浮游植物生长茂盛，使得海水颜色变绿。通常情况下，这些植物细胞会被浮游动物消耗，而浮游动物又进一步被海里的鱼或其他捕食者吃掉。不过麻烦的是：强风把海水吹到岸边，而在这之前，浮游动物需要消耗更长的时间来完成生命周期。在上升流的过程中，浮游植物会高速翻转并且继续大量繁

殖，浮游动物则被冲到近海，无法抑制浮游植物的爆炸性增长，这样会带来灾难性的结果。因为大量腐烂的浮游植物下沉，消耗大量氧气，造成海洋深处严重缺氧。

本格拉地区的上升流过后，其下方的海底很厚，上面漂浮着死亡和分解的浮游生物。它只能维持古代微生物的生存，这些微生物在类似毒肉汤一样的早期海洋中首次进化。几乎可以这么说，海底数米厚的淤泥是缺氧的。它会释放甲烷和硫化氢气体，这是微生物新陈代谢产生的废气。由于硫化氢气体可以和现存的任何氧分子发生化学反应，因此，在上涌的过程中，就会把氧气分子从水中剥离出来，从而造成缺氧问题。从淤泥里冒出气泡的速度非常快，使得大量的硫化物、氢化物连同气泡一起上涌，当硫化氢被氧化时，会释放大量的硫粒子，悬浮水中，使海水呈明亮的青绿色。[29]

居住在海岸附近的当地人已经习惯了从海里飘来的恶臭鸡蛋的味道。只要生活在纳米比亚吕德里茨港口的人不失忆，他们就清楚自己在腐朽味笼罩中生活的现实。自 19 世纪以来，这里就发生过硫黄喷发事件。硫黄喷发会毒害海洋，导致鱼类大量死亡；即使龙虾爬上岸，但最终也难逃厄运。大量龙虾上岸，当地居民尽可能地把它们堆进更多的集装箱里，这给当地居民带来了短暂的财富。亚拉巴马州的莫比尔湾（Mobile Bay，Alabama）也发生过类似事件。由于海洋中氧气含量急剧下降，所有种类的海洋生物被迫迁徙到海岸线，人们把这种现象称为“胜利大逃亡”。但这样一来，海洋生物数量锐减，只剩下很少的一部分来维持之后的捕捞。20 世纪 90 年代初，纳米比亚就喷发过一次。这次喷发使得 80%的底栖鱼类狗鳕死亡，从而导致了海洋捕捞业的崩溃。

近年来，硫化物喷发的频率和强度都有所增加，这种现象最有可能与过度捕捞有关。几十年前，沙丁鱼（鲱鱼类小海鱼）游迁到了纳米比亚，同样，鳀鱼游迁到了秘鲁。它们都是滤食性动物，游动迅速，嘴巴“嘎嘎”地蚕食着水中的浮游植物和浮游动物。年景好的时候，沙丁鱼群可达数十亿条。浮游动物并不擅长游动，很容易被冲向近岸，远离浮游植物的中心，但沙丁鱼是游泳健将，能自己留在浮游植物繁盛的海域。贪婪的沙丁鱼吃浮游植物的速度与其产生的速度一样快，因此浮游生物的遗体通常不会在海床上积累，硫化物的喷发也很少见。沙丁鱼反过来又被其他捕食者吃掉，如金枪鱼、箭鱼和海鸟。这里是本格拉上升流维系着的海洋中最壮观的野生动物聚居区之一。

海洋的多产性很快引起了捕渔业的关注。沙丁鱼从 20 世纪 60 年代开始被大量捕捞，70 年代导致渔业崩溃，之后就再也没有恢复过。如今，当地居民们认为是沙丁鱼的过度捕捞导致了他们城镇上空的大量硫化烟雾，刺激人的眼睛和喉咙。纳米比亚的海无论是捕捞，还是其他方式，都破坏了海洋生态系统，并昭示了由此引发的严重后果。

来自迈阿密大学的安德鲁 · 巴肯（Andrew Bakun），是首位将上升流强度和全球变暖联系起来的科学家。[30]他预测温度上升会增加世界上其他地区上升流的强度，这个强度和今天我们所看到的本格拉地区上升流的强度基本一致，甚至会更强。如果没有足够的鱼来控制浮游植物的大量繁殖，那么就会遭遇缺氧和硫化物喷发这两个有害组合。加利福尼亚北部就是一个很好的例子。再有 50 年，亲切而富有魅力的门多西诺（Mendocino）的确有可能会被散发着的臭鸡蛋味以及堆满海岸的那些腐烂的鱼散发的臭味所破坏。

还有一个关于海洋剧变引起气候变化的报道。海洋有两层，正如我前面所说的：暖水层漂浮在冷水层的上面，且下层的水密度更高。随着全球变暖，表层水面可以吸收额外的热量，这使两个层的温度对比更加明显，从而增大二者之间的密度差异。在温跃层，可以将表层水从较低一层的海水里分离出来；且密度差异越大，混合在一起的水就越少。这样一来，较少的营养物质从深水层转移到浅水层，较少的氧气从浅水层混合到深水层，这是由于暖水层中含氧量比冷水层的少所造成的。随着海洋温度的升高，会将一部分氧气释放到大气中。

在表层水面溶解氧含量十分丰富，但在“温跃层”下方，它的含量就急剧下降。而且越往下，含量就越低；最后再从底部回升。这种变化有个很简单的解释：表层水面透气性好，深层水面从下循环进入上下两端的海水中获取氧气。在这浅层水和底层水两个极之间的水层区域，生命所需的气体是很稀少的。

低氧区形成于水体因密度差异（温度和盐度的差异造成）而被强力分离的水域。大量浮游生物和动物的遗体从浅层水面沉入海底（因为下落的时候像雪一样，所以海洋学家就喜欢把这种现象称为“海洋雪”），然后被微生物吃掉或分解，从而消耗氧气。自从海水最后与浅层水的空气接触（在某些情况下，这些中层水接触上层洋面的时间可能在几百年或几千年前，甚至更久），大部分的氧气便长期遗留在海洋中层，时间越久，动物和微生物消耗这些氧气所需时间就越久。大海的深处如墨般漆黑一片，这里没有阳光来补充被消耗的氧气。太平洋和印度洋的深层海水要比大西洋的更加“古老”，这意味着它们被海水淹没的时间早，氧气含量低。但是，这里的动物和微生物由于可以通过呼吸作用释放二氧化碳，所以这里二氧化碳的含量相对较高。

东太平洋和北印度洋，某些区域深处的海水，含氧量低于水面的30%。25%的太平洋海域，深处的水都存在含氧量低的问题。[31]大部分有机体无法在这些缺氧区域长期生存，东太平洋温暖空气流通的洋面层不是很深，低含氧量区域水深200~600米。快速游动的金枪鱼被限制在通风良好的浅层水域，所以在这个地方它们很容易被抓到。低氧水层的上层区域是许多浮游动物的家园，它们在黑暗的掩护下迁移到洋面进食，然后白天的时候再撤离到捕食者跟不上的地方。鲨鱼和金枪鱼只需要几分钟或几个小时就可以穿过低氧层，但必须尽快返回到海面，进行呼吸和暖身。

当然，每种动物都不一样。有些动物要比其他动物更能忍受低氧的环境。但如果把这些条件置于人类的环境中，进入氧气饱和度低于30%的水中就好比一个登山者冒险进入了极端海拔的死亡地带。在高于8000米的地方，氧气的含量略高于海平面的1/3，这样才能维持人的生命；如果太低的话，就会引起人的死亡。在这个区域内，如果没有氧气瓶，我们只能进行短暂的飞行，因为我们消耗氧气的速度要比自身能够吸收氧气的速度快。

水生动物与陆生动物面临不同的挑战。许多生物悬浮在水中，这意味着它们既不上浮也不下沉，其运动主要受水的摩擦阻力限制，而非重力。在其他条件相同的情况下，大型动物相比小型动物游得更快，且消耗较少的能量，但它们都面临着从水中提取氧气的问题。氧气的需求量与自身体积有关，即鱼长度的立方。可以想象一下盒子的体积公式：体积=长×宽×高。另一方面，进行氧气交换的鱼鳃，其面积随着自身尺寸的增加而逐渐减小，相当于鱼长度的平方（盒的面积=长×宽）。[32]虽然体型较大有利于水动能游泳，但却不利于呼吸。这个简单的事实解释了，为什么像金枪鱼之类的掠食性鱼类不是简单地追踪成群的猎物，而是直到所有的猎物要消失时，心血来潮，随意叼食猎物。[33]在长距离比赛中，它们是首先消耗完氧气的最大掠食者。所以，像鲨鱼这样的掠食性鱼类可能更喜欢去捕食停下来大口大口换气的鱼。所以海洋动物必须非常小心，不要陷入缺氧状态。

巨型洪堡鱿鱼是其中一种能够长期承受低氧环境的大型食肉动物。[34]它们的触手可以伸长3米多，其重量超过一个人的体重。在其肌肉发达的触手顶部，有一个类似于两个相互咬合的刀片喙状嘴，看起来与鹦鹉的嘴一样，如同屠夫的刀子般锋利。它们通过小口喷气助力前游，伴随大量水花。但在大多数情况下，它们可能只是在等待猎物靠近。

海水表面变暖会降低整个温跃层的混合，使得低氧区在更暖的世界中扩展。当海洋吸收的热量渗透得越深，这种效应就会越强，这就意味着氧气将会减少。概括起来讲，就是能够支撑生命的海洋面积将会缩小。低氧水域上限已经向前移动到距离北美西海岸近100米的地方。[35]

自2002年以来，美国西海岸浅层大陆架上一直反复发生大量海洋生物死亡事件，这在过去的50年里是前所未有的。[36]事实证明，因为强风平行吹向海岸，驱动上升流，带来了我刚才描述的不断增强的上升流所预示的不良后果。当这些风力将地表水推向海面时，深层缺氧的海水慢慢“舔”上大陆架，取代浅层有氧水，扼杀那里的海洋生命。美国国家海洋与大气管理局局长简·卢布琴科（Jane Lubchenco）描述了2002年在穿过俄勒冈海岸附近的死亡地带时，她拖着摄像机拍摄到的场景：“我们看到了一个螃蟹墓地，但一整天没有看到一条鱼。成千上万的死螃蟹如垃圾一般散落在海床上，许多海星也死了，鱼要么已经离开这个地区，要么已经死亡，要么被冲走……这么大规模的屠杀看着让人感到震惊和沮丧。”[37]她的一位同事弗兰西斯·陈（Francis Chan）说：“其中的一个采样区域是岩石礁，那儿离俄勒冈州的亚查茨（Yachats）并不远。通常情况下，那里有丰富的黑色石鱼、鳕鱼、海带、六线鱼和淡黄岩鱼……［但］这些鱼都消失不见了，通常钻进软泥土的蠕虫已经死亡，并漂浮在海底。”除非气候变化得到遏制，否则像这样的海洋生物大规模的死亡现象，将成为未来海洋的常态。

洪堡鱿鱼似乎得益于其低氧栖息地的扩张以及过度捕捞造成的大型掠食性鲨鱼数量的减少。过去它只常见于墨西哥的下加利福尼亚地区，但最近几年已经向北扩展到了阿拉斯加湾。[38]因为氧气最低层日益靠近洋面，所以经常遇到潜水者，在野外遇见鱿鱼是生活中最大的乐趣之一。它们用机灵的、圆碟一样的眼睛看着你，视线跟随你一起移动。它们表达情感时，身体皮肤跳动着光亮的波纹，传遍全身，颜色变化十分迅速。如果遇到洪堡鱿鱼这种不稳定的脾气，着实会让人感到有点害怕。它们曾很粗暴地对待潜水者，或将其氧气罩和潜水装备拽走。随着潜水者最初的恐惧和兴奋所引起的肾上腺素上升情况的消退，大多数潜水者觉得鱿鱼很有趣，让他们产生好奇，而不再认为它们是入侵者。倘若真的想伤害他们的话，凭洪堡鱿鱼这么巨大的力气，那情况一定很恶劣。

长期以来，人们都知道，生活在温度相对较低的水中，鱼通常会长得更大，但他们却从没有真正理解这种模式的原因。这正是体型和需氧量之间的平衡，也很好地解释了鱼类的这种生长模式。因为在温度相对较低的水中，鱼体内的代谢率较低，所以它们能够长得更大。这表明随着气候变化，海洋变暖，我们将面临更多的问题。在温度和氧气的压力下，鱼的体积会变小，寿命也会变短，并且为了维持生存，它们不得不以自身增长和繁殖为代价，投入更多的能量。从人类自我为中心的角度看，在新的生存环境中，它们反应很糟，体积会减小，从而限制了捕捞量。当然，我们从已开发的物种身上，看到了过度捕捞对它们体型和生长造成的影响。于是，我们明白了温度升高、氧气减少和捕捞过度这三者共同导致了鱼类资源的下降，同时还削弱了它们面对不断变化的周围环境，迫切需要长期适应的能力。

如果我们不能控制温室气体的排放，那么过去深刻的影响就是最好的警示，警示我们危机的到来。正如我在第一章提到的：2.15 亿年前，也就是二叠纪末期，一颗行星失控，导致全球变暖，引起生物大灭绝。海洋生物遭受了缺氧和高二氧化碳的双重冲击后，要花上 500 万年的时间才能恢复。然而，一群曾经生活在海洋公开水域的菊石（一种已灭绝的头足软体古动物），长得类似于我们现在的漂亮的鹦鹉螺，它们的反弹速度更快，在灾难发生后的100万年里就恢复了，由于它们很可能适应于低氧的环境。虽然整个群体已经灭绝，但鱿鱼、墨鱼、章鱼和鹦鹉螺都是它们最近似的现代种群。事实上，最古老的一种鱿鱼是吸血鱿鱼，其拉丁名的意思是“地狱吸血鬼鱿鱼”。它是生活在当今海洋低氧区内、进行深海捕食的一种血红色野兽。作为极端条件下成功的掠食者，它可能是过去灾难的现代遗产。地质历史上其他几次大规模物种灭绝事件也导致了进化树的大分支。高二氧化碳和低氧的毒性如利斧一样，似乎已经不止一次地共同挥向脆弱的海洋生物。

中世纪斯堪的纳维亚和英格兰的克努特大帝（Cnut the Great），被誉为王权来自海洋的国王，因为在那里，他下令让海洋潮汐停止。当然，这都是徒劳的。它证明了海洋的运动是不受人的影响的，哪怕你是国王，也一样无碍。1000年后，人类无意中获得了驱动海洋洋流的力量，但这种力量仍然很有限，我们现在必须承受由此造成的后果，要么就找到对策来平衡业已释放的力量，控制其影响的蔓延。

第五章
海洋生命的变迁

让·巴蒂斯特·拉马克（Jean-Baptiste de Lamarck）在今天既可以说是闻名遐迩，也可以说是臭名昭著，这一切都咎于他坚持自己那套错误的进化理论。他认为，生物能够将其一生所习得的特性遗传给后代。依照他的理论，长颈鹿之所以颈特别长，是由于它们祖先为了取食高处的树叶而经常不断伸长脖子。然而，达尔文并不相信他那套进化理论。那个年代，拉马克非常热衷于观察一切生物，同时他也是位杰出的、极具影响力的法国科学家。而他另一个同样错误的观点，也耗费了其他人大量的时间，最后证明是错误的。

18 世纪末，种种迹象表明，人类可以对一些种类的野生动物产生影响，使其减少，直至灭绝。欧洲野牛在 1627 年就被人类赶尽杀绝，渡渡鸟在 1662 年也灭绝了，还有许多动物种群也难以觅踪，比如欧洲的海狸、野狼和野熊，北美的美洲豹等。水生动物看上去似乎适应力更强些，拉马克也相信它们的确不会惨遭灭亡，因为它们的生存环境不存在什么天然的障碍。正如他于 1809 年在重要的著作《动物哲学》（*Philosophie zoologique*）中写到的那样：

生活在水中的动物，尤其是生活在海水中的，其物种往往不易受到人类的破坏。它们繁殖速度极快，逃脱人类追捕或陷阱的手段颇多，因此人类绝不可能会破坏这些动物的整个种群。

物种的生理机能及其生活环境以及同一食物链中捕食者和竞争者，决定了这一物种从其原生地向外域扩展的程度。有些物种在地理区域上分布极广，比如说，老虎既能在炎热的丛林中生存，也能在冰天雪地的山隘间存活。当它们从自己原本舒适的栖息地迁移至生存环境并非理想的异地时，适应能力更强的竞争者和捕食者往往会限制它们的生存。

陆地动物的分布范围往往受到某些天然障碍的制约，比方说高山、沙漠或是大片水域。现在有些时候，我们也普遍接受了拉马克的观点，即海水中极少存在这种障碍。大多数海洋物种都是直接在开阔的海域产卵或繁殖幼体，为寻找新的栖息地，它们要在海中漂泊数日甚至数月，许多海洋物种一生之中要游成千上万英里。我和我的妻子朱莉·霍金斯（Julie Hawkins）在开始绘制珊瑚礁上生存物种的分布之前，鲜有人质疑这一普遍接受的常识。朱莉花费了数年时间，大量收集全世界各地的物种目录，其中有一份便是博物学家皮特·斯科特（Peter Scott）在20世纪七八十年代环游世界时收集并精心制作的鱼类目录。

这是个辛苦的工作，耗费了10年的付出，收集了数千个物种，我们最终决定告一段落。我们发现许多珊瑚礁上的物种实际分布并不普遍，有些甚至被限制在范围极小的区域内生存。比如，体态呈深靛蓝色的蓝钻神仙鱼，属林博氏刺蝶鱼种，只栖息于克利珀顿岛的珊瑚礁（Clipperton Reef）海域，那是位于东太平洋孤立的珊瑚礁，与临近的珊瑚礁相距约有1000千米；双色拟雀鲷，这种羞涩又略显幽灵般的鱼只生活在红海北部的亚喀巴湾（Gulf of Aqaba）的狭长水域；礁蟾鱼，常常只出没于墨西哥科苏梅尔（Cozumel）度假岛的珊瑚礁附近。近年来，专家已经整理完成了一份生活在小范围内的珊瑚礁物种目录，这一成果意义重大。[1]

也有其他科学家在动手绘制生活在其他栖息地的海洋物种分布图。如水下的海山，深海广阔的泥积平原上岩石绿植之间，还存在着许多特有的海洋物种。海底布满了巨大的沟壑，这里是地壳构造板块和地幔交会之处，也为海洋物种提供了独特的栖息之所，绵延数千米的荒凉地形将这一带独具特色的海底植物和动物与外界隔绝开来。腕足动物，看上去像双壳类软体动物，但其二者没有任何关联，它们自5亿年前的寒武纪起就生活在这个地球上，[2]可现在它们是这个地球上最稀少、最孤独的生物之一。但是数亿万年前，在二叠纪末的大灭绝还未爆发之前，这一物种于其全盛时期就在巴塔哥尼亚的峡湾都变成了像珊瑚一样的礁石。

若是全球气候变化的影响改变了生存环境，那么所有这些生物该何去何从呢？除非它们能够适应新环境或是迁徙他处，否则终究会走向灭亡。正如达尔文所说的那样，“物竞天择，适者生存”。往往那些最适应当下生存条件的物种能繁衍更多的后代，延续它们的基因。而基因突变则在几代之间才能显现，有些物种会在不知不觉间就摇身一变，拥有了与之前截然不同的外观。可问题是，这些进化过程也需要时间；往往需要数代的时间才能有所体现。如果生存条件变换迅速，可能唯一的存活方式就是迁徙了。若迁徙不成，那就只能等死。地球的历史进程一直伴随着不断的大规模物种灭绝期，地质或是气候剧变常使得物种无法继续存活。我们可以在海边的峭壁上看出生命诞生与灭失的痕迹，不同的化石只有在特定的岩层中才能发现。少数物种似乎能够不断繁衍，但大多数只能存活 100 万～500 万年。[3]

环保组织常在居民的邮箱里塞入宣传单，上面常常印着北极熊和企鹅的图片；报道气候变化的新闻记者也常一起前往冰川地带，拍摄北极熊和企鹅。这两种极地动物是全球气候变暖上镜最多的，但与此同时也有数不尽的其他物种，它们虽然不为人所熟悉，却也处境堪忧。过去 25 年间，北海（North Sea）气温已经上升了 1.25℃，那里的生物也在发生着变化。我居住在约克郡，距此不远的海岸上的渔民们发现，过去 10 年间他们捕捞到了一大批之前从未捕到过的新物种，比如灰魴鱼和墨鱼。自 1977 年开始使用海底拖网以来，年度调查显示了气候变暖影响下的物种地理分布变化过程。[4]比如，长相怪异、身体狭长、下颚细长的海魴，之前只在英国西南海域生活，但现在它们已经向北迁徙至苏格兰附近海域和北海海域。

过去 35 年来，在北海调查的 36 个物种中，有 15 种所处的纬度发生了偏移，平均向北偏移约 300 千米（赤道至海冰的边界区即北纬 80°间的温差，约为 30℃；要是按距离来分解温差的话，每向北移动 300 千米，气温相应下降 1℃[5]）。对比那些迁徙的生物和原地生存的生物，我们会发现一个很有趣的差异之处。能对气候变化做出快速反应的物种多为体型较小的动物，繁殖成熟期较早；而那些不迁徙的动物大多体型较大，成熟期较晚。这一差异反映了自然界的一个普遍规律：往往是那些弱小而机灵的物种能够在跌宕起伏、变幻莫测的环境中繁衍不息。也就是说，老鼠和蟑螂更能很好地适应气候的变化，而老虎和大象则只能困居在不断萎缩的栖息地里，艰难地生存。

在气候变化条件下，动物不得不迁徙的原因之一是因为它们的生理机能需要调节，与温度变化保持一致。在温度起伏较小的范围内，动物体内调节身体的酶运作最为有效，当超过这一范围时，物种就会遭受一定折磨。但也有其他原因。物种需要食物和栖息地，而这些它们都可以自我掌控。比如过去 40 年间在北海，许多漂浮在海域上的微型浮游生物都或多或少向北有所移动。[6]北部的浮游生物群落主要为一种名为飞马哲水蚤的桡足动物。按桡足动物的标准来说，体型微小，是螃蟹和虾的属类，饱含脂肪和体汁，身长达到 3~4 毫米。南部的浮游生物群落主要是一种更微小的物种，名为海岛哲水蚤，身长只有 2~3 毫米。二者差距可能看上去并不显著，但对鳕鱼鱼苗来说差距却很大，它们捕食多脂肪的飞马哲水蚤可以快速成长，但若要以瘦小的海岛哲水蚤为食可就要饿死了。浮游生物的“北漂”也与北海鳕鱼数量极少得到补充有关，这一实际情况更是加剧了由过度捕捞引发的数量下降。

物种为了食物来源而迁徙看上去似乎是个很简单的理由，但绝大多数物种则是出于另一个原因，即寻找伴侣和繁殖的需求。数千年来，许多物种都形成了自己复杂的生活周期，一个周期内，它们会在喂养区和繁殖区之间来回迁移，追踪可能的食物来源，最大限度地保证自己的生存。科学家用方程式发现，群体现象，比如聚集产卵，似乎会导致物种在面对可能的被捕食危险时反应过慢。[7]许多鱼类为了满足自身的本能冲动，会继续聚集在同一个海域，而不去追寻食物。因此，出于本能而不得不为和为满足需求应该而为之间便形成了差距。这就突出表明，今天海洋中许多正在发生的变化，即尽管物种感知环境的变化十分缓慢，但快速的变化可能会令它们窒息。

物种想要待在舒适的生活区域自然还有另一种途径，那就是到更深的水层去。随着水深的增加，水温会愈来愈低，就现在气候变暖的速度来看，不久物种就要每年往下潜 3.5 米。[8]调查发现，部分北海鱼类不仅有“北漂”迹象，还有下潜的行为。但在下潜的同时，光线也会快速变暗。食草动物在阳光照射的表层水域之下几乎无处觅食，而那些喜欢生活在坚硬底层的物种也很难在深泥之中找到居住之所。

海洋升温，将会改变海洋物种的栖息地，它们要么死亡，要么被迫迁徙。诸如牡蛎和贻贝、红树林和盐沼草、海藻和珊瑚等，都是大自然的“生态工程师”。在新的地形中，这些生态发展缓慢，需要很长时间才能稳定下来，难以满足物种迁移合适栖息地的需要，导致其生存困难。海洋变暖已经给珊瑚礁这种栖息地带来了深远影响。热带海洋中的浅水珊瑚礁是拥有生存物种最多的海洋栖息地。随着平缓的潮流漂浮，对于海洋物种而言可谓乐趣。呈现在水下的珊瑚世界，五彩斑斓，随着海水变幻莫测。宛如凝视欣赏莫奈（Monet）的画一样，笔笔生辉，栩栩如生，犹如在油画中游动。

暖水海洋中的珊瑚生存总是岌岌可危，无论出现在哪里，都要去适应那里的温度。要是温度升高超过常规最大值的1~2度，它们的颜色就会变淡。当珊瑚和寄居在其组织内、还需其提供养料的微生物关系破裂时，它们的颜色也会变淡。在较高的温度条件下，这些被称为“虫黄藻”的微生物，就会开始伤害它们的寄体，这时珊瑚就会将它们除掉。由于正是这些虫黄藻赋予了珊瑚五彩缤纷的颜色，失去它们，珊瑚的组织结构就会变得透明，原本被寄生的区域也逐渐变得惨白。白化后的珊瑚饥饿难耐，除非温度正常，否则数周内就会死亡。

1998年，热带地区的海水温度急剧上升。像塞舌尔和马尔代夫这些地区的整片珊瑚礁区域都白化了，几乎所有的珊瑚都死亡了。这样一个孤立的事件，足以证明情况已经很糟糕了，因为珊瑚需要几十年才能恢复到当初的模样。但是这种白化已经变得极其普遍。现在，科学家们预测，到21世纪中叶，珊瑚都会暴露在温度每年大幅上升的环境之中。[9]如果珊瑚不能适应的话，整个珊瑚礁以及生活在这一区域的众多物种都会死亡。适应这种温度，自然也是可能的。地球最北部的一些珊瑚礁，在科威特的海域中也可以看到，那里温度变化幅度极大。当冬季寒风从沙漠中刮起时，水温会骤降至12℃，在炙热的夏天，水温最高可达35℃。尽管生存环境如此恶劣，珊瑚还是逐渐形成了足够大的珊瑚礁来支撑岛屿。快速适应环境对于珊瑚礁而言极其重要，可长远来看，前景并不理想。物种进化的速度很大程度上取决于它们更新换代的时间。繁殖率高的物种往往进化速度也快（就像流感病毒），而长寿的物种则要慢得多，如美国高山区的古树那样，有些珊瑚可以存活上百年，有些则能活上千年，甚至更久。

加拉帕戈斯群岛（Galapagos Islands）向世人发出严峻的警告，未来有可能发生严重的后果。1982 年底，破坏力极强的厄尔尼诺现象，引发了持续时间长达五个月的水温急速上升。最后，所有生活在加拉帕戈斯群岛海域的珊瑚礁全部死亡。30 年过后，它们仍未恢复，数千年形成的礁石结构也化为残石碎屑。几年前，我游泳穿过那儿的一处遗迹，过去曾经的一片美丽珊瑚，而如今我所看到的就是一场毁灭后的惨景。海床上散布着垩白的碎片，犹如大屠杀过后遍布的白骨一样。在残骸之上隆起着一个土堆，可以想象那里曾经生长着的漂亮珊瑚。它们历经了数世纪的小幅气温上升，却唯独死在了这次水温急速上升期间。一些嫩生的珊瑚挣扎着，想要获得立命之根，可也被海胆所袭扰，它们通体乌黑，长有背刺，犹如冲向动物残骸的蚂蚁一般覆盖了稚嫩的珊瑚。这些事实和如此之类的现象告诉我们，如今的珊瑚白化在数千年的历史轨迹上也是前所未有的。

从哺乳动物本身恒温的角度来看，单单几度温度的上升尽管有充足的理由令我们一样焦虑不安，但不至于使我们坐立难安，恐慌有加。但如果你和许多其他物种一样，只能在所能承受的温度范围内生活，单单这一点就可以让你抓狂。海洋增温将会触发全球性的大移居，长期独立的物种相互入侵则会进一步导致大规模的生命重组。许多物种会向两极迁徙，正如我们已经看到的北大西洋的鱼类和浮游生物那样。这些入侵的生物将会以无法预测的方式改变极地生态系统，其影响深远。但假如你已经生活在两极，酷爱冰天雪地的生活环境，那你将何去何从呢？有些科学家们预测，答案可能是随着水温上升，冰块消融，这些生活在极地的物种将会大量灭绝。它们可能会在更深的海底找到一方避难之所，但对于部分生物来说这种方式自然是不可行的。这就是为什么北极熊和海象，这两个生活在浮冰上的象征性动物，如今会被列入世界野生动物基金会十大濒危物种之列。

这种全球性大迁移也并非都是坏事。有些物种能很好地适应，有些国家可能因变迁而走向繁荣，而其他也可能受损，承受后果。来自东安格利亚大学（University of East Anglia）的威廉·张（William Cheung）和同事们一起精心策划了一组推理实验，创立了一套全球海洋模型，试图去预测从现在起至2055年间生命重组的后果。[10]当他们模拟释放热量时，物种则开始向两极移动。那些无法迁徙的，无论是想要留在适合的栖息地，还是迁徙路线被封堵，它们的数量都相应减少，有些甚至灭绝。所有这些物种的迁徙，使得原栖息地的物种数量进一步减少。这些栖息地多集中在热带附近，而两极的物种数量则迅速增加。对于捕鱼行业而言，也产生了连锁效应。根据这一模型的预测，像印度尼西亚、塞内加尔和尼日利亚这些低纬度国家的捕捞量会下降10%~20%，同时农作物产量也会下降不少。在美国，大多数低纬度的州渔业捕捞量普遍损失近10%，而高纬度的阿拉斯加的捕捞量却增加了近25%。

海水增温会带来负面影响，虽然的确令人担忧，但欣慰的是，生命能，并将快速地改变、适应。许多海洋生物产的卵和幼体可以自己漂浮几十千米至上百千米，而我们也已设置了一些屏障，保护它们以免散失。在20世纪20—60年代，格陵兰岛周围的海域也遭遇了海水增温的情况。鳕鱼、黑线鳕和鲱鱼的栖息地不得不迅速向北迁徙；在不到20年的时间里，鳕鱼向极地迁徙了1000多千米，这无疑促进了渔业的发展，每年旺季顶峰捕捞量可达44万吨。[11]许多其他物种也跟随着这些鱼类一起迁移，包括底栖生物和海洋类哺乳动物。

威廉·张的预测还存在许多不确定因素。他们认为，海洋植物食品的产量可能不会有什么变化，反倒也有可能会有所增加。至于其中缘由，我会在下面的章节中阐明，现在浮游植物对于海洋变化的反应大多还只是推测，具体不得而知。同样也有充分的观点认为，产量会有所下降。如果真是这样，一些国家可能不盈不亏，但大多数国家的渔业可就要遭受重创。

到目前为止，我对气候变化的看法想必已经很明了了。像其他众多的科学家一样，我相信气候正在慢慢变化中。充分的证据表明，气候的变化具有多样性，颇具影响力，拒绝承认这些变化，将会走向孤立。对一项新的研究保持怀疑态度，并对其方法的可行性和抽样的严谨性进行评估，这很重要。怀疑的态度本身就是科学的产物。获取新的数据和思想，为我们观察周围的事物提供更好的解释，以此推翻旧的理论观念。但是，即使这样，也会有人否认这些新理论，这在我们周围很普遍。他们有选择性地选取论据，只承认那些可以支撑他们偏见的结论，而否认对自己不利的观点，对后者甚至是视而不见。当越来越多的证据与他们的想法相左时，他们对差异产生的解释也随之变得愈发转弯抹角、牵强附会。

那些声称科学家用一场场精心策划的阴谋去欺骗政客和公众的人，应该扪心自问一个简单的问题：我们出于什么原因要这么做？我们能从这样的骗局中获得什么？如果对于上述问题的回答还不足以说服你们的话，那就再请问：我们怎么去骗了别人？科学原本就是一种充满竞争的追求。屈居第二就可能意味着失败。科学家不断地求证彼此的观点，一旦发现观点或假说欠缺就会放弃，一旦发现新的证据就会加以修订。没有任何骗局能经受科学长久坚持不懈的求证和探索。

关于气候变化的诸多争议源于长时间以来地球气候的变化无常。我们生活在一个活力无限的星球之上，每年的气候变化之外其实还有多年或数十年的周期变化，这就是气候振荡。在加利福尼亚圣巴巴拉海峡（Santa Barbara Channel）深海沉积核采集的数据揭示了海洋生物经历的气候变化。沙丁鱼或凤尾鱼群遭到疯狂的掠食之后，一大片闪闪发光的鱼鳞就会沉积到海底。这些海底沉积物中的鱼鳞，使我们能够追踪数千年来鱼群起伏变化，探讨其应对诸如厄尔尼诺现象等气候性事件以及海洋学家称为“太平洋年代际振荡”周期的变迁。

现代测算的时间跨度已经是几十年甚至是一个世纪，所以很难看到什么异样的迹象。如果将时间跨度放到足够大，你就会发现迄今为止的大多数气候变化可能都在自然变化的范围之内。但是当前气候变化的主因，即温室气体浓度，则远超历史水平。如果要推动一辆抛锚的车，你得花上很大的力气才能推动。而人类对气候系统所施加的影响力已经超过了一个世纪，其严重后果正在开始慢慢显现。

生命一直在变化中，这一点也不稀奇。冰核、海底沉积物和岩石都表明，变化对于地球上的生命而言再平常不过了。当生存条件改变时，适应力强的物种会改造或创建新的栖息地和生态系统。我们担心的并不是这种变化，而是其变化的速度。如果生存条件变化速度过快，生态系统就很难做出相应的反应。这就有可能需要生命花费数个世纪的漫长时间来适应这种变化，而对于人类则是时不我待。在当今世界，随着人类需求的日益增长，这的确是一个值得我们关注的大问题。

第六章
潮汐与海洋

几年前的一个夜晚，当我漫步在迈阿密海滩上时，我几乎能想象到自己穿越到了20世纪30年代时的样子。那时的聚会充斥着夜总会和酒吧的气氛，弥漫着海藻般的气味，还伴随着远处巨浪翻滚的隆隆声。如今，南海滩边上辉煌的装饰艺术却被高耸的酒店和公寓楼群所遮挡，成排的酒店和公寓面朝大海，一路向北。真的很难想象这个地方曾经的样子，但是在19世纪，迈阿密海滩只不过是一个挡风的屏障岛，到处都是茂密的红树林沼泽。它的潜力最先得到亨利·卢姆（Henry Lum）的赏识，他经历过1849年加利福尼亚的淘金热，很有经验，善于讨价还价。他以25美分1英亩[①]的价格买下了这块地，而且还在这里种下了椰子树。但是直到1915年，一座横跨比斯坎湾（Biscayne Bay）的桥建成了，与迈阿密连接了起来，迈阿密海滩才算真正诞生了。

像许多和他一样的美国人，卢姆爱上了那座具有野性美的屏障岛。这些低位的岛屿是由波浪侵蚀的沙子堆积而成的，沿着东海岸蜿蜒前行，可以从长岛延伸到迈阿密。20世纪见证了沿海建筑的繁荣景象，在一些地方，像基蒂霍克、瑟夫城以及赖茨维尔

① 1英亩约为4 046.86平方米。——编者注

海滩（Kitty Hawk，Surf City and Wrightsville Beach）等，海岸房屋和酒店林立。但是，经历了一段辉煌的投机和发展之后，许多人又开始担心海洋会不会把这些淹没，重回往日的海岸。

近5000年来，海洋中庞大的水体一直整体处于稳定的状态，可是，这稳定的时代即将结束。最后一个冰河时代之后，融化的冰盖使海水快速增长，全球的海洋水面上升了130米。从此，尽管海岸的不断抬升或沉降（下沉）也见证了一些海洋区域的起伏跌宕，但海洋中的总体水量却一直非常地稳定。

稳定的海平面有利于陆地河流入海口湿地的形成。河流每次发洪水的时候，都会夹带着泥沙，冲积到沿海地区。在三角洲、泥滩、沼泽和屏障岛（barrier island）区域，形成新沉积层的速度往往会超过侵蚀和沉降的速度。当植物固定住沉积层的时候，陆地就会向海岸扩展。历史上，人们一直定期向湿地推进，开垦滩土地，种植庄稼，建造城市。[1] 与有森林或植被覆盖的土地相比，裸露土地的表层土更容易流失，快速进入河谷和河流。在中世纪早期，欧洲部分地区的土壤侵蚀淤积了河口，形成了湿地，阻碍了陆地繁忙的港口，如意大利北部的鲁尼（Luni）和英国的切斯特（Chester）。在北美，17—19世纪，湿地的快速形成往往是为农业开垦而进行森林砍伐的伴生物。

如今奔涌的河水同样裹挟着泥沙，但是排到沿海地区的泥沙量却不如从前。全世界几乎所有的大河和不计其数的溪流上都建造了水坝，拦住流向海洋的泥沙。干旱地区灌溉农作物常常会分流水和沉积物，否则这些沉积物可能会流向淤积的湿地。例如，澳大利亚传奇水系的墨累河与达令河（Murray and Darling），就因为灌溉而流失了大量水源，所以现在能到达海岸的只剩涓涓细流了。

阻断沉积物的累积，改变了海洋与湿地的平衡，造成湿地萎缩。通常，随着沉积物下沉稳定，其下的硬基土层经过均衡调整而下降到沉积物以下，三角洲自然会逐渐塌陷。今天，从迈阿密海岸、威尼斯海岸到东京和新奥尔良等许多沿海地区，海平面上升造成海岸塌陷，威胁人类生命和财产安全。

地球是受一些亘古不变的原理支配的。其中，温暖的物质要比寒冷的物质占据的空间更大。[2] 随着地球升温，土壤和岩石膨胀，对我们来说意义不大，但是，随着气温上升，海洋扩张，海水又开始吞蚀我们沿海宝贵的土地，这对我们的影响就严重了。2000 年前，古罗马在海平面上建立的鱼塘有助于今天人类确定海平面急速上升的时间。[3] 鱼塘设在地中海上，那时的海平面比今天要低 13 厘米。直到 100 多年前，因为工业革命排放出大量温室气体，全球气温上升，海平面才开始抬升。从此之后，上升的速度越来越快。从 1870 年到 2000 年间，海平面上升了大约 20 厘米。[4] 我们通过全世界上千个检潮仪的检测记录得到了上述数据。从 1993 年起，这些数据得到了测量水平面波动、准确性极高的卫星观测的补充。在过去的 130 年里，海平面平均每年上升 1.7 毫米。但是最近 20 年里，上升速度加快，最快的时候可以达到每年 3.3 毫米。[5] 从 1900 年开始，海平面上升 75%的原因是二氧化碳排放量增多而造成的全球变暖。自 1960 年起，海平面上升 25%的原因是海平面升温导致海水膨胀。1993 年到 2009 年达到了 30%。此外，冰川和冰盖融化与抽取地下水灌溉也是海平面上升的诱因。[6]

如果不是我们在20世纪中期开始大规模建造水坝，拦截陆地上的淡水的话，那么海平面上升的速度每年将会加快0.5毫米。尽管如此，因为水坝同时也拦截了大量泥沙，从而也加快了长江及密西西比河等三角洲的侵蚀，水坝的效益也大打折扣。自1964年阿斯旺大坝（Aswan Dam）建造以来，尼罗河部分三角洲每年以150米的速度萎缩。[7]

目前，只有上层海水在升温。但是随着热量穿透层加深，海水继续膨胀，海平面将会继续上升。2007年，政府间气候变化专门委员会预计，到2100年海平面可能还会上升18~59厘米，这取决于我们对于气候变化控制的速度。他们的推测是基于对海水受热膨胀以及高山冰川、格陵兰岛和南极冰原减少等因素的综合考量。但是随着最近海面抬升速度的加快，他们的数据好像越来越存在分歧。目前海平面上升的速度要比他们十多年前推测的变化速度快得多。

一项关于格陵兰岛和南极洲冰盖的最新研究表明，我们已接近，或可能已超过地面冰融化速度的临界点，这可能是未来海平面上升的主要原因。如果格陵兰岛的冰原全部融化的话，那么全球海平面可能要上升6米，从而导致低海拔沿海城市居民不得不大规模迁移。而南极洲西部冰层融化则会使海平面继续升高3米。[8]海平面上升6米可能会淹没迈阿密以北的佛罗里达州，[9]吞没密西西比河三角洲和1/3的纽约城，伦敦、汉堡、拉各斯和孟加拉也会成为一片汪洋。

美洲中部的珊瑚礁化石中的海岸线标记表明我们以前至少有一次超过临界点，即121000年以前，海平面高度在100年的时间里上升了 3 米，是目前速度的 10 倍。[10]有人认为这可能是世界变暖现象及后果的一个缩影。那时的温度比我们今天的温度平均要高 2℃，海平面也要比当前高 6 米，[11]淹没了很多低海拔沿海地区的三角洲和平原地区，而这些地方现在都是人口稠密分布区。当然，这样极端的状态不是一蹴而就的，需要漫长的时间才能使海平面在温暖的环境下发生变化。自 2007 年以来，政府间气候变化专门委员会做了各种评估，推测表明未来 100 年海平面上升的速度上限将会是 2 米。[12]

北极圈冰层的融化可能是全球变暖最明显的标志。但是，即使它全部解冻消融，也不会造成海平面上升，因为它是在海水里面浮动的。如果你不信的话，可以向一杯水里加一个冰块，就会看到水不会随着冰块融化而发生变化。我们需要担心的是格陵兰岛和南极洲陆地上的冰原，它们比政府间气候变化专门委员会预测的更为脆弱。温度升高使得冰层融化，一直在冰冻层里流淌，直到形成一个裂缝才流淌出去，滴水才变成细流，汇入蓝色溪水，汇成水塘和小溪。如果我们有机会看到的话，就会发现水如瀑布般急泻而下，十分壮观。冰层下面的流动水也在润滑冰层，加快其融化。

冰盖的周边往往分布着海底岩石脊峰，冰原附着在海底岩石脊上。全球变暖也会消蚀这些冰原层。温水（至少以极圈为标准）在冰层下流淌，使冰与岩石分离。南极洲西部的冰原也已经开始松动。[13]飞机与卫星测量结果显示，格陵兰岛和南极地区的向海冰原以更快的速度滑落到大海里。冰原解冻似乎通过正反馈环式地在加剧。表层融化水汇集而成的蓝色小溪和水塘意味着其吸收的太阳热量越多，就会有越多的冰融化。很难预测未来冰原会怎样影响海平面上升，因为气候变化也使冰原海区内部的降雪增加，这样就抵消了边缘冰的损失。下个世纪人类如何平衡冰原增长和融化，将会对居住在低海拔沿海地区的居民产生重大影响。

另一个全球气候变暖的正反馈证明出现在北冰洋。随着永久冻土在冰原开始退缩的海底融化，河床开始喷出大量温室气体甲烷。2011 年 2 月，俄罗斯科学家在圣弗朗西斯科的一个会议上宣布了该研究结果。研究小组以伊戈·塞米勒托芙（Igor Semiletov）为首席教授，描述了甲烷喷射半英里多宽的场景，[14]声称他们发现了几百个类似的喷涌区，并估计实际上可能会有上千个之多。河床甲烷的喷发也证实了永久冻土融化加剧了全球气候变暖。

根据最近的预测，即使是按照政府间气候变化专门委员会推测的最小上升数据，即在 2100 年上升 59 厘米，也会造成上千万人大规模迁移，同时世界上 100 万平方千米的农田和沿海城市将会被淹没。世界上有 10%的人口居住在海拔不足 10 米的近海陆地。全球 16 个超级大城市中，有 11 个人口都在 1500 万以上，而且分布在海岸或河口地区，分别是东京、广州、上海、孟买、纽约、马尼拉、雅加达、洛杉矶、卡拉奇、大阪和加尔各答。随着世界人口的增长，这样的城市会更多。2025 年预计会增加 4 个沿海超大城市：布宜诺斯艾利斯、达卡、伊斯坦布尔和里约热内卢。[15]面对海平面上升，我们有三种应对方式：后撤、适应或防御。而面对海洋威胁时，我们最普遍的反应就是防御。

几个世纪以来，荷兰一直都是世界上人口最稠密的国家之一。土地平缓、海拔低让荷兰人深受北海的影响。周期性的风暴使海水涌向内陆，淹没农田，损毁庄稼。荷兰人在很早以前就掌握了海岸防护的技术，这点不足为奇。他们早在15世纪就开始建造坚固的堤坝用来阻挡海水，保护良田。近代的一些插图也讲述了海堤和丁坝等复杂的防御体系，即以合适的角度在海岸边建立起用来阻断沙子流动的墙或者围坝。这反映出他们对于防护海岸和抵御潮袭的深刻理解。17世纪荷兰工程师在欧洲很受欢迎，他们向全世界传授的海岸防御或“加固”技术至今仍很受用。

1953年，荷兰人从惨痛的教训中得知，海平面上升只是他们一半的担忧。来自北方的一场强暴风雨，伴随着极高的潮涌，摧毁了低洼地区，造成1800人死亡，上万所房屋被毁。为了避免重蹈覆辙，荷兰人开始了世界上最具野心的海岸防御计划，他们增高了堤坝和防洪堤，抵御自莱茵河-默兹河三角洲绵延而至的北海。正是由于这些防御措施的存在，今天荷兰有25%的地区安然地居于海平面以下。但近年来，由于海平面上升的再次威胁，他们也开始重新审视海岸防御系统。[16]依据新的计划，预测到21世纪末，海平面将上升至1.3米，为应对威胁，海岸防御系统的优化工作正在进行。

荷兰人比任何人都更有能力保护自己的海岸。但问题是，对许多连一半应对措施都没有的发展中国家来说，海平面上升对他们构成了更紧迫的威胁。在诸如马尔代夫、菲尼克斯群岛和图瓦卢（Maldives, the Phoenix Islands and Tuvalu）等地势低洼的海洋岛国或地区，对陆地的保护比任何地方都更迫切。

飞入马尔代夫的国际机场就像在海洋着陆一样。柏油碎石铺成的跑道就好像是在一望无际的海洋中。首都马累，杂乱地耸立着高矮不同的混凝土建筑，整座城市所坐落的珊瑚礁岛不见了踪影。用混凝土砌成的护城墙，就像昏暗的四足动物，防护着这座城市免受印度洋海浪的入侵。像马累一样，四周混凝土防护的机场，严肃地警示我们，海洋孕育了这些岛屿，同时也能将它们淹没，回归海洋。

马尔代夫是一个水上世界。1200个岛屿中，没有一个超过海平面以上1~2米，它们都坐落在无数个珊瑚礁之上，使马尔代夫成为渔业之国，珊瑚之国。从水上飞机的舷窗望去，这些岛屿就像是珊瑚砂石带上散开的绿宝石。这些岛屿加起来的面积只占其总面积的不到1/30，剩下的全是海洋。

马尔代夫人在船上居家的时间似乎和在陆地上居家的时间一样多，这也就不奇怪了。在最后一次到访中，那位从度假村带我去潜水点的船长，他脚踩着舵柄，咆哮的发动机引擎声让他用力地把手机贴到耳朵旁，接听电话，开着船穿过危险的珊瑚迷宫，他看上去就有点儿像海上的吉卜赛人。

最后一个冰河时期，马尔代夫的珊瑚礁已经在与海平面平行的平台上存在了数千年。现在这些平台已位于海平面以下40~50米，由北向南延伸800千米，在一条环礁链上，沿着印度洋古老的海底皱起。珊瑚通过吸收海水的碳酸盐（粉笔的主要成分）来生长。它们将碳酸盐结晶成坚硬的骨架，形成了珊瑚礁生长的脊梁。2010年，我在马尔代夫的一座珊瑚礁洋面上游泳时，偶然看到一个珊瑚峰尖，它刚好被经过的巨浪砸开。从外形上看，这种石珊瑚坚不可摧，但里面的骨骼却布满了管洞和空腔，一大群生物在里面钻孔、溶蚀，躲避外部的掠食者。这些隐藏的群落代表了礁石平衡的另一面：侵蚀的阴与沉积的阳。珊瑚礁只有在沉积超过侵蚀的地方才能生长。

珊瑚的繁茂生长，超越了侵蚀的速度，确保了马尔代夫和散落在整个热带地区的成千上万座海洋岛屿的存在。气候变化使天平正在向另一侧倾斜。正如我之前提到的，1998 年气温飙升，马尔代夫的珊瑚礁漂浮得很厉害。12 年后，当我再次造访时，珊瑚又占据了上风。但就像野火过后森林重生一样，物种减少，大部分都是灌木状的枝丫，生长速度很快。而欧洲人刚刚开启全球发现之旅时，那些也许有生命的巨大海洋古生物珊瑚已经死亡。

健康生长的珊瑚礁是自我修复的天然防波堤，它比任何混凝土墙都能更好地保护城市、度假村或农田，而且成本要便宜得多。蜕化的珊瑚生长与海洋抬升，都意味着那些靠珊瑚富起来的国家已经开始思考让人无法想象的问题。当海平面超过岛的适应能力时，南太平洋的图瓦卢已经做出安排，将其民众迁往新西兰。在图瓦卢群岛，最高的潮汐冲刷着那里的岛屿，而在此之前，那里已经干涸了近 10 年之久。

在马尔代夫，人们至少可以感到欣慰，他们国家的岛基依然坚固。[17]几十年，甚至几个世纪以来，海岸下沉相对较快的地区，海平面的上升相对也快，这已经是事实。对于他们来说，20 世纪海平面上升 20 厘米并不重要，重要的是陆地下沉的数量。海岸下沉有好几个原因。在上一个冰河时期，北美、欧洲和亚洲的大部分地区覆盖着 3000 米厚的冰层。它们把地壳进一步挤压到地幔中，形成了洼地，这有点像站在垫子上形成的凹洞。由于地球已经恢复到原来的形状，这些凹痕也逐渐消失了。这是一个地质过程，速度非常缓慢。在冰河时期到达顶峰后的 18 000 年，沉降还在继续。例如，苏格兰北部仍在上升，而没有被冰雪覆盖的英格兰南部却正在下沉。这有助于解释为什么这些国家之间的海岸天然防御能量存在差异。苏格兰 8% 的海岸受海堤、岩礁以及诸如此类的岸基保护，而英格兰却有一半海岸都需要实施人工防护。[18]

造成沉降的另一个主要原因则是沉积物的供给。如果水坝或防洪堤后的沉积供给被切断，那么当沉积物沉淀下来时，沿海沼泽和泥滩就会失去淤积抬升所需要的沉积料源。例如，在美国南部，由于沉降和海平面上升，密西西比河三角洲地区每年因此失去近 50 平方千米的土地。在多年的强降雪中，科罗拉多河曾向加利福尼亚湾北端的三角洲地区注入 2 亿多吨泥浆。而 20 世纪 30 年代胡佛大坝（Hoover Dam）建成之后，沉积供给受阻，现在每年至多只有数百万吨泥沙顺河而下进入三角洲补充沉积。目前，世界上有 45 000 座大型大坝，拦阻蓄积了河流冲积泥沙的 1/4～1/3。[19]

阻碍海岸洋流的结构系统也会切断沉积物的供给。一些海岸由软岩或土壤组成，能够很自然地将沉积物沉入海洋，沙子和泥土被海浪和洋流带到了其他地方，在那里形成了堰洲岛、潟湖、沙滩和沙丘。这些地区的红树林、海草和盐沼草可以把泥粘在一起，保持稳定的状态。因此，沿海开发可能会产生深远而意想不到的后果，因为它会扰乱潮汐和洋流的自然流动，从而导致海上沙滩的侵蚀和流失。

在开采地下水或石油的地方，海岸也会下沉。今天，得克萨斯州休斯敦地区随着地下水和石油的开采，地面沉降，大部分距离海平面只有1米。自20世纪30年代以来，有些地方已经下沉了3米，而该城市的部分地区，最近每年的沉降率已经超过5厘米。[20]尽管它不在全球排名前十的未来前途未卜的城市名单中，但它却是海平面上升最先受到威胁的城市。在排行榜中，居于首位的是迈阿密，排在第二位至第四位的分别是纽约、纽瓦克和新奥尔良。迈阿密经常使用疏浚的近岸沙子来迟滞大海，正因为如此，它的装饰派艺术区才能延续至今。面向北的高层建筑，较低的楼层经常受到来自大西洋暴风中的盐雾的侵蚀和袭扰。

把世界上人口最稠密的城市，比如纽约或日本名古屋，弃置于海洋，这是难以想象的。但毫无疑问，我们会构筑高墙把这些城市围起来，阻滞海洋的侵蚀。自1984年以来，伦敦一直由泰晤士河上构筑的屏障保护着，当海水涨潮和强劲的向岸风一起袭来，把海平面抬升到危险水平时，帆状的屏障闸门就会关闭。闸门关闭次数的记录清楚地表明，投入使用的前七年里，共关闭四次，但现在典型年份要关闭5~10次。

危险来临时，我们要选择防御，而不是撤退。在这方面，新奥尔良就是个鲜明的例子。卡特里娜飓风肆虐时，如果新奥尔良市的防洪堤遭到破坏，那随之而来的洪水将是巨大的灾难。20世纪，由于在湄南河三角洲地区抽取地下水，使得整个曼谷沉降了数米。2011年底，洪水和海潮同时袭来，淹没了这座城市周围的堤坝，致使该市首次不得不疏散大部分地区的居民。

随着海平面的升高，防御变得越来越危险，成本越来越高。在未来一个世纪里，如果冰盖融化，海平面上升1米以上，我们就不得不看着城市和海岸的部分地区被海洋淹没，而且无能为力。1米听上去不是什么大事，但对任何海堤而言，都必须能够抵御海洋所引发的任何糟糕的状况，应该预想到极端的海平面上升速度总是比平均水平要快。[21]例如，纽约可能很快就会发现自己处在大西洋飓风带里，因为相对温暖的海水会将飓风维持在更偏北的纬度。2011年，热带风暴艾琳导致洪水泛滥，迫使下曼哈顿地区的人撤离，这让纽约感到震惊。这场风暴可能是未来的征兆，人们已经普遍认识到，在未来的几十年里，飓风将会不断加剧。[22]

世界上最大的河流三角洲是人类的粮仓。盛产小麦、大米和玉米等主要作物，即便是海平面小幅上升的情况下，这些地区也非常脆弱。从对世界上40个最大的河流三角洲进行的一项调查显示，世界陆地径流量超过40%的地区，其海平面实际上升幅度每年高达12.5毫米，这几乎是海平面均速上升的四倍。[23]造成这样快速上升的原因包括土地沉陷，持续供应的沉积物被大坝堵塞，地下水或石油开采，又或者是二者的结合等。这使得世界最大河流三角洲附近的土地迅速萎缩，如尼罗河、恒河、湄公河和密西西比河三角洲地区，从而终结了5000年前由于海平面的稳定而持续的三角洲的扩大。

海平面上升使成千上万平方千米的三角洲地区面临洪水灾害和被淹没的危险。毫无疑问，在未来的一个世纪将会引发大规模的移民潮。[24]相对于海平面的上升，其沉降的加速也可能会使成千上万人从这里搬离，从而失去世界上土壤最肥沃地区的农业生产。但与此同时，由于人口的增长，我们却需要更多的粮食。[25]

三角洲地区的气候变化让人类付出的代价逐年显现。以孟加拉国为例，它地处世界两大河流恒河和雅鲁藏布江的交汇处，那里是洪水冲积平原和沼泽，被称为世界自然灾害之地。其1/3的国土位于海平面以下。居住在这个水上之国的人们以水为生，同时也经常丧命水中。季风降雨和喜马拉雅融雪滋养了农田和稻田，但由此而产生的飓风和洪水也给那里的居民带来了周期性的灾难。面对一望无际的水面，绝望的灾民守望在屋顶，我们无法去争辩那些堤坝、防洪堤还有海塘合理存在的意义。然而，非常有讽刺意味的是，如果孟加拉人修建河坝来防御河流的泛滥，从而造成沉积物匮乏，那么他们沉积的土地就会沉降得更快，这反而更容易使他们成为海洋灾害的承受者。虽然，夺走生命的洪水被控制了，但人类却不能长久地在沿海冲积平原上维持生命与社会的延续。

当加固海岸防御工程时，海平面上升会导致海岸线变窄、变陡，增加海浪的侵蚀力。这样一来，将会影响一些最具生产力的海洋栖息地。在海岸的低洼处，湿地将陆地和海洋分隔，其面积是不断变化的，由于被挤压在海平面与海堤之间，海平面升高时，湿地的面积就会缩小。河口的泥滩、红树林和盐沼将失去伸缩的弹性，人工的海岸防御工程禁锢了它们自然的适应性。成千上万的物种依赖湿地生存，例如涉水鸟，它们把湿地作为迁徙的“加油站”，冬季的栖息地。如果海岸湿地遭遇不测之影响，那这些物种的命运也就注定终结。距离我家不远的亨伯河口（Humber Estuary），冬天就供养了15万多只这样的涉水鸟。夜晚，它们在空中飞翔，盘旋翻飞，变换队形。此时，泥滩变得活跃，充满生机。由于湿地的流失，全世界大约有100多种湿地鸟类面临灭绝的危险。对它们来说，海平面上升并不是什么好兆头。

就像珊瑚礁一样，湿地和沙丘是陆地和海洋之间的活屏障。它们可以受暴风雨的打击和破坏，但有生命的基体会随着时间的推移而不断地重生。在美属维尔京群岛（Virgin Islands），我曾在四面围墙坚固的厕所，欣慰地躲过了一场可怕的飓风。风吹了一整夜，可怕的咆哮声吹得我耳朵嗡嗡作响。地面在震动，房子在颤动，邻居房屋解体时，夜色中传来了模糊的碰撞声。最后，黎明终于来临。我登上一座小岛，只见飓风过后，那里的树木，青绿的叶子变成灰色，棕色的树枝散落一地，扭曲的树干东倒西歪。沿岸的红树林像骷髅一样站立着，树冠被风和波浪损毁。但它们那粗糙多结的树干，深深扎根于淤泥中，依然坚强地直面大海。

2004 年，印度尼西亚和斯里兰卡的红树林似乎也起到了缓解海啸破坏力的作用。[26]因为有大片红树林庇护的海岸本身可能就很少受海啸的影响，所以，红树林的存在与海啸影响减弱之间的因果关系受到了质疑。但是如果发生海啸，你更喜欢躲到哪里呢？是布满虾池的海岸，还是茂密的自然红树林海岸呢？2011 年，日本海啸引发了让人难以置信的泥石流，这表明，即便是红树林也无法阻止最严重的海啸，但它们可以拯救远离破坏力中心的许多人的生命。

湿地的保护功能以及很多其他的价值，如过滤和净化径流的作用，或作为重要水产繁殖场的商业价值等，均尚未得到充分的认可。相反，它们一直被认为是蚊子和疾病肆虐的沼泽或荒地。因此，人们排干、填充和清理湿地，把它们开发为农业用地、码头、家园、虾塘、机场和购物中心，平坦的沿海土地几乎可以任意开发利用。[27]那些寻找一流海滨的开发商认为，在规划应用中，湿地是首选。因此，从海平面稳定以来湿地不断扩大的趋势逆转了。20世纪中期以来，世界上大约有30%的红树林被砍伐，在菲律宾及其他国家，那里的红树林50%~75%已经遭到毁坏；[28]自19世纪后期，全球近1/3的海草地消失不见；自1990年以来，海草地下降速度每年已上升到7%；[29]盐沼也一样遭受了类似的损失。

开阔的砂质海岸的侵蚀与海平面之间存在着一定的物理关系，这说明海岸退缩比任何海平面的上升都要多两个量级。20世纪，海平面上升20厘米，堰洲岛面积就会被侵蚀数百米。但是，据预测，未来一个世纪，海平面上升1米，堰洲岛受侵范围将达上千米。这对那些生活在美国东部和南部海岸堰洲岛的居民而言，并不是什么好消息。美国地质学家奥林·皮尔奇（Orrin Pilkey）和罗伯·扬（Rob Young）预测，如果海平面上升，这些岛屿上的社区将不可能维持到22世纪。[30]楠塔基特岛、长岛或马撒葡萄园岛（Nantucket，Long Island or Martha's Vineyard）的度假者钟爱的海滨街道和游艇也将卷入大海。像大洋城和大西洋滩这样的海滨城镇（Ocean City and Atlantic Beach）将不得不采取对策保护自己，否则它们将消失在大海中，而在其南部，海洋可能会卷走佐治亚州哈特勒斯角和海岛（Cape Hatteras and Sea Island）上所有的房屋和设施。在那些海平面变化不怎么活跃的海岸，要么花费巨额资金修筑防御，要么弃之逃离。除此之外，还有另一种选择，那就是所谓的“软工程”，换句话说就是顺其“自然”。

正如珊瑚礁一样，湿地是自我修复的防波堤。尽管它们的面积在缩小，可是沿海地区的工程师已开始意识到它们的价值。由根和茎组成的复杂基体，可以固牢沉积物，加固海岸。要维持这些栖息地的健康状态，就需要输入充足的沉积物，从而可以一层一层地淤积和固化泥、沙，保持与海平面上升的均衡态势。充满活力的湿地就像一堵墙，随着需求的增加，它就会逐渐加厚、升高。战争期间，越南的红树林被除草剂毁坏。现在又在重新种植红树林，这使得越南每年修复堤坝所耗费的成本从 700 万美元减少到了 100 多万美元。[31]同样，某些有暴风雨影响的地方，广阔而稠密的盐沼不需要海岸的保护，而狭窄、混乱的沼泽则需要堤坝的防护。[32]

湿地的增长预计会促进未来大气中二氧化碳含量的增加，而这正是植物用于进行光合作用的气体。海草和红树林是少数可以从较高二氧化碳浓度中获益的海洋物种。新的荷兰海岸保护计划要求更多地利用这种软工程，甚至要拆除现有的堤坝，以恢复河口栖息地和潮汐系统。

政府间气候变化专门委员会推测 21 世纪末海平面将上升 59 厘米，据此，科学家预测，这将导致地球上另外 1/3 的沿海湿地消失，这与湿地转化为他用所导致的直接破坏损失相当，甚或还略有不及。考虑到其在影响和改善海平面上升方面的价值越来越大，我们迫切需要重新思考对待湿地的态度。

1. 上图 20世纪50年代美国佛罗里达基韦斯特港游钓船捕获的大石斑鱼。胀满的鱼腹表明它们正处于产卵期，这些石斑鱼是在产卵地捕获的

2. 左图 20世纪70年代基韦斯特游钓船捕获的鱼

3. 左图2007年基韦斯特游钓船所捕获的鱼。随着时间的推移，捕获量不断下降。而今天众多的垂钓者仍未意识到这些图所表明的问题，即佛罗里达珊瑚鱼的锐减

4. 澳大利亚西部杰克山区的变质表壳岩，大约形成于30亿年前，含有44亿年前岩石风化而形成的锆石晶体，其几乎与地球的形成一样古老

5. 左上角内嵌图为从杰克山区分离出的锆石晶体。单个晶体的直径在0.1~0.2毫米之间，在风和水的磨蚀下呈圆状，形成于44亿年前，其中包括地球史上已知的最古老的岩石晶体。显微镜下，这些晶体由凝结花岗岩类的物质构成，在一定温度下，与水接触而形成。这表明陆地和海洋的形成远比我们所知的要早

6. 澳大利亚25亿年前形成的海床截图。棕色、黄色和橙红色的波状二氧化硅岩层与厚厚的深黑色和灰色富铁带状铁锈层交错叠加。闪亮的虎睛石镶嵌在一层层受压而变形扭曲的岩石层中，这些岩石层说明了地球大气层中游离氧的出现，游离氧与陆地岩石中的亚硫酸盐发生反应，形成硫酸盐，冲入海洋，硫酸盐与沉积在海床的溶解铁产生反应，形成氧化铁。这些岩石形成了当今世界上最富含量的铁矿石

7. 南非尖峰洞穴13B入口景观。自大约14万年前开始，该洞穴就不断有现代人的祖先居住。不同时代遗留的沉积物表明早期人类以海食品为餐而留下的残物以及日益兴起的人文证物，如贝壳串、取火石器和用于人体装饰与抽象艺术的赭石土

8. 公元2世纪突尼斯哈德鲁姆的赫尔墨斯墓穴出土的马赛克面板说明，地中海地区的渔猎方法很久以前就已经很发达了。该图表明抛网、打孔的章鱼诱捕瓶、钩及线漂网以及多样的海洋生活器具都已出现并广泛使用

9. 荷兰艺术家弗朗斯·斯奈德斯的画作《鱼市》。虽然画作构思奇特，充满想象，但画中的动物和大小在今天的买客看来仍具代表性。画的中间是一条颇大的狼鱼，张着大嘴，横压在硕大的鲟鱼和比目鱼身上，其右侧是各种鳕鱼及鱼排，而画的背景处钩上挂着大菱鲆。此外，让今天的购鱼者意外的还有七鳃鳗、海豚、海豹、梭子鱼和现在极其罕见的灰鳐

10. 美国画家温斯洛·霍默的画作《海湾浪流》。大量的证据表明，在那个时代的海洋中，鲨鱼及其他猎食性鱼类远比现在的种群要多，数量远比今天庞大

12. 1939年纽约市长菲奥雷洛·H.拉瓜迪亚在富尔顿市场与一条300磅重的比目鱼合影。那时，大比目鱼在北大西洋已十分罕见，然而在17世纪初弗吉尼亚的詹姆斯敦殖民地建立时，这种比目鱼却很普遍

11. 下图　20世纪初蒸汽拖网捕鱼时代英国格里姆斯比鱼市的拍卖场景。依据现在的标准，不仅捕捞量大，而且鱼的尺寸也相当大。远景处长而细的主要是鲮鱼，而前景中的主要是鳕鱼

13. 19世纪晚期美国华盛顿州的皮吉特湾3万条三文鱼的捕捞量

14. 右图　澳大利亚北部托雷斯海峡的拖网捕虾。从图中可以看出，拖网产生了大量的附带捕捞物，大多为不需要的小鱼和无脊椎鱼类，分捡虾后就被扔弃。如此之类的拖网捕捞所产生的虾与附带鱼品比例为1：15

15. 左图　美国俄勒冈州大陆架因受深海低氧水的侵蚀而导致大量海蟹死亡。这也许与气候变化而导致的海岸相向强风有关。由于深海缺氧水富含二氧化碳，比美国西海岸海域的浅水更具酸性，从而造成蟹的死亡

16. 300万~400万年前加勒比海珊瑚与太平洋珊瑚开始分化，从此，它们开始孤立进化生长。现在，加勒比海珊瑚海扇形聚居特征明显，因此很容易识别

17. 珊瑚依靠自身体内的虫黄藻呈现其五颜六色的色彩。这些虫黄藻为珊瑚提供给养，但若海洋温度变暖，升至其最高气温以上2度，珊瑚就会排斥虫黄藻，从而变白。若温度始终处于高位，数周内珊瑚就难以恢复生机，并慢慢死亡。这张拍摄于菲律宾巴拉望的图片捕捉了珊瑚消失前回光返照的瞬间变白的过程。3个月后，这些珊瑚就全部死亡了

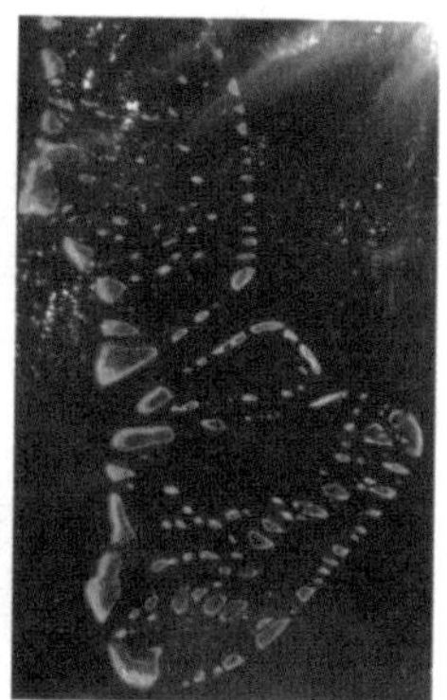

18. 上图左　美国马里兰州大洋城的酒店，建在地势较低的海滨流砂屏障岛上。这些岛上的设施正日益面临着海平面上升的威胁

19. 上图右　部分马尔代夫群岛的鸟瞰图。整个马尔代夫都处于海拔不足数米的岛上，成为地球上受海平面上升威胁最严重的国家

20. 这是英国泰晤士河上的挡潮闸，用于极端涨潮和暴风涌浪时保护伦敦免遭洪水灾害。由于海平面上升，21世纪世界上其他许多城市都会需要这样的防护设施

21. 2011年洪水严重泛滥的曼谷城。20世纪，由于大量地汲取地下水用于灌溉和水产养殖，地处河流三角洲的曼谷城日益处于海平面上升和极端降雨的危险境地

第七章
腐蚀的海洋

伊斯基亚岛（Ischia）位于意大利那不勒斯湾入口处。清晨，这里蒸汽缭绕，小岛如同漂浮在湛蓝色的大海上。其醉人的美景和温泉疗养每年吸引600多万游客前来旅游观光。维多利亚时代的战地记者威廉·罗素爵士（Sir William Russell）敏锐地捕捉到了岛上的宁静与火山喷发的不协调：

如果有人已经能意识到微笑表面之下酝酿的可怕力量，那么，整个岛上鲜亮的美景，花园里迷人的小别墅，雪白的田园屋舍，绿色的百叶窗，还有透过大片树叶露出的教堂小尖顶，顿觉一切都显得如此富有欺骗性。[1]

阿拉贡城堡（Castello Aragonese）位于伊斯基亚岛的东端，坐落于崎岖的岩石顶部，其古老的城墙和嵌入大海的灰色悬崖，珠联璧合，相映成趣。从这些城垛下的水中不断涌出泡沫，那是火山气体，主要是二氧化碳。生活在这些水源附近的软体动物，它们的壳很薄，用手指就可以捏碎。令人担忧的是，由于二氧化碳浓度很高，海洋的香槟色预示着珊瑚、龙虾、蛤蜊、牡蛎和其他贝壳类生物以及整个地球的生命都会面临危机。[2]

海洋化学与我们的大气化学有着密不可分的联系。溶解在海水中的气体与空气中的气体保持平衡，这意味着随着大气中二氧化碳浓度的上升，溶解在海洋中的二氧化碳含量也会上升。二氧化碳在海水中溶解时会产生碳酸（就是强烈的碳酸饮料味）。如此一来，就释放了重碳酸盐离子和氢离子，减少了碳酸根离子（碳和氧的结合，是粉笔的主要成分）。[3] 氢离子使海洋酸性增强，而对于那些以白垩贝壳和骨骼为生的生命体来说，碳酸根离子的减少不是个好消息。

自前工业时代以来，人类活动（主要是化石燃料燃烧，城市和农业对森林和沼泽的开发利用以及水泥生产）释放的二氧化碳大约有 30%被海洋吸收。[4] 在此期间，海水的 pH 值（衡量海水酸性）下降了 0.1 个单位。这种下降大多发生在过去的几十年里。在一个对数刻度上（其一个单位相当于酸度/碱度 10 倍的变化），这意味着酸度上升了 30%。如果我们不减少二氧化碳的排放，预计到 2050 年，[5] 海洋的酸度将上升 150%，在任何时候，至少在过去 2000 万年，或许 6500 万年的更长时间里，这是最快的增长速度，将会把我们带回到恐龙时代。[6] 正如普利茅斯海洋实验室的海洋酸化专家卡罗尔·图雷（Carol Turley）和我说的那样，“目前海洋酸度的增加不仅是我们这一生中前所未有的，而且也是地球历史上罕见的。”

实际上，今天的海洋呈微碱性，pH 值为 8.1。二氧化碳的溶解正把海洋的 pH 值拉近于中性（这就是定义中纯水的 pH 值是 7.0）。虽然我们的子孙后代不会完全从海上得到化学脱皮术，但有壳类动物就有可能会。相比之下，到 2100 年，某些地方的 pH 值可达 7.6，而黑咖啡比海洋酸几百倍；苏打饮料的酸度高出

1000多倍，[7] 但即使这样，也有可能会完全改变海洋里的生命。

酸化正成为人类对海洋最严重的影响之一，但它却一直被忽视，直到最近才引起重视。美国珊瑚礁方面的专家琼妮·克雷帕斯（Joanie Kleypas）是最早意识到海洋酸化对海洋生物产生严重影响的海洋生物学家之一。1998年气候变化会议上，她经历了一个少有的“尤里卡”（eureka），异常地激动和兴奋。她意识到，21世纪末，珊瑚礁将淹没在海水中，海水的腐蚀性足以摧毁它们，这种意识来得如此突然，如此强烈，她情不自禁地托词去了盥洗室，颇感眩晕不适。

尽管几十年来一直关注大气中二氧化碳的上升水平，但仅在2003年，美国科学家肯·卡尔代拉（Ken Caldeira）和迈克尔·维奇特（Michael Wickett）将他们在斯坦福大学和劳伦斯·利弗莫尔国家实验室（The Lawrence Livermore National Laboratory）所做的研究共同发表在《自然》杂志上，首次突出强调了海洋的酸化问题。他们的结论认为，如果我们不计后果地烧掉世界上所有已知的化石燃料，这将导致未来300年海洋酸度增加，达到过去3亿年时间里从未见到过的水平，这意味着重蹈二叠纪末生物大灭绝的灾难性事件的覆辙。[8] 对科学界而言，本研究是一个顿悟和启示。此后，世界各地的科学家纷纷组织起来研究海洋酸化，发表了数百篇论文。他们清醒地意识到，假若我们的其他方式已经使海洋生存举步维艰的话，那么不断的酸化将使海洋生物走向末路。

许多海洋植物和动物从海水中吸收溶解的碳酸盐矿物，通常混合吸收少量的镁，分泌形成碳酸钙骨骼。翼足类动物（游动的小蜗牛）、微观颗石藻和有孔虫等吸食浮游生物，而珊瑚、海螺、甲壳类动物（螃蟹、龙虾、小虾）、海胆、珊瑚藻以及滤食类的蛤、贻贝和牡蛎，在海底觅食。随着海水 pH 值的下降，所有这些海洋生物都需要额外的能量来分泌碳酸盐物质。这是因为酸化改变了它们的内部化学组织，使其更难从溶液中结晶出碳酸盐。所以当大气中的二氧化碳升高时，珊瑚和其他钙化生物难以生成强健骨骼。

数千年来，无数代的珊瑚日积月累，造就了世界上最壮观、最多样化的海洋栖息地。从太空俯瞰，可以看到像马尔代夫、澳大利亚的大堡礁等一样辽阔的珊瑚礁地质结构。曾经，在太平洋珊瑚礁顶峰的环礁潟湖平静的水面上，我强烈地感受到了珊瑚礁的伟岸挺拔。海洋的涌浪，卷起愠怒的泡沫，无力地击打着珊瑚岸壁，而此时，平静的海水却轻轻地拍打着我的脚踝。与这些不断自我固化的防洪礁壁相比，任何坚固的城堡都显得那么脆弱，那么缺乏安全保障。

正如琼妮·克雷帕斯和她的同事在 1999 年预测的那样，最近的实验结果表明，在我们的有生之年，由碳酸钙构成的珊瑚礁和其他栖息地可能会停止生长。科学家们突然意识到，海洋酸化以及全球变暖导致的珊瑚白化可能会毁坏世界范围内的珊瑚礁。的确，损坏已经发生。过去 25 年里，澳大利亚大堡礁的珊瑚骨架明显退化，其碳酸钙含量比以前减少了 14%。[9] 与树木非常相似，珊瑚也含有年轮，其骨骼强度可以随时间的变化而变化。研究结果表明，最近的弱化现象是近 400 年来前所未有的。来自地中海的深海珊瑚实验表明，它们今天的碳酸盐含量只是工业革命开始前的一半。[10]由于这种骨骼的弱化，我们把海洋酸化称为“珊瑚礁的骨质疏松症”。

珊瑚本身不能构成珊瑚礁。倘若没有珊瑚藻的黏合剂和一系列的钙质海藻，将珊瑚混合形成坚固的结构，那珊瑚礁就不会生长得那么好。这样的情况在远离光照的深海可以看到，那里没有珊瑚藻类的存在（在珊瑚组织体中健康生长，在浅水中促进其生长的海藻也没有）。深海珊瑚以冰川的速度生长：最好的情况下，它们形成一堆松散的砾石块，通常经过几千年才能长到几米的厚度。相比之下，健康的浅水珊瑚每年可以生长 20 厘米。珊瑚藻特别容易受到 pH 值下降的影响。因为它们分泌出一种富含镁的碳酸钙，这比珊瑚产生的碳酸钙更容易溶解。除了珊瑚藻的“胶合剂”之外，海水缓慢流经礁体空隙，通过化学沉淀，形成碳酸胶合剂，从而使珊瑚礁被碳酸盐固合在一起。这种胶合形式也随着碳酸盐饱和度（溶解在水中的量）的下降而减弱。

在正常条件下，海洋中大部分地区的碳酸盐是“超饱和”的，这意味着它相对容易结晶形成骨架结构。在碳酸根离子不饱和或超饱和的海水中，不受动物组织层保护的矿物碳酸盐结构不能形成或存活。我们知道这是因为碳酸盐的饱和度随温度和压力的变化而变化。在低温、高压情况下，水会溶解更多的碳酸盐。在海洋深处，热带地区深度为 3~4 千米，在两极地区深度为数百米，碳酸盐的浓度会低于饱和。在饱和度以下，固体未受保护的碳酸盐就会溶解，这些效应随二氧化碳溶解的增加而增强。冷水中含有的二氧化碳要比暖水中的多，由于深海中生物的呼吸作用，其二氧化碳含量要比浅水中的多。[11]

随着海洋二氧化碳含量的上升，碳酸盐饱和度下降，碳酸盐溶解深度变浅。近期的预估表明，在某些地方，这样的平行水深线每年上升 1~2 米。迄今为止，人类活动增加的大部分二氧化碳仍停留在洋面浅水层。在北极和南大西洋海水剧烈下涌的区域，即全球大洋传送带洋流形成的区域，二氧化碳已经处于 1000 多米的深度。在其他地方，海洋受其影响的深度可能只有数百米深。

所有的热带珊瑚礁寄居的水域都不足 100 米深，因此它们更容易受到海洋酸化的影响。如果大气中二氧化碳在目前水平上翻倍，那么世界上所有的珊瑚礁都将从生长状态转变为侵蚀退化状态。随着碳酸盐的侵蚀和溶解超过沉积量，珊瑚礁真的会逐渐开始破裂和溶蚀。最令人担忧的是，在政府间气候变化专门委员会预估的低排放情况下，到 2100 年，二氧化碳的含量将达到这一水平。2009 年的哥本哈根世界气候大会旨在限制二氧化碳排放量，使大气层中二氧化碳含量永不超过 450 百万分比浓度。这个目标导致谈判中出现僵局，可即便如此，一些知名科学家认为，这样的排放量对珊瑚礁而言依然太高。[12]

正如伊斯基亚的碳化火山泉对未来发出的警示一样，在巴布亚新几内亚的礁石下冒出的二氧化碳气泡同样是可见的证据，充分表明，珊瑚礁的命运令人担忧。[13]在气泡冒得激烈的地方，珊瑚礁已经完全不生长了。预计到 22 世纪早期，在一切不变的情况下，pH 值将降至最低水平。今天幸存下来的少数珊瑚已受到腐蚀性的海水严重侵蚀。东太平洋水域因深层水上升，其酸性自然比其他海域要严重，从而使 20 世纪 80 年代初由厄尔尼诺现象引起的加拉帕戈斯群岛珊瑚礁衰竭的状况恶化。[14]那里的珊瑚礁只是松散地凝结胶合而成的结构，因此，很快就崩塌了。

在两极地区，酸化问题更加严重。在那里，碳酸盐在仅有数百米深的水层就溶解了。极地海洋富含营养，海产丰富，因此，每年吸引大量的鲸不辞辛劳，数千千米游至这片水域，享用大餐。一种翼足类动物小蜗牛，它的足伸展成一双精致的翅膀（这就是指翼足），是极地食物网链中的低层动物。作为食物的重要来源，它们被称为海洋薯片，但名不符实。它城堡一样的贝壳，晶莹剔透，色美高冷，似乎完全适应于冰冷的海域。其大小各异，小如扁豆，大至指甲盖，分布密度每立方米水域高达上万只。为了使这种密度更形象、直观，你可以想象一个蜗牛的空间相当于一个猕猴桃的大小。对于捕食者来说，偶然发现这样密密麻麻一片的翼足蜗牛，暴风雪一样迎面扑来，那肯定是眼花缭乱。如果你喜欢鱼鲜美味，品尝过来自寒冷水域的鲑鱼、鳕鱼或任何其他种类的鱼，那么实际上就意味着你间接地享用了翼足类小海鲜。

随着极地海洋中碳酸盐的含量变得低于饱和度，在不到 50 年的时间内，翼足类动物“薯片”可能会从菜单上消失。捕获的翼足类动物实验表明，能够使其壳溶解的酸性水平可能很快就会达到。事实上，由于海冰融化，海洋酸化加剧，加拿大北部的部分海域已经具有了腐蚀性，侵蚀着翼足类动物的壳。[15] 据预测，到 2030 年，紧随其后的可能就是南极洲的南部海域，到 2100 年，将会是白令海峡。

未来酸性海洋中，随着环境的变化，物种如何快速适应仍是个重要的未知域。地质记载中有这方面的线索，但却不足以消除人们的疑虑。化石记载了礁石长期活跃发展的过程以及珊瑚礁消亡的中断期。澳大利亚资深珊瑚学家查理·维隆（Charlie Veron）认为，二氧化碳浓度升高的时期与地质记载中的珊瑚生长停滞期有相关性。而对此有疑问者则认为珊瑚礁的增长和海洋化学没有密切联系。他们相信，过去珊瑚礁生长的海洋酸性要高于我们21世纪末所控制的水平。即使他们承认大气和海洋中的二氧化碳含量高与物种大规模灭绝有关，随之还爆发了进化的多样性，但这也足以给我敲响了警钟。

在开篇第一章中，我描绘了海洋生物的出现。10亿年前，大气中二氧化碳水平比现在高，海洋酸性比现在强。寒武纪前期，早期简单的光合生命从空气中吸收二氧化碳，释放氧气，因此，减少了二氧化碳含量。寒武纪生命大爆发前的3000万年前，大约是5.7亿年前，二氧化碳浓度似乎已经下降到足以可以预见海洋生物的进化。海洋酸性变弱，浅海碳酸盐溶解达到饱和水平，其持续性足以使贝类进化生成。纳米比亚的珊瑚礁化石，历经数百年，由超大一堆微小的管状钙化物组成，这些微小的钙化物是由最早的骨骼生物Cloudina生成的，可能是多毛类蠕虫的早期祖先，其中一些进化生成了今天的珊瑚礁贝类。

世界海洋酸性下降预示着动物进化的爆发，进化形成了大量碳酸盐骨骼和贝壳类动物。首先，大多数分泌石英矿石或磷酸钙贝壳。翼足类动物和现代珊瑚礁产生的霰石，就是更容易溶解的碳酸钙。大约在2.3亿年前，分泌霰石的珊瑚开始形成珊瑚礁。在全球变暖和二氧化碳含量较高期间，珊瑚生成大量英石，1.45亿年到6500万年前，情况基本都是这样。大约在4000万年前，由于二氧化碳水平再次下降，现代珊瑚发生了进化。大气中的二氧化碳、海洋酸化以及粉状碳酸盐贝壳动物之间有了明显的联系。在久远的过去，其中一些在酸性更强的深海中成功地生存，甚至繁衍生息，但这并不意味着它们可以快速适应当今时代快速酸化的海洋。

上一次海洋生物受到海洋腐蚀的影响是5500万年前，地质学家称之为“古新世-始新世极暖”时期，当时的腐蚀性跟所预期的2100年的情况一样。由于甲烷和二氧化碳的大量释放，海平面温度比现在高5~9℃。[16]我们不确定这些气体从何而来以及它们为何被释放。相关理论包括火山喷发，泥炭气体挥发，或是海底大量的甲烷水合物。鉴于当时沉积物给定的化学特征，甲烷喷发似乎是最有可能的解释。甲烷会迅速被氧化成二氧化碳，从而导致海洋酸化。当时二氧化碳的释放量差不多和今天全球储备的化石燃料应用所释放的二氧化碳一样多。但它的产生过程相当慢，需要几千年，不像今天我们燃用化石燃料那么快，仅几百年的时间。[17]从深海钻探的沉积核中你可以清楚看到这一事实。白垩质的沉积物突然间变成了一层棕色的黏土，这几乎和它变回“粉笔”的速度一样快。整个事件发生的范围仅为10~20厘米的圆核，而地球若要将其过量的碳排放快速消耗，则需要上万年的时间。[18]

古新世-始新世时期海洋酸化的峰值似乎并没有导致海洋生物大灾难的发生。依据地质时代的延伸，我们可以看一下，大灾难可能被报道为“轻灾袭击，略有伤亡”。是的，周围只有为数不多的珊瑚礁似乎受损严重，[19]但唯一彻底灭绝的是深海里的有孔虫。当海洋酸化，腐蚀性的海水袭扰它们时，这些既不是动物也不是植物的微小单细胞浮游生物就只有死亡了。[20]所有生活在深海的有孔虫都灭绝了，而那些来自表面水层的生物却幸存了下来。[21]然而，它们和其他石灰质浮游生物的生存条件却变得日益严酷，沉淀层中充斥着发育不良和畸形的贝壳类。如果有任何能够适应高酸性环境的生物的话，我们期望可能会是单细胞的浮游生物，因为一代可以以数小时或数天来衡量。它们似乎真的富有生命力，能够顽强地生存。尽管它们的成分发生了重大变化，但并没有明显地停止生成白垩的机体结构。[22]在较高的酸性条件下，一些物种生存良好。我们可以从中得到一丝安慰。但必须谨记，今天我们向海洋增排二氧化碳的速度要比之前快得多，其影响将可能更加严重。二氧化碳在被混合进入深海之前，长期聚集在海洋的表层，那里是大部分海洋生物的家园。将二氧化碳排入深海需要1000年甚至更长的时间，在深海最终通过溶解白垩质沉积物实现中和。

如同北极熊一样，珊瑚礁已经成为二氧化碳排放和气候变化危险的征兆。它们是前沿的栖息地，警示着即将到来的危险。如果它们消失了，数百万人将无家可归。但是我还有一个担忧，那就是行星生命支撑系统的核心：酸化对浮游生物的影响是什么？浮游生物，或者“植物”浮游生物，产生的氧气大约是我们呼吸的一半，几乎是所有海洋食物网链的基础，是生命本身赖以生存的基础，也是我们人类赖以生存的基础。[23]

如颗石藻之类的许多浮游生物生成白垩骨骼。这些微小的球状植物外壳很硬，如重叠的瓷盾一样，装饰精致，起到保护肌体的作用。冬天，风暴从深层水搅动浮起的养分滋养着它，到了春天，白天变长，它就会盛开，变得千姿百态。然后无数的颗石藻将海洋变成乳白色，形成漩涡，从太空都可以看到。在短短的几周内，一次盛开就能产生 100 万吨的碳酸钙。[24]这些盛开的浮游植物把海洋的热量反射回太空，从而减小其对气候的影响。酸化并不直接影响颗石藻和其他光合浮游生物。就像对陆地植物一样，二氧化碳可以促进光合作用。在海洋酸性较高的实验中，许多颗石藻产生的碳酸盐含量似乎和正常情况下一样多。[25]另一个好处就是，并非所有的浮游植物都能产生碳酸钙骨架。如果生成碳酸盐的浮游生物——蓝藻或恐龙鞭毛虫——受到影响，含有二氧化硅贝壳（玻璃的基本成分）的硅藻将会取而代之。我们希望如此。

在其繁衍旺盛的过程中，颗石藻被后续暴发的大量病毒吞噬，繁殖停滞。病毒对海洋中的营养物质循环和浮游生物繁殖至关重要，其释放的营养物质可以被其他植物和动物循环吸收。病毒也许是我听说过的最令人震惊的事实。一瓶 1 升的透明海水中大约含有 40 亿个病毒。[26]总的加起来的话，海洋里差不多有 4 000 000 000 000 000 000 000 000 000 000个病毒（简单来说就是 4 乘以 10 的 30 次方），超过了海洋其他所有的生命形式总量的 15 倍。要理解这个庞大的数字意味着什么，就想象着把所有病毒首尾相连，它们可以形成一根直径不超过蜘蛛游丝的1/200的线，其长度可延伸 2 亿光年。你也可以这样解读：这条线可以穿越 60 个星系和数以百万计的星星，在浩瀚的宇宙绵延。远古的海洋微生物世界至今仍状况良好，生机勃勃。在所有关于海洋酸化的研究中，我并没有看到针对病毒影响的专题研究。事实上，病毒已经减缓了海洋酸化的速度。因为它们善于在阳光照射的表层水面上循环利用营养物质，所以较少的碳通过动物和植物肌体的下沉进入深海区。这意味着海洋从大气层吸收二氧化碳的量就会减少，这对控制酸化有利，但对改善气候变化不利。

迄今为止，大多数科学家研究的焦点都集中于酸性海域中白垩碳酸盐肌体成分的产生。但 pH 值本身的变化就可以改变浮游生物繁衍生长所需要的微量元素的供给性。铁是古代海洋中约束浮游生物繁殖的一种关键营养元素，如今在深海区域仍是如此。在强酸化环境下，铁排斥与有机物的融合，因此，不利于需要的微生物吸收。[27]海洋酸化可能会扩大海洋的面积，但由于铁限制了海洋生物的生产力，最终将减少海洋为人类所提供的食物量。

我们越关注海洋酸化的影响，就会发现越多干扰海洋生物生存的方式。许多有关捕获的无脊椎动物实验表明，酸性的增强几乎影响海洋生物生长、行为方式及繁殖等各个方面，正如仔鱼躲避捕食者会变成致命的诱惑一样的确令人惊讶。[28]

橙色小丑鱼与珊瑚礁上的大型海葵带刺的触手相伴生活。为了安全起见，小丑鱼把卵藏在海葵的边缘。几天后，新孵化的幼虫就会游向大海。几周后，它们在夜幕的掩护下返回，找到属于自己的海葵。它们生命中最危险的时刻，就是在寻找新海葵的路上，去躲避一层层的捕食者。小丑鱼的幼虫可以闻到捕食者的气息，这有助于它们避免被吃掉的危险。但是小丑鱼的幼虫在海水酸性条件下生长，到 2100 年，这样的酸性环境将更普遍。如果我们不能减少二氧化碳的排放，那小丑鱼的幼虫就会失去这种避险的能力，反而更容易成为吸引捕食者的诱饵。其他实验还表明，它们也失去了嗅觉能力。也许当黎明来临时，它们将有可能发现海葵。[29]但到那时，它们可能会成为一群白天捕食者的美味。

除非橙色小丑鱼能快速适应，否则酸化将会终结它们在这个星球上的存在。我们只能猜测，在成千上万种其他具有浮游生物幼虫的物种中，普遍都需要这种应对反应。这些幼虫比成年小丑鱼对酸化可能更敏感，这是迄今为止大多数研究关注的问题。我们的确知道，在海洋生物中，利用气味来探测栖息地和捕食者是很普遍的。伊斯基亚再次向我们提供了未来大致的前景。在水下二氧化碳排放口附近，几乎没有任何灰质骨骼的幼虫巢居或生存。[30]对海胆的实验表明，在 21 世纪末可能达到的酸性水平条件下，海胆的精子活力和受精能力都有所下降。

俄勒冈海岸的牡蛎养殖场的状况表明生活将会变得异常艰难。[31]由于那里的海水日益酸化，牡蛎不能周期性地繁殖生产。我之前曾描述过，最近上升流是如何用低氧深层水淹没大陆架，从而造成动物大量死亡的。上涌海水的酸性比表层水的酸性更强。当酸性更强的海水冲击养殖场时，牡蛎幼虫必然会在最初形成壳的时候死亡。

过度捕捞大大增加了我们对野生贝类和养殖贝类的依赖。相对于鱼类的过度捕捞，大虾、龙虾、蛤蜊和扇贝的捕捞更具再生性，相对来说更能补偿过度捕捞，而且会逐渐成为海洋捕捞的主产品。所有这些贝类水产品都属碳酸盐壳类，对海洋产生污染。2006 年，美国渔业的一半产值来自贝类。海洋酸化严重威胁着渔业生产，不仅如此，酸化还威胁着滤食性贝类在海水净化中的重要作用。

海洋酸化影响所有海洋生物生存的基础，即海洋生物生成氧气的能力。当二氧化碳含量增加时，从水中提取氧气就变得更加困难。溶解的二氧化碳迅速在鳃和细胞间扩散，减少了循环中的氧气量，抑制新陈代谢。不得不这样生存的动物消耗更多的能量，以维持自身身体的机能，这意味着它们难以持续增长和繁殖。日益酸化的海洋可能会加剧由低氧或缺氧而引起的问题的严重性，在下一章节中，我将讨论这一问题。

曾经，珊瑚白化使我夜不能寐；现在，面临的则是海洋酸化。全球变暖减弱了珊瑚和藻类的光合作用，从而破坏了世界各地的珊瑚礁。对于已经处于严重状态的珊瑚礁来说，酸化更是致命的重创。自上个冰河时代结束以来，珊瑚礁的形成充满勃勃生机。而如今想到，在100年的时间里，人类将彻底逆转珊瑚的生机盎然，的确令人不寒而栗。

酸性增强，海洋中仍会有生物的存在。有生存的适者，也会有天竞的亡者，但生命将会改变。伊斯基亚香槟色温泉附近的海床上覆盖着郁郁葱葱的海草，鲜艳的绿叶上看不到白垩外壳、珊瑚藻以及蠕虫，植物在不断地蔓延。只要有岩石隔离的沙滩，褐色和红色的海藻就会把海草堆在那里。这些茂盛的植物得益于二氧化碳的肥效以及食草海胆的减少。而对地中海那些硬壳的绿海龟而言，这至少是个好消息，因为它们喜欢海草。

第八章
死亡海域与世界的大河

7月至10月是英国议员享有漫长夏休日的时间。什么重要的事情能让他们搁置国家管理，休假这么久呢？辉煌的哥特式议会大厦坐落在泰晤士河畔，我们必须在这条河上寻找答案。和许多城市一样，伦敦在几个世纪内快速发展，但缺少规划，甚至没有核心规划。到1815年，它成为世界最大的城市，拥有140万人口。但这座现代的城市有着明显的中世纪污水和垃圾处理方式，许多垃圾都被倾倒在街道上或粪池里。抽水马桶这项发明旨在改善卫生，[1]但它却事与愿违，反而给泰晤士河带来了一系列的问题，因此，19世纪的伦敦名副其实地臭名昭著，最终导致1858年的“大恶臭”，即泰晤士河的污染危机。

18世纪晚期，抽水马桶开始代替夜壶，大大增加了粪坑中废物的排放量，导致污水经常溢入街道。1815年，政府通过一项法律来解决这个问题，即通过污水管网将污水排入泰晤士河，随后就开始修建污水管网。到19世纪中叶，泰晤士河已经被下水道排放的污水严重污染，垃圾堵塞河道，并且随着潮汐在议会大厦河段漂来漂去。细菌在污泥中滋生，吸收溶解氧气，将河流变成臭气熏天的排水道，把有毒气体排入伦敦的市中心。1858年，恶臭不断加剧，以至于议会大厦不得不用浸透漂白剂的布做窗帘，以驱散臭味。最后，议会取消了夏季会议。

伦敦的问题尽管得到了解决，但仍在世界各地重演，并不断困扰着今天很多发展中国家的大部分城市。世界上人口众多的城市，许多都坐落于气势磅礴的河流旁，人们依靠这些河流保障水的供应，并借水势排放垃圾。河水充斥着从城市、工业、农业及径流中排放的污水、毒素和垃圾，进入海洋。[2]第二次世界大战后，农业开始依靠化肥提高产量，由此产生的问题日益严重，如今，化肥引发沿海浮游生物大量繁殖，范围绵延数千平方英里，从太空都可以看得到。墨西哥加利福尼亚湾的卫星照片显示，在咖啡种植普遍采用肥料之后，亚基河（Yaqui River）河口附近的浮游生物生长日益旺盛，海水明显呈现为绿色。[3]

在春季和初夏，白天变长，浮游生物大量繁殖，这是一种自然的季节性特征，在20多亿年前，海洋中首次出现微生物时，就肯定已经出现过。它们主要分布在温带和极地海洋，在那里冬季风暴把营养物质从底部和大河的河口处搅动上涌。当浮游生物死亡时，消耗海水中的氧气慢慢腐化。结果，由污染引发的浮游生物繁衍下的海水通常会变得缺氧，死亡生物蔓延，覆盖海面。现在，全世界有400多个地方出现永久性或季节性死亡水域，多为波罗的海这样的沿海区域或封闭的海洋。[4]在2008年的最后一次统计中，死亡海域总面积达到了25万平方千米，约占世界大陆架面积的1%。这听起来可能不是很多，但却都属于最丰产的海洋和生物最丰富的海域。我们无法承受这样的损失。

世界上每年发生的最大的死亡海域之一位于墨西哥湾密西西

比三角洲的河口。[5]密西西比河的径流面积占下游美国48个州的40%，平均每年向墨西哥湾排放580立方千米的水，足以填满美国最大的水库米德湖（Lake Mead）16次以上。其水中富含浮游生物生长所需的有机物微粒以及溶解营养质。过去，这些富含营养的水系涵养了三角洲周围丰富的渔业，但近年来，营养过剩已经开始使丰产河走向衰退。

春天到来，冬天的积雪开始消融，融水涌向汹涌的密西西比河，并将富含营养物质的河水冲入墨西哥湾，死亡水域开始形成。夏天，路易斯安那州、亚拉巴马州和田纳西州，天气炎热，人们的生活变得单调乏味，此时，浮游生物开始腐烂，水的含氧量骤然下降，洋面像盖着厚厚的窒息毯，那些能逃离的海洋生物都跑掉了，没有逃离的鱼、螃蟹和虾大量死亡，堆积在河床上，其他像蛤蜊、蜗牛、蠕虫和海星这些难以离开的，就死在了它们原有的寄居水域。随着微生物腐化沉积物层的扩大，渔民被迫前往更远的海域捕鱼。他们穿过空荡荡的水域，看不到跳跃的鱼，鱼群探测器无任何反应，食鱼鸟在空中徒劳地盘旋。路易斯安那州立大学的研究人员梅丽莎·鲍斯特恩（Melissa Baustain）经常到这里潜水，她报告说："潜得越深，就越感到有点儿恐怖，因为那里什么都没有。没有鱼，没有活着的生物，只有我们。"[6]在最严重时期，密西西比河沿岸超过2万平方千米的死亡海域，令海洋生命窒息。

一些人认为，死亡海域是墨西哥湾的一个自然特征，但密西西比河流域大部分都是农田，且证据明确地指向了农业化肥的应用。我们可以从密西西比河河口及附近海域的海床微生物的腐化沉积物中看到死亡海域的历史变迁。[7]依赖富氧海水生存的物种数量，相对于氧气匮乏时生长旺盛的物种数量，讲述了死亡海域的演变故事，讲述了其初期如何形成以及随着时间的推移而不断发展的过程。沉积物中的化学特征给这段历史增添了演变的细节。

密西西比河见证了中西部殖民化以及草原农田化以来其流域内所发生的翻天覆地的变化。殖民与农业发展加剧了19世纪初土壤流失的速度，从核心样本中通过一种浮游植物硅藻生产力的相应提高，我们可以发现这一变化。20世纪初期，由于构筑了许多水坝，拦阻了泥沙，沉积量再次下降。1950年以后，化肥在农田中的应用激增，下沉硅藻的量也在增加，但并未达到顶峰。在此之后，死亡水域才开始形成，但规模非常小，因此，直到20世纪70年代才引起了人们的广泛关注。从那以后，就像蔓延的瘀伤一样，几乎每年都会形成。在人们的记忆里，那里曾是墨西哥湾生机勃勃的渔场，可是，海洋生命无情地窒息，死亡海域已不可避免。

5000年前，苏美尔人镌刻在泥简上的创世神话似乎描述了人们早期修筑大坝的情景：

神恩里勒之子，宁乌尔塔，做了许多伟大的事。

他在大山中筑起了石垛……

他在地平上建起了石坝……

这些石垛、石坝抵御凶猛的洪水。

从此锁住了山洪，永保了河谷的平安。

最早修筑大坝的尝试发生在4600年前，当时古埃及人试图在异教徒坝或非信教者坝（Sadd el-Kafara）内控制尼罗河洪水。[8]该坝在未完工之前就被洪水冲毁了，但这次早期的失败并没能阻止人类建坝的努力。从那时起，我们已经修建了35000多个大坝，改变了内河水系。世界上的大河有近一半都构筑了大坝，流向大海的河流超过40%被水库拦截。[9]总体而言，水坝对海洋生物的影响日益突出。相比以前，即使我们对筑坝拦河的代价有了更好的理解，但仍经不住低碳水电能源和水资源安全（至少在水库被淤泥堵塞之前）的诱惑。

在阿斯旺大坝（Aswan Dam）建成之前，满载沉积物的尼罗河洪水注入地中海，引发浮游生物的大量繁殖，从而滋养大浅滩凤尾鱼的旺盛繁衍，渔业充满活力。现在大坝阻断了大部分的营养物质，但该国所有溪流和江河流入海洋的水中富含培养基，我们从中发现了新的营养质来源。大坝建成后，处于困境的鳀鱼渔业现在重新恢复生机，然而，尼罗河承载了8000万人口的生活垃圾和三角洲的化肥流失，否则，我想下次再到访亚历山大时，会禁不住诱惑去赴一场鳀鱼盛宴。

大坝和农业灌溉切断了沉积物，并将分流水量，从而减少营养物质流入沿海海域。它们的影响可能比人们想得更为深远。长江从中国内陆高原地区携带了大量的泥沙，即便如此，这条大河也只向东海提供了两种主要的植物营养物质，即不足1/10的磷和1/3的氮。[10]其余的营养物质则从河流羽流下面的深水中涌出（流入近海海面的河水，其浮力羽流可以把更深的水拖向相反的方向，将营养物质吸入浮游生物茁壮生长的阳光水域）。长江三峡大坝建成后，由于营养物质的流失，东海浮游生物的初级生产高峰值下降了86%。[11]

水流移动缓慢的地方，最容易形成死亡水域，同样，由于深水层缺乏生命所需的氧，因此水深分层的地方也会出现死亡海域。如果水在特定范围内停滞时间过长，正在分解的浮游生物，会像下沉的“积雪”形成漂流物，使得海床附近的滞水层失去氧气。尽管有大量的营养物质流向海洋，但奥里诺科河和亚马孙河（Orinoco and Amazon）没有死亡水域，因为河水注入近海的速度太快，氧气无法丢失。一旦大河经水坝拦蓄，被城市和农作物引用之后，就变为涓涓细流，入海口的水相对平稳，停滞时间较长，从而形成死亡水域。令人痛心的是，像法国的卢瓦尔河（Loire）和意大利的波河（Po）情况就是这样，每年夏天，它们会因缺氧而导致数千平方英里的海床生物窒息。

一些封闭性海洋也遇到了同样的水停滞问题，如波罗的海、亚得里亚海以及黑海等。黑海，形似一个深碗，是博斯普鲁斯海峡（Bosporus Strait）的浅岩床把它与地中海分离。它是在最后的冰川时代，由海平面急剧下降而形成的一个淡水湖。7000 年前的一次灾难性洪水中，地中海不断抬升，海水通过博斯普鲁斯海峡，最终又注满了咸水。那次大洪水在古代吉尔伽美什的传说中也许有记载，也有可能就是诺亚的洪水，引发了人类的大迁徙。[12] 因此，今天的黑海只有温暖、低盐、氧化好的表层水域才有丰富的海洋生命。这个低密度层的表层水就像盖子一样，罩在海盆地深层的冷盐水上，窒息了下面深水层的生命。在黑海，水深超过 150 米就没有氧气了。

据《国家地理》杂志的探险家鲍勃·巴拉德（Bob Ballard）透露，这种缺氧意味着黑海下面可能隐藏着一些可观的沉船残骸。他在锡诺普海岸附近发现了一艘追溯到1500年前的沉船，这里是古代金枪鱼的捕鱼港。残骸幸免于船蛆之口，船体和甲板完好无损，甚至桅杆仍然立着，这是一个消失时代的幽灵遗物。这艘船为我们提供了古代世界航海生活非同寻常的一瞥，但在水深320米的地方，是考古学家渴求而不可及的深度，因此，它的秘密，就像船体木一样，无人触及。

黑海深处水的停滞归因于大自然，[13]而其他封闭的海洋水的停滞则应归咎于我们人类。北欧的波罗的海与北海之间，仅有一条不深而蜿蜒的海峡相连接，曲折地环绕在丹麦的周围。注入波罗的海的河流流经人口众多的国家，流域分布着广袤的农田和密集的养猪场，沿途有众多重工业、纸浆厂和大、小城市的污水排入。当到达海岸时，河水中饱含了丰富的营养物质和有机废物。取自瑞典海湾的沉积物样本诉说着与密西西比河死亡海域同样的故事。[14]自1800年开始，农业和工业用地开发速度不断加快，大量森林遭到砍伐，从而导致径流养分不断增长。20世纪50年代，人工肥料广泛使用，出现了严重的浮游生物泛滥和底层水缺氧问题。从此，波罗的海河系流域的人口成倍增加，排污加重了化肥使用的负效应。

波罗的海是一个巨大的咸水湖，它偶尔会注入来自北海的咸海水。当条件允许时，北海的咸海水绕丹麦四周的岩床流入波罗的海，沿海床缓缓涌入。咸水（一种盐和淡水的混合物）相对于咸海水密度较低，于是随着表层水同时溢出。这种密度差异限制了盐分的浓度和表层淡水的混合，并且当死亡的浮游生物沉入海底时，氧气损耗加快。于是，需要盐水而茁壮成长的物种局限在氧气不断减少的深水层。近年来，过度捕捞导致波罗的海鳕鱼储量大幅下降。此外，鱼卵无法在这些深海低氧盐水中存活也是诱因之一。

有趣的是，鳕鱼和其他掠食性鱼类的衰退似乎与海藻的生长有关。在波罗的海的浅水区，底部长满了厚厚的、令人窒息的丝状海草垫，像一簇簇毛绒一样。曾经，在这层海草绒覆盖的区域，你可以从海面，透过清澈的海水，看到下面的墨角藻和海带摇曳的绿叶。这种丝状的海草会把渔网凝结成块，给渔民造成麻烦。由于捕捞和疾病，大鱼和海豹数量下降，被猎食鱼数量增加，数量增加的被猎食者反过来又猎食食草动物，这些食草动物不断啃噬海床的海藻。这些较小的捕食者大量消耗着食草动物，由此海藻便又开始蔓延扩散。

丹麦和波罗的海沿岸的许多其他国家已经做出了艰苦的努力，以减少海洋河系的氮排放，解决营养物质过剩以及由此造成的许多问题。自20世纪80年代初以来，氮的输入量已经减少了一半。[15]不幸的是，波罗的海似乎陷入了恶性循环。海底的低氧会释放磷，刺激浮游生物繁殖，导致含氧量消耗更加严重。之所以这样是因为当含氧量下降时，生活在沉积物深处的较大物种，比如穴居蠕虫和蛤蜊，就会变成较小的过渡物种，如线虫，生活在上层水或附近。在含氧丰富的条件下，较大的沉积层物种会从水中吸食粒状食物，并在淤积泥中积淀排泄物。它们在开放水域汲取营养，因此不再引发浮游生物进一步大量繁殖。相比之下，当氧气稀缺时，在海面附近进食的较小物种会将营养物质释放回水中，在那里它们进一步促进浮游生物的生长，从而增加了浮游生物腐烂，并由此可能导致严重的缺氧。在此，我们再一次看到了一个完整的、循环良好的海洋生态系统的价值。

切萨皮克湾（Chesapeake Bay）提供了另一个令人伤感的例子。我们为失去巨大的、迷宫般的滤食牡蛎而感到悲伤，那里的珊瑚礁曾考验了弗吉尼亚州第一批定居者的航海技术。[16]为满足美国人对牡蛎的食欲，他们挖空、蚕食珊瑚礁。在过去的一个世纪，由于污水、工业废水和养猪场废水不断排入切萨皮克湾，那里的营养物质猛增。20 世纪 30 年代，人们首次关注死亡水域，但随着时间的推移，死亡水域的面积和频率在扩大。到了 60 年代，那里的海洋状况恶化到了再也不容忽视的程度，但直到 80 年代末，才开始实施一项减少海湾营养注入的方案。原本计划水质可在 2010 年恢复到良好状态，但没有奏效。[17]2011 年初所做的预测显示：那里出现了过去 26 个夏季所监测到的第五大容量的缺氧状况。虽然过多的营养物导致了缺氧的发生，但如果我们没有消耗那些滤食牡蛎，那么也许就仍有可能阻止它的发生。

沿海和封闭的海洋丰富的营养物产生了另一个令人沮丧的问题，即浮游生物的繁衍可能是有毒的。一些海洋植物产生很强的毒素，统称为“有害藻华”。但更常见的是，当藻类泛滥时，海面上出现的红色或棕色潮汐——赤潮。赤潮会引起牡蛎、蛤蜊和贻贝等滤食贝类涵养毒素，导致贝类麻痹性和失忆性中毒，有时还会毒死食用者；也会毒害鱼类和哺乳动物，导致其大量死亡。

佛罗里达州是世界上受影响最严重的地区之一。至少在 20 世纪中叶，它就一直被赤潮问题所困扰。那时科学家长期依据水手和游客的描述，首次开始研究这种现象。在过去 20 年的大部分时间里，每年至少发生一次赤潮。有时候会持续一年多。尤其是在西南地区，暴雨将化肥冲入大海，集群农业造成的富营养物质似乎引发了近海的藻类繁衍。[18]佛罗里达湾海水循环有限，造成藻类大量集中繁衍。

佛罗里达州赤潮的罪魁祸首腰鞭毛虫被称为鞭毛藻，它产生一种作用于神经系统的强效毒素混合物双鞭甲藻毒素。当这些藻类被风和海浪搅动时，毒素就会被吸入。温顺的海牛啃食着佛罗里达州的浅海草地，它们特别敏感，成为赤潮的灭杀对象。1996年，一次特别严重的赤潮导致149头海牛死亡，而在2004年，赤潮造成100多头宽吻海豚死亡。当赤潮发生时，陆地上的人会喉咙肿痛和流眼泪，一些人会出现更严重的呼吸问题，这毫不奇怪。赤潮期间，因呼吸和胃病进入医院的人数激增，而那些住在海岸附近的人受害最严重。[19]对实验鼠进行测试，让它们吸入毒素，发现毒素导致DNA损伤，这是癌症的征兆。冲上海滩的死宽吻海豚通常含有大量的双鞭甲藻毒素。赤潮热点地区［如坦帕湾，那不勒斯和迈尔斯堡（Tampa Bay，Naples and Fort Myers）］的生活已经变得非常糟糕了，人们担心这会吓跑游客，压低沿海房产的价值。

还有许多其他的有毒浮游生物，它们在过量营养物质污染的地方给人类带来了麻烦。在澳大利亚昆士兰海岸的莫顿湾（Moreton Bay）的纤维丛里，生长着一种依附于海藻和海草叶片的浮游生物。与佛罗里达州一样，赤潮是这里最严重的问题。当风暴将海水搅动浮起可吸入的雾状物时，吸入者会引起肺部发炎和皮肤瘙痒。同样的藻类在夏威夷也有，在那里，它被一种当地称为“噩梦初醒”的鲻鱼吃掉，有毒的鱼会引起幻觉和噩梦。这些毒素不仅短期危害健康，有的还可能致癌，诱发肿瘤生长，或导致幼儿先天缺陷。夏威夷吃海藻的人胃肠癌发病率很高，这可能不是巧合。

尽管肿瘤是由病毒引起的，但在有害藻类中诱发肿瘤生长的化学物质是造成绿海龟可怕肿瘤生长的根源。这些动物以海草为食，其叶片尖涵养有毒的藻类。我曾经住在美属维尔京群岛（Virgin Islands），在那里从事珊瑚礁研究工作。当我每天游泳的时候，大部分的绿海龟都在我周围滑行，它们的体积从苹果到西瓜大小不等。莫顿湾的海龟也有类似问题。沿海污染会导致癌症吗？现在有这样的想法，令人不悦，但的确会引起我们的关注。

与其他大多数海洋生物相比，有一群动物在富营养、低氧量和过度捕捞三重恶劣环境中能更好地生存，它们就是水母。对我们大多数人来说，水母是海滩上一种令人讨厌的东西，看上去若有若无，但感觉很难受。我记得非常清楚，自己幼稚地迷恋上了偶尔散落在海岸上的模糊怪状物。小心翼翼地用塑料锹去捅，去铲，有些期待着它滑过来，叮咬我的脚。刚学会潜水的时候，我第一次在开阔的水域邂逅了漂浮着的一个小冠状水母，它让我目瞪口呆，大小与无花果差不多，只不过透明的亮胶包裹着海水而已。但其表皮上一排排细小的刷状纤毛拍打着彩虹一样的波浪。然而，正如我很快发现的那样，它们的美是很脆弱的，哪怕是轻微的触碰，也会瞬间玉碎。

自从加利福尼亚州蒙特雷湾的水族馆发现了如何在水箱饲养水母之后，数以百万的人都已经欣赏了水母的美丽奇观（诀窍就是一个没有棱角的水箱，保持箱内水流循环慢流）。这确实证明了水母的可爱之处，水母可以在抢眼的金枪鱼、海龟和鲨鱼面前炫美。它们动感的脉搏就像跳动的心脏，有种催眠的特质。但水母的魅力掩盖了它们更为黑暗的一面，它们是凶猛的掠食者。

水母以浮游生物为食，一些水母还会捕食其他同类。当数量丰富时，它们与其他动物（如沙丁鱼或鲱鱼）争夺浮游生物。可食用的食物不多时，它们就不拘礼节，去捕食鱼类和贝类的卵和幼虫；当水母“绽放”时，会对那些具有商业价值的物种育苗产生重要影响。黑海有一种栉水母，它的暴发和一些渔业的败落有关。[20]水母生长得很快（95%的体重都是水。相比之下，人的身体只有55%~60%的水），所以繁殖得也很快。当条件合适时，它们就会在几周内迅速蔓延，其速度之快，令人难以置信。

人们熟悉的月亮水母及其亲缘水母都有一个诀窍，那就是双重生命周期。我们只知道它们的自由游动阶段，但它们也以水螅体的形式生活在海底，几毫米大小，非常像海葵。时间成熟时，这些水螅体可以在水中释放出几十个小水母，几个月内，这些小水母就可以从指甲大小长到成年。在亚洲海域发现了世界上最大的水母，它的整个圆盘长到数米大，重达200千克，或者还要重得多。越前水母也许不可避免会被捕获并吃掉，但即便如此，它们也对日本海域造成了巨大的影响。它们堵塞渔网，甚至还堵塞捕捞它们的船只。2010年，一艘船在其捕获的水母重压下沉没。对于那些捕捞其他鱼类的船只来说，水母只会阻碍它们航行，破坏捕鱼。“水母墙”通过波浪和洋流，挤压和撕碎人们所设置的渔网和陷阱。它们也会堵塞发电站的冷却水进口，迫使发电量减少，有时甚至是停机。

在过去的20年里，地中海度假胜地一直受水母暴发的困扰。主要问题物种是紫水母，它的触手会划破游泳者柔软的身体，出现大量伤痕。2004年夏天，估计有45 000名游泳者到摩纳哥治疗刺伤。2009年，西班牙巴利阿里群岛（Balearic Islands）的情况异常糟糕，当地政府不得不向载有水母网的捕鱼船发布通知，一旦水母暴发，就立即清理干净，以免其袭击在海滩度假的游泳者。2007年，爱尔兰的鲑鱼养殖场紫水母泛滥，成千上万的鲑鱼受到水母袭击而死亡。在日本、印度和美国的马里兰州也有类似的大规模屠杀。

尽管水母很脆弱，但它们富有弹性，再生能力很强，这是其远古起源的遗传习性。事实上，在前寒武纪时期，水母控制水域很安全。当沿海水域营养过剩和浮游生物繁盛时，浮游动物从大型向小型物种转变。鱼靠视觉捕食，同时又很容易被猎食，而水母靠触觉捕食，效果很好。当死亡的浮游生物堆聚时，氧气含量急剧下降，绝大多数水母都不会受其所扰，它们几乎可以在没有氧气的水中生存，而大多数的鱼则会死亡。这两个属性意味着在污染严重的海岸，水母在低氧营养物的浑浊海水中也能旺盛生长。即使在本格拉有毒的上升流中，它们也会大量繁殖。但远不止此，似乎大多数水母都喜欢温暖点儿的水域。实验表明，它们可以承受所预测的100年后海洋的酸化环境。海堤、港口和码头的混凝土和木材筑基处，为许多生活在底部的水母水螅体提供了良好的栖息地。最近绝大多数的水母暴发事件都发生在相对封闭的海域，周围是人口稠密的海岸，这可能不是巧合。过度捕捞和误捕大大削弱了水母的捕食者，比如鲑鱼、白斑角鲨和棱皮龟等。简而言之，今天在海洋中发生的变化，水母泛滥的状况也就这样了，其主宰全球的狂妄意图也只能如此了。但展望未来，将是水母类的时代，一些科学家预测，21 世纪将是水母繁衍兴盛的世纪。[21]

第九章
有毒的海域

脏水洗不净。

——西非谚语

小时候，我住在苏格兰北海海岸的一个海湾小镇上。在不多的温暖时光里，我至少可以打开卧室的窗户，呼吸大海微风的气息。麻斑海豹在我前门附近的海岸上晒太阳。当时是 20 世纪 70 年代，那时海风里还有另外一种气味——石油。记得青少年时代，我发现了北海海岸上堆积的鸟类尸体不断增加，从而预判石油工业的蔓延与发展。这些年来，潮汐冲上岸的更多是海鸠、刀嘴海雀、管鼻鹱的死尸，甚至曾经还有一个了不起的北方潜水员。100 年前，陆地上的码头挤满了熙熙攘攘的鲱鱼船队，而现在却堆满了管道、钢索和其他工业用具。14 岁那年，石油工业蓬勃发展，可最令我惋惜的是看到了埋在海岸一个废弃采石场管道下的野花。我曾与那儿的兰花和昆虫嬉戏玩耍，梦想着未来能成为一名自然主义者。现在，我很幸运，拥有了这样的生活，去关注大自然。

从 19 世纪后期开始，石油推动了工业的发展，然而，从此，石油泄漏就一直伴随着我们。但只有海上发生石油泄漏时，才能真正成为新闻头条，才能引起人们的关注，这是海上钻探和航运的必然结果。我年轻的时候，从北海开采的石油大都来自深度不足 100 米的海洋钻井平台。当这些油井抽干时，开采公司就会到离岸更远、更深的海区作业。现在钻井已经从浅层大陆架移动到了深海。如果技术仍有局限，出现问题就不可避免，正如 2010 年 4 月 20 日这天，我们看到的那样，在墨西哥湾的英国石油公司，其深海地平线钻井平台在钻探 1500 米深的钻井时，发生灾难。人为的错误和对安全的漠视，导致井喷的发生，钻机变成了火球，导致 11 人遇难，众多人受伤。[1]对英国石油公司来说，这只是他们麻烦的开始。

他们发现，封盖 1500 米水下的钻井与封盖 100 米水深的井完全不一样。起初，在海床的井口旁安放了一台摄像机。接下来的几个月里，英国石油公司的高管们在聚光灯下惴惴不安时，摄像机将图片传送到世界的千家万户，石油和天然气猛烈喷发，涌入清澈的墨西哥湾海域。尽管英国石油公司试图降低漏油的规模，但摄像机却显示油井每天涌出 68 000 桶原油，[2]从而揭穿了他们的谎言。石油持续喷涌数月，英国石油公司尝试采取了一个又一个应对之策，喷洒了成千上万加仑的化学分散剂，甚至一度用旧高尔夫球填充喷井（有人风趣地说，若用石油公司的高管填充，那会是更好的选择）。春去夏来，深海油膜不断蔓延，浮油膜涌向海面，冲刷到岸上的海滩和湿地，从得克萨斯绵延到佛罗里达。另外令英国石油公司难堪的是，困于控制堤后面的海龟在防止石油上岸的燃火中献祭死亡。最终，还是有方法奏效了。7 月 15 日，86 天的原油泄漏被堵住了。据后来估计，原油的泄漏量有 10

艘油轮[3]的载重量那么多，而且还不包括回收的约440万桶。

“深海地平线”事件从几个方面给我们以启发和警示。现在，我们知道了深海石油泄漏要比浅海石油泄漏更难控制。随着石油和矿产开采前沿问题的不断深入，我们意识到我们对此仍毫无准备。英国石油公司对钻井平台的风险评估详细表明，在漏油事件中海象和海狮如何才能受到保护，这显然是从北极计划中剪切和粘贴来的！令人震惊的是，这家公司实际上完全没有应对准备，没有备置任何专业的设备用以控制深海井喷。这个计划不妨这样说：“如果有什么不测的事情发生，那就抓抓脑袋，想想该怎么办。”或者，正如一位朋友曾经对我说过的那样，“在有危险或不确定的情况下，要四处跑，边跑边叫。”[4]

这场灾难还告诉我们，泄漏的石油并不总是会像每个人预期的那样，浮上海面。大量的石油确实出现在了海面，一个古巴大小的区域被光亮的油渍覆盖数月，但大量的溢油像巨大的羽流分散在看不见的海洋深处。一个多月以来，英国石油公司的高管和一些政府科学家否认它的存在，但反复的研究表明那里的确有，在油井被封后，不仅长期存在，而且还伴有泄漏时注入井口的70万加仑①化学分散剂。作为一个刚毕业的博士，我在埃及的沙姆沙伊赫（Sharm el-Sheikh）找到了一份珊瑚礁科学家的工作。我第一次发现，并不是所有的油都浮在水面上的。我刚到不久，一艘货船就撞上了礁石，泄漏数百吨燃料，臭气熏天的水珠被冲刷到岸上。显然从技术角度讲，这种油的专业术语是“巧克力慕斯”，它确实有这样的外观。在巨浪之下，厚厚的油污坑使海床

① 1加仑（美）约为3.79升。——编者注

变暗，会持续存在一年或两年，直到大量附着在沙滩的沙子和少量海草上，才最后消失。现在，在那儿可能仍然还有。

1979 年，墨西哥国家石油公司（PEMEX）在墨西哥湾钻探的“伊克斯托克-1”号（Ixtoc Ⅰ）油井发生了另一起严重事故。这次事故在墨西哥海岸附近喷油超过 9 个月。据估计，事故溢油量达 50 万吨，这也算得上是世界石油灾难中最严重的了。直到第一次海湾战争，萨达姆·侯赛因蓄意破坏阿拉伯湾的环境，才打破了其一直保持的这项纪录。30 年过去了，从事故泄漏点附近的红树林根茎周围的泥土中，仍然可以挖出大量凝结的石油泥块。在事故发生后不久，过去通常附着在树木和树根外结壳的牡蛎就消失了，再也没有恢复。[5]我们对漏油事件的长期影响知之甚少，因为一旦泄漏的石油看不到了，研究资金就会终止，也就搁置不究了。如果我们继续保持研究与关注，那就会更多地了解未来几年“深海地平线”漏油事件的后续影响。

有关“深海地平线”漏油事件的预期后果，我们从中汲取的教训有限。到目前为止，我们的经验仅局限于海面溢油，浮油要么蒸发，要么在海上分解，要么最终消失在海滩上。向黑暗、寒冷、高压的深海水中注入石油是没有先例的。溢油可能已经对深海生物产生了深远的影响。在漏油事件发生后不久，其附近的海床上就覆盖了一层厚厚的微生物，这些微生物尽情地啮噬着海底的碳矿脉。后来的测量结果显示，这些微生物实际上已经死亡，这说明要么乐极生悲，要么是分散剂杀死了它们。到目前为止，我们仍不清楚。虽然 200 万加仑的分散剂有助于减少溢油对墨西哥湾海岸的影响，但也可能引发食物网链的崩溃。分散剂将溢油分解成微小液滴，增加了中层水微小浮游生物接触油污的程度。一些科学家担心浮游生物和微生物的中毒死亡将会中断营养圈的循环，最终可能导致像抹香鲸和海豚这样的顶级捕食者饿死。我们知道，墨西哥湾死亡的微浮游生物已经受到分散剂的污染，而令人担忧的是，漏油事件的严重后果已经导致宽吻海豚的流产现象。

石油泄漏是人类对海洋造成的最明显的影响：黑暗，令人窒息，不可逆转。海鸟在黑色海浪中挣扎的画面令人震惊，但在大多数情况下，石油并不是人们最担忧的问题。海鸟和海洋哺乳动物被渔具缠住和淹死的代价远远大于石油泄漏。[6]墨西哥湾的捕鱼船队在一天之内杀死的海洋生物要比"深海地平线"在数月内杀死的海洋生物还要多。漏油事件发生后，海湾许多地区都禁止捕鱼。几个月后，当船队获准返回作业时，经过短暂而有益的禁渔之后，捕捞量充裕。[7]环保主义者卡尔·萨菲纳（Carl Safina）写道，有多少评论家把"深海地平线"称为"美国历史上最严重的环境灾难"，但在他看来，其灾难程度远不及密西西比三角洲那么严重，因海平面上升和沉降，每年50~100平方千米的沼泽地被吞没，防御工程使三角洲维持生命的泥滩失去了食物链的供给价值。[8]

过去一些最具代表性的石油泄漏事件发生在船只上，比如阿拉斯加威廉王子湾（Prince William Sound）的"埃克森·瓦尔迪兹"号（Exxon Valdez）油轮以及布列塔尼（Brittany）的"阿莫科·卡迪兹"号（Amoco Cadiz），但今天严重的石油泄漏的主要风险来自钻井和输油管道。自20世纪70年代以来，管道泄漏事故增加了四倍多，部分原因是今天日益增加的输油量，同时也因为管道正在老化。[9]然而，正如“深海地平线”事件所彰显的，真正的问题是我们将石油工业发展到漆黑的深海。现在，石油公司有足够的能力开采石油，但却缺乏应对突发问题的能力，难以遏制石油的泄漏。

石油泄漏应对措施和技术远远落后于开采能力的革新与发展。1987 年，我回到埃及，找到一位专家，咨询他清除海岸窒息的这些棕色黏状物的最好方法是什么。他回答说：“一个水桶和铁锹。”可能低技术含量的方法仍然是我们所拥有的最好方法，但墨西哥湾的大面积漏油和葬身火海的海龟提醒我们，这种方法并不是很有效。当然，对地球来说，最好的办法是让人类摆脱对石油的依赖，但这在短期内完全不太可能。与此同时，各国政府必须要求石油公司采取更高的安全标准和更大的风险应对投资。

石油公司很容易妖魔化，但海洋中石油污染的最大来源不是油轮泄漏或钻井疏忽，而是来自人类你和我。北美 2/3 溢入海洋的油是来自陆地的径流河系（倾倒的发动机油、燃料和工业泄漏），或直接来自游艇和喷气式水艇。[10]绝大多数休闲船都有二冲程发动机。它们价格便宜，体型轻便，功能强大，但这些给环境带来的成本代价很高。25%的燃油直接通过发动机流入海洋。许多小轮摩托车使用的是二冲程发动机，这也就是为什么在它们经过时，留下一缕燃油废气，让你窒息。漂浮的燃料和油聚集在海面，包围并毒死数百种生物的浮卵和饥饿幼虫。我尤其惊奇地发现，尽管有更好的选择，但我们仍容忍这些肆意的污染源存在。四冲程发动机有一个封闭的系统，因此污染的排放只有最清洁的二冲程发动机的不到 1/10。现在是叫停二冲程发动机使用的时候了。

实际上，石油对野生动物有一定的益处。石油泄漏产生的巨大影响是显而易见的，有助于推进第一批海洋公园的建立，就像 19 世纪末期，森林砍伐促进了陆地上国家公园的建立一样。澳大利亚大堡礁海洋公园和美国蒙特雷湾国家海洋保护区（Great Barrier Reef Marine Park and Monterey Bay National Marine Sanctuary）就是这样形成的。但是，远离燃烧和满身油污的海龟这样地狱般的场景，对海洋潜在的影响却来自我们看不到的化学品。

19 世纪末，化学家经过努力合成了含有碳元素的有机化合物，具有非常有用的特质。所有有机化合物都含有碳，但并非所有含碳化合物都是有机化合物。这些化合物非常耐用，它们不易燃烧，不导电，能防晒御寒。化学家把它们称为多氯联苯，但大多数人都知道是 PCB。当然，人们很快就想到可以充分利用这些新的发明创造，于是，在 20 世纪 20 年代，开始了工业规模化生产。把它们放入胶水和液压油中，用作油漆中的塑化剂、家具中的阻热和阻燃剂，用作电线的塑料外包层等。它们唯一的缺陷，到 20 世纪 70 年代，我们不能再否认，那就是它们也是剧毒性的，可导致癌症、损伤肝脏、皮肤病以及其他的恐怖疾病。

问题的起因是制造商将含有多氯联苯的废水排放到河流、湖泊和河口，烟囱把它们排放到空中。生物一旦吸入或食用多氯联苯，就不会被分解，同时也往往很难排出体外。它们是高度亲脂性的，或喜欢脂肪的，这意味着它们储存在摄入的动物脂肪中。

当大型动物吃相对较小的动物时，它们的体内会负载大量的毒素，因此通过食物网链，多氯联苯在猎物和捕食者中逐级积累。例如，在美国的大湖区，捕食者鲱鱼鸥的卵中多氯联苯的浓度比食物网底层湖泊浮游生物的浓度高出 5 万倍。20 世纪 70 年代，含有多氯联苯的瘦弱海鸟尸体开始被冲上海岸。

多氯联苯只是众多化学品中的一类，统称为持久性有机污染物，或简称 POP，其中包括像滴滴涕（DDT）这样的化合物。在 20 世纪 40 年代，滴滴涕作为一种神奇的杀虫剂在全球推广，但在鸟类和短吻鳄的孵化过程中，发现其导致孵化的失败，从此神奇不在。滴滴涕导致食肉鸟类和褐鹈鹕之类的食鱼鸟类数量大幅减少，1972 年在美国被禁止使用。不久，其他国家也相继禁止使用。

20 世纪六七十年代，化学家在极地冰区吃惊地发现了滴滴涕、多氯联苯和其他持久性有机污染物的痕迹。两极地区看起来如此遥远和纯净，其清澈、明净的雪和冰雕出了美丽的自然奇景，天空明亮而清晰。这怎么可能会有这些有害污染物呢？答案好像很简单。海洋和空气几乎没有边界，它们可以将化学物质输送到世界上最偏僻的角隅。东亚燃煤工厂的烟雾不到一个星期就能穿越太平洋到达北美。洋流尽管节奏更加平稳，但也会在几个月或几年内，将化学物质运送到数千英里之外。不幸的是，海洋结构中的某些特性意味着持续存在的化学物质的输送路径更便捷，更容易到达两极。

在海洋和空气之间是一层薄薄的水层，其性质与下面的海水层差别很大。[11] 大约 1/16 毫米的水层并不比厨用保鲜膜厚多少。

这层膜状物通过表面张力保持状态稳定，富含脂肪、脂肪酸和蛋白质，这就是海面为什么有时候具有玻璃般光滑的原因。其稳定性吸引、聚集微生物、漂浮的生物卵、粉尘颗粒等物质。不幸的是，如多氯联苯类的非融水性、亲脂类化合物会在这个“表面微薄层”中积聚。其聚积量远远高于下层水，常常高出数十倍、数百倍。

当风暴涌起巨浪和水雾旋时，污染物就会越过海洋，涌入内陆，肆虐沿岸地区及其居民。一个地区的污染，比如南海，可以在一系列风暴掀起的水雾中交替前行，蔓延到遥远的地区。像太平洋中部这样的偏远地区，即使受不到严重的污染，但在风的作用下，也会受到污染。[12]风暴海浪和水雾旋可以跨越南极周围与其他大洋分隔的洋流这样的障碍。一旦污染物到达两极，便很快被动物吸收，并沿食物链传播。

两极通过一种二次跳跃来积累多氯联苯，化学家们把这种现象称为蚱蜢跳效应。许多耐久性有机污染物是半挥发性的，这意味着它们在季节性温度变化的范围内蒸发和凝结。夏天，这些化学物质在海洋和陆地上蒸发，并在大气中四处吹散，直到温度下降，足以使其凝结，然后再沉积下来。这种情况发生在季节变化时，或在高纬度地区，亦或是山顶的寒冷地区。在两极，化学物质被困在两极冰层内部或冰层之下，而全年的低温意味着毫无蒸发，几乎没有任何损失，从而造成污染物积聚。

海洋的微薄层对于微生物至关重要。鱼卵和幼虫集中在距洋面数毫米的海水中，那里富含营养物，可以躲避水母等捕食者的啮噬。无脊椎动物，如螃蟹或海胆幼虫，在微层水中的数量可能比在下层水中的数量多 10 倍以上，而微藻可能多达 10~100 倍，细菌高达 100~10 000 倍。[13]它们与有毒污染物密切接触，在微薄层中生存的动物吸收污染物，并将其传递到食物链上。

持久性有机污染物与石油污染有着重要的区别。虽然它们是潜在的、隐形的，但从长远来看，它们会对海洋生物产生更大的危害。自远古以来，石油和天然气就一直存在。像墨西哥湾等地的天然渗漏已经在海底延续了数百万年。在我们看来是有毒的，令人不悦的，但对于大量微生物而言却是它们赖以生存的食物。“深海地平线”向深海喷涌了一个巨大的甲烷羽流。不久之后，泄漏附近形成了一群甲烷降解微生物（我们古代的朋友），几个月后，它就被分解成无害的碳化合物和水。[14]像滴滴涕、多氯联苯和许多杀虫剂等都是高度复杂的毒素，其分解的过程很漫长，这就是它们长期聚积引起麻烦的原因。在大西洋的南、北极端，这些污染物通过全球大洋传送带的洋流聚积分布于深海海域。在地球冰冷的极地，天气寒冷，阳光微弱，它们耐分解的时间远比在温暖气候区要长得多。

自 20 世纪 70 年代以来，科学家们就一直在佛罗里达州的萨拉索塔湾（Sarasota Bay）追踪一群宽吻海豚，记录观察它们的日常冒险活动。它们的世界与成千上万的人紧密交织在一起，这些人每天都以它们的空间为航道，忙忙碌碌地从事着商业和休闲活动。在萨拉索塔，海豚在海浪中嬉戏，享受着无忧无虑的生活。它们靠近生活在这里或来此度假的人。在现实生活中，科学家体会到任何海洋动物的生活方式都与城市人的生活方式相接近，并且很有压力。佛罗里达州是美国人口最多的州之一，支持其在重工业和化学生产领域的重点发展以及农业依赖于农用化学药物、肥料的发展。萨拉索塔湾翠绿色的海水并不像看上去的那么光亮、纯净。

从海湾内的海豚身上采集的组织样本显示，它们承载了沉重的污染物。[15]它们居于食物链顶层，毒素从底层到此终止。然而令人不安的是，雄性海豚与雌性海豚之间存在着差异。雌性海豚随着生命的延长，其体内的毒素会不断增多。在海湾中发现了受污染最严重的是一头死亡的雄性海豚，有43岁。当官方工作人员在处理尸体时，一旦知道其化学成分，便很可能就把它的肉体认定为有害废物。雌性体内的毒素在青春期达到高峰，之后再降至较低水平，直到生命的后期，都一直保持稳定。我们可以通过妊娠以及母乳喂养来解释两性之间的差异。

海豚怀孕时（以及包括我们人类自身在内的所有哺乳动物怀孕时），不断生长的胎儿需要高水平的能量。如果食物短缺，怀孕的母豚就必须燃烧体内储备的脂肪，这就意味着母海豚积累的毒素释放到血液中，并传递给正在发育的胎儿。分娩后，又通过哺乳期继续转移毒素。雌性海豚体内大约80%的有毒污染物被传给了它们第一次生出的幼崽。毫不奇怪，这些幼崽的情况并不乐观。在随后出生的幼崽中，70%的幼崽存活了下来；相比之下，第一年内存活的幼崽只有50%。我们不能把这些都归咎于是母豚喂养化学品的贻害。根据定义，初生幼崽的母豚经验不足，其体型也可能比年长的母豚小。但这是有联系的。在美国海军捕养的一群海豚中，其幼豚在出生后12天内死亡的母豚，其体内含有的多氯联苯大约是那些幼崽能够存活下来的母豚的2.5倍。[16]

关于海洋哺乳动物，令我不安的是它们跟我们没有太大的区别。在这本书的前面，我提出了一种可能性，即在很久以前，现代人类就进化出适应半水性生活的能力，例如我们体内的脂肪含量与长须鲸相似。（事实上，考虑到肥胖人数的增加，我们现在的一些人胖的都可与海豹和海象相比了!）所有这些脂肪使我们像海豚、海豹和鲸一样，倾向于蓄积一种可怕的脂肪混合物。如萨拉索塔海豚一样，我们可以在子宫或母乳中将它们传给自己的孩子。有一次，我向一位女士讲述了这样一个故事，她是我在一次会议中认识的。我告诉她第一个出生的海豚幼崽是如何接受母豚所携带的大量化学物的。她说："你知道的，这解释了我哥哥的很多状况!"撇开玩笑不说，这些毒素可能会导致以后从学习障碍到癌症等一系列生活中的问题。[17]

多氯联苯和其他各种工业化学制品，包括重金属，类似于激素，可能会干扰正常发育生长的过程和其他身体功能。因此，受高度污染影响的动物可能会受这些"内分泌干扰物"的干扰而失去生育能力，或正如其名，它们的后代会受到微妙的潜在影响。只要有微量的存在，它就能改变我们的荷尔蒙系统，这会对我们的健康产生危害。

在遥远的北方，土著人常常携带大量的毒素。这并不是因为北极地区比低纬度地区受到的污染更严重，事实上，并非如此。而是由于人们所吃的食物。传统的饮食通常含有大量的海洋哺乳动物脂肪，这正是你想要避免的食物，以减少毒素的摄入。受污染最严重的肉质来自食物链中吃得多的动物，如独角鲸和白鲸。[18]像北极露脊鲸这样的动物，仍然是阿拉斯加北坡（Alaska's

Northern Slope）地区传统的猎捕物，它们在食物网链的更底层摄食，而且它们的肉更安全。在格陵兰岛的因纽特地区（Inuit of Greenland），发现了含量最高的多氯联苯、滴滴涕以及其他污染物。一些北极社区的儿童心理能力测试表明，那些来自高负荷毒素母体的人更容易出现问题。这一问题也出现在发达的工业化国家的儿童身上。多氯联苯和其他激素类似物抑制胎儿大脑发育所必需的甲状腺激素的产生。[19]在美国和欧洲，这种因果关系促使人们质疑：我们日益受到污染的世界，是不是导致儿童自闭症和注意力缺失症等疾病发病率上升的祸根？北极理事会（Arctic Council）是一个监督北极各国人民利益的政府间机构，它建议那里的妇女继续母乳喂养自己的孩子，因为他们认为，母乳健康的益处仍然大于污染物可能造成的危害。[20]但这也是个侥幸脱险的无奈之举。

好消息是，世界上的大部分地区，已经叫停了多氯联苯的使用。1976年，美国禁止使用，许多国家也紧随其后。2001年起草的《关于持久性有机污染物的斯德哥尔摩公约》禁止制造或使用一系列的问题化学制品，但令人难以置信的是，滴滴涕在某些发展中国家仍然在用于有害生物的控制。到2008年，153个国家已同意遵守斯德哥尔摩公约中的条款。幸运的是，也包括了印度、中国和巴西等新兴的大国。海洋中已经大量存在的多氯联苯和毒素类似物将会在未来几十年内造成问题，因为从被污染的废物和建筑固定物中仍会分解出来这些毒素，但其含量水平正在逐渐下降。2001—2008年间，在对北极的一项调查中发现，洋面水中含有禁止的多氯联苯总量不超过半吨，仅占全球化学制品1%生产量的0.1%。没有测试海底沉积物中多氯联苯的含量水平，因为那里的毒素可能从沉积物的过滤中仍会继续回流，被底层拖网重新悬浮，或从污染的垃圾残骸中释放出来。

铜、铅、锌和汞等重金属也会污染海洋，并且事实证明它们比多氯联苯更难控制。其中毒性最强的是甲基汞，因为很容易被吸收，可以穿过血脑屏障。今天我们接触到的汞，大部分都来自燃煤发电站的排放。尽管它们加剧了全球变暖，但很多国家似乎仍在努力建设更多的燃煤发电厂。亚洲发电产生的汞占世界汞污染的50%以上，其中大部分都直接吹过太平洋上空，在那里它与有机物颗粒结合，并被微生物转化为甲基汞。[21]最近几十年来，太平洋的汞浓度每年增长1%到3%。汞是剧毒性的，通过食物链积累。因此像海豚、金枪鱼和剑鱼这样的顶层捕食者可能受到严重污染。1880—2002年间，我们对所收集的博物馆标本太平洋黑脚信天翁的羽毛进行测试，结果显示，随着时间的推移，甲基汞的摄取量不断增加，1990年之后激增，这反映了与亚洲经济的增长有关。[22]

像持久性有机污染物多氯联苯一样，重金属也有激素类似物的作用，干扰内分泌系统。在佛罗里达州，一项对白鹮的研究备受瞩目，其研究表明：甲基汞会导致雄性鸟类与其他雄性鸟类交配。[23]污染让鸟类变成同性恋！这题目是一份礼物，可以让作者引起轰动。白鹮在南佛罗里达的沼泽中觅食，穿行其中，用它们细长弯曲的喙捕捉青蛙和昆虫等动物。科学家们从野生鹳属鸟类的聚居地中抓出许多鸟，并喂食其中一些未受污染的食物，而另一些，则在其饮食中掺入在野外发现的、有一定浓度的甲基汞。用汞污染的食物喂养的雄鸟，其对异性的吸引力较小，并且多达一半的雄鸟最终会和其他的雄鸟一起筑巢。汞污染使雏鸟数量减少了1/3，这并不令人意外。

世人都喜爱金枪鱼，罐装金枪鱼几乎无处不在，而在发达国家，人们已经对寿司产生了强烈的兴趣，这些正是我们许多人汞摄入的来源。据估计，美国人体内40%的汞来自金枪鱼。[24]从餐馆和鱼类市场取出的金枪鱼样本中，汞的含量常常会超过世界卫生组织、欧盟和北美所认为的有害水平。大型金枪鱼，如大眼鲷和蓝鳍金枪鱼，受到的影响最严重。[25]所以金枪鱼可以吃的部分价格都很昂贵，吃不起，这也许是件好事。加利福尼亚各超市的剑鱼样本，其汞的含量平均要比联邦政府的汞消费指标值高出1.5倍。虽然吃鱼对健康有明显的益处，但美国食品和药物管理局（U.S. Food and Drug Administration）却非常担心对孕妇和儿童的伤害，因为这类人群受到伤害的风险更大，所以劝诫她们不要吃鲨鱼、剑鱼、鲭鱼和方头鱼（一种生活在卡罗来纳沿海常见的海底鱼类）。[26]

另一种臭名昭著的激素类似物是三丁基锡。在20世纪70年代和80年代，它作为一种防污化合物，被广泛应用于船体。当暴露于这种化合物时，雌性荔枝螺（一种蜗牛类型的螺）生殖器会生长，牡蛎外壳畸形，港口和码头附近的一些渔业受损。认识到其剧烈的毒性，国际海事组织于2008年颁布了一项全球禁令，禁止使用该化合物，但仍有许多其他的化学物质不受管制。

尽管我们一直努力消除世界上持续存在的化学毒素，但我们的环境并没有什么改观，没有变得更清洁，事实上，情况恰恰相反。化学工业不断创造出新的产品，逐步淘汰旧的产品，从而导致了对替代品的需求。世界范围内约有840万种可用的商业化学物品。每年工业生产的有机化学制品超过3万吨，而且大多数都没有经过正式的毒性测试。[27]大多数化学制品可能不会有什么风险，但问题是，流通应用多年后，我们最终还是发现了问题。

从20世纪70年代开始，另外一组化学制品溴化阻燃剂（简称BFR）进入商品编目，用来代替多氯联苯的应用，而且已经进入现代生活的各个领域。[28]我们的家具上就涂了厚厚的一层溴化阻燃剂，广泛用于电路板和塑料制品等电子消费品中；用人造纤维制成的衣服，也依赖这类化学制品；还普遍用于食品塑料包装袋和聚苯乙烯泡沫塑料杯中。多国政府对防火标准要求很高，这使得制造商不得不用最好的化学制品以达到标准要求。在电子产品和家具的泡沫填充物中，溴化阻燃剂能够占到塑料重量的25%。虽然溴化阻燃剂的毒性没有多氯联苯的毒性强，但也有在人的身体中以及动物食物链上聚积的特性。在怀孕和哺乳期间，受影响的母亲会把毒素传给自己的孩子。[29]所以，现在人们对自己的安全忧心忡忡，加拿大等一些国家都已经明令禁止了有害化合物的应用。

药物是一类新兴的污染物，这些污染物正沿着化学品的趋势在发展，的确令人担忧。[30]随着世界各地人口的增长、老龄化，越来越多的人用药物来应对健康问题。在发展中国家，药品生产的松懈管理意味着更有可能将污染物排放到环境中。药物的研发目的在于低浓度、高生物效应，像多氯联苯一样，通过食物网链的传播积聚，很多被排泄出来，长期在环境中稳定存在，从而引发相当大的危害。鉴于世界各地许多野生动物的数量在下降，但却无法解释其诱因，因此，人们将视线转向关注是不是这些微量污染物影响的结果。

药物影响最典型的例子是避孕药的使用和激素替代疗法所产生的合成雌激素。在污水处理厂的下游，雄性鱼受这些激素药物的影响，已经被逐渐雌性化了。布洛芬是一种常见的消炎药，在一次实验室的试验中，它减少了淡水跳蚤的繁殖。[31]好消息是，实验室测试往往只在较高的化学浓度中产生影响，这个浓度通常比环境中常见的要高。坏消息是，微妙的影响可能需要很长的时间才能体现出来。许多药物，如抗抑郁药，其目的是影响人的情绪和行为。例如，氟西汀是百忧解（Prozac）的活性成分，它能够引起鱼类游泳失常、反应迟钝、攻击性衰退和进食减少等症状。[32]根据另外一项研究，快乐的虾生活在危险之中，它们从栖息处游出，然后直接进入等待它们的捕食者口中。这些影响都可能会破坏生命周期，增加死亡率，或减少繁殖成功率。

另一种新兴的污染物是纳米粒子，一种粒度为十亿分之一米的极小粒子，可用于改善食用油品质，提高太阳能电池板的效率，增强药物的吸收性以及其他无数可能的用途。一种常见的用途就是将银粒子作为抗菌剂加入内衣和袜子中。由于体积微小，很容易随排泄物和垃圾最后进入海洋，很容易合成进入体细胞内。相关研究一直处于初级阶段，但有证据表明，同一物质的这种微粒可能比其大颗粒造成的伤害更大。[33]目前在纳米技术的研究和开发应用方面投资巨大，但在探究其可能造成的环境影响方面投资却很稀少。我们应该注意到，这种材料科学的革命缺乏谨慎与稳重。例如，滤食贻贝长期接触用于清理泄漏油污的玻璃棉纳米粒子，其鳃和重要器官中积聚这些微颗粒，造成细胞损伤和死亡。[34]科学家们正在努力设计纳米级的杀虫剂来增加它们的效力。尽管这可能会减少应用的量，但潜在的新污染及破坏已经很明显了。

我不想让海洋给人们留下有毒的印象。在大部分的海洋中，特别是远离人类居住的海域，污染非常低。危险化学品多集中在河口、城市、港口和航道周围等输入量大的地方。然而，只有少数地方受污染严重，非常危险，比如马萨诸塞州的新贝德福德港（New Bedford Harbour）。多年来，这个地方一直受到工业废物的影响，那里的沉积物中含有大量的化学有害物。因此，那里禁止捕鱼，并且已实施了清洁计划，清除污染的泥土。更普遍的问题是，化学物在水中的微量沉积，最后发展到对动物产生伤害的程度。例如，每年生产数万吨阻燃剂，其影响已经渗入海洋食物网链中。来自夏威夷主要岛屿周围的一群伪虎鲸，其组织样本中含有高浓度的阻燃剂，而加利福尼亚南部的海狮，其体内阻燃剂的含量更高，竟高达 45 倍。[35]这两种动物的尸体都含有大量的多氯联苯和滴滴涕。

人们容易对普遍存在的化学污染感到愤慨，也很容易抱怨兜售这些产品的公司贪婪。但我们不应该忘记，他们拯救了成千上万的生命。阻燃剂避免了许多人梦中丧生火海，滴滴涕也阻止了无数人死于疟疾。但我们必须在安全与危险之间找到平衡。一旦化学有害物进入海洋，就很难清除它们。我们最近才开始意识到，世界海洋中，除了像汞和多氯联苯等有毒物质之外，还有另一种日益不断增多的废物，即塑料。

第十章
塑料与海洋污染

1992 年，在一个暴风雨的夜晚，一艘集装箱船驶入了西太平洋波涛汹涌的海面。巨大的涌浪漫过集装箱船，冲走了船上装载的一大堆塑料材质的沐浴玩具。这使得大约 29 000 个塑料鸭子、乌龟、海狸和青蛙在大海中自由航行，有些至今仍还在海上漂行。当沐浴玩具开始出现在北美海滩上时，西雅图的海洋学家柯蒂斯·埃贝斯迈尔（Curtis Ebbesmeyer）抓住了这一事件的重要性，以此来追踪大洋洋流的运动。[1]多年来，这些玩具顺着几股环太平洋运动的洋流，分别在夏威夷、阿拉斯加和华盛顿州登陆。有些甚至穿过白令海峡进入北冰洋，在那里它们冻结成浮冰。在海风和底层洋流的推动下，这些玩具不断在冰块的碰撞和摩擦下继续移动，到达北大西洋，漂浮到极点附近。这些“旅行者”已经出现在了缅因州和苏格兰的海滩上。

2000 多年前，伟大的哲学家、自然科学家亚里士多德漫步在地中海的莱斯沃斯岛（Lesbos）海岸，陷入深深的沉思。正是由于莱斯沃斯岛，为他的自然历史杰作奠定了基础，其影响力一直持续到启蒙时代。那里的海滩上到处都是天然的漂浮物，棕榈叶、海藻和种子等杂乱地搁置在海岸线上，到处都散落着一片片的破旧木板、皮革鞋底或腐烂的绳子，弥漫着人类的印痕。我们让时间快速回到100年前，那个时候，海滩上到处都能看到人类丢弃的船只残骸以及其他废弃物，但与亚里士多德所在的时期相比，主要区别在于垃圾的数量而不是类型。渔网、麻绳以及被风暴损坏的木船桅杆的碎片还依然会在那里，但这时，随河流漂流而下进入海洋的还有玻璃鱼浮、木桶板和大量腐烂的有机垃圾。今天，一名海滩拾荒者面对的是截然不同的垃圾。

英国的化学家维克多·亚斯利（Victor Yarsley）开启了被发掘过去2000多年世界遗迹的考古学家们称之为的塑料时代。他出生于1901年，并在早期就对聚合物合成工业的潜力感兴趣。在其早期的职业生涯中他试图开发不易燃的赛璐珞胶片，但最终放弃了自己的探索，宣称这是不可能的。之后，他在自己园林的棚里简单地建了一个实验室，几十年里，他一直夜以继日地辛勤研究、实验，努力寻找实现塑料潜能的方法。他的女儿后来回忆道，她不得不用胶带把卧室的洞和裂缝密封上，以防止闻到难闻的气味。[2] 最终，亚斯利获得了成功，发现了没有气泡的塑料的制造方法，完善了可用于假牙和假肢之类产品的塑料混合物。到了1941年，他已经有足够的信心，构建一个以塑料奇迹为核心的未来世界的愿景：

这种未来的塑料时代，人们会看到一个色彩绚丽、璀璨闪耀的世界。在那里，天真烂漫的孩子手里找不到任何能摔碎的东西，再没有边、棱锋利的东西能伤害他们，也没有任何污垢或细菌能够存在的缝隙……

幼儿园的墙壁，浴盆，所有玩具，婴儿床，户外的摇篮车，长牙时咬的橡皮环以及喝奶用的瓶子，都坚固耐用。当他长大时，会用塑料牙刷清洁牙齿，塑料梳子整理头发，穿塑料衣服，用塑料笔写下他的第一堂课，读塑料订制的书，并做书中的功课。学校的窗户用的完全是油脂和防尘埃的塑料布，房子等框架是模塑塑料，轻巧好用，不需要任何涂漆。[3]

有关未来生活的预测往往是很有趣的，但也有些妄想，难以接受。根据我10岁时读过的书，我们现在都应该在飞车上，掠过天空；我们现在都应该在花园里休闲，因为有机器人做饭，打扫房子。值得注意的是，亚斯利的未来世界的确已经成真了，我们现在正生活在这样一个世界里。一个最新的数据表明，截至2008年，一共生产塑料2.86亿吨，消耗原材料和能源占全球石油产量的8%。[4]随着时间的推移，塑料的生产曲线会呈悬崖状直线向上，以每年9%的速度增长。这种不断向上攀升的严峻现实是，21世纪前10年里制造的塑料要比截至2000年历史上创造的塑料都要多。世界上到处都是塑料，而且我们大多数人都接触塑料制品。很形象地说，我们简直是在塑料里畅游。但亚斯利的远见卓识让他忽略了一个关键问题，他的未来是一个更加光明和美好的世界：一个没有飞蛾，毫无锈迹，色彩斑斓的世界；一个由合成材料组成的世界。在这个世界里，每个人就像魔术师一样，几乎能魔幻般地随手制造各种东西，满足自己各种不同的需要。

事实上，今天，我们周围到处都是随处可见的废弃塑料，一个充满色彩的世界。对于我们许多人而言，过去长满野花的路边，已经被绵延不断的塑料食品包装袋、塑料袋以及丢弃或废弃的垃圾所取代。按重量计算的话，塑料大约占了废物总重量的

10%。而体积比例却要大得多。1/3 的塑料制品是一次性的，用了就扔。我们对部分进行回收利用，把大量废弃的塑料包装塞进垃圾填埋场，但仍有大量的塑料垃圾流入海洋。在我的花园尽头，有一条河，当洪水涌来时，会有大量垃圾一团团地漂过。在一个十分平常的日子里，我数了一下，一小时内有 27 件塑料制品漂过。世界上那些流经人类聚居的溪流和河流都在重复着同样的故事。例如，当加勒比海的圣卢西亚岛（St. Lucia）下大雨的时候，沉积物从裸露的土壤中冲刷出来，冲入四周的海洋，海洋就会变成褐色，而海湾里则到处漂浮着塑料瓶和购物袋。我曾经打开周日的报纸，看见一张双页版的照片，里面是大量的塑料瓶、袋子、水桶、鞋子以及其他垃圾。那场景让人感到窒息，很难辨别这里到底是陆地还是海洋。最后，我在垃圾堆里发现了一个菲律宾小男孩的脸，他正在马尼拉湾游泳。我惊呆了。多年以后，这个形象一直萦绕在我的脑海里。

河流将垃圾带入大海，在那里，一些垃圾被离岸海流带走，与沐浴玩具、运动鞋、罐头瓶以及船只在越洋航行过程中丢弃的废物汇合。柯蒂斯·埃贝斯迈尔（Curtis Ebbesmeyer）的书名为《环绕世界的小鸭舰队》，但它的副标题惟妙惟肖，借用丹尼尔·笛福（Daniel Defoe）的话，可能就是“塑料鸭子的生活和奇幻历险记”。实际上，还有一本关于这些玩具的书，书名很奇妙，叫《莫比鸭》（*Moby Duck*）。[5] 海洋中的洋流以反向旋转循环的方式流动，彼此相扣。由于地球的自转，北半球的风向右吹，而南半球则刚好相反，向左吹，从而形成一个东向风或西向风（科里奥利力）。在赤道附近的南、北两个半球，风自东向西吹，称为“信风”，而在中、高纬度地区，它们自西向东吹，称为西风带。风吹动下面的海水，但同样是地球的自转又产生了折转，而大陆板块阻挡了它们的运动。其结果是，空气的运动产生自旋向上的旋涡，也就是我们所了解的螺旋形涡流。

数千年来，水手们已经意识到了这些风和洋流，但并没有把它们绘制下来。直到 19 世纪，美国海军军官马修·莫里（Matthew Maury）才把所有可用的海洋测量数据收集在他的开山之作《关于海洋的物理地理学》（*The Physical Geography of the Sea*）一书中。[6] 他至少意识到了三种不同的环流。随着现代海洋学家对其细节的补充，数量已经增加到了九种。柯蒂斯·埃贝斯迈尔在北极地区又发现了两股较小的环流，使总数增到十一种。

一般来说，每个海洋都有两个主要环流：一个向赤道以北；另一个向赤道以南。由于太平洋非常大，所以它在北部有两个环流。印度洋的北部受季风控制，且南亚次大陆阻碍了水流运动，所以印度洋只有一个向南的环流。一个完整的海洋环流绕南极洲运动，围绕大陆无限循环。如果你曾经想知道，驾驶游艇环游世界的人为什么会经常在南大洋多山的海洋中陷入困境，那是因为这是环游世界最短和最快的路径。

由于地球自转，旋转的洋流将海水涌向地球的中心，涌积成浪峰。你可能认为海洋完全是平的，但海洋也和陆地一样，有丘陵和山谷。地壳很薄的地方，比如在海沟上，密度较大的地幔之下，地心引力非常大，造成海洋空洞。诚然，这些山谷和丘陵不是非常陡峭，峰顶和谷底之间的高度不超过 1 米，绵延几百千米或数千千米。由于地心引力，每个环岛中央的积水都被下拉，形成流向深海的沉降流，就像浴室里的水流向巨大的下水道一样。1845 年出版的航海年历就描述了这样的洋流：

人们已经注意到，大西洋的海水要比其他地方的海水更倾向于流向海洋中央，这似乎说明了洋面水的下降，形成一种空洞或凹陷的表面……虽然中间部分不在信风的范围内，洋流运动不规律，但它也表示一种环流。[7]

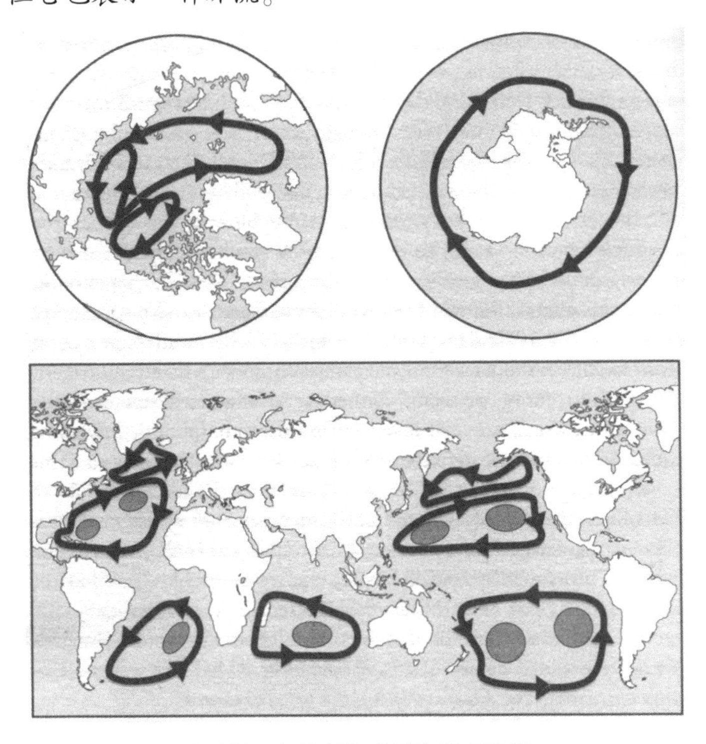

埃贝斯迈尔绘制的世界海洋环流图

巨大的洋面环流。灰色区域显示的是垃圾堆积区，即所谓的海洋垃圾带。这是 2010 年，根据埃贝斯迈尔和希利亚诺的世界海洋环流图重新绘制的

这个作者错误地认为，这些环流流入了一个海洋空洞，而事实上，它们是被环流和科里奥利效应的合力推着向上涌。但是，他却真实地发现了环流。一些环流中心部分，其上方分布着高压空气团，把所有漂流物聚集成巨大的团流，被看不见的沉降流海水托举在那儿。在大西洋的环流中，有一个地方非常独特，它有自己的名字，即马尾藻海。莫里把世界上所有环流的中心区域都称为“马尾藻海”（Sargasso Sea），因为这些地区聚积着大量的马尾藻类海草。这类海藻是一种漂浮的海草，由闪闪发光的绿簇拱起，早期的葡萄牙航海家觉得它们看起来像葡萄。但这个名字只存在于大西洋。莫里写道：

哥伦布在第一次发现美洲的航程中就经过了马尾藻海。船员们都很震惊。这里到处都是厚厚的褐色杂草，海面完全被隐藏起来，露出一片淹没的草地。看上去好像鞋一样深，能在上面行走，而且不下沉。在南半球，马尾藻类海草并没有这么明显，并且也没有丰富的漂浮或浮动物质。

你可以看到，在北大西洋和北太平洋，马尾藻就像分布在水塘的中央，西面是北向暖流，东面是南向寒流。亚马孙河和密西西比河及其支流分别从安第斯山脉和落基山脉携带树木、植物以及爬行动物流入大西洋的这片马尾藻类草海。大量丢弃、冲走、抛锚的轮船残骸随着美洲西部的江河一起漂向海洋，并置于墨西哥湾流的影响范围之内。它们慢慢地顺洋流进入马尾藻类草海。漂行的途中，进入其他的海洋，挂满了藤壶和贝类，等到了那里，附着在上面的东西就死了，或者漂浮的寄居残骸负荷太重，随着上面栖息物的不断增加，最终下沉，一同沉入深海。

1977年，柯蒂斯·埃贝斯迈尔考察了马尾藻海，让他感到震惊的不是这大量的海藻草，而是像水里的百合花一样繁多的泡沫塑料杯。[8] 他对这些海洋垃圾进行了仔细的追踪研究，从中揭示了海洋之间显著的相互关联性。环绕地球的大洋流，即全球大洋传送带，由许多表面环流一起作用，提供动力的，就像时钟中的齿轮一样为其提供动能。这些齿轮大小不同，其转速也不同。最慢的是北极环流，13年大约旋转了一次。埃贝斯迈尔把太平洋的大环流称为“海龟环流”和“海尔达尔环流”，后者是以托尔·海尔达尔（Thor Heyerdahl）之名命名的。他曾用这条洋流路径，从南美洲乘轻木筏到达马克萨斯群岛。太平洋大环流每六年半循环一次。绕南极洲的环洋流在狂风的推动下，每三年零四个月循环一次。

在每个循环周期，一些漂浮垃圾脱离环流的外部边缘，漂向海岸，最后冲向海滩。埃贝斯迈尔对漂浮物异常地关注，可以说到了着迷的程度，他再次给了我们一个数字，每个循环周期洋流携带的垃圾大约一半散落途中。海洋里仍然还能看到1992年遗落的一些沐浴玩具，但数量并不是很多。截至写这篇文章时，日本在2011年发生的灾难性海啸，将数百万吨的垃圾冲离海岸，漂向夏威夷和北美洲，预计第一波垃圾将于2012年到达。但正如沐浴玩具所表明的那样，未来几年内那里的海滩将会不断出现这次灾难所带来的垃圾残骸。

最近几十年里，海滩清理工作一直都是海洋保护组织的一项常规活动，也是海滨度假城镇的一项基本任务。大部分清理物都是塑料。从美国到南大洋以及从中国海岸到太平洋中部偏远岛屿的海滩，相关调查显示，塑料与其他垃圾的比例通常在 2∶1 到 9∶1之间。欧盟国家平均每 100 米长的海滩，有垃圾 500～600 件。这只包括那些体积大到足够让你去捡起来的垃圾。对加利福尼亚奥兰治县（Orange County）海滩的一项调查显示，包括有形塑料垃圾在内，全县有上亿件之多，其中大部分都是塑料制品。[9]这相当于每 100 米长的海滩，垃圾就超过 15 万件！

尽管海洋有能力把全世界的垃圾带走一半，但在城市周围和人口密集地区，塑料仍是最主要的垃圾源。尽管目前在南极高纬度地区，海滩垃圾积聚的速度要比其他任何地方增长得都快，但北半球受到的影响要比南半球严重得多。[10]每年，北半球每千米海滩大约有 2000 件人造垃圾（大部分是塑料垃圾），相比之下，南半球每千米的海滩上有将近 500 件垃圾。[11]像地中海这样的封闭性海洋，其海岸受到的影响比开放性海洋受到的影响要更严重。在那里，每年每 100 米海岸就有 1800 件垃圾。

大多数太小的塑料垃圾很容易被忽视，随便一眼是看不到的，无法统计到这些调查里。当你下次在海边的时候，你可以在附近的海滩上画一个边长跟你前臂一样长度的正方形，然后从里面挑出你能找到的每一块塑料碎片。你需要非常仔细地去找，因为每一块塑料碎片的长度都不超过 5 毫米。很多垃圾都是白色或泛黄的圆形塑料，被称作塑料球或者“美人鱼的眼泪”，是塑料工业的原材料，呈颗粒状，用于模压成品。这些年来，大量垃圾丢弃在海洋里，泄漏在陆地上。给你充足的时间，你可能会找到上百件，也许上千件的垃圾。对新西兰一些海滩的调查显示，每延米的海滩，垃圾高达 30 万件！在奥兰治县海滩的调查中发现的塑料里，98.5%是塑料球。

塑料类制品被大量丢弃，部分原因是它缺乏耐用性。木头或金属制品因为其中的一些关键塑料部件坏损而成为废品，对此我经常感到很恼火。但这种部件的脆弱性掩盖了塑料本身难以置信的耐久性。塑料会慢慢分解，随着时间的推移，会变成更小的碎片。在自己划定的一小片沙滩上捡垃圾，当你厌倦的时候，为什么不去游泳放松一下呢？当你享受波浪的抚摸时，试想：你周围的海水里可能会有一种五颜六色的小塑料碎片。不仅海岸附近有很多这样的东西，而且已经在近海水域不断增多。令人惊奇的是，在流经日本和东亚地区的黑潮洋流（Kuroshio Current）中也是如此。据报道，那里塑料的密度每平方英里①海域达900万件。[12]

并不是所有的塑料都漂浮。将近一半的塑料，其密度比海水密度大，以不同的速度下沉，而另一半则是我们所熟悉的海洋垃圾区块，即埃贝斯迈尔所谓的"旋涡中心区"。人们对海底垃圾进行的调查比较少，所以没有什么可以赘述，但很明显，有另一个潜在的问题很快会引起我们的关注。在欧洲的一些地方，海底污染达到每平方米就有一件塑料垃圾。[13]塑料和其他垃圾也已经进入了深海。在深海海床上设置仪器的科学家回到设置地，经常发现仪器被漂浮的塑料袋堵塞。一名潜水器驾驶员报告说，塑料袋就像一串串幽灵，从旁边经过。从船只上丢弃的垃圾会很快沉到海底。对我们来说，深海仍是深不可测、异样陌生的地方，但从距离上讲，离我们并不遥远。

---

① 1平方英里约为2.59平方千米。——编者注

我在前面提到过，海洋环流的每个循环周期大约会散落一半的垃圾。其中有一些从环流的外部边缘脱离，漂向海岸，而其余则向海洋内漂浮。就像漂浮的海草垫子一样，水手们对环流里聚积的大量破旧塑料、钓鱼线、渔网、绳索以及上千件的其他碎片垃圾感到震惊。人们经常重述游艇船长查尔斯·摩尔（Charles Moore）的故事。1997年，他利用一条不同的航线从夏威夷出发，前往加利福尼亚的长滩（Long Beach），穿越了太平洋东北部的环流中心。在那里，他发现了大量的垃圾。这让他非常震惊，从此改变了他的人生。从那时起，他就一直致力于海洋塑料的研究，现在，他成为一个活动家，不遗余力地呼吁人们采取行动应对海洋塑料污染。他其中的一个最著名的发现就是，在世纪之交，海面水域漂浮的塑料碎片，其重量比浮游生物高6倍。[14]摩尔船长穿越的环流从此成为令世人厌恶的东太平洋大垃圾带（Great Eastern Garbage Patch），面积相当于得克萨斯州那么大，是世界上规模最大的垃圾带。对整个马尾藻海的调查说明了污染的规模。一般来说，那里浮游生物的延伸范围表明，漂浮塑料碎片的密度在每平方英里数十件到数十万件。[15]

对于生物而言，塑料完全是异物，动物们一直未能有任何进化的防御机能。在太平洋中部库雷环礁（Kure Atoll）上筑巢的黑背信天翁，不幸地生活在西部大垃圾带（Great Western Garbage Patch）附近，那里也是太平洋西侧的环流中心。信天翁依靠捡食海面上活的、死的猎物来生存。不幸的是，它们分不清塑料和肉。研究人员最近发现，从远距离觅食飞行返回的成年信天翁，平均每餐喂食幼鸟70块塑料！[16]幼鸟饿死以后，肉体腐烂，留下一大堆钓鱼线、高尔夫球、[17]钢笔、瓶盖和其他碎片，每一个都被一圈羽毛静静地包裹着。有的幼鸟含有500多种塑料片。在过去的40年里，幼鸟体内的塑料含量增加了10倍，这大概与环绕太平洋垃圾数量的增加相一致。早在1965年，被发现的死亡莱桑信天翁里，有75%的体内含有塑料。[18]令人伤感的是，信天翁有可能正是奔着垃圾集中区所提供的丰富“喂养”机会而去的。

对大西洋的棱皮龟进行尸体解剖，结果显示，这种海洋兽类也有类似的障碍，不能从塑料中分辨出食物来。棱皮龟吃水母以及其他凝胶状的浮游生物。对于一只天真的棱皮龟来说，塑料袋和气球看起来就像猎物一样。对19世纪80年代以来冲到海岸的死棱皮龟的研究发现，自1968年后龟的肌体里就出现了塑料。[19]其中一些包含了杂乱的塑料袋和聚酯薄膜气球（我们给孩子们的氦气球），大小相当于一个足球。今天，超过1/3受检的死龟内脏中有塑料。在法属圭亚那，每只棱皮龟拖着重重的躯体上岸去筑巢，其压力是明显的。一大块塑料袋和麻布袋，重量超过2.5千克，它拖得筋疲力尽。[20]在繁殖季节，海龟通常不进食，也不在海滩上排泄。我想知道，还有多少其他的袋子是由远海的海龟内脏回收的？还有多少海龟的生命仍受其腹内塑料的威胁？由于水母95%是水分，所以它们的食物很匮乏。成年棱皮龟为了肌体平衡，每天必须消耗数百千克的水母，也就是其体重的一半。即使塑料不能堵塞肠道直接杀死动物，但也可能会干扰其消化，使其体内热能失衡，从而导致动物饿死。

数百种其他物种间接或直接地摄取塑料。在北海海滩上，那些被冲上来的死管鼻鹱（一种信天翁的亲缘，体积比信天翁小），每 20 只中就有 19 只的体内含有塑料。在荷兰海岸，五个塑料碎片中有四个有鸟类的啄痕。[21]塑料已经蔓延到了地球上一些最偏远的地方。在亚南极的麦夸里岛（Macquarie），毛皮海豹的体内含有许多塑料碎片，这些碎片来自它们所捕食的深海鱼类。[22]甚至鲸也误食了塑料。1993 年，一头侏儒抹香鲸搁浅在新泽西海滩上，就是因为胃被一些塑料袋碎片堵塞。帮其移除这些塑料袋碎片后，鲸就康复了，被放回到了墨西哥湾流。[23]其他的可就没那么幸运了。一头搁浅在得克萨斯州的死抹香鲸，它的胃里发现了一个塑料垃圾桶内垫，一个面包包装袋，一个玉米片袋，另外还有两块塑料布。[24]

这些鲸可能在进食时意外地摄入了塑料，但有迹象表明，鲸是故意以塑料垃圾为进食目标的。有两头抹香鲸死在了加利福尼亚海岸，二者体内共含有 100 多千克的渔网碎片、绳子和塑料袋。[25]它们的胃里塞满了各种各样的渔网，这些渔网可能已经有 20 年的历史了，而且它们似乎是被渔民修补后扔出船的。

我曾经偶然看到了一张照片，在远洋的垃圾带拍摄的。一个巨大的渔网被几百个漂浮的网浮坠在至少 10 米的网架上。一只悲伤的、疲惫不堪的乌龟盯着镜头，无助地与网纠缠在一起。这只可怜的海兽在海里把网拖了几千米，没有人知道。就像希腊神话中的西西弗斯（Sisyphus）一样，它注定经历无数苦难的生活，去完成一项永远都无法完成的艰巨任务。最令人不安的是，人类丢弃的塑料垃圾对海狮幼崽造成伤害的情景，它们的头上套着塑料圈或网环。随着它们的生长，这些网、环会不断紧绷，在它们脖子上勒出一条深血痕，最终海狮被慢性割喉而死，脖子腐烂脱离塑料环。然后，这些网、环很快又会套上另一只。在加利福尼亚的费拉隆群岛（Farallon Islands），被塑料和钓鱼线缠住的海豹数量，从 20 世纪 70 年代的少数几只增加至 2000 年的 60 多只。[26]

第二次世界大战之后，塑料开始广泛使用。1945 年以后公海上能看到所有的塑料制品。从那时起，塑料污染的浪潮就一直在持续蔓延，而且污染不断地碎片化。人们常说，塑料要经过几百年甚至几千年才能降解。日本的研究人员发现，在太平洋北部漂浮数十年的塑料，其降解的速度远远超过预期。[27]这显然是个好消息，但产生了危险致命的变体。这些颗粒不仅仅只是无害的粗饲料，其表面聚积了大量的毒性化合物，有时其浓度比周围海水中的浓度高百万倍之多。[28]回想一下上一章的海洋表面微层充斥着各种各样的塑料垃圾，毒素聚积，附着在塑料上。在日本的一个实验中，将聚苯乙烯珠浸入海水数日后便发现了多氯联苯。当它们分解时，塑料颗粒将有毒化合物如阻燃剂、苯乙烯、邻苯二甲酸盐和双酚 A 释放到海洋中。这些毒素对野生动物和人都有潜在的影响。双酚 A 和邻苯二甲酸盐是多种塑料的主要成分。邻苯二甲酸盐可以增加柔韧性和透明度，但它们与塑料不黏结，因此很容易被过滤掉。

双酚 A 被添加到食品罐内的树脂中以及许多其他产品内。近年来，由于双酚 A 和邻苯二甲酸盐造成内分泌紊乱，引起健康问题，这两种物质都颇具争议性，因而，加拿大、澳大利亚、美国、日本以及欧盟等许多国家都对其生产和应用采取了禁止或限制措施。然而，一些组织，如英国食品标准局，坚持认为这种物质是安全的。不过研究仍在进行，而且在许多实验室研究发现，它们对发育有细微的影响。邻苯二甲酸盐会被脂肪吸引，就像那些在表面微层与其接触的海洋生物一样。鉴于塑料中普遍含有这些化合物，我们必须重视其对海洋生物和我们人类造成危害的可能性。

最近我们才遇到五彩的塑料碎片的问题，这是几十年来污染的后遗症。20 世纪 90 年代末，夏威夷海滩上到处都是五彩缤纷的塑料碎片，如暴风雪一般。那里的人虽然习惯了少量漂动的塑料碎片，但他们以前从未见过这般景象。巨大的周期性洋流，环绕着海洋运动，扭旋形成水涡，脱离环流内的大水环涡。在某些情况下，这种有可能会发生，但半个世纪也许会发生一次。在夏威夷附近的海洋环流中，充斥着塑料垃圾，这是塑料开始广泛使用以来此类垃圾一直不断在这里增加的结果。[29]

一个令人吃惊的新变化是，现在大多数化妆品制造商都在乳液和面霜中添加了亚毫米级的塑料颗粒，作为去角质剂。它们体积太小，污水处理厂很难将其过滤掉，大部分的颗粒被冲放到了海里。在那里，微小的浮游生物将其视为桡足类或鱼卵等而误食。和其他塑料碎片一样，这些颗粒表面也可以吸附和聚积像多氯联苯和汞这样的毒素。由于浮游生物处于所有海洋食物网链的底层，因而，其可能产生的问题就显而易见了。现在几乎不可能买到一种不含塑料的去角质产品或手霜。看一下你这些东西的标签，如果在配料表中发现了聚乙烯，那你就是在用塑料做清洁。

大部分的海洋颗粒物，其大小从毫米到厘米不等。现在它们大小都属于浮游生物的食物范围，处于食物链的底层，是众多生物的食物。从北太平洋中央环流所取的样本中，有 1/3 的浮游生物其内脏中含有塑料。[30]对捕获的动物进行实验，结果表明，几乎所有过滤水的物种都可以吃到微塑料颗粒。它们可以选择漂浮的食物颗粒，或是从海底吸收沉积物。

很少有人看到过，但在海滩和海底的沉积物中，都充满了微塑料颗粒。这些微型塑料颗粒具有浓缩的化学物质，可以传递给食用它们的动物，加速毒素的积累，一直传递到人类喜欢吃的顶级捕食类身上。化学物从塑料碎片转移到了误食的动物身上，几乎还没有任何相关的研究。但在未来的几年里，随着世界对海洋塑料污染的日益关注，情况肯定会有所变化。我们现在所知道的是，贻贝摄入的塑料微粒最终会在其循环系统中停留很长一段时间，食用腐肉的大海鸥也误食了大量的塑料垃圾，其幼鸟的组织中也聚积了高浓度的多氯联苯。[31]

海洋的偏远地区，如马尾藻海和太平洋东北部，塑料垃圾垛在那里缓慢漂流，其中一些已经有几十年了。丢失和遗弃的渔网残留物，与漂过的高尔夫球、牙刷、打火机和塑料袋缠在一起。它们还会继续漫无目的地漂流多少年呢？数百年，还是上千年呢？有一个事件能说明问题。北太平洋中途岛上的一只信天翁给幼鸟喂食了一块刻有序列号的塑料，导致幼鸟死亡。依据塑料上的序列号，发现碎片来自 1944 年坠毁的一架美国轰炸机。[32]塑料的数量正逐年呈指数性增长。在世界所有海滩上，你几乎不得不面对这样的事实。例如，在南非的海滩上，瓶盖是较小塑料垃圾普遍率的一个指标，在 1984—2005 年期间，海滩上的瓶盖数量增加了 50 多倍。这不是 50%，而是 5000%。[33]塑料潘多拉魔瓶已经打开。塑料正在窒息我们的海洋，即使我们现在不再倾倒塑料垃圾，严重的海洋塑料污染仍会持续数百年。但亡羊补牢，现在开始清理，仍为时未晚。

对于塑料、污水、石油和有毒化学物的污染问题，我们已经耳熟能详了，但有些东西我们通常不认为是污染，至少在海洋里不是污染。如噪声和“生物”污染，也就是超越本土干扰源的传播，正在日益受到人们的关注。在接下来的两章，我会转向对这些问题的阐述。

第十一章
喧嚣的海洋世界

当我还是个研究生的时候，我花了三个夏天的时间去探索沙特阿拉伯的珊瑚礁，那段时光非常难忘。作为团队的一员，我第一次参加勘测生物资源的工作，我们有机会探访那些长期对外国人关闭的地方。我清楚地记得我潜入水中时的惊恐感。我是第一个在那儿潜水的人，我很好奇，一直在想我也许会有所发现。1984 年，我们乘坐帆船，迎着强劲的北风，颠簸在红海上，波浪拍打着船舷，人被颠得快散了架，数日后，抵达了蒂朗岛（Tiran Island）并在蒂朗山的一侧找到了避风的营地，大家欣喜若狂，祈福平安。然而，我们在那儿的几周里连个鬼影子都没看到，蒂朗仿佛是世界的极地。有天晚上，海的对岸，远方的埃及海岸亮起几盏灯，让我们有了些许安慰，顿觉自己并不孤单。但重要的是可以感觉到的和平与安宁。

第二天，我潜入了其中的一座珊瑚礁，这座珊瑚礁守护在亚喀巴湾（Gulf of Aqaba）的入口。那里，一大群以浮游生物为食的小热带鱼、鮨和玻璃鱼随着静静的暗流涌动，左右戏游。最初，我很难找到珊瑚礁的基底。紫色的海扇和巧克力色的海鞭子伴着轻柔的海水在五彩缤纷、姿态万千的珊瑚中摇曳、飘荡。徜徉在这静谧的美景中，我不禁流连忘返。

大概十多年后，我又回到同一个地方去潜水。这次是从埃及度假胜地沙姆沙伊赫出发，与其他 15 名潜水员一起白天轮渡过去。同行的还有另外 10 条船，一同向北航行，大家都希望能够第一个到达，在其中一个潜水地泊船点停靠。我身后的埃及海岸已经彻底变了样。从前那里屋舍寥寥，可现在，海岸峭壁上，海湾和海滨，度假村、酒店鳞次栉比。在潜水点，我不得不谨慎选择潜海的时机，以避免与后来的两个潜水员挤在一起，以免被他们的螺旋叶片划伤。

我期盼能尽快避开水面上的混乱和烟雾，但即使在海面以下 30 英尺深处，我仍被淹没在上面的船以及远处来往穿梭的船发出的引擎轰鸣声中。这种持续的嘈杂，让你潜水的感觉就像是站在繁忙的多车道马路上一样。我试图找到一个安静的角落来消磨潜水的时间，但噪声无处不在。在一个岩石的边缘，一条石头鱼阴沉沉地盯着我，它的表情似乎情有可原。我想，到了晚上，等最后一艘船离开，恢复了平静的时候，珊瑚礁上的这条鱼是否就轻松愉悦了。

雅克·库斯托（Jacques Cousteau）在 1953 年出版了他的第一本书《静谧的世界》（*The Silent World*），但他的书名具有误导性。书中不仅描述了鲸永恒的乐音，库斯托还描述了弥漫在海洋中的觅食动物的喧哗与骚动，海豚的哨音，鲸的吟唱和波浪的轰鸣声。20 世纪 50 年代以来，世界经济的全球化助推了航运的发展，增加了数以万计的商船，轰鸣声随之而来，噪声变成了喧嚣。超级油轮的声音很刺耳，因为声音在水中比空气中传播得更远，所以在船到达的前一天，鲸就可以感知到它的声音。海洋的背景噪声水平尚未有系统的测量，但是在我们所了解的少数地方，自20世纪50年代以来，背景噪声每10年增加约3分贝。[1]水下声音的响度每6分贝即翻一倍。今天的海洋与库斯托50年代初教我们去爱惜的海洋相比，嘈杂声提高了8倍多，而在一些热点地区噪声大概超过了100倍。

几年前，在东加勒比萨巴（Saba）的一个小型火山岛附近，我有一次难忘的经历。我已经潜入水中在数鱼，这时，听到一个响亮悠长的咆哮声，或者说令我浑身震颤的声音。我转过身来，料想着看到一个庞然海兽压过来，然而什么都没有。紧接着，出现了驼背鲸有明确旋律的吟唱声。在接下来的潜水时间里，我听到了一首美丽的歌曲，像威尔第（Verdi，意大利歌剧作曲家）的曲子一样动听。而这次以及后来的多次萨巴潜水，我从未看到鲸，只听到了鲸的歌声。它们可能很遥远，在数十千米之外，因为它们本能的吟唱能穿跨遥远的海洋，传向远方。

相较于空气，海水的密度更大，声音传播的距离更远，速度更快。在温带水域，噪声传播的速度比在空气中快5倍，达到了每秒1500米。噪声在水中也消失得更慢，因此噪声在距离很远也能听到。[2]高频音比低频音消失得更快，所以低沉音传播得更远。我在萨巴听到过一些巨鲸低频的叫声可以传到几百英里乃至几千英里之外。要是动物能够很好地利用海洋的这种奇异的特征，那么声音可以传得更远。在表面温暖、低密度水域和下面较冷、密度较高的水域之间，存在着一个狭窄的水层区域，在这样的水域，声音以类似于光纤电缆的光速传播。在这个称作温跃层的区域由于海水密度的差异，那里产生的声波被限定在狭窄的传播通道内，在传播过程中流失的能量很少。卫星时代到来以前，美国给飞行员发放一个炸药包，如果他们不幸落入海里，就可以用绳子把炸药包下沉到这一传声水层，引爆炸药包。这样，爆炸声会传到数千里外的感应器，可能在加利福尼亚州、夏威夷和巴拿马这些地方，然后救生员就可以通过三角测量确定飞行员的位置。

在海洋中，有几个品种的鲸被认为是通过这种声讯通话的方式，将信息传达至方圆数万平方千米的海洋。它们的声音在遥远的地方也能被听到。蓝鲸是世界上体型和声音都最大的哺乳动物，它们的吼声能够超过 190 分贝。抹香鲸的吼声也非常响亮。英国广播公司《地球脉动》系列节目的摄影师道格·安德森（Doug Anderson）曾经在亚速尔群岛拍摄时遇到过刚出生的抹香鲸幼鲸，它的妈妈正在下面陪着一头稍大的幼鲸。小抹香鲸和摄影师一直玩耍，直到它的一个鱼鳍卡在了摄像机的外壳里面，这显然很痛，因为有一连串的“咔咔”声和重重的拍打声。安德森一转身，发现母鲸已经在他面前，挡住了他的整个视线。他以为母鲸会发动攻击，但是等来的却是一声“噼里啪啦”的巨响，就如同大树轰然倒下一样。这声音使他浑身颤抖，让他惊呆了。[3]

如今，比船只更聒噪的东西打破了海洋的静谧与安宁。全世界都通过威力巨大的地质爆破来进行海底岩层下石油和天然气的探测。调查船的气枪可以产生超过 200 分贝的声音脉冲，穿越海底发出冲击波；用于跟踪潜艇的军用声呐的低沉回声可达到 235 分贝。海水中事物发出的声响比在空气中大约小 61.5 分贝。因此水下声呐噪声和地质爆炸声在水面以上就等于 150~175 分贝。与之相比，一场摇滚音乐的音量也只有 110 分贝。人们在声音达到 120 分贝时会感觉到疼痛，差不多是旁边一个超大电锯所发出的噪声。而地质勘探枪的声音要超过这个强度 30 倍，最强大的军用声呐的声音能超过 1000 倍。

事情远非这么简单。我必须承认在早先对于红海石鱼的描写过于拟人化了。与声音同样重要的还有频率。高音噪声具有高频率，而低音噪声具有低频率。大多数动物只能听到限定频度范围内的声音。与人类相比，蝙蝠听到的频度更高。我描述的石头鱼本不可以听到与你我一样能听到的声音，因为它的听觉范围比我们低。虽然船产生大的低频噪声，但珊瑚礁给鱼的感觉也许如同它带给我的感觉是一样的嘈杂。在人类看来可能是震耳欲聋的爆炸声，而对于其他生物而言可能只是耳语。

喙鲸特别容易感受到海里突来的巨响。这些奇怪的动物长得像鲸，但又有点儿像鼠海豚或海豚。有些长着圆润的额头和丰厚的嘴唇，另一些则长着长长的鼻子，看上去像宽吻海豚。它们生性羞涩，潜水可以超过一个小时，很少浮出水面，因此非常少见。我们预想有 21 个物种，但实际上可能更多。这些鲸非常神秘，因此，被称为是“地球上人类最不了解的大型动物群体”。[4] 其中一些物种没人见过它们的活体，人们只能通过冲到海岸的尸体来了解它们。它们的体长 4~13 米，体重 1~15 吨。很难想象，我们竟这么容易地就忽略了大象一样庞大、甚至更大的动物，但让它们变得神秘莫测的却是它们的生活方式。

美国伍兹霍尔海洋研究所（Woods Hole Oceanographic Institution）的彼得·特亚克（Peter Tyack）一生致力于研究鲸是如何

用声音来交流和沟通的。我曾经与他一起搭乘公共汽车，环绕加拉帕戈斯群岛的圣克鲁斯岛（Santa Cruz Island in the Galapagos）旅行。在那短暂的一小时里，他颠覆了我过去对于鲸的看法。在那之前，我一直以为鲸生活在靠近水面的区域，只不过觅食的时候才潜到深海里。彼得说，我们应该了解喙鲸是生活在深海的动物，只是偶尔游到水面来换气，深海才是它们的家。这种深海生存方式使得密集的声呐噪声对它们造成困扰。

1996 年，希腊的基帕里夏（Kyparissiakos）湾发生了一次不同寻常的剑吻鲸集体搁浅事件。当鲸集体搁浅时，它们往往同时同地浮上海岸。但是这次，鲸却分散在长达 25 英里的海岸。在它们的身上没有发现伤口或其他伤害，大多数鲸的胃里都塞满了鱿鱼，这说明它们在死前刚进过食。雅典大学的青年生物学家亚力克山大·弗朗茨（Alexandros Frantzis）指出，确凿的证据表明，是北约科研船测试的海军声呐系统导致了鲸的死亡。[5]该系统采用低频超大声音来探测超静音潜艇，一些频率恰好在鲸听觉范围之内。他坚信，这些声音或许直接伤害了鲸，或者严重扰乱了它们的定位能力，导致它们不自觉地搁浅上岸。

此后，许多不同种群的喙鲸搁浅的方式都一样，几乎总是发生在军事区附近，那里在测试极端噪声生成设备。[6]经过详细检查之后，发现这些受害的鲸都有很严重的内伤。其中一些岸上的鲸耳朵还在流血。就像在水下时间过长的潜水员，容易产生减压病，鲸也是这种情况。[7]潜水员在深海时，氮气会溶解到血液中。每个潜水员都知道，潜水过深，时间过长，或者上游速度过快，血液中的氮气会释放出来，造成减压病，情况特别严重的会导致死亡。当鲸浮上水面的时候，血液、脂肪和器官中会形成氮气泡，的确会撕裂它们的内脏，堵塞血液循环。鲸是怎么患上减压病的，人们不得而知。一开始人们以为是它们出水的速度太快造成的。但是彼得认为，这不是造成他看见的鲸身上伤口的原因。[8]相反，他认为，鲸因为声呐受到惊吓，导致它们在 30~80 米深的海底长时间频繁地来回潜游，同时在水面上的呼吸频次加快，从而在血液中积累了大量危险的氮气。

海洋中还存在着其他很强的噪声。20 世纪 90 年代，在美国国防机构工作的物理学家们提出了一个想法，即通过声音传输来测量海洋的温度，从而来追踪全球变暖的状况。设想在夏威夷和加利福尼亚州之间 1 千米之下的海中，每隔 4 个小时，持续不断地发出长达 20 分钟高达 195 分贝的声音脉冲，并于 1996—2006 年间进行了多次实验性传输。不知这是谁的奇思妙想。假如噪声在海平面以上传送的距离与海下一样，而且音量不变，那么略加思索就会取消这样的设想。但是物理学家有时候会忘记海洋里也有生物存在。有一个惊人的案例，2005 年他们在西西里岛海岸的地中海里放置了一组高度敏感的水听器，用来记录水下的声音。[9]他们希望捕捉到一种小型亚原子粒子，即中微子，进入水分子时可能发出的声音。中微子极其微小，就算在有无数水分子的海洋里，捕捉到它的声音的概率微乎其微。100 多个物理学家参与了这个项目，但是后来也没有提到水中会有背景噪声干扰存在的可能。所有人都假设了深海是寂静无声的。显然，即便在航船的因素出现之前，海洋里也存在了太多的噪声，因而难以探测中微子碰撞的声音。然而，水听器可以很好地记录到抹香鲸在漆黑的深海中利用回声定位来捕捉鱿鱼的过程。不管怎么说物理学家也算发现了些什么：深海里的鲸比所有人预想的都要多。

测试证明，用声音作为有声海洋的温度计是可行的，但是这种方法还存在争议。研究表明，座头鲸似乎会刻意避开这些声源，但是谁都不能确定这些声音所带来的长期影响是什么。[10]由于物理学家还计划创建一个世界海洋的声音网来测量水温，然而，其是否造成影响需要答案。

海洋里最嘈杂的噪声造成了最戏剧的效应，已引起了最大的关注。船只的引擎和现在的风电所产生的背景噪声日益加剧，这可能是更显而易见的。声音是水下生物交流最重要的途径之一。在珊瑚礁清澈的海水里，你至少可以看到 50~60 米。而通常情况下，水的能见度就要低很多。在河口浑浊的水中，能见度则低至不到 1 米。海水中声音传播得既远又快，因此是交流的最佳途径。所以很多海洋生物具有极好的听觉，它们利用声音来感知周围的环境，躲避天敌，吸引异性，寻找猎物。背景噪声会掩盖很多重要的声音信息，从而增加它们生活的难度和危险性。

鲸和海豚惊人的发声本能表明，它们是受噪声影响最大的群体之一。船只的嘈杂声正在侵扰、压缩它们的生活空间。在噪声入侵海洋之前，鳍鲸可以听到超过 1000 千米以外同伴发出的声音。似乎只有雄鳍鲸会发出很大的吼叫声，可能是为了在大范围、远距离内吸引异性。[11]长达两个世纪的商业捕鲸使得鲸的数量骤减，这无疑增大了其求偶的难度。由于商业捕鲸，许多种类的鲸都无处可寻，所以长距离的喊叫就成了它们找到伴侣的关键。如今船只和风电场发出的低频的“隆隆”声充斥着整个海洋，使得6千米以外的叫声都被淹没了。因为鲸的声波范围是以距离的平方计算的，所以它们相互联系的空间缩减了上万倍。

萨拉索塔（Sarasota）的海豚不仅以身体带有化学毒素而闻名，它们还通过“代号”识别对方。每一只海豚都有它独特的口哨声，其他海豚可以通过这个来相互识别。[12]当船只经过时，海豚频繁发出口哨声呼叫对方，并且会相互靠近，这表明它们对于交通感到焦虑。一些海豚受到船只撞击而受伤严重，因此，它们的焦虑情有可原。在白天，大约每6分钟就有船只在距离海豚不到100米的范围内经过，干扰了这些海豚正常喂食、繁殖、照顾幼仔。[13]另外一种解释是，当周围出现船只时，海豚频繁地叫是因为船只发动机带来的震耳欲聋的噪声加大了它们相互联系的难度。

受船只噪声和其他噪声影响的鱼类承受着很大的压力。小嘴鲈鱼生活在北美的湖泊和溪流中。当捕捉到的鱼听到船只的声音时，心跳加速。与划桨产生的声音相比，它们对引擎噪声的反应更加强烈、持久。一些淡水鱼在受到船只噪声影响之后会分泌皮质醇。[14]这种“抗争或逃跑”的荷尔蒙会让血糖升高。从鱼、鸟到人类，发现动物王国里的大量物种都有这个特征。在危急时刻，动物会通过分泌皮质醇来聚积能量，快速思考，缓解疼痛。可是，在面对长久的压力时，也会产生这样的分泌现象。神经紧张的高管与受到骚扰的母亲都会出现皮质醇水平升高的现象。这时，皮质醇的益处会变为代价，损坏身体机能，不仅会使血压升高，增加心脏病发作几率，还会抑制免疫系统。同样，鱼类和其他动物，生活在噪声和压力环境下，也可能会诱发健康问题。

有一项实验让我获得了很大的乐趣。希腊研究者在几个月的时间里每天给捕获的鲤鱼放莫扎特的音乐。[15]与泵和过滤器所带来的噪声环境相比，在莫扎特音乐里生活的鱼类生长更快。研究者认为莫扎特的音乐可能舒缓了它们的压力。不管你信与否，我觉得作曲家本人在得知这件事后也会笑出声来。

风电场是相对较新的声源，但作为推广的新能源，风电场将遍布海洋的浅水地带。打桩建设产生的噪声足以损伤游荡在几百米内的海豚和其他海洋哺乳动物的听觉。风电场在水下会产生低频率的“隆隆”声，音量大小由风速决定。噪声等级与船只差不多大小，差异在于风电场是在同一个地方持续产生噪声。关于海洋生物对此会有何反应的研究，至今仍很少。一方面，这会导致大面积栖息地不再适合敏感动物居住；另一方面，有风电场的区域是禁止捕鱼的，这可能对于某些鱼类和贝类是有益的。但现在下定论还为时尚早。

鱼类和其他许多海洋生物通过声音透视周围的环境。试想一下，声音如何使你所处的环境更丰富多彩。窗户上的轻拍声告诉你外面下雨了；厨房的“嗡嗡”声告诉你碗很快就能洗好；楼上的脚步声说明孩子们待在卧室里；走廊里轻快的脚步声告诉你有一只饥饿的猫正在走过来。与蝙蝠和猫头鹰相比，我们可能觉得自己算不上特殊的听觉生物，但是耳朵给我们带来了感知周围环境的美好享受。

嘈杂的水下世界很大程度上以同样的方式为海洋生物提供了类似的生活情景，但是有一点不同，这非常重要。超高密度的水意味着声音通过可以感知的方式传送粒子。鱼类在它们的侧翼两边都有侧线器官，用来感觉粒子的移动。和我们这些脊椎动物一样，鱼类的耳内也长有结晶碳酸钙形成的“骨头”，能从嘈杂的噪声中分辨声音。就像我们一样，可以在一个很吵闹的派对中找到朋友的声音，也可以听辨交响乐演奏中其中的一个乐器。有段时间，关于金鱼本身不产生噪声，却拥有完美的听觉这一点成了一个谜。[16]科学家往往受惑于自己的领域，却忽略了显而易见的东西，有点儿只见树木，不见森林。显然，除了自己的声音，能听到别的声音会有许多益处。

声情景化的水下世界被称作“声学日光”。生物通过声音来感知可见度极低的世界。珊瑚礁里的小鱼必须离开它们生存的珊瑚礁，游到开阔的水面，时间会持续好多天或者好几个月，直到长成稚鱼才能回去。[17]而这时，它们若要是找不到珊瑚礁就会死亡。时机成熟时，小鱼凭借孵化以前也许就已听到过的声音洄游，如碎浪拍打的声音，虾蟹外壳摩擦裂开的声音以及鹦嘴鱼啄打珊瑚礁的声音等，一些珊瑚小鱼甚至能听见暗礁的声音。[18]对我们来说，描绘出动物识别这些声音的景象是简单的，但是想要理解水下声音的粒子运动却并非易事。不同的声源可能会产生各自特有的粒子运动，来具体描绘周围的景象，而对于我们而言，只能去想象了。

大多数海洋生物能通过声音感知捕食者的距离：一群小鱼为躲避捕食者的突袭飞快移动的“嗖嗖”声；蜗牛壳的碎裂声；凶猛大虾的手枪似的发射声等。实际上，大虾的钳子动作很快，足以粉碎猎物，会产生音爆。[19]一些动物通过声音呼唤伴侣，或者预测争夺空间的风险。能发出鼓声的石首鱼，在河口集体产卵时，会产生噪声，在它们的鱼鳔乐器上面敲打出繁殖的节奏。波多黎各的红尾石斑鱼争先恐后产卵时发出“哦-豁”的声音，研究者们对于这一行为极为惊讶。[20]背景噪声可能使得像珊瑚鱼这样的小鱼更难通过声音找到正确的栖息地。许多鱼类和无脊椎动物的繁殖数量，由于过度捕鱼，已经急剧下降。噪声又成为另外一个威胁到它们数量的因素。然而，还没有测试过其他的物种，以确定噪声对于导航的重要影响，但是，似乎不能认为，仅仅珊瑚礁动物有这个能力，问题就具有普遍性。背景噪声会直接造成更多的伤害，比如加勒比海的寄居蟹，由于过往船只的声音而分散了注意力，从而降低对于潜在捕食者的警觉性。

水下世界充斥着噪声，而海洋动物还没有进化到能够习惯这种生存环境的程度。鹰石首鱼是石首鱼的一种，这种鱼体态轻盈，身体呈金属灰色，生活在地中海入海口一带。在频繁捕鱼期之前，这种鱼可以生长到和一般人一样大，但是最近几乎没有可以生长到达 1 米长的了。在一个实验中，鹰石首鱼受到机动船噪声的影响，感应其他伙伴的能力下降了 100 倍。露脊鲸也是如此，当船只经过时，它们交流的海洋区域缩减了近万倍。

雄蟾鱼利用“发声肌肉”震动鱼鳔唱歌以吸引挑剔的异性进入它们的巢穴，同时也通过这个方式来威慑对手。卢西塔尼亚的蟾鱼鱼头顶扁平，嘴唇宽大似橡胶，头看起来就像被某个重物碾过一样。它们生活在大西洋和地中海海岸以及各个入海口。雄蟾鱼在岩石堆中建立领地，相互之间怒目而视。它们向异性发出一种被称为“船哨”的“嗡嗡”声，这个声音更确切的说法应该是一种奢侈的响屁。最有魅力的雄鱼让雌鱼将浑圆金黄的鱼卵留下，对其进行受精和保护。在 2005 年的实验中，当捕获的蟾鱼听到邮轮的噪声时，就很难再相互听到对方的声音了。[21]如同派对上一旦有人把音响打开，对话就很难再继续一样，狂欢者可以转换成手语，同样，动物交流可能也有别的方式，但是准确性会下降，产生误解的风险也会增加。

北美的大西洋海岸栖息着蟾鱼的亲缘动物，这种鱼的音感说明了包括人类在内的脊椎动物有声交流的进化。蟾鱼长得有点像放大版的蝌蚪，头顶圆润开阔，尾巴细窄。有些颜色单调，呈土褐色，有些则金光闪闪。闪亮的发光器官装点着它们的身体，就像圣诞灯饰一样。这些鱼生活在潮间带，在池塘的岩石下雄鱼设立交配领地。在这些泥泞的洞穴里，它们为过往的异性唱情歌，同时也向其他雄鱼发出警告。它们的歌声旋律短，听起来像是歌剧风格的图瓦族（Tuvan）的喉音歌。大多数情况下它们只是嗡嗡作响，就像割草机轧过夏天的草坪，有时还会加上拨动橡皮筋的声音。但是在它们头的内部，大脑控制歌曲的部位与青蛙、爬行动物、鸟类以及人类是一样的，说明了“说话”的能力是从400 万年前起就进化了。[22]这些鱼非常吵闹，它们能让圣弗朗西斯科湾的船屋主人无法入睡。[23]一个居民将这种声音形容成发动机的声音，另外一个则说像电动刮胡刀发出的响声。

我们在海洋制造的低频杂音非常密集地覆盖了鱼类和鲸的听力范围。一些迹象表明它们尝试补救这种听力障碍。北部露脊鲸在船只噪声出现时，叫得格外响亮。[24]噪声越多，它们叫得越响。它们的叫声与 1950 年的相比，高了八度音阶，可能是想盖过低频嗡嗡作响的引擎声。但是再响也是有限度的。当噪声越来越响，鲸就越来越孤独。现存的北部露脊鲸只有不到 400 条了，孤独会严重威胁到它们的生存。而出路在于，它们可以选择安静的时段呼叫，或者发出更长的叫声。英国哥伦比亚的虎鲸群在被观鲸者的船只包围的时候，发出的叫声比在安静处时要长。这表明它们努力在嘈杂声中实现交流。[25]

鸟类也在努力弥补噪声所带来的损失。城市里的大山雀与农村的相比，叫得更短，更快，声音更高。[26]生活在喧闹的公路旁的鸟类，与生活在静谧处的鸟类相比，繁殖率更低，适应能力更差。在加拿大，生活在发动机旁的灶巢鸟，与生活在远距离以外的相比，出现消息接收障碍，吸引伴侣的能力也更低。

噪声污染会干扰喂食。要是一个动物每次在船只急速靠近时都停止觅食，它很快就会感到饥饿。这更直接影响到那些通过声音捕猎的动物。喙鲸在深海中通过回声定位捕猎。它们会产生一系列的咔嚓声，通过气管吹气产生，这个气管被亲切地称为“猴唇”。噪声穿过它们脑中声脂被放大的脑叶，同时它们通过下巴底下的肉来接收回音。喙鲸特别喜欢乌贼。除了内部具有一个角状轻薄的保护膜之外，乌贼和水也具有一致性，这使得它们很难被察觉。我想，在黑暗中你需要贴得很近才能找到它们。一条受到噪声干扰的居维叶喙鲸，与没有受到影响的鲸相比，捕猎的成功率最少要低一半。[27]

一些鲸和海豚通过回声定位找到周围的路。要是它们的听力受损，它们很容易在浅水区搁浅，或者被渔网缠住。实验显示，捕获的宽吻海豚在高密度声呐的影响下，出现了短暂的失聪。[28]时间再长一点可能会造成永久的伤害。搁浅在北美以及加勒比海的动物得到了援救，测试显示，有 1/3 的糙齿海豚和超过 50%的宽吻海豚有不同程度的听力损伤，这些损伤要是发生在人类身上是非常严重的。[29]濒临灭绝的北部露脊鲸为了迁徙到美国东海岸的夏季猎食区，需要穿越最繁忙的大洋航线。一旦噪声损坏了它们的听觉，它们就更可能遭受船只碰撞。还有一个最有可能导致这些鲸死亡的因素是被捕鱼装置缠上。即便是拥有正常听力的鲸在船只靠近到 1 英里左右时，也听不到对方的声音，大多数的情况就是如此。

人类在海上制造噪声是最近才有的现象。所有的历史记载中，唯一的声音就是船桨激起波浪，拍打木头和船体时发出的。这一现象到了 19 世纪中叶第一艘明轮艇发动时才发生改变。但是打破平静的主要是 19 世纪最后 20 年里制造的数以万计的蒸汽机船。19 世纪 90 年代，第一口海上油井出现在美国加利福尼亚州圣巴巴拉市，从此，掀起了一股石油开采的热潮，而且没有停止的迹象。从那时起，随着全球经济的发展，背景噪声不可逆地滋生壮大。现在 80%的国际货物贸易是通过海运完成的。贸易量增长的同时，噪声也在加剧。[30]

也不是所有的海洋生物都受到噪声的不利影响。有些生物喜欢聚集在浮游物体下面，即使是嘈杂的船只也无大碍。虽然和陆地相比，声音在海中传播得更远，但海洋中还是有很大的空间远离大洋航线，远离港口、风电场和油气田的，那里安静平和。但是越来越多的噪声无疑增加了海洋生物的生存压力。要是我们人类制造的船赖以航行的动力方式得不到改变，海底下只会越来越嘈杂。

海洋主要的噪声源头还是船只，但是仅仅为了海洋生物而让它们安静下来是不大可能的。发展更加安静的船只，动机在于推动燃油经济，提高船员和乘客的舒适感。减少船只噪声有几个简单的方法。螺旋桨气穴是最大的噪声源头。当它旋转时，每个叶片后面都会产生低压区域。旋转得越快，产生的压力就越小，直到水和叶片之间产生间隙。当这些气穴随叶片转动而合闭时，会发出“啪”的噪声。螺旋桨转速很低时不会产生气穴，船只运行会相对安静。减少噪声的一个简单的方法就是慢下来。最近几年，为了抵消高涨的油价，商业运输船队就这么做了，因为慢下来也能节约成本。速度降低 20%意味着可以节省 40%的油钱。实际上，许多航线上的船只都将速度从每小时 15 海里降低到了每小时 12 海里，差不多是 19 世纪后期快速帆船的行驶速度，在当时这种船只是国际贸易运输的主力。

全球船队的温室气体排放也让人们越来越意识到减慢船只速度的必要性。最大的船只的二氧化碳排放量超过了世界上最小的国家的二氧化碳排放量。所有商业船队的二氧化碳排放量加起来占到了世界二氧化碳排放量的 4.5%。有评论指出，随着油价的下跌，船速又会上升，但是通过更好的设计，噪声和石油排放都能减少。军队已经研制出能在高速运转的情况下，实现气穴最小化的螺旋桨，这可降低船只被探测的风险。游轮也找到了噪声最小化的办法。商业船队没有理由不采用这种设计，很多船只都需要改装。船只也可以通过使用轻帆和风帆来减少对引擎和石油的依赖，还有个好处是这些装置都是免费的。

世界的运输船队由国际海事组织管理，该组织在过去 40 年里见证了海上石油运输安全性的提升。底板加固，货仓油区划分，精准的卫星航海和大量优化的航行措施，使得石油泄漏明显减少。的确，解决噪声和燃油效益这两个问题的时机已经成熟。

第十二章
异类物种入侵与海洋生命的同化

查尔斯·达尔文和阿尔弗雷德·罗素·华莱士通过各自独立的研究，专注于动物分布模式的探讨，几乎同时发现了自然选择的进化论规则。两个睿智的自然主义者走遍了世界，他们注意到有些物种居所不定，来回迁徙，而其他物种在特征上存在明显的地域差异。最终，他们清晰地意识到，物种并不是依照上帝的意愿创造的，也不是固定不变的。相反，生命的形式不断地进化，不断地演变。我们盛赞达尔文发现了进化论，但也要感谢华莱士，是他在后来产生了同样的进化论思想的时候，激励达尔文发表了自己的理论。地理历史的演变，为一些地方保留了更多的物种，有些地方进化了更多独特的物种。而其他地方，由于环境压力、孤立封闭或缺乏栖息地，因此物种不是那么丰富，相对比较匮乏。

许多因素都会限制物种的地理分布范围，最明显的是自然限制，如大陆和洋流，或栖息地适宜，但存在海洋盆地一样不可逾越的障碍等。当自然障碍划分区域时，正如巴拿马地峡在350万年前将大西洋与太平洋分开的时候那样，生命的进化沿不同的方向发展。[1] 在时间的长河里，新物种出现，其他物种灭绝。物种分散的自然障碍，有的起伏变化缓慢，而有的变化相对较快，如洋流形式的变化，海底火山喷发形成的新海岛等。

在过去的几千年里，尤其是在过去的几百年里，人类逐渐克服了这些障碍，或完全消除了这些障碍。我们随船带上动、植物一起远距离航行。15 世纪与 16 世纪，由于迪亚斯、达·伽马、麦哲伦、哥伦布（Dias，da Gama，Magellan，Columbus）等开启了海洋全球探索的时代，物种可携带的距离发生了剧烈的变化。当哥伦布航行到美洲时，他不经意地随船带去了许多欧洲的物种；在印度洋和太平洋，早期的阿拉伯和中国远行航船也肯定带去了异样的物种。

在过去的数个世纪，船只每次在外国海岸常常锚泊或停靠数周（而不是今天的几个小时或几天），这样，随船携带的生物有充足的时间排卵和繁殖幼体。此外，船只的船底每隔几个月都要擦洗，以保持清洁，众多这样的航海人发现自己被困在了陌生的水域。动、植物也可以伴随着船舱的晃动，或附着在压载岩石上（以增加轻载货船的吃水），随船迁移到异地。水手载着从旧世界到新世界的岩石及附着物，一到岸就会被甩掉，然后再装上货物。加拿大新斯科舍省（Nova Scotia）的长春花和锯齿状海藻的引入基因来自大多数船只都会到达的苏格兰和爱尔兰。[2] 压载物从 19 世纪晚期起就成为更重要的迁移方式，因为大型船只离港时作为压载物的注水到目的港时会被卸载排放掉，压载水现在已成为将海洋物种引入新环境的主要方式之一。许多海洋生物从卵或幼体开始都可以通过压载水前往异域。即使是大型动物也可以通过压载水迁移，其中就已经出现了 1 英尺长的鱼。

我们将外移来的物种称“外来的”或“非本土的”，是为了将它们与当地物种相区分。有些成了麻烦的制造者，它们没有任何天敌、寄生虫和竞争者的威胁，这些“入侵性”物种野蛮生长。入侵物种就像自然类固醇，经常以非凡的速度，超量消耗或抢夺本土物种的空间、食物和其他重要资源。结果生态系统遭到破坏。这样的入侵者可以灭绝当地物种，减少其他曾经占主导地位的生命形式，使其成为次物种。目前在加勒比地区正在发生着这样的入侵，这将永远改变珊瑚礁的生活。

红狮子鱼是热带西太平洋的当地物种，也是备受人们欢迎的水族鱼。它们有宽广的胸鳍和背鳍，像装饰了精美图案的中国扇子。它们迷人美丽的外形具有欺骗性，因为它们是无情的掠食者。它们使用鱼鳍将小鱼轻轻地诱入到礁石狭窄的角落，在那里张开大口快速地吞噬这些猎物。20 世纪晚期，在佛罗里达州南部，水族馆释放或逃逸了大量的狮子鱼，不断繁衍形成了稳固的种群。[3] 狮子鱼在加勒比几乎没有天敌，它们的花边鱼鳍隐藏尖锐的刺，能够喷吐强大的毒液，毒杀鲁莽的靠近者，它们就这样侵入了加勒比海域。

21 世纪初，潜水员开始报告说在北卡罗来纳州沿岸惊讶地看到了狮子鱼。同样，巴哈马、特克斯和凯科斯以及百慕大（Bahamas，Turks and Caicos，and Bermuda）都相继传来了类似的报告。加勒比地区已经有几百万年没看到像狮子鱼之类的物种了。从来没有遇到过这样一个好战凶猛的捕食者，当地的鱼不知道如何是好，也毫无恐惧。结果，狮子鱼正上百万地吞噬着它们。事实上，带刺的狮子鱼长有堆得很实的腹部，看起来很难移动。如此简单就能得到食物，这里的狮子鱼比在本土水域生长得更快，数量不断扩大，而且随着数量的急速上升，加勒比珊瑚鱼逐渐成为它们的囊中之物。[4]

不到20年，狮子鱼在加勒比海地区呈爆炸式增长。现在，从罗得岛（Rhode Island）南部到哥伦比亚，从伯利兹（Belize）东到向风群岛（Windward Islands），都可以看到它们的踪影，最终甚至可能会蔓延到整个巴西海岸。尽管潜水员和自然保护者很快动员起来应对威胁，但是收效甚微，潜水员只能频繁地将入侵者从特定的礁石驱离，而别无他法。狮子鱼已经成了那里的物种。俄勒冈州立大学生物学家马克·希克森（Mark Hixon）研究了巴哈马和开曼群岛（Caymans）的狮子鱼，认为"这可能成为历史上最具破坏性的海洋入侵"。[5]狮子鱼的体型不是很大，记录显示最大入侵者的体长只有不到半米，它们的目标是小鱼和无脊椎动物，包括大物种的幼体。如石斑鱼和鲷这类动物不仅作为人类的食物，而且还具有重要的生态作用，例如鹦鹉鱼吃海藻能防止珊瑚过度生长。想象一下，如果一些掠食性野兽入侵欧洲，猎食数以百万的鸟，捕杀公园内无主人牵拉的狗，肆无忌惮地捕食后院的猫以及郊外的鹿。想象这样的情景就知道加勒比海礁的状态了。狮子鱼特别残忍，但它们只是许多有害入侵物种之一，而且已经开始引起海洋生态系统的混乱。有一线的希望可能是在美国和加勒比地区的餐馆中狮子鱼正成为受欢迎的菜单菜，但捕捞这种食用鱼是否足以控制物种局面还有待观察。

长期以来，船一直是物种到达新栖息地最方便的工具。据上一次统计，世界上有5万只船在各地穿梭运送货物。[6]它们每年将约 12 立方千米的压载水从一个地方运到另一个地方，也就意味着随时都有大概 1 万个物种在运输中迁徙。[7] 在黑暗的船舱里晃荡，那里的温度波动很大，也没有充足的食物，不是长途旅行最可靠的生存方式。但却为最顽强者和最具活力者提供了生存的选择，有助于外来物种在新的地方生存。大港口密布的河口已经成为动、植物像瘟疫一样侵入的热点地区。中华绒螯蟹和日本海藻正在入侵欧洲和北美的海洋，而亚洲的海带也正在加州蔓延。在德国的易北河，河蟹已经在那里生存了一个世纪，在一年的某些时候，一大批螃蟹倾泻而至，像蝗灾一样暴发，沿河蜂拥而下，进入繁殖地。一种来自西大西洋的淡海栉水母，在 20 世纪 80 年代入侵黑海之后，摧毁了那里的浮游生物和渔业，现在已经蔓延至地中海、波罗的海和北海。[8] 欧洲青蟹正在入侵北美西海岸以及日本、南非和阿根廷海岸，侵入当地天真的潮间物种。在整个北美洲，密集的芦苇丛已经开始妨碍沿海景观，扼制了原生湿地植物。有趣的是，芦苇原产于北美，所以科学家们感到困惑，原生物种怎么成了颇具破坏力的入侵者。遗传分析给了他们答案。[9] 来自欧洲的品种对当地物种造成了损害，在新英格兰完全取代了本土品种。

圣弗朗西斯科湾是世界上物种入侵最多的港口之一。[10]在过去 140 年里，有近 300 种外来物种已经定居在海湾及其河流地区，[11] 到达率也有所增加。从 1851 年到 1960 年，平均每年移入一个新物种，但在 1961—1995 年之间，每 14 个星期就有一个新物种到来。这些新物种已经完全改变了海湾，就像圣弗朗西斯科本身已经成为一个文化聚宝盆一样。几乎每一个角落都有至少 1/3 的物种是外来的。在许多地方，它们已经完全控制了当地的环境，驱逐了当地所有的物种。大西洋的茅芦米草在广阔的泥地疯长，那里曾经是鸟类饲养地。在平静的表面下，三种蛀木水虱——与木虱一样的甲壳等足虫，正忙着蛀蚀码头及其柱桩。在西雅图，这些外来物种造成了 7 亿美元的木材损失。[12]现在，与本土蛤相比，圣弗朗西斯科湾附近的挖蛤者更容易挖出亚洲蛤。这些蛤蜊吸食异常激烈，它们正在吮吸水中富含的浮游生物，这可能掠夺其他物种必需的食物，降低漂浮在海湾水中的卵和仔鱼的数量。

船舶交通量的上升是圣弗朗西斯科被全面入侵的原因之一，但还有其他方面的原因也会导致物种从一个地方入侵到另一个地方。养殖海洋生物满足我们消费的水产养殖就是一个主要的诱因。不是养殖当地种类，而是将我们最喜欢和最容易养殖的鱼和贝类引入，进行养殖。在 19 世纪，大量的东方牡蛎从大西洋移殖到了北美太平洋海岸，而在 20 世纪，同样的还有日本的牡蛎。大西洋鲑鱼生长在北美和南美洲太平洋沿岸的阴凉地带。东海岸牡蛎在西海岸养殖。加利福尼亚的红鲍鱼在智利养殖。但是，这不仅仅是养殖物种本身在迁移。伴随着牡蛎的移殖还有许多无意的搭便车者，其中许多物种现在在圣弗朗西斯科湾大量繁殖。鱼饲料也可能带来意想不到的入侵者，并且常常造成寄生虫和疾病的暴发，这些我会在下一章解释。全球水产养殖业的扩张速度非常快，并且将一直持续，意味着这样的问题会持续存在。

美国陆军工程兵团特意引入沼泽草，如大西洋茅芦米草，以“恢复”圣弗朗西斯科湾的湿地，防止其被侵蚀。这无疑是成功的，但现在州政府希望能够清理掉这个物种，并发起了除草运动。也许世界范围内有6%的海洋入侵来自水族箱的引进，即是由水族养殖的引进造成的。继狮子鱼之后，最臭名昭著的是热带海藻，杉叶蕨藻，一种深绿色的杂草，不规则地生长在海底，茎叶交错缠绕，被称为“杀手藻”，[13]通常不会在地中海凉爽的地方生长。但摩纳哥水族馆的管理人员[14]听说德国水族管理者发现它们可以在类似的条件下生存，就将其引入了自己的水池。然而，通过海水循环系统的排放管道，杉叶蕨藻几乎很快蔓延到了整个利古里亚海（Ligurian Sea）。

1984年，潜水员发现了一块奇怪的新杂草，比一张桌布小一些，正在野蛮生长。[15]奇怪的是，当时没有将它清理。5年后，这种杂草就占据了1公顷的海床。10年后，人们意识到这已造成严重的问题。15平方千米的海床被杂草覆盖，挡住了光线，使得下面的生物无法呼吸。海草曾经能享受到阳光的照射，现在却只有这种外来的杂草像癌变一样增长。而且也像癌症一样，入侵很快就发生转移。这些杂草挂满渔船的网和游艇的锚。很快，它们在数百个新的地方繁茂生长。在它们被发现15年之后，杉叶蕨藻覆盖了法国土伦和意大利热那亚之间97%的可用的海面，长达近300千米。然而这还远没有结束，地中海的更多区域很快成了这种藻害的受害者。这种海藻已经占领了西班牙、意大利、克罗地亚和突尼斯沿海海域，并立足繁衍。

总状蕨藻是澳大利亚西南部相关的物种，具有高度的侵入性，已经在地中海繁衍生长。1990年首次有相关的报告，若是有，就会入侵当地同类植物的光照空间，甚至会生长得更加茂盛。在六个月内，这种植物在某些地区完全占据了主导地位，疯狂生长，淹没了海草、海藻、海绵动物以及其他生活在海底的各种生物。总状蕨藻现在已经从塞浦路斯蔓延到西班牙，并更远到了加那利群岛（Canary Islands）。

像许多入侵物种一样，这些藻类会对其侵入的地域产生重大的影响。在几十年的时间里，它们的入侵打破了几千年来地中海动植物之间早已形成的生态关系。海草床有丰富的鱼类、甲壳类动物、海星、海胆以及数以百计的其他物种，它们在这里栖息，或以这些草甸为迁移的歇息地。绿海龟在光影斑驳的葱郁草甸上，惬意地喂食着摇曳的绿色叶片。它们不太喜欢蕨藻，大多数鱼类也对遮挡海床的蕨藻不感兴趣，因为它妨碍这些猎食者在沙子中觅食无脊椎动物。那些曾经潜伏在草丛中的物种也发现自己被困在了蕨藻丛中，就像童话里的“睡美人”的宫殿被笼罩在浓密的荆棘丛里一样。

所以，是什么因素导致了外来物种的入侵呢？本书其他章节谈到的许多突出问题都是造成物种入侵的可能诱因，这的确不是什么好消息。事实证明，由于过度开发或污染削弱了原有的物种，空间和其他资源竞争的强度随之减弱，因而为入侵者提供了立足和繁殖的空间，一些污染物也可能为入侵者提供了适宜生存的条件。例如，黑海的营养性污染被认为有利于栉水母的生长。多重压力导致海洋生态系统的衰退和弱化为异域物种入侵提供了可能。同时，海堤、钻探平台和风力发电场的建设也促进了入侵物种的传播，这些入侵物种随着不适宜栖息地的扩大，而正需要由于建设而形成的硬质海底栖息。

关于入侵物种的一个大悖论认为，这些物种可以通过一个或几个生命体的存在而繁衍生息，如同星星之火可以燎原一样。然而，当物种数量急剧减少而处于濒危时，我们却要费尽心思去保护幸存的生命火花。外来物种与众不同的是自由、机遇，当然还有运气。我们往往健忘，一些入侵物种是经过多次的生死反复，才最终得以成功繁衍的。我们只看到了最终的结果。但是，世界各地的人源源不断地来美国定居，现在仍是如此，他们认为那里是自由的土地，充满了机遇。当一个物种离开自己的原生地，进入一个新的世界，摆脱了传统天敌的束缚，得到了重生。同时疾病和寄生虫的负担消除了，同样，面对陌生的物种，捕食和竞争相对也较弱。因此，它们生活得很惬意。

本土物种与外来物种之间的对比令人困惑，有时会形成讽刺性的保护。1919 年，尼亚加拉瀑布的天然屏障周围开通了运河后，七鳃鳗侵入了北美的五大湖区。这些原始鱼类身体光滑、细长，如鳗鱼，身上有豹纹一样的斑点。无颌骨的嘴巴外环绕着一圈圆锥形的牙齿，通过这些牙齿它们能吸附在更大的动物身上。七鳃鳗在它们依附的大鱼侧腹咬开口子，留下密密麻麻的血口。太多的七鳃鳗生活在苏必利尔湖，所剩无几的大鱼几乎没有不受其攻击的。五大湖对于七鳃鳗而言，相当于一顿悠长的午餐。在它们的原生地欧洲，海生七鳃鳗的数量在过去的半个世纪里急剧下降，这应归咎于其产卵河流糟糕的水质。但我怀疑，真正的原因是海上过度捕捞大型动物而导致其失去食物依附，因而造成数量锐减。在欧洲，海鳗受到保护；但是在五大湖，则变成了灾难。

当然，成功入侵的物种具有一些天生的特质。世界各地的杂草种类经过进化，已经成为熟练的物界机会主义者。它们通常带有抵抗力很强的种子或孢子，一旦时机成熟就会发芽。这有助于它们快速衍生后代，不介意与近亲繁殖。不太过于挑剔生存的地方，享受新鲜、多样的食物。我在红海若遇到加勒比狮子鱼，可能已经认不出它是外来物种。它似乎太过害羞和细腻，所以还是有点儿典型。看上去很漂亮，但周围的动物都知道很危险，避而远之，所以红海的狮子鱼捕食很艰辛。而在加勒比海则无限量捕食，它们不会傻傻地去贪食。

这个星球上的海洋几乎都存在外来物种的入侵。受影响最严重的地区往往是船只往来最为频繁的海域，这很正常。美国西海岸、北欧和地中海都是入侵的热点海域。但有些地方比其他地方更容易受到入侵。夏威夷的海洋一而再地受到入侵。[16]像其上面的岛屿一样，夏威夷的海洋也有丰富的独特物种。在陆地，生物入侵已经摧毁了脆弱的、缺乏抵抗力的本土动、植物。在瓦胡岛（Oahu）周围的海域，许多已被异域物种占据：佛罗里达州的红树林成排地出现在珍珠港；最常见的是来自加勒比的岸边藤壶；浅水中最丰富的大型鱼类之一是来自莫雷阿岛（Moorea）的黄足笛鲷和马克萨斯群岛（Marquesas）的四线笛鲷。夏威夷海域已知的外来动、植物已经超过 300 种，而这个数字没有把潜在的几百种外来物种考虑在内，因为对它们的历史还不太清楚。从表面上看，亚洲海洋受到外域物种的影响较小，报告的数量不到美国西海岸和夏威夷新物种的 20%。但在东南亚消费品贸易中心地区长期存在的一些物种使我们难以信任这些统计数据。亚洲的水域可能有大量的入侵物种，但令人惊讶的是，目前很少有人去关注。例如，加勒比品种的斑马贻贝、黑条纹贻贝等在新加坡和马来西亚周围海域的分布密度很高。[17]

世界上受物种入侵最少的海洋处于两极。在写这篇文章的时候，已知的海洋生物入侵，在南大洋只有一例，北冰洋有九例。由于一些特定的原因，两极幸免于异域物种的入侵。那里很少有人居住，所以船只交通稀疏。极地环境条件是极端的，除了南北极地的生物之外，几乎没有其他生物可以适应那里的环境。而两极之间，它们几乎不可能找到一条互通的路径。但是时代正在发生变化，很可能，很快就会有更多的外来物种栖居在极地海洋。气候变化导致北冰洋海冰融化，使北太平洋与北大西洋海水 80 万年中首次混合在一起。这是因为我们在大西洋里发现了来自北太平洋的浮游硅藻，这个物种在大西洋也是从来没有的。[18]一个更大的太平洋旅行者于 2010 年到达了地中海，以色列科学家发现那是一条灰鲸，这令他们感到震惊。[19]在 17—18 世纪，最后的大西洋灰鲸被新英格兰捕鲸者屠杀。这头灰鲸一定是迷了路，无意中顺着无冰的海洋到达了大西洋。

全球气候变化正在加剧两极海洋变暖，足以能够使来自低纬度地区的物种在那里生存。在不断变化的星球上，这些范围的扩展将会为引入新物种提供很大空间。它们也可能会得到人类的帮助。未来的夏季，无冰的北极将再次激起船队对大西洋和太平洋之间西北航道的兴趣。在 16—19 世纪之间，为了寻找这条神秘莫测的航线，数十名探险者失去了生命，他们的付出注定消失在残酷的极地冰天雪地里。迷路的灰鲸说明，这条路线可能很快就会成为现实，不加注意的话，船只可能将许多新物种带入北极，并为无数其他物种提供这条西北快速通道。尽管目前还没有确凿的证据，[20]但物种可以附着在日益增多的漂浮塑料和渔具上，越界进入极地海域。海洋垃圾在海上漂移的通道已经多样化，即使很少有船只出没的海域，也会有海洋垃圾的出现。

不是所有的外来物种都会产生问题。有些会悄无声息地融入新栖息地。就像客厅墙上挂了新照片一样，它们为新栖息地增添了色彩和变化。但是，从其对本地野生动、植物或人类的影响来判断，大量的，也许是大多数，都是有害的。2000 年的估计表明，每年物种入侵导致的成本投入约 1.4 万亿美元，用于补救其造成的破坏，铲除入侵物种，或因清洁供水或土壤保持等生态系统设施退化而造成的经济损失。[21]那些麻烦的中华绒螯蟹爬满了德国的堤坝，上面洞穴密布，导致堤坝濒临崩溃。这种破坏绝大多数可归因于陆地物种的入侵。到目前为止，海洋中的外来物种几乎没有受到重视，但是我们可以肯定，像西雅图蛀木水虱这样颇具侵略性的新殖民物种所造成的代价正悄然在海洋蔓延。

虽然对于入侵物种的关注大多集中于其造成的损失上，但有些也带来了新的机遇。法国工程师斐迪南·德·雷赛布（Ferdinand de Lesseps）主持开挖了地中海与红海之间的苏伊士运河，不仅实现了他的人生目标，也完成了自法老时代以来无数人梦寐以求的愿望。苏伊士运河与海平面平行。1869 年开通以来，分隔了 1100 多万年的海洋相互联通，同时也带来了物种迁移潮。由于地中海水位比红海低 1.2 米，大部分水流向北，生物多样性较低的地中海为入侵提供了便利条件。一开始，物种入侵受到运河中部的一系列盐水湖即苦水湖的阻挡。经过长达一个世纪的海水冲刷，湖泊开始变得温和。地中海的异域殖民物种从少变多，并逐步形成了规模。

早期的殖民物种涌入了一个没有捕食者或竞争对手的海域。与拥有丰富物种的西部相比，东地中海长期以来一直被认为是贫瘠的海域，生产力低下，物种稀缺。运河南北的差距更大。红海拥有丰富的生物多样性，繁衍在充满生机的珊瑚礁周围。虽然很少有珊瑚能够承受阴凉的地中海，但许多珊瑚寄居物种日趋世界性，很快便在那里殖民定居。其中一些现在已成为以色列、埃及以及北非沿海的突尼斯重要的商业渔业资源，[22]其中包括河豚、蜥蜴鱼、山羊鱼（只有蜥蜴鱼看起来像陆地蜥蜴，命名者似乎毫无想象力）和众多的虾，其中的三种肉肥而鲜嫩，非常受欢迎。

相比于物种较丰富的海域，物种稀少的海域似乎更容易遭到入侵，但现在这样说仍为时过早，仍有矛盾的顾虑。[23]有人认为，资源没有被充分利用，所以入侵物种可以更容易立足。依据这样的逻辑，东地中海适宜于异域物种的入侵。而问题在于，有人会引申这一逻辑，得出结论认为，由于人类或其他物种的影响，本地物种已消失的区域可能会非常容易受到外来物种的入侵。例如，疾病和高温导致珊瑚和海绵大批量死亡，从而留下了广阔的开放空间。鉴于人类活动的普遍存在及其多重影响，几乎可以确定海洋中的大多数生态系统已丧失抵御物种入侵的能力。它们最需要的时候，其抵抗力却在衰退。而迅猛的外来入侵才刚刚开始。

在某种程度上，我们通过旅游和贸易导致的自然变化反映了全球化对人类文化的影响。一些文化影响就像异域入侵者一样，在半个世纪的时间里，吸纳、融合了孤立千年、繁荣发展的文化。如今探险家和电影制片人穿越闷热的丛林，激流险滩和诡异峡谷，奔波数日或数周，而在抵达时，才发现那里仅有可口可乐或东芝标志的破烂T恤衫。因此，在农村和城镇，湖泊和海洋等不寻常的地方，我们看到了熟悉的面孔。我们经常怀念的是流失的植物和动物，过去正是它们的存在使这些地方的环境充满异域风情。

入侵物种是地球生物多样性普遍丧失的五个因素之一（其他指栖息地丧失、污染、气候变化和过度狩猎或捕捞）。但是，奇怪的是，和其他几个相比，生物入侵很容易被忽视，特别是海洋生物入侵更容易被忽略。虽然外域物种洗劫了本土合法物种的栖息地和生态系统，如同栖息地丧失、污染或气候变化一样，但海洋物种入侵似乎并没有造成其他物种的彻底灭绝。[24]本地物种经常在环境恶劣的栖息地维系自己的生存，如同受到侵略者压迫的本土居民一样，完全被边缘化了。地中海本土的胭脂鱼因为山羊鱼的入侵，被迫在更深的海水中生活。但是本土物种数量的崩溃最终会导致灭绝。也有很多科学家认为，假如物种入侵有足够的时间，也能让本土物种灭绝。而前者情况可能更加贴近实际。

塔斯马尼亚的德文特河（Derwent River）河口是一种小鱼的栖息地，它们游动的习惯很奇怪，依靠鱼鳍游动。它们的胸部，即鳃后的身体两侧都有鱼鳍，看起来像胳膊，而且每一端都有一个网状的“手”，因此称为手鱼。被发现的手鱼，正如名字一样，身体点缀着红色的斑点，鱼鳍边缘呈柠檬色，黑眼睛眼帘金黄。它们相互炫耀自己闪烁的鱼鳍，没有人知道它们为什么会出现在这里，但这样有限的地理范围意味着当地物种的丧失，同样也就意味着该物种全球性的灭绝，一种物种如此，其他物种也一样。在 20 世纪 90 年代，随着北太平洋海星的到来，本土物种的空间受到挤压。海星是来自日本和东亚的一种杂食捕食者，其数量已经膨胀到数百万只。它们十分偏爱躺在海床巢穴里的手鱼蛋。如今，可能只有几百条到几千条的野生手鱼了，但很难确定，因为它们很难统计。尽管所有物种都有生存的权利，但如此迷人的物种损失似乎特别令人心碎。

地质学家根据现存的化石和岩石，识别地球历史的不同时代，并据此加以命名。最近的第四纪，涵盖了 260 万年，又分为更新世和全新世。更新世涵盖了冰河时代，而全新世涵盖了从上一个冰河时代到现在的 1.2 万年。一些幽默的科学家表示，现在的时代应该被称为同质时代，因为不同地域的动、植物在这个时代发生了前所未有的混合。尽管我们正在努力控制入侵物种的扩散，但我们不知道这些办法是否长期奏效。这是一个不受控制的生命实验。谁知道结果会怎样？

20 世纪 80 年代，当我还是学生时，我的教授解释了关于外来物种的许多问题以及它们是如何在新栖息地破坏本土动、植物群的。兔子吃遍了澳大利亚，水葫芦覆盖了整个湖面，非洲杀手蜂涌入了美国南部，鲜艳夺目的非洲慈鲷进化占据了尼罗河栖息地。在那些日子里，解决方案通常就是引入别的物种，其中的逻辑就像童谣唱的一样，一个女人吞了一只苍蝇，然后是一只捕食苍蝇的蜘蛛，接着是一只啄食蜘蛛的鸟，直到她灭食了整个食物链。就像这个不幸的女人一样，进一步地引进带来的风险只能是更多的伤害。

在法属波利尼西亚有一个典型的案例。当地不小心引进了巨型非洲蜗牛，它们开始损害庄稼，所以又引进了一种贪吃的捕食者来控制蜗牛。这种蜗牛，叫作玫瑰狼蜗牛，它们喜欢捕食生活在湿润山谷中的彩色树蜗牛。每个山谷都有自己独立的树蜗牛种群，有山脉相分隔，它们难以穿越崎岖的山脊。玫瑰狼蜗牛很快就跨越了这些山脊障碍，不断进化繁衍，但如今也只能在世界各地的动物园才能看到其遗迹。据我所知，海洋还没有出现这样“以牙还牙”的案例，所以这样可怕的错误还没有发生，但是诱惑依旧存在。

引进物种或生物污染是最难清理的一种。人们花了大量的时间来清除一小片土地上的外域鼠类，以免稀有的海鸟或像蜥蜴这样的独特物种受到伤害。迄今为止，取得成功的岛屿最大面积不过几平方千米，而且不太可能太大。如果及时发现入侵物种，给予严厉清除，那么，有可能成功。[25]加勒比海域的黑条纹贻贝，后来入侵栖息在新加坡和斐济，1999 年，在澳大利亚达尔文港也有了发现。在 9 天之内，海港采取防疫隔离，弥漫着漂白剂和硫酸铜的味道，贻贝被灭杀，但也几乎杀死了其他所有的物种。加利福尼亚州引入了南非的动物，同时也引入了附着在动物上的寄生虫，这种寄生虫入侵了具有宝贵商业价值的鲍鱼。它栖息在卡尤科斯，后来，通过人工清除受感染的鲍鱼，将鲍鱼总体密度降低至寄生虫难以为继的水平以下，最终成功将其根除。对于生活在浅水中的动物来说，这是容易做到的，它们寄生在岩石上，很容易成为熟练渔民的采收目标。然而，一旦入侵物种扩散到更多的区域，再尝试消除那是非常无望的。本土控制是唯一的选择，正如清除加勒比珊瑚礁的狮子鱼那样，掀起捕鱼热潮，鼓励厨师将其变成美味，以飨食客。

直到最近，环保界仍有邪说坚持认为，外来物种已经存在，应将其视为新生态系统的有效成员。这些物种受到迫害和歧视，往往被视为最应受谴责的生命形态。在英国，有些自然保护主义者竟然还在蔑视500年前就到来的物种！这个界限是什么时候划分的呢？我小时候就喜欢榉树，喜欢它肌肉质感的灰色树干，光滑的铜质叶子和有趣的三角形坚果。仅仅几年后，我意识到，对外表的欣赏是多么的愚蠢和肤浅。这种树属外来物种！是中世纪从欧洲大陆跳过来的强殖入侵者。当然，我是在开玩笑，我还是喜欢山毛榉。人们会怀念已故的知交人、物，但在全球化的不断影响下，世界变得越来越小，我们有理由抵制世界动、植物的混合，因为这种混合意味着物种和种群多样性和多样化的损失。有时候需要几代人才能意识到，物种入侵严重地改变了它们新的环境。看着珊瑚礁的照片，我可以依据其中的物种得知其拍摄的地点在数千英里之外。每个地方都享有其独特的物种。

即使只有一小部分的物种引进也会造成麻烦，它们对本土生态系统的影响及破坏可能巨大，代价会很昂贵。像有毒化学品或塑料污染，对其最好的控制手段就是预防。由于入侵传播的两个主要载体是船舶和水产养殖，因此这些行业有义务处理这个问题。对于水产养殖，一个简单的解决方案就是停止在本国范围之外开展水产品养殖。现在养殖的近400种水产品，不应该会有太大的选择限制，也能为消费者带来更多种类的美味食材。船舶可以通过安装相对简单的净化系统，利用发动机热量或紫外线灯来消除不必要的入侵物种，从而解决外域物种的入侵问题。减少危害的另一个简单措施就是在近海交换压载水，而不是海岸海域，这样可以避免交换近岸海域物种，因为这些物种容易造成最大的破坏。康涅狄格州威廉姆斯学院的吉姆·卡尔顿（Jim Carlton）认为，自2004年实施远海压载水交换的强制性措施以来，美国海域的物种入侵几乎没有再出现过。同样，10年前采取了同样的措施的澳大利亚或新西兰也没有再发生生物入侵。

在船外，通常采取的预防办法就是将有毒化学物质涂在船体上，但如三丁基锡一样，对其他物种也具有非常强的毒性。一种可替代的方法就是使用玻璃强化的无毒乙烯基树脂层涂覆船体，[26]不仅可以减少阻力，而且限制了结垢物质的附着力，还可以用高压工具进行维护，从而杀死船体上附着的任何物种。像有毒化学品协议一样，这些措施也只有在国际法规监管下方能取得成效。

22. 孟加拉国的气候难民。由于气候变化而导致海平面上升日益严重，引发的极端天气不断加剧，受此影响，孟加拉国的沿海地区正史无前例地受到侵蚀。到2050年，海平面上升将导致该国2000万人逃离家园。图中的妇女2010年因飓风导致的暴雨和海浪而失去了自己的家

23.上图左　巴布亚新几内亚珊瑚在pH值正常的海水中健康生长

24.上图中　受到海底喷出的二氧化碳气泡影响的珊瑚。在经济正常发展的情况下，随着大气中二氧化碳的增加，到21世纪中期，海洋酸化的程度会不断加剧，从而影响珊瑚的生存

25.上图右　如果我们不采取措施应对二氧化碳的排放，那么业已受到日益加剧的二氧化碳影响的珊瑚，随着海水酸度的增强将所剩无几，甚或走向灭绝

26.上图　图中为显微镜下的微小颗石藻，即浮游植物。这些浮游植物生成的碳酸钙形成饰纹华丽的贝壳。图中的每个球状石藻就是一个单体细胞体，直径在1/250毫米大小。石化的颗石藻是制造白垩的主要原料。据推断，随着海洋中二氧化碳量的增多，石化的颗石藻极易受到日益严重的酸化影响

27.上图右　2003年8月由于严重的缺氧，导致美国罗得岛州的纳拉甘西特湾大量鲱鱼死亡

28.右图　2010年墨西哥湾“深水地平线”钻井平台发生爆炸事故时，海岸警备船和油企消防人员在奋力控制险情。由此导致了史上最严重的海上溢油事件，总共有440万桶原油溢入墨西哥湾水域

29.右下图　加利福尼亚州拉霍亚海岸赤潮泛滥，导致赤潮的腰鞭毛藻产生毒素，对野生生物和人类造成伤害。这些有害的藻类赤潮由于生活污水、工业排放和农业废水中的富营养化而不断加剧，日趋严重

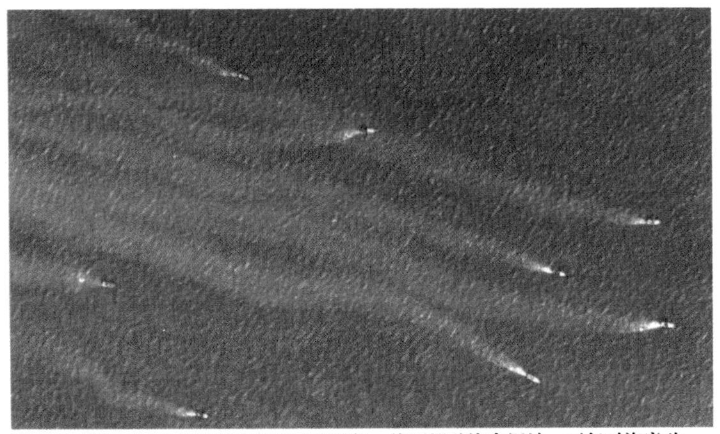

30. 空中俯瞰厄瓜多尔沿海忙碌中的拖网船。拖网搅动海床泥沙，不仅对海底动、植物造成伤害，而且泥沙沉积再次释放富营养物，加剧有害赤潮的发生，并释放污染排放中的有毒物

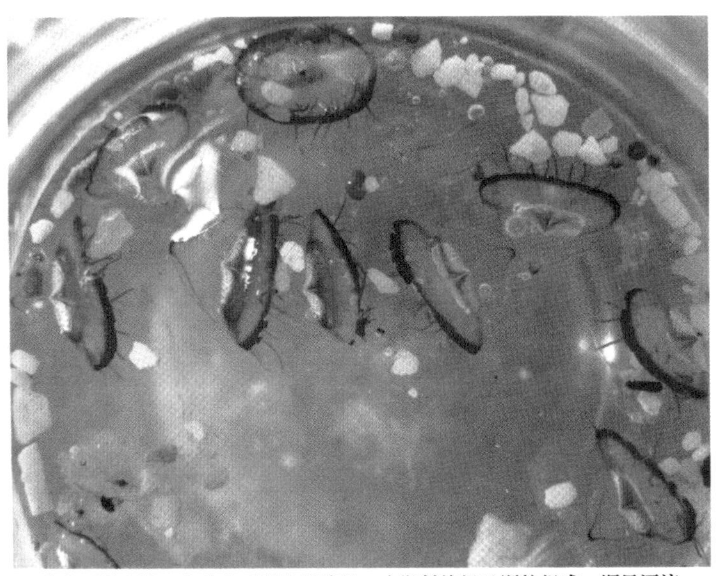

31. 北太平洋环流，亦称太平洋垃圾旋涡。由塑料垃圾及颗粒组成，顺风漂流，又称大东部垃圾

32. 巴西圣保罗桑托斯港湾的塑料污染。由于河口常常是高密度人口汇集区，容易受到排放及汇水冲积垃圾的影响

33. 困于一个单丝刺网孔的加利福尼亚海狮。随着海狮一天天长大，渔网在喉部勒得越来越紧

34. 北太平洋空旷的大海上飞行数千英里为幼鸟觅食的黑背信天翁。不幸的是它们难以区分塑料垃圾和食物，因而，后果令人心碎

35. 夏威夷群岛西北部库雷环礁上黑背信天翁幼鸟的残尸。由于长期食用垃圾食物导致饥饿而死亡

36. 汤加附近海域的座头鲸和幼鲸。鲸，尤其是座头鲸，都属于发声动物。它们依靠水声波的天性在数百、甚或数千英里的范围内，相互呼唤交流。但是随着人类活动造成的海岸噪声日益严重的干扰，最近50年它们以声交流的能力已经明显下降

37. 左图　加拿大不列颠哥伦比亚省奎特拉岛滩涂区交配的白鲭蟾鱼。拿掉附有金黄鱼卵的石块，就可以看到倒立的灰白母鱼和正向的黑色公鱼。白鲭公蟾鱼发出“嗡嗡”声和呼噜声，吸引配偶，并驱退猎食鱼类

38. 右图　巴哈马浅水珊瑚礁的红狮子鱼在不到20年的时间里，太平洋和印度洋的这种本土鱼类已成功地侵入整个热带大西洋西部的珊瑚礁，一路蚕食了大量的土著鱼类

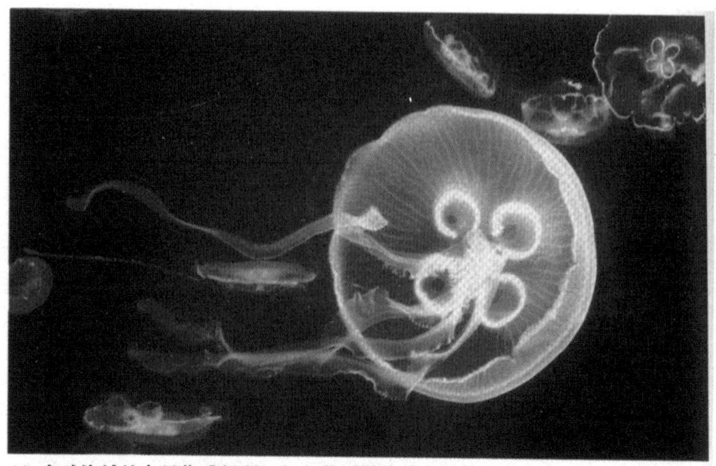

39. 空旷海域的水母优雅轻飘，但却是浮游生物和植物的猎食者。由于过度捕捞，近海污染和气候变化，它们借势繁衍生长。因而，一些地方的水母泛滥成灾，导致度假海域无人问津，电站冷却水受阻以及渔场产量下降

40. 爱尔兰海拉起的扇贝采捞网。图中的船两侧各有四个采捞网，每个网由带有直齿的钢框构成。直齿耙入海底，钢框网袋采集扇贝及其他收获物（通常是各类石块、杂草、鱼和其他无脊椎动物）。采捞网的令人可恨之处是它对海床生命所造成的多重破坏

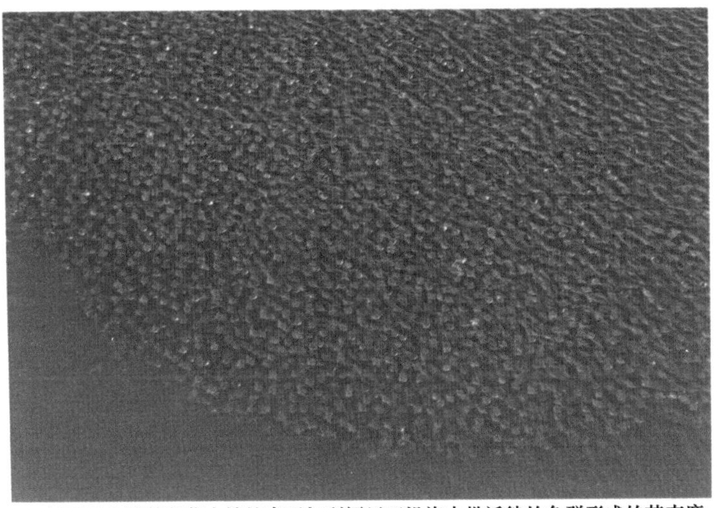

41. 墨西哥卡博普尔莫小镇的南下加利福尼亚沿海大批迁徙的鱼群形成的芒克魔鬼光。像这样光亮的动物大量增加，是因为它们的天敌，主要为猎食性鲨鱼，已经被过度捕捞

42. 科隆群岛的红树林。许多热带海岸都由茂密的红树林防护。红树林植物的根相互交错，固锁沉积层，保护海岸免受海浪和风暴的侵袭。长期吸固泥沙，垂直生长，健康的红树林防护着海岸免受海平面上升的影响。可是，在许多国家，红树林被清除，用于建造虾塘和其他的沿海开发

43. 科隆群岛海域。一头虎鲸迎浪潜入海水追逐一只海龟，很快就捉住了海龟，并把它分享给了一头同伴母虎鲸。当生态系统衰退时，我们可以设计构造类似于大自然的替代物，但却永远达不到其原生的自然美

44. 右嵌图　一驳船的纽约废旧地铁车厢，其归宿就是倾入大海制造“人工珊瑚”

45. 下图　20世纪70年代为造“人工珊瑚”，佛罗里达劳德代尔堡倒入大海的大量废轮胎，也就是垃圾。没有充分的证据表明海洋生命可以栖息在这样的“珊瑚”里。自然栖息地无论如何都比人工的要好

第十三章
海洋疫害

在北美洲交汇南美洲之后，巴拿马地峡阻挡了热带大西洋和东太平洋之间水与动、植物的流动，加勒比地区物种开始大面积消亡，75%的珊瑚物种灭绝，其他许多生命形式也消失了。从此，两个地区都以各自的方式进化，现在两个海洋几乎没有共性的物种。结果是，加勒比珊瑚礁看起来明显与其他地方不同。其区别性特征之一就是其丰富的扇珊瑚。

海扇就是珊瑚，具有柔软的角质骨架，上面有一层很薄的组织，长满了微小的息肉。这些息肉就像微型海葵。白天，大部分息肉收拢，但晚上，伸出冠状触手捕食浮游食物。顾名思义，海扇是扁平的，呈扇形，其中有一些错综复杂的精细分支分布在直立的肋骨架之间。扇珊瑚几乎遍布加勒比珊瑚礁，它们随着波浪和洋流弯曲摇曳。1995 年的某一天，在波多黎各的潜水过程中，我遇到了一个看起来不太理想的海扇，其直立的肋骨架之间的组织呈深紫色，几个肋骨裸露，部分已经坏死。这是我第一次看到这种类型的海扇，后来我又看到了很多。

在我回家后不久，有一位科学家联系到我，他在库拉索岛（Curaçao）以南 800 千米的珊瑚礁上发现了一些生病的海扇。当时我在圣托马斯的维尔京群岛（Virgin Islands）大学，他很想知道我是否遇到过这样的事情。到年底，其他国家的报告证实，加勒比地区正处于全面的疫情之中。在接下来的几年中，海扇的数量将减少75%。[1]那么，是什么在导致这些海扇的死亡呢？为什么蔓延得这么迅速？这种病原体竟然是一种陆生真菌，很快关注点就集中到了因岛上森林破坏而导致的红土流失，因为这些红土流向珊瑚礁。但是有些人认为，病原体可能来自更加意想不到的地方，即非洲。

在空闲的时刻，航天飞机的宇航员有时会盯着地球看，从这么远的距离看，地球上的惊涛骇浪都变得舒缓和优雅，怒吼的飓风变成了扭曲的白云；大河的洪水成了褪色的柔美蓝海；沙漠风卷起的沙尘就像海洋上漂浮的一道棕色条纹。一开始难以想象，撒哈拉沙漠的风暴怎么可能会影响加勒比海礁，但是，海洋上空的强气流每年都会给大西洋带来数百万吨的非洲沙尘。当我住在圣托马斯时，有时候，下雨会落下很脏的红色雨滴，雨水飘过，留下一层薄薄的非洲沙尘。难以置信的是，百慕大岛的红土竟是由数千年来这样的大气尘埃落下形成的。查尔斯·达尔文乘坐“贝格尔”号（Beagle）到达佛得角群岛附近时，看着非洲尘土说道：

如此大量的灰尘落在船上，使船上的一切都布满了尘土，并伤害人的眼睛；船只甚至由于大气可见度太低而触岸。灰尘落在距离非洲海岸几百英里甚至上千英里的船上，或南北距离1600英里的船上。[2]

正如达尔文很快发现的那样，风将灰尘吹起，携带了陆生植物和真菌的孢子，飘向遥远的海洋。尽管很难下结论，但一些科学家认为，非洲的尘土是造成加勒比海扇感染真菌的原因。[3]

海扇不是被加勒比海礁疾病击倒的唯一生物。在 20 世纪 80 年代，疾病几乎杀死了所有的鹿角珊瑚和麋角珊瑚，这两种珊瑚是加勒比海的重要物种，常出现在 20 世纪 50 年代至 70 年代的水下照片和度假地手册中。麋角珊瑚有坚固的分支，像人类四肢一样粗壮，其顶端在最低潮时会露出水面。由于底部根基消失在海中，融入了更加脆弱的茂密鹿角珊瑚丛中，枝条庇护着闪闪发光的鱼群。后来发现麋角珊瑚疫病的原因是感染了一种随污水排放进入海洋的人类肠道细菌。[4] 这次病原体的暴发是一系列疫情之一，导致 1977 年以来加勒比地区 80%的珊瑚虫死亡。[5] 另外一种疾病几乎摧毁了加勒比地区所有的长须海胆。疫情暴发之前，海底有大量的海胆，并常常遮盖住下面的珊瑚。没了它们，珊瑚很容易受到过度生长的海藻的影响。

正如我在前一章所提到的，近几十年来，世界各地的绿海龟都患上了一种奇怪的、莫名的病毒性肿瘤，从腋窝到腹股沟，从面部到喉咙都有隆起的肿块，严重的甚至长到了眼睛和嘴巴上。这只是你能看到的部分。它们的胃、喉、肺、肾脏通常会有更多的肿瘤，只要是软组织部分都会长。这种疾病是由乳头状瘤病毒引起的。在 20 世纪 30 年代首次报道，但自 20 世纪 90 年代以来，人口密集地区，如夏威夷、佛罗里达州和巴巴多斯等地区，这种疾病已经达到了流行病的程度。[6] 从那时起，其他龟类也出现了类似的感染，如严重濒危的棱皮龟，但绿海龟所受影响最为严重。正如我所说的，这种疾病似乎与促进肿瘤生长的化学物质有关，这些化学物质在有害赤潮暴发时释放，进而因沿海污染而加剧。

其他海洋栖息地也经历过传染性疾病的肆虐。从 20 世纪 30 年代起，一场萎缩病摧毁了缅因州至佛罗里达州海湾的海草草甸。在 20 世纪早期至 20 世纪中叶，欧洲野生和养殖的牡蛎都感染了流行性疾病。20 世纪 80 年代，一种类似于狗携带的犬瘟热病毒席卷了北海的海港，灰海豹也没能幸免。在 20 世纪 90 年代，澳大利亚的沙丁鱼被一种病毒消灭。

的确，如今的疾病似乎比过去更明显，但这仅仅是因为有更多的人在关注吗？问题在于，我们今天缺乏一个基准来衡量过去和现在的疾病和寄生虫病的流行度。19 世纪，即便有报告称商业海绵和牡蛎的疾病暴发，摧毁了相关的渔业，可由于人们看不到，因此，并没有引起人们对海洋疾病太多的关注。但是换成鸟从天空落下，快死的狗在街上乱跑，或者森林树木枯萎，这些显而易见的现象，就值得人们去关注了。但是，数以万计的海洋动、植物染病，死亡，却少有人知。

康奈尔大学的杰西卡·瓦尔德（Jessica Ward）和美国加利福尼亚地质调查局的凯文·拉弗蒂（Kevin Lafferty）试图构建疾病类型基线，为此，他们审阅了 1970 年以来所有有关海洋疾病的报告。[7] 从那时起，有关海洋生物的报告数量开始稳步攀升，现在有更多相关的科学家，他们更多地关注海洋。所以，他们通过查阅任何年份有关疾病的报告比例，对增量进行修正。发现海龟、珊瑚、哺乳动物、海胆和软体动物的疾病报告随时间的推移而增加，而鲨鱼、鳐、海草、螃蟹、龙虾和虾等都没有增加或减少的趋势。与过去相比，现在的鱼似乎没那么容易受到疾病的影响。

当然这种方法也有问题。科学与人类一样，紧跟潮流，人们随着时间的推移对不同的事物产生兴趣。教授培养学生，让他们追求自己热衷的学科，这些学生往往在事业上也会追求同样的兴趣。但结果都反映了事实，与我们这段时间内长期潜水累积的海洋经验相吻合。今天我们看到的海洋疫情比初次潜水时要多得多。

迄今为止，我已经说了很多关于寄生虫和疾病的危害，但是我们必须记住，它们是世界运行自然而重要的部分。它们的存在表明生态系统是复杂的，运行良好足以使它们能够生存，特别是当寄生虫或疾病具有复杂的生命周期时，会有许多不同的寄生体或附着体。凯文·拉弗蒂见过珊瑚鱼寄生虫最多的地方之一是太平洋中部附近的原始巴尔米拉环礁（Palmyra Atoll），在那里他发现了许多特殊的寄生虫，依靠鲨鱼生存。[8] 他认为生态系统中有寄生虫存在类似于顶级捕食者的存在，它们有助于维持制衡，使优势物种不会压倒对手。换句话说，虽然我们对珊瑚疾病感到沮丧，但在某种程度上，这些疾病可能有助于维持珊瑚的多样性，这一点令我们欣慰。

但是，显然情况已经有所变化。那么，海洋生物疾病的加剧是如何产生的呢？疾病或寄生虫的暴发源于毒性病原体、易感个体群体以及传染的渠道。人们改变海洋的许多方式都为病原体的产生和传播提供了很多机会。与压力大的人相比，心情更加轻松的人往往更加健康，因为压力会损害我们的免疫系统。同样，多重压力使动植物更容易患病。所以流行疾病往往是地区性的，人们无意中引入的疾病往往会导致疫情暴发。疾病暴发说明许多不同诱发因素相互作用，相互影响，从而增加了传染的可能性。从中可以看出，不断扩大的压力会危及海洋生命。毁灭了加勒比长须海胆的疫情始于巴拿马靠近连接大西洋和太平洋的运河水域。虽然海洋物种无法通过运河，因为它属于淡水湖泊，但它们可以搭乘船只通过。压载水不仅携带入侵物种，而且携带病原体。当大量易感染动物感染疾病时，可能会导致灾难性的流行病。正如贾雷德·戴蒙德（Jared Diamond）在《枪炮、病菌和钢铁》（*Guns*，*Germs and Steel*）一书中所述，与欧洲人在世界殖民时用于镇压当地人民的武器相比，疾病的杀伤力更大。流行性感冒、天花和霍乱在部落、岛屿和所有大陆蔓延，摧毁受感染肆虐的社会和文化。无论是敌对的还是友好的，一旦接触，结果都是疾病型的大屠杀。在某些地方，人类感染疾病后，存活率为1/10。[9] 加蓬岛的伊斯帕尼奥拉（Hispaniola，即今天的海地和多米尼加共和国）在哥伦布到达后的 20 年之内，其 30 万居民中有 24 万人丧生，很可能是感染了天花。

欧洲的疾病给新世界和太平洋岛屿的人民造成了灾难性的影响，因为他们以前从未遇到过，缺乏相应的免疫力。疾病像风一样传播，几乎每个人都被感染。海洋生物也是如此。加勒比和太平洋之间的古代隔离，意味着它们各自的长须海胆都会衍生各自的疾病。然而，一个接一个地相互传播，最后就会造成大规模的流行病。

20 世纪 80 年代，由细菌感染引发的长刺海胆死亡潮在加勒比地区暴发，蔓延速度之快出乎所有人的预料，发现时疾病已经耗尽了感染者的生命。后来对其暴发的时间进行追溯研究发现，这次疫情在一年内袭扰了 3000~4800 千米的珊瑚礁。[10]同样，1995

年感染澳大利亚沙丁鱼的疱疹病毒以每年 10 000 千米的速度在澳大利亚和新西兰境内蔓延。这种病毒可能是在运输未经检验的各种冷冻捕鱼过程中引入的，这些鱼用于饲养为供应日本市场而捕捞的南部蓝鳍金枪鱼。这样的货物竟然在没有任何预防措施的情况下还能进入澳大利亚，这让所有去过澳大利亚，在抵达时接受杀菌免疫的人感到惊讶。

与所有陆地的流行病相比，海洋的流行病似乎蔓延得更快。唯一一次传染速度接近的是兔黏液瘤病和杯状病毒引发的兔瘟以及西尼罗病毒引发的鸟类瘟疫。这些病毒都是飞虫通过感染易患人群而快速传播的。海洋分布的障碍要少于陆地，没有山区、沙漠或内陆海域阻止疫情传播发展。洋流可以在数天或数周内将病原体移动数百千米或数千千米。但是有一些传染病可以逆流传播，比如袭击了长刺海胆和澳大利亚金枪鱼的传染病，当你意识到海洋微表层的存在时，你才会明白其逆流传播的原因。海洋上的薄层通过暴风，与自浮颗粒一起，搅动下旋变成一种喷雾，不管下面的洋流方向如何，都能够在洋面远距离扩散。金枪鱼疫情最严重的时候，死鱼覆盖了数千米长的浅滩，显然，病毒有可能潜入了海洋喷雾，随雾蔓延。

在世界各地，过去 50 年或更长的时间里，很多海洋哺乳动物都挣扎在灭绝的边缘。历史上，由于对鲸、海豚和海豹的长久捕杀，很久以前一些物种就已经濒临灭绝，比如美国和墨西哥西南部的瓜达卢佩岛（Guadalupe）海狗，或地中海僧海豹等。有一些已经灭绝，比如北太平洋的海牛和加勒比海的僧海豹。海豚肉在波罗的海等地非常受欢迎。“海豚”（porpoise）来源于法语词

“猪鱼”（pig fish）。在英国，14 世纪初用作宴会美餐，并将其宣布为“皇家宴鱼”，大概是为了保护海豚免受普通民众的过度捕捞。20 世纪以来，这些动物及其他同类首先成为海洋保护工作的受益者。

几十年来，海豹和海狮这样的哺乳动物逐渐繁衍，回到了曾被滋扰的栖息地。它们又在海滩上繁殖，低潮时在岩石边晒太阳，或在海浪中嬉戏。这一规模的变化使得它们更容易受到流行病的影响，因而，数量相对有所减少。病菌在有许多易感肌体的地方蔓延生长，引发疫情必须具备一定脆弱的动物密度，这样病毒才能持续传播；否则，一种疾病传播在感染一小群动物之后也就会随之结束。1988 年，海豹在北欧开始出现感染、死亡。[11]经过一番研究之后，终于找出了罪魁祸首，是一种与犬瘟热病毒性质非常相似的病菌，被命名为海豹瘟热病毒。这种疾病抑制了海豹的免疫系统，使感染者昏昏欲睡，眼睛流泪，但一般是继发性感染，如肺炎，导致了死亡。

海豹瘟热迅速蔓延，只有少数麻斑海豹幸存。一年以后，累计死亡达 18 000 头，占其总量的 50%，随之结束。当疾病传播率低于临界阈值时，流行病随之结束。大规模死亡造成数量骤降，传播率下降。留下的群体可能具有某种抗体，使得病原体找不到易感染体，所以疾病一度消失。疫情结束后，海豹数量开始恢复。到 2002 年，又一次达到了足以诱发流行病的数量。像所有病原体一样，随着时间的推移，瘟热病毒能够变异成感染体很少或没有免疫力的新菌株。2002 年的这场疫情近乎是历史的重演，但这次疫情却造成超过 2 万头海豹死亡。

海豹瘟热与犬瘟热的相似之处，为找出其可能的感染源提供了线索。其他动物是疾病暴发的主要来源之一。影响人类的病原体也是如此。埃博拉病毒是最可怕的疾病之一，其症状为内部出血，血管崩裂。一旦感染，几乎等同于死亡。病毒通过非洲的灵长类动物或被猎杀的动物与人类接触，形成传染。西尼罗病毒通过蚊子传播给鸟类，猪流感来源于猪。人类大约 75% 的新兴传染病源于其他动物。海豹瘟热可能来源于狗，但狗携带这种病毒时不会遭受伤害。当一种流行病逐渐消失，狗还是继续携带这种病毒，直到另一次疫情生成并暴发。20 世纪 80 年代后期，8 万 ~ 10 万只海豹葬身于贝加尔湖，这是由犬瘟热病毒所引发的。在南极，食蟹海豹感染了瘟热病毒，可能是由雪橇犬传染的。

最近，加利福尼亚很快就要恢复的海獭受到了疾病的困扰。[12] 海獭正死于弓形虫病——一种来自家猫的寄生虫病。寄生虫会引起脑部炎症，虽然并不会直接导致海獭死亡，但会使海獭更容易被鲨鱼吞噬。栖息在有河流汇入大海的城市中心附近的海獭，受到感染的可能性比生活在远处的海獭高 1/3。一些科学家因此认为，河流通过雨水将猫粪中的寄生虫带进了入海河口，寄生虫一旦进入海洋，会集中被贝壳吸收，而贝类往往是海獭的食物。

疾病从陆地转移到海洋是近期关注瘟疫暴发的常见主题。非洲尘土被怀疑是造成加勒比海扇真菌感染的原因，因其可能带有其他孢子和微生物，这些孢子和微生物，即便经历了高空旅行，但仍然富有活力。径流也会携带土壤和其他混合的病原体一起进入海洋。加利福尼亚的海狮已被一种土壤真菌感染，这种真菌在美国和墨西哥南部地区偶尔引发致命谷热。最近在飞旋海豚和白鲸中也发现了对海獭来说致命的弓形虫病。由于土地开垦而日益加剧的土地侵蚀以及沿海地区人口密度的增加，都加速了由陆到海的病害传播。这些趋势似乎可能会导致未来许多新的疾病和寄生虫的传播。

正如我所说，疾病在易感动、植物常见的地方肆虐。在这个全球快速变化的时代，有几个要素共同增加了易感种群的数量。之前，我谈到过多氯联苯和甲基汞等化学污染物是如何影响和抑制免疫系统的。波罗的海海豹的大量死亡提出了一种可能性，即高度污染已经削弱了这片海域内物种抵御感染的能力。在一项实验中，用波罗的海鲱鱼来喂养一组海豹，另一组则喂养污染较少的大西洋的鲱鱼，实验证实了这一预判。[13]在喂养两年半后，吃了波罗的海鲱鱼的群体的免疫力较低，这是多氯联苯造成的影响，而大西洋那组则没受影响，依然健康。

长期遭受折磨的萨拉索塔海豚反映了同样的问题。与携带较少有毒多氯联苯和滴滴涕的动物相比，携带较多的动物免疫力较弱。污染物对免疫力的抑制情况令人担忧。20 世纪 90 年代地中海和北美地区的麻疹类病毒造成海豚大量死亡。在佛罗里达州的印第安河潟湖（Indian River Lagoon），有一些严重的海豚病例，其活体被真菌吞没，是由污染物混合诱发的免疫抑制所致的结果。也有人担忧，有毒化学物质对人体免疫也会产生抑制作用。[14]也许与 20 世纪 70 年代以来出现的几种新疾病有关，但现在还不能下定论。

还有其他方面的因素也会增加疾病的易感性。身体伤害会使动、植物变得虚弱，感染因子很容易通过伤口进入身体。在圣卢西亚，我的一个研究生玛吉·纽谷斯（Maggy Nugues）注意到，在潜水热点地区，生病的珊瑚比那些较冷地区更为常见。[15]不管他们多么小心，潜水员都会碰到、划伤和刮擦覆盖在珊瑚骨骼的脆弱组织。这些擦伤给感染提供入口。确实，实验表明，损伤的组织比健康的组织更容易感染。每年有数以百万计的浮潜潜水员和水肺潜水员到访红海埃拉特和沙姆沙伊赫度假区，每一个人都会敲击、践踏或碾碎一些脆弱的生物或其他物种。在某些地方，几乎找不到未受伤的珊瑚。红海北部和许多其他珊瑚礁地区已经因为水肺潜水变得一塌糊涂。

对于海洋生物还有另一种形式的伤害，但与深水潜水员造成的影响相比，其规模和严重性相对更大，即底部拖网和挖贝耙。当拖网拖过海底时，会对生活在海底或附近的一切生物造成巨大的附带损害。拖网脚缆的设计是尽量贴近海底拖行。有时靠加重负荷，有时装上滚筒，使其能够在更崎岖的区域正常工作。在许多桁拖网中，网由金属滑行装置上方的重型钢梁保持打开状，在网嘴前设置了几条电感链，以惊起贴近底部的鱼，如鲽鱼、鳎鱼和比目鱼等。脚缆和链条会切开珊瑚、海绵、海扇和海藻等海洋生物。在网前面，可以罩住巨石，有时是整块活的珊瑚石，当网被拖曳的时候，网内的珊瑚石等会沿着海底滚动。

挖贝耙尽管比拖网小，但更具破坏性。那些曾经用来抓扇贝的工具，钢框架结构，垂直的牙齿设置在下方，以挖掘海底。后面是一包锁子甲和网，用来收捡扇贝。扇贝耙看起来很像农民在犁耕后用来打碎土块的耙子，它们在水面以下的影响也没有太大的不同。挖贝耙在海底留下一道道的耙痕沟，沟里随处可见各类海底生物的尸体和受伤的动物，三条腿的螃蟹，甲壳碎裂，在海绵碎片上挣扎；海扇碎片遍布在伤痕累累的珊瑚上；外壳残缺的扇贝在那里等待捡食。

从海岸到遥远的海平线，再到看不到的大海深处，从这片海到那片海，从这个大洋到那个大洋，海底拖网捕捞和耙挖造成的捕杀在成倍增加。约 1000 米深的海域几乎无一幸免。有些地方每 5~10 年拖挖一次，拖网捕鱼强度大的地方一年可拖五次。一个反映面较广的估计认为，每年有近 1500 万平方千米的海域有拖网和耙挖。[16]这意味着每天伤害、死亡和接近死亡的底层生物范围超过 4 万平方千米。这比欧洲或美国每年受袭的面积大 1.5 倍。很显然，这些就是易感染海洋生物体数量增加的重要因素。

造成气候变化的潜在因素也对疾病的出现产生影响。升高的水温使宿主动物承受到压力，病原体会在压力普遍的地方滋生。经常说，一个温暖的世界将是一个更多疾患的世界，虽然有些人还不那么相信。然而，有充分的理由认为，未来疾病可能会猖獗、蔓延。随着气候变化，不会只是鱼或浮游生物受到影响，疾病和寄生虫也会发现复苏的机会，或依附于宿主蔓延，或在殖民入侵地找到新的宿主。这种变化已经发生。在 20 世纪 90 年代初期，一种牡蛎寄生虫向北蔓延了 500 千米，进入新英格兰的水域，因为海洋日趋变暖，以至于它们能在冬天生存。[17]这种单细胞寄生虫在牡蛎组织内增殖，几年后就能杀死其宿主。

大规模珊瑚白化是气候严重变暖的压力下最为明显的特征之一。有些地方，在亚致死性漂白疾病暴发后，报道随之而来。[18]类似于消灭加勒比海扇的真菌，疾病似乎在更暖的海洋中增长得更快。[19]地中海的海绵体死亡率与异常的水温紧密相关。[20]

酸化会削弱许多生命形式，比如贝壳类，它们的壳由碳酸钙形成。更薄、更脆弱的贝壳和骨骼将意味着可能更大的伤害，受感染的几率也会变大。来自陆地化肥和污水的营养物污染也可以促发疾病。在实验中，当加入营养素时，加勒比海扇和珊瑚的疾病传播速度更快，这表明化肥不仅可以促进作物的生长，也能促进病原体的生长。[21]海洋营养物污染的加重有可能引发一些疾病的流行。但是目前证据不足，它的作用可能不是决定性的。相反，营养物质只是诱发条件之一，它们本身可能的影响不大，但共同影响就是致命的。

从疾病和寄生虫的角度来看，海洋的变化之一就是种群规模下降，易感性减弱，改善了海洋环境。如前所述，所有观察过的群体，都没有增加疾病。鲨鱼和鳐鱼、螃蟹、龙虾和虾等的疾病都没有上升的趋势，而现在的鱼类疾病的数量似乎比 20 世纪 70 年代也少。所有这些群体都是捕鱼业的主要种群，这意味着大多数鱼类密度在过去的 100 年中已经有所下降。我们自身可以看到传播速度的变化是如何影响疾病的发展的。感冒和流感高峰出现在冬季，因为寒冷的气候，相比于夏季，我们更多的时间聚集在室内。病毒可能以其他不同的方式滋长，例如我们在冬季易感性增强，或者在弱光下，病毒在体外也有极高的存活率等。但基本要素是群体。在宿主密度低的情况下，疾病难以立足和传播，所以被开发利用的物种，与过度捕捞之前相比，流行病风险可能更小。过度捕捞虽有积极的意义，但不值得尊崇。

捕捞对疾病和寄生虫产生的影响不仅仅是简单的减少宿主密

度。[22]要知道，钓鱼倾向于选择体型大的、生长期长的和美味的动物，同时留下幼小的和脆弱的群体。由于年龄或抵抗力的降低，年轮长的动物携带的寄生虫数量最多。由于我们已经削减了它们的数量，捕捉了生长期最长的，我们无意中将寄生虫保持在了临界密度阈值以下，这些阈值决定了它们的存在或消失。换种方式讲，我们可以在先于捕捞宿主之前，捕捉寄生虫。

当我们在一个地方停止钓鱼，该地区将再次充满生机。珊瑚、海绵和海藻从海底发芽变成湿地和丛林。小鱼长成巨大的捕食者。浮游生物的吸食者数量由寥寥无几繁衍得比比皆是。随着密度的增加，疾病和寄生虫可能会复苏。我不清楚是否有研究显示这样的结果，但这是一种可能。另一方面，有研究表明，对于不属渔业捕捞的种群或其他物种而言，其结果相反。在加利福尼亚海洋保护区，海胆不太丰富，但更健康，通过恢复龙虾这样的捕食者防止其数量的爆增。[23]而在菲律宾，珊瑚疾病在鱼类种群健康的海洋保护区比较少见，可能是由于草食性鱼类防止了海藻的过度繁殖。

疾病流行正深刻地影响和改变着生态系统。珊瑚礁为我们提供了比较现在和过去情况的样本。在前几代所建立的根基上，珊瑚不断重建着珊瑚礁。正如考古学家通过挖掘考古将整合历史的进程一样，通过礁石的核心钻探，我们可以得知珊瑚几十万年前的样子。加勒比珊瑚礁核研究显示，在能追溯的几千年时间内，由于疾病而损失的加勒比珊瑚礁数量是前所未有的。由于珊瑚大规模死亡之后骨骼崩溃，鱼、无脊椎动物和其他宿主的寄居空间减少。礁石失去了血脉，内部空虚，因而支持人类需求和生计的能力下降。曾经茂密延伸的珊瑚保护着从佛罗里达到巴拿马和南美洲的岛屿和海岸。曾经潜水员不得不小心翼翼地穿越茂密的珊瑚丛林才能到达开阔的水域，而如今，他们很容易通过起伏的海藻和平坦的海绵、海鞘和珊瑚。随着珊瑚防御的崩塌，海岸暴露，任凭海浪和风暴侵袭。加勒比度假胜地前面的海滩和曾经被珊瑚礁保护的公寓已被冲走，迫使开发商不得不以丑陋的混凝土防御来替代。

疾病会导致其他经济损失。我之前提到的海草萎缩病已经摧毁了美国东部海岸商业鱼类的重要苗圃栖息地。它也造成了栖息在其下面的小帽贝的灭绝。随着海洋疾病暴发的增多和蔓延，我们可以预见更糟糕的未来，并警示我们，那里的生命正面临着日益加剧的生存压力。

第十四章
未知的海洋

与全世界的孩子一样，我的女儿也很喜欢海龟。海龟行动迟缓，却显得很优雅。它们将我们与1500万年前的世界联系在一起，那时候的海龟与海洋中的巨齿鲨鱼一起游泳；7500万年前，它们与恐龙擦肩而过，共生共存。然而，从恐龙时代繁衍至今仍保持原生态的海龟只有8个品种。目前，棱皮龟成为最大的爬行动物，它体长可达3米，重约2吨。而如今，棱皮龟很可能在未来10年，受人类活动影响很快走向灭绝。早在1962年，即我出生的那一年，太平洋海域中，每20只棱皮龟只有1只能得以幸存。

想到这样的前景，令人恐惧。试想，当棱皮龟只能出现在书本和计算机屏幕上的时候，这个世界会变成什么样子？我们的子孙后代会有何感想？按照现在人类发展的速度，不久的将来，世界可能早已失去威震海洋的鲸鲨、随性的海獭、狂暴的蓝鳍金枪鱼了，再也看不到它们追逐猎捕的海洋奇观。这些动物不仅仅是孩子书本和电视节目中美丽的图像，更是人们发挥想象、探索深奥的未知世界的生灵。失去了它们，生活将缺失了应有的魅力。

在过去的1000年里，人类的影响如同绿色浪潮一样，起初不易察觉，但经过几个世纪的酝酿，在最后的60年旋即暴发，并波及全世界。我们对自己生存的地球的改造并没有局限于陆地，而是逐渐地走向了海洋。或许除了6500万年前结束了恐龙统治的小行星撞击之外，今天正在发生的变化，其速度和类型都是史无前例的。与人类的影响相比，其他任何重大灭绝事件都显得微乎其微。然而，这种影响丝毫没有停止的迹象。随着人口的增长和经济的发展，变化的速度正在不断加快。随着时间的推移，我们的影响也在加剧。曾经，栖息地和物种仅受到淤积和捕鱼之类的一两种影响，而现在则面临日益严重的危机和压力，其影响不断蔓延，已触及生物世界的各个领域。

虽然生命的作用存在一定的地域差异，但人类影响的方式和结果却是相似的。随着时间的推移，丰富多样的生命数量和种群都已在缩减。大型动、植物主导的时代已经结束，取而代之的是日趋矮化的物种；种群规模不断压缩，成年动、植物减少，趋于新生化；掠食动物被猎杀，一些物种已经消失，从而导致生命之网小而简单。世代生物数千年构建的栖息地也已崩溃，昔日的壮美景象不复存在，余下的只有单调和贫乏。至于我们人类自己，也许由于其特有的天赋和审美，太多的地方已不再美丽如初，而日渐邋遢与贫瘠。

受变化基线综合征的影响，我们看不到生命的这些蜕变。今天，带孩子们到海边去旅行，如同我40年前的海滨旅行一样，令人兴奋，潮水潭和海浪充满乐趣和惊喜。但是，人到中年，看到海洋及其生命的变迁如此迅猛，的确令我忧虑。我年轻时潜水所看到的那些珊瑚礁充满生机，而现在看起来似乎没那么光鲜诱人，没那么秀丽壮观，也没那么野趣横生，实际上，大部分珊瑚的现状的确如此。一层层的石珊瑚孕育着珊瑚礁的勃勃生机，赋予它们丰富鲜亮的色彩，而现在，石珊瑚的面积与那时相比，缩减了1/3，甚至是1/2。潜伏在暗礁下目光锐利的肥美石斑鱼已非常罕见，掠食性鲷鱼和帝王鱼戏游的礁壁已日渐稀薄。在很多地方，陆地冲刷淤积的泥沙使海水变得浑浊，海洋景观黯然失色，失去了往日的光彩。

仅在50年前，大西洋野生蓝鳍金枪鱼的数量还是现在的30多倍，每年春季追食鲱鱼奔赴北海的鱼群如今已经消失，南极大洋上大面积的冰架崩塌破裂，北极冰层变薄，其附近的开阔水域使得北太平洋和大西洋的表层水交汇融合，这在过去的80万年中从未有过。地中海的海草甸已经被入侵的海藻吞没；死亡海域已经生成，并在成倍地蔓延扩展；强大的海流日趋衰弱，流速渐缓。总之，人类已经完全主宰了海洋，海洋生命因此陷于绝境。

我们很难把控海洋的前景，人类对海洋的伤害如此严重，我们习以为常的海洋生态已难以为继，而海洋生态对我们是如此的重要，关乎人们的愉悦、幸福，甚至是生存。海洋的未来前景如何？我们若从未看到过海洋，从未了解其现状，那就难以预测。在欧洲人航海的初期，未航行过的海域在海图上标记为陌海（Mare Incognitum），或“未知海域”，而今天的事实是，我们再次远航到了这些海域，对海洋的前景特别地关注，所以预测其前景值得尝试。毕竟，如美国工程师查尔斯·凯特林（Charles Kettering）曾经说过的那样，未来关乎我们的生死存亡。要了解海洋世界未来的发展，首先需要厘清造成海洋变迁的诱发因素。

捕鱼是人类影响海洋的最古老的活动，但其影响范围的不断蔓延仅仅发生在过去的150年里。19世纪末，渔船装上了发动机，这意味着渔业工业化的到来；20世纪，技术变革进一步加快了渔业的发展和竞争，而且从未中断过。20世纪初，渔业从传统的本土渔场开始走向远海，20世纪中叶，逐渐从近海走向远海，从浅海区走向深海区。随着时间的推移，过去最受青睐的物种在衰退，日益被新物种所取代。几十年来，海鱼价格的上涨远远高于通货膨胀，这反映了持续供应的难度和成本在攀升。在20世纪的后30余年中，发达国家耗尽了自己的渔场资源，开始转向发展中国家，以确保自己的市场供给。根据联合国粮农组织（FAO）从1950年开始的数据统计结果显示，世界主要渔场衰竭的数量在不断增加，速度也在加快。

世界日益增长的人口加大了对鱼类的需求，也助推了渔业这样发展的趋势。1880年，在捕鱼工业革命的初期，有14亿人口靠鱼为生，到了2011年，世界人口已达70亿，是过去的5倍之多。在未来40年内，随着至少10亿人口的增量，人类对鱼的需求量将增长1/3，因此鱼蛋白需求的压力也一定不会减少。[1] 如果我们沿袭20世纪的模式利用海洋，过度捕捞，世界上的一些大鱼种群将慢慢被消耗殆尽，一些鱼类将会走向灭绝，而更多的鱼类将会变得非常稀少，无法在其生态系统中发挥更有意义的作用。随着鳕鱼等大型猎食鱼类的灭绝，人类将继而转向食物网链中较低等的虾和凤尾鱼之类的海洋物种。然而，它们也同样会面临过度捕捞的厄运，这种情况已经有所发生，因此，我们将不得不寻找其他的海产品资源，如南极磷虾等，这些海产品将被加工成鱼饼和鱼棒等看上去更可口的食物。

实际上，对于磷虾和海蜇的捕捞也在持续上升。联合国粮农组织的数据显示，海蜇产量几乎从 20 世纪 60 年代的零成倍增加至现在的 50 多万吨。如果我们像现在一样继续捕捞，那些海洋中生命周期短暂的动物（可以理解为海洋中的老鼠或蟑螂）将成为主要的捕捞对象，届时，捕捞量将达到 20 世纪 80 年代的高峰。如此一来，野生海鲜资源将变得更加稀缺。目前差不多有 10 亿人口依靠鱼类来补充动物蛋白，而大多数人口生活在发展中国家。[2] 至 21 世纪中叶，野生渔业的持续衰退将导致更多的人营养不良，危及他们的生存。

正当西方的消费者对其食用海鱼的可持续性日益感到担忧时，随着亚洲经济的增长和居民可支配收入的增加，尤其是中国经济的增长和国民可支配收入的提高，人们对海鲜的需求也迅速扩大。亚洲海鲜采购商在全球范围内寻找海鲜货源，特别侧重在发展中国家经济相对落后的社会寻求供给。据此推断，大多数采购商缺乏对可持续性的认识和理解，他们在各地不断地大肆采购，导致亚洲市场一些海产品价格飙升，曾一度把没有价值的兼捕品种，如蓝色丝质鲨鱼等，也变成了价格不菲的海产品。2004 年，一只大鲨鱼翅竟可以卖到 5 万多美元。[3] 如果不能说服亚洲消费者，让他们尽快了解可持续性的重要性，那么，从长远看，前景并不乐观。

形势并非一定会这么糟糕。借助于水产养殖可以持续保障海鱼的供应，更加完善的管理有助于野生鱼群的恢复，规模和数量甚或会超出预想，不仅可以确保野生渔业捕捞，而且也可以提高捕捞量。我在后面会阐述如何实现这种质的变迁。在此之前，我们还是要先梳理一下其他相关的海洋变化驱动因素。

人口的增长和技术的发展也同样加剧了海洋污染。工业革命触发了有毒金属和其他化学品随江河排入海洋。随着时间的流逝，一些江河流域得以净化根治，但是，由于采矿业和重工业的重度污染生产不断由发达国家移向发展中国家，从而导致新的江、河污染。一直以来，我们没有停止创造生产力的步伐，对新材料和新工艺始终充满热情，然而，却往往有失慎重，趋之匆匆。正是这种疏忽和鲁莽让我们长期忽视化学制品高毒性污染的存在。工业化的结果就是产生了无数严禁使用的重毒污染区。但是，许多化学物质的传播范围如此广泛，已无法挽回，在我们的身边无处不在。它们危害野生生物的健康和繁衍，导致海洋流行疫情不断暴发。即使是处于食物链顶端的人类以及强势的捕食者金枪鱼和鲨鱼等，同样也是处于脆弱的境地，难以幸免。世界各地的海鲜爱好者身体中的毒素不断累积，然而，他们却没有意识到这些毒素源于其始终认为安全的海洋水域。

人口增长拉动了对食品的需求。20 世纪 80 年代至 90 年代，农业工业化及其绿色革命避免了预测的人口崩溃。通过大量使用人造化肥和其他农用化学品，我们实现了农田的最大生产力。农民从中赢取了更多的时间，可是，像渔业一样，为了更高的生产力，他们以自然为资本，付出了天然资源的代价。[4] 由于河口和三角洲的过滤功能已经完全丧失，湿地退化，改为他用，从而使雨水和灌溉水携带着土壤和化学污染物直接流入海洋。由于过度捕捞，海洋中食物网的同化能力锐减，氮气、磷火浮游生物和微生物在海洋中泛滥，死亡浮游生物累积，导致水体中所需的含氧量日益匮乏，形成死亡海域。

尽管死亡海域不断增加，未来的海洋生命仍不会消失。我们对海洋的改变，造就了生命适者生存优胜劣汰的能力。例如，水母就是典型的适应进化者。一些科学家担心，我们富有生产力的海域终将变成水母帝国。[5] 由于缺乏食物，少数动物以成年水母为食，如濒临灭绝的棱皮龟和巨型海洋翻车鱼等。要打破平衡，它们必须吃掉大量的水母。尽管有更多的猎食动物吃较小的未成年水母，[6] 然而，由于过度开发、污染和气候变化，不同层级的海洋猎食动物数量减少，因此，更多的水母存活下来。

水母在污染严重的海洋中繁衍生长。只要食物充足，它们能迅速生长到成年大小。依靠其刺伤触角，它们变成了强大的猎食者。而巧合的是，海洋食物网链的作用抑制了水母的无限扩张。大多数动物一般都吃水母的卵、幼虫或幼体，而它们本身又是水母的猎物，因而，二者始终处于均衡状态。猎食者和猎物的这种角色转换在陆地上是罕见的，然而，在海洋中却普遍存在，而且具有惊人的效果。美国海洋学家安德鲁·巴贡（Andrew Bakun）让我们去想象这样一个世界，那里，斑马和羚羊贪婪捕食小狮子或小猎豹。如果这样的话，坦桑尼亚的塞伦盖蒂平原会是什么样子呢？

丰富的营养物质加上大量猎食动物的消失，水母开始泛滥。当水母繁盛的时候，就吃掉猎食动物更多的幼体来抑制它们，从而为种群全面的暴发奠定基础。即使遇到食物短缺，水母也并不会灭绝，相反，而只是规模萎缩，等待时机，再繁衍生息。但如果营养水平下降过多，或持续时间过长，水母的繁盛就可能会被扼杀。在未来酸化程度不断增强的海域，水母就不会有碳酸骨架的麻烦，就会有繁衍的机会。未来困扰我们的海洋变化对水母而言就可能意味着机会，这就属于它们曾经拥有的海洋世界。大约5.5亿年前，在最早的寒武纪时期，岩石中的神秘痕迹说明了久远的水母繁衍时代，远在生命大爆发之前，比现在众多动物种群的出现都要久远。总之，以凝胶状动物、微生物和藻类为主而再生的现代海洋被称为“黏液体的崛起”，[7] 它标志着生命条件的逆转，预示着远古多细胞生命的复兴。

气候变化是促进海洋生命变化的另一重要因素。气候变暖会使较低密度的暖水层变厚，像盖子罩在大部分海洋的表面，限制氧气向下面的水域转移，阻止海底营养物质向上流动。结果将导致远离海岸的大面积海域生产力下降，并扩大海洋低氧下层水区域。有迹象表明浮游生物的生产力已经下降，这可能是由于海水温度升高以及缺氧水体积扩大所致。[8] 表层水的营养匮乏也可能是由于过度捕捞而造成的鱼群量锐减所致，因此导致养分消失在深层水域，而不是循环在浅层水中。大型鲸可能曾经如提氧泵一样，从深层水向浅层水输送养分。[9] 许多海洋生物在海洋深处进食，而在洋面排泄、休息。在捕鲸出现之前，海洋拥有100多万头巨鲸，其产生的生产力可能是巨大的。

沿西部海岸，热带气温升高将加速热能向两极的不断扩散，增强了风力，促使深层水上涌。上涌从深层水提升营养物质，从而有利于鱼类的生产，但增强的上涌可能会导致一些海域渔产过度，造成像今天纳米比亚海岸有害硫化氢的肆虐。上涌也可能会将较高酸度的低氧水侵入大陆架海域，由此导致海底生命的大量死亡。在俄勒冈海岸，这样的事件最近正一幕一幕地出现。

酸化所带来的影响很难预料。至少对于那些带有碳酸盐壳的物种来说，生命岌岌可危，其中包括海洋中一些最重要的初级生产者，如浮游生物，它们维系着食物网链的循环，释放生命赖以生存的氧。我们还不清楚，过多的二氧化碳经过光合作用，是否可能有助于平衡利弊，是否能弥补其腐蚀的品质。如果不能，那么，非钙化浮游植物就可能会加速繁衍。最糟糕的情况就可能会是初级浮游生物的繁衍大规模萎缩，而这些生物决定着固定在植物体中的碳含量，也就意味着产氧量的大幅减少。

任何浮游生物生产速度的下降，都会导致从阳光充足的表层水下沉到深海层水的有机残骸量减少。深海层水域生物种群依靠洋面上层水域的微薄施舍生存，而供给不足就会使其生物群数量下降。由于海洋是我们释放到大气中的所有二氧化碳的最终归宿，因而也会减缓碳固化于底部沉积物中的速度。这就是“生物泵”的作用，它可以将有害的碳安全地转移至无害的海底。如果浮游生物由于酸度而分泌较少的碳酸盐，它们的壳将变得更轻，这样它们就不能快速下沉。“泵”的运行将变得更加缓慢，海洋吸收我们排放到大气中的二氧化碳量就会更少，这将加速全球变暖。工业革命以来，来自深海沉积物中球石藻的有限证据表明，石藻的质量实际上增加了40%。就此而言，额外二氧化碳的增强效应迄今已超过了酸度的弱化效应。[10]一些实验表明，情况正好相反，[11]在野外，另一个南大洋重要浮游生物群体有孔虫的骨骼重量自前工业化时代以来下降了30%~35%。[12]前沿的科学总是充满着不确定性，我们还有很多东西需要了解和学习。

罗马皇帝马库斯·奥勒留（Marcus Aurelius）说过：“回顾过去，看帝国的崛起和衰落，你也就可以预见未来。”有足够多的征兆能够让我们看到海洋未来的走向。苏格兰的克莱德河口湾就像一扇窗口，让我们看到一个无鱼的世界；意大利的伊斯基亚火山会让我们在酸化的大海中潜水；中国的渤海湾显示了营养物污染和过度捕捞是如何让海洋退化，杂草丛生，造成水母和有毒浮游生物泛滥成灾的；墨西哥湾、俄勒冈、波罗的海以及世界各地的其他数百个海域，由于缺氧而逐渐被我们遗忘；欧洲的北海，随着世界日益变暖，彰显着不断迁徙的生命；缅因湾和圣弗朗西斯科湾不断充斥着外来物种的入侵；密西西比河和尼罗河三角洲正被不断上升的海平面吞噬，荷兰、德国和泰国等人口密集的海岸愈加面临威胁；太平洋的信天翁因误食塑料而臃肿、厌食，到处都是其幼鸟的腐尸，这一切都在昭示人们：生命在充满人类垃圾的海洋中是如何的脆弱和艰辛。

这些地方的海洋境况充分说明了我在前面章节中所描述的人类影响给自然带来的巨大压力。但这些并非其所面对压力的全部。例如，克莱德河口湾污染是由沿岸数十年的污水排放、主要城市的垃圾倾倒和重工业发展所致；墨西哥湾的海床每年都要经受拖网渔船所带来的伤害。多重影响和压力共同作用，其所造成的后果更加严重，而且往往不可预测。

压力通过不同的方式对生物产生潜在的影响，物种对各种不同程度的压力十分敏感。一只蜗牛在各种压力下，可能产生不同的反应，轻微的酸化，水温略微升高，重金属污染等，都会给蜗牛带来明显的影响：它可能会有不适感，可能会反应失聪；若同时承受多种污染的压力，后果可能会很严重。蛇尾海星就是一个典型的例子，它们能够在轻微酸化的海洋中生存，但少量用于洗手液和面霜的抗菌剂三氯生就会使它们崩溃、解体。[13]然而，各种压力通常不会对生物同时产生如此大的影响，但它们的共同作用足以削弱物种个体和种群的生存力。其影响完全可以理解为生与死。当出生率等于或高于死亡率时，一个种群才会持久延续，而压力经常降低生育率，并增加物种死亡的可能性，因而破坏了生命循环的平衡。

例如，通过增加食物摄入量或减少热量需求，可以满足物种在低氧水域生存所付出的更高生理代价。由于没有更多的食物，动物也许可以通过减少产卵或减少季节繁殖来补偿所需，或者，它们的生长速度可能会更慢，而小型动物一般产卵较少，这也就意味着繁殖会减少。低氧本身就会极大地制约物种的大小，但有利于小型动物的生长，因为它们耗氧量低，便于呼吸，并且由于大型动物产卵量更多，因而低氧也减少它们的产卵量。而且大型动物体内聚积极高的有毒污染物，严重扰乱其激素的产生，进而可能会降低其繁殖能力或导致流产。当死亡率超过出生率的临界点时，物种数量就会下降。

尽管人类给海洋生物带来的综合压力存在地域差异，但无论如何，其综合影响的破坏力都远大于单项压力的影响。换言之，多重压力的整体杀伤力大于单项压力的杀伤力。这与重症应急医生及其处置的患者病况时的经历一样，当患者只有一种疾病需要处理时，医生必须迅速介入，及时救助失血或中风之类的突发性患者。而当多种疾病开始在患者复杂的身体系统并发时，死亡的可能就会上升。

在生态系统中，一个物种衰退，其效应会通过相关物种的相互作用网络蔓延增强。有些生物依存关系紧密，如三文鱼和鲑鱼，小丑鱼和海葵，儒艮和海草等。而其他物种间的关系松散，一只螃蟹可能会乐于生活在多种不同类型的珊瑚之间，鱼也许可以安居在几种不同海藻摇曳的丛中。更多的物种通过不同的介质间接关联，动物猎食的食物最终会成为你的食品。我们应该牢记这一事实，人类与生物圈的其他种群相互关联，密不可分。

一旦物种之间的关系被削弱或被打破，更高层级的生态系统就会受到压力的作用和影响。一个物种衰败，就会发生连锁反应，导致其他物种退化，甚至消失，从而波及与之密切相关的其他动、植物。综合压力的种类越多，直接受影响的生命圈就越大，因此，其影响会进一步在错综复杂的生存系统中扩散、渗透。随着物种的减少或消失，幸免的物种会改变其生存的方式，生态系统随之就会去调整和适应，进而发生变化。当动物找到可替代的食物或居住空间时，就可能会加剧日益弱化的依存关系。

灭绝一个物种，引入其他物种，或抑制另一物种的丰富数量等，都可能会对其他似乎完全不相关的物种产生影响，正如 19 世纪美国国家公园创建人约翰·缪尔（John Muir）的名论所言，“当一个人要改变某一自然物体时，他会发现其与世界其他物体相依共存。”[14]对这些相互依存关系，我们如此熟视无睹，的确令人惊讶。要弄清中等复杂的生态系统中物种受人类影响的方式，可能要花费上千年的探索和研究。即使同一物种范围内，人类所带来的影响也不尽相同。成年龙虾也许能够轻松应对日益严重的酸化，但同样的酸性变化却妨碍幼虾的发育和生长。

若起关键结构链作用的物种消失，就会产生严重的后果。在太平洋，延绳钓渔业已导致大型远洋鲨鱼种群数量下降，与原先相比，已降到了10%。[15]随之，像远洋黄貂鱼这样的小物种大量繁殖。在美国东海岸，类似的物种重组已经结束。双髻鲨、大白鲨和虎鲨这样的大型海洋生物种群已经崩溃，为其猎捕鱼类留出了生息的空间，[16]5种较小的鲨鱼和鳐鱼种群开始繁衍生长，一些种群发展的规模相当可观。牛鼻魟鱼，也就是黑圆眼、长鞭尾的扁圆形暗黄貂鱼，成群游动，挖食泥沙中的蛤蜊，掀起层层浑浊的沙浪。没有大鲨鱼的猎食，它们的种群已经迅速繁衍，已达成百上千条的规模，沿美国东海岸，总共可能有多达4000万条黄貂鱼。牛鼻鳐特别偏爱海湾扇贝，如此庞大的数量，因而导致扇贝资源匮乏，美国渔业已无贝可捞，境遇迷茫。过度捕捞大鲨鱼会导致扇贝渔业崩溃，这之间并没有明显的直接关联，但这正是影响扩散蔓延的结果。然而，这确实说明，预测多重压力对生态系统的重构十分困难，甚或是单一压力的影响，也同样难以预料。

加拿大鳕鱼可能已经成为另一种生态重构的受害者，它们的数量在20世纪90年代锐减，不得不采取一系列禁捕的措施。鳕鱼曾经称霸纽芬兰的寒冷海域，它们既凶狠又不忌食，成为海洋生物普遍忌惮和规避的对象。当鳕鱼群涌往大陆架上产卵海域时，龙虾和螃蟹都敬而远之。然而，像大多数鱼类一样，幼年鳕鱼也很脆弱，其卵和幼鱼常被毛鳞鱼、鲱鱼、鲭鱼、水母和其他物种猎食。鳕鱼曾属强势种群，它们繁殖旺盛，种群规模远远超过了它们的掠食者。尽管大量小鳕鱼落入捕食者之口，但影响不大，仍有众多的幼鱼得以逃脱。可是，鳕鱼却会因过度捕捞而萎缩，幸免的鳕鱼繁殖极为有限，其中很少能经受如今弱肉强食的猎捕考验。这是角色逆转的另一例证，海洋猎食动物成为猎捕者的牺牲品。

海藻、牡蛎或海草等寄居栖息地的物种受压力影响而被消灭，可能会引发一系列的后果，导致其生存环境的重构，栖息地对原始物种产生敌意，就像政治革命一样，最终扫除的是旧政权及其赖以发展的群体。[17]物种的消失或迁徙，意味着为强者让出空间。如果强者或猎食入侵物种要安身立命，就要以一定的方式改变环境条件，抑制原始物种的恢复。1960 年至 1995 年期间，欧洲以每天 1 千米的速度开发海岸，造成大面积的湿地丧失。在水下，茂密的海藻林覆盖的岩礁受到淤积、弱光照、锚泊和疏浚的影响，并直接受到破坏性捕鱼的影响以及间接受到遏制食草鱼类的物种消失的影响。当大量茂密的冠状海藻从地中海珊瑚礁消失时，取而代之的则是矮小的草皮海藻。茂密的冠状海藻叶，随波浪和洋流不断摇曳，可以清除沉积物。而相比之下，草皮海藻却淤积沉积物，在岩石上形成不稳定沉积层，从而难以维持需要锚固的较大海藻的生长。

在波罗的海，由于营养物过剩，浮游生物生长不断蔓延，导致光照减弱，茂密的褐色、红色、紫色和粉红色海草垫生长困难。死亡的浮游生物沉降堆积在海床上，造成含氧量降低，从而形成浑浊的有机汤，悬浮在海底水层，进一步减少光照，导致原住动物离开自己曾经的海藻家园。在珊瑚礁上，气温升高或疾病造成大量珊瑚死亡，引起海藻繁衍，从而引发生态问题。食草鱼类遭到过度捕捞，海藻迅速滋生、蔓延，特别是在营养物丰富的水域，海藻尤其繁茂，不断压缩珊瑚的生存空间。就像在地中海所发生的那样，这些海藻锚固沉积物，使珊瑚的恢复愈加困难，而海藻本身也可能产生病原毒害或接触磨损，伤害小珊瑚，使它们更容易感染海藻所携带的疾病。[18]

在许多情况下，像牡蛎、海绵或珊瑚之类的栖息地形成物种的消失为其他物种的入侵提供了空间。有时候入侵物种会把栖息地的原住物种驱离，如蔓延的蕨藻（*Caulerpa*）侵占了地中海，完全替代了本土海藻。物种入侵加重了海洋生物未来发展的复杂化。外来新物种不断涌入栖息地部分是由于气候变暖所致。一些物种的到来是可以很容易预见的，它们就生活在栖息地附近，但是，由于其闯入生命网的方式日益复杂，因此其入侵所带来的影响很难预料。其他一些外来物种则更加难以预判，它们可能是偶然侵入，也可能是来自遥远的海域，很难在新的栖息地生存。例如，在加勒比海珊瑚礁迅速栖息的红狮子鱼，似乎或必然会导致那里生命的重构，其结果究竟如何，我们只能依据推测而定。

栖息地受到外来物种的入侵，甚至完全被占领，通常侵入的新种群物种数量更少，繁衍能力也不及原住物种，犹如茂密的海带与草坪，森林与草原，形成鲜明的对比。试想，森林中的生命是多么的繁荣旺盛，层次丰富，环境生态多样，生物种群交错叠绕，郁郁葱葱，冠层开阔；树干枝丫上苔、蕨类植物茂盛，苔藓黝黯凹凸；底层土壤肥沃，灌木丛生繁茂。与之相比，草原开阔，饱受野兔、牲畜滋扰，缺乏生机。你仔细观察，也许能看到一个比表象更加多样化的微型世界，但简单的事实却是，与森林相比，草原的生存环境更为有限。这突然让我想起成群迁徙的塞伦盖蒂角马，如此之类的物种适应能力强，生存良好，然而，其种群的丰富性却十分贫乏。

与退化之后残存的简单、平坦的栖息地相比，复杂的栖息地更有利于物种的生存和繁衍，也能够维持更多大鱼的生息，从而形成营养物循环，保持较高的繁殖力。正如马粪滋养园林一样，鱼屎有助于海藻和浮游植物的生长，进而促进其他海洋生命的繁衍。因而，鱼为珊瑚、软体动物和海绵等以腐屑和浮游颗粒为食的海洋生命提供营养。最近一项研究中，计算机模拟清除热带淡水湖泊和溪流食物网中的鱼类物种，结果显示，不同物种的作用和重要性存在显著差异。[19]对我们而言，麻烦的是，最重要的物种往往最受渔民的青睐，因为它们往往要么体型大，要么数量多，或者二者兼备。模拟表明，当物种依据捕捞的重要程度和顺序而灭绝时，与随机消失的物种相比，其营养物循环功能的丧失情况更严重。

在这些模拟研究中，当具有相似生态作用的物种伴随其他物种的消失而愈加丰富时，它们往往能够弥补其同类消失所造成的生态功能损失。多样性是物种恢复的关键。如果物种数量众多，而且其作用多有重叠时，就有空间允许其中一些物种的消失，以避免毁灭性灾难的发生。然而，渔业的问题在于它们的捕捞往往是非选择性的，一次即可将数个物种捕捞殆尽。当一个物种数量减少，渔民就会转而捕捞到其他物种，从而造成补偿的空间、范围缩减。这正是我在加勒比海珊瑚礁海域所看到的，那里捕捞活动日益频繁，物种数量和规模不断减少。牙买加的珊瑚礁海域已被渔民捕捞枯竭，现在唯一留下的就只有啃食海藻的精致小鹦鹉鱼了。这些小鱼可能无法控制海藻的野蛮蔓延，从而不断威胁那里珊瑚的生长，而捕捞程度较低的珊瑚礁海域，大鹦鹉鱼种群繁盛，能够很容易抑制海藻的繁衍。

海洋美丽和野性能量的丧失令我痛心。繁茂而充满生机的红树林被裸露的虾塘所取代；翠绿的海草地要么已经枯萎，要么已消失在淤泥之下；盐沼迷宫般的小溪，曾经远离现代尘世，而今已一次又一次地被排干、开发利用。这些仅仅是我们容易看到的地方，而在许多偏远的角落，我们也看到同样的损失。20 世纪 90 年代，我们首次发现北海冷水珊瑚礁时，几乎一半已经被拖网渔船所摧毁。迈阿密沿岸的深海珊瑚礁，曾经是石斑鱼的天堂，现在大部分已残破不堪，被拖网渔船摧毁的残礁只有小鱼和蠕虫栖息。这些损失或多或少让我们每个人都感到惋惜，然而，野性自然的破坏程度之严重，已失去了其应有的美感，而且正日益瓦解着海洋维持人类需求和幸福的能力。

第十五章
造福人类的海洋生态

有人声称我们高估了海洋，对此，我想说，“他们错了。海洋不只是深蓝色的水，它有很多可用之处；如果说‘大海深处的确腐烂’，我想对此我们是否应该做些什么。”

欧文·西曼爵士，1861—1936[1]

2010 年夏天，我的研究生露丝·瑟斯坦（Ruth Thurstan）以及她那些不愿意凌晨 5 点就开始工作的团队成员，利用取芯设备，在英国附近的海域采集海底沉积样本。她们将取芯管插入海底，大量淤泥样本顺管增厚抬升，海水变得浑浊，队员们只好通过触摸相互沟通作业。尔后，将泥芯从管中取出，自上而下分成两部分，其中一半使用放射性同位素进行日期标注，而另一半则由露丝在之后的六个月里从中筛选海洋生物的壳和脊柱碎片。这些生物残骸有助于追溯海底牡蛎、马贻贝和蛤蜊从繁盛到退化消亡的变迁历程。其变迁源于拖网渔船对海底鱼类和牡蛎的过度捕捞以及挖泥船的施工作业。过度捕捞和施工破坏了曾经沉积在河口底部和大陆架上的无脊椎生物层。在过去的几年，几十年，甚或几百年，拖网渔船压碎了曾经活跃在海底的生物，并将其深埋在淤积的海床里。具有讽刺意味的是，从北美引入欧洲的牡蛎原本是为了恢复枯竭的海床生物，可没想到却引发了牡蛎原生的一种疾病，从而导致了本土物种的灭绝。

英国渔民很快为海底无脊椎动物的损失感到后悔，这意味着他们失去了鳕鱼、黑线鳕、大菱鲆等延绳钓渔业的饵料来源。也有人认为，生境的破坏会危及海洋生命的生存条件，因而会有损渔业本身的生产力。英国外科医生及自然学家约翰·贝拉米（John Bellamy）1843年预言道：

……然而，在漫长的岁月中，拖网的使用必定会对这些鱼类种群产生最大的伤害。随着对海底大量区域的高强度拖曳，不仅对许多较小的鱼类造成伤害，而且还摧毁了海底低级生物的家园。总体来看，这些鱼类对于人类而言都是可食用的物种……对自然经济资源的破坏如此巨大，持续时间如此之久，必将给人类的消费鱼类带来显著的影响，资源将明显衰竭，而就目前而言，这些资源的需求量似乎依然很大。

像所有生活在维多利亚时代的好人一样，贝拉米用诗的语言继续说道：

……因此，我们也许可以假设，物种由于食物利用而受到伤害，据此有感而发：

拿走我的生命，就是拿走我的所有，见谅，请不要这样：

你拿掉了支撑房子的梁柱，就等于拆了我的房子；

你夺去了我赖以生存的生计，就等于剥夺了我的生命。[2]

然而，贝拉米和在他之后的许多科学家的警告并未受到重视。拖网渔船摧毁了数千年来形成的海洋生物栖息地，这不仅限于英国周围的海域，而且已蔓延至全世界。150多年后，贝拉米的预言证明是正确的。对英国西南部拖网渔场的鱼类进行的一项研究表明，与较少拖网区域的鱼类相比，有几种鱼类由于无法找到足够的食物而日渐瘦弱、萎缩。[3]如果还存在拖网渔船未曾涉足的海域，那么对照反差就会更加明显。生产力下降不仅仅是植物和动物开发应用的直接结果，而且也是因为简单栖息地与复杂栖息地相比，其提供的生存空间更小，维持生命的量就更少。这些海底世界的城堡和广场、大道和公寓已经崩塌，拖网渔船、挖泥船以及我前面所描述的各种压力，都给海底生物的栖息地带来了影响和破坏，只为其小部分原住生物留下了有限的生存空间。

欧洲海域的生产力已大不如以前。尽管捕捞能力大幅增加，但依据 1889 年开始的捕捞记录，英国海底拖网船队的捕鱼量仅是过去的一半，这充分说明，我们需要了解人类对自然资本的消耗和滥用。[4]目前，富裕国家的人们已经不再受过度开发应用的影响，他们有足够的钱可以从世界其他仍在捕鱼的国家采购海鲜。但是，当发展中国家的鱼类资源崩溃时，随之而来的只有绝望。菲律宾就是最好的例证。它位于地球上最多样化海洋的中心，拥有各种各样丰富的鱼类和珊瑚，几乎拥有所有形式的海洋生物，本应是世界上最美丽的水下海洋仙境。数千年来，菲律宾人都以海为生，他们依靠海洋，从海鲜中获得约 70% 人体所需的动物蛋白。然而，近年来，爆炸性的人口增长推高了对海鲜食品的需求，已远远超出了海洋的供给能力。结果导致年复一年的过度捕捞，形成恶性循环。世界上过度捕捞的最极端表现就是潜水装置的应用。

在过去较好的时代，菲律宾人用陷阱、网、钩和矛等传统方法捕鱼。一天的捕鱼量很容易满足一个家庭的需要，而且还有剩余的可以售卖。可是，随着资源储量的下降，人们千方百计改进这些简单的捕鱼方法，从而维持渔获量。方法的逐渐升级最终导致潜水捕鱼方法的发明，即驱鱼网捕。为了几桶鱼，一群男人或男孩经受人类耐力极限的考验，去承受极端的危险。当浅滩的珊瑚礁海域被捕捞一空时，他们没有其他选择，就只能冒险潜入深海。

一个由10~15个男性组成的团队，携带巨大的球网，下潜到30米或40米深的海域，借助一段橡胶软管呼吸船上压缩机提供的空气，受柴油的污染，空气中弥漫着油污味。与此同时，船上的另一组人尽力维持发动机的运转，并防止所有的软管致命地纠缠在一起。在水下，渔民将网展开，形成与村庄教堂顶部一样大小的圆拱网。两侧和一端用石块悬重，顶部用充气塑料瓶悬浮。在水面歇息片刻，团队沿着底部一条驱鱼线游动，在鱼群之前踩踏底部悬石，借此将鱼赶入拱网中。一个驱鱼网可以将一个区域一半的鱼打捞干净，留下的只有伤痕累累的珊瑚礁。

人们潜水捕捞所付出的代价是残酷的。潜水者经常远远超过安全的潜水时间，并且可能会因为痛苦的潜水关节病而导致瘫痪，甚至死亡；如果被网缠住，或空气供应切断时，就会造成溺水。船长经常会利用童工来疯狂捕鱼，这是过度捕捞的最后挣扎。当这个深度的鱼被捕光时，潜水可及之处将无鱼可捕。菲律宾理应拥有世界上最壮观的珊瑚礁，可是相反，它却成为一个可怕的例子，成为世人的警示。

人类的世界靠借来的时间在生存，的确有些急不可耐。无论政治家或工业领袖的欲望多么的强烈，我们都不能欺骗自然，违背自然的生产力，肆无忌惮地强取豪夺。富裕的国家可以向贫困国家外包生产，但是，那里的鱼类资源迟早也会枯竭，那么无论你花多少钱都将无鱼可购。实际上，过去的几十年里，我们所做的就是采矿一样地猎捕鱼类，捕捞的速度超过了它们更新换代的速度。由于过度捕捞，鲨鱼、蓝鳍金枪鱼、鳕鱼和智利鲈鱼的数量都急剧下降。我们终将为今天的贪婪付出代价，明天面对的将是空旷的海洋，将无鱼可捕。如果沿今天的损耗继续下去，那么，可能只需 40 年、50 年，我们就会看到这一幕。未来的渔夫和渔妇将难以看到鱼满舱的光景。

大自然已经无数次从地球的劫难中幸免，因此，海洋生命也终将会逃过这一劫。自然选择富有顽强的生命力，总是为我们带来意想不到的生机，给我们带来惊喜，如同眼睛，色彩变幻的鱿鱼皮肤，我们自我意识的大脑等，不断地适应自然的选择，如此美奂绝伦，令人叹为观止。生命的自然适应无始无终，无论地球环境多么的恶劣，它们都能适应生存，即使在漆黑的深海，极端挤压产生的熔岩喷发也难以阻挡生命的奇迹。40 多亿年以来，我们的这个星球始终宜居。海洋日益酸化，大气充斥着令人窒息的二氧化碳和甲烷，陆地不断地成为炎热的沙漠，终年冰层封冻着海洋，无论环境多么的恶劣，生命却依然生息繁衍。

然而，时间就是生命。一个饥饿的人不会期盼三年，坐等食物丰富的前景，他的果腹所需必须现在得到满足。生命的进化可能需要很长时间，以生、死周期延续发展，进化的时钟滴答不停，生命代代相传。每一代生命都会在后代的延续中走向沧桑、衰老。正如查尔斯·达尔文所推论的那样，适者生存，那些最能适应环境的物种才能繁衍生息，一代一代传延着种群的血脉。因此，正是物种能够适应不断变化的环境，才延续了生命的存在。

人类对环境造成的压力也给生物体带来了强大的选择压力，致使不具备适应能力的生物逐渐被淘汰。例如，在捕捞的鱼中，进化的影响已经显现，鱼的生长日渐缓慢，成年鱼的尺寸不断缩小。而问题在于，我们正以惊人的速度改变着环境，改变的速度远远超过大多数物种进化适应的速度和能力。对于像鲸、深海鱼类、珊瑚礁这样的动物来说，它们的代际延续可能需要数十年，因此，根本没有充足的时间适应快速变化的环境。微生物以及许多浮游植物和浮游动物，能在几小时、几天或几周的时间内繁殖数代种群，它们有足够的空间摆脱困境，生存进化。但进化也产生抑制性。漫长的地质史上，珊瑚礁的大量流失表明，当酸度过高时，海水中很难产生固体碳酸盐的沉淀。所以，这里可能没有“离开监狱”的门卡，任何海洋动物的进化都局限于特定的环境条件。

动物、植物和微生物尽其所能求得生存。当环境条件发生变化时，它们会采用不同的生计维持生命的延续，如转向进食不同的食物，下潜更深以寻找更凉爽的水层，或者在恶劣的地形中找寻更有利的零星栖息地等。生命已经经历过无数次的危机，这令我们感到些许宽慰。地球上现有的生物几乎都经历了大约 2 万年至 1 万年前发生的冰川消退，由此导致世界变暖，气温上升了数度，带来了环境的快速变迁，也许生命已经历了史上最为严酷的环境考验。在过去的 200 万年中，生命经历了大约 20 次冰川循环，因此，面对环境的变化，它们已经完全有能力去应对，而生态系统也由此经历了多次物种种群的重组。

现在的金融产品总会在有惊人回报的标题下附带一个不显眼的提示：“过去的业绩未必可以借以预见未来”。过去的气候波动与现在存在重要的差异，即我们人类。过去的物种不必应对它们今天所面临的众多人为压力。我们的确正在驶向未知的海洋。

我们已经开始以货币经济来计算改变海洋的人力成本，而不是海洋食品。在久远的过去，罗马皇帝统治时期，北美仍处于部落时代，河口和沿岸海域比今天更加清澈，更加透蓝。在诸如美国切萨皮克湾（Chesapeake Bay）之类的河口，过去，牡蛎珊瑚礁布满了河渠和排水口，它们能在几天内将全部水吸附干，而如今，随着这些贝类数量的下降，其吸附水的速度大幅减退。开阔海岸的海底物种也经历着同样的变化，过去，软体动物、海绵和珊瑚群集在海岸水域，吸食水中的营养质和泥沙，将其锚固在壳体和沉积物中，可如今，我们比以往任何时候都更需要它们，借以帮助处理来自工业、城镇、街道和田野的废弃排放物。

自20世纪80年代以来，在西雅图，腐烂的海白菜或海莴苣不断地在海滩上堆积，沿海居民的生活和健康日益受到严重的影响。腐烂的海白菜产生有毒气体硫化氢，从海滩飘来，造成流泪、喉咙痛，某些情况下还导致呼吸困难。也许更突出的是，华盛顿州的哮喘住院率高于美国的平均水平，并且在过去的10年中仍有所增加。[5]但是，海洋污染的趋势仍然可能与日益严重的交通污染和贫困等诱因有关。皮吉特湾，由于污水排放口的营养物和城市花园的草坪肥料排放而造成的海藻问题日益严重，因此，来年春天，你动手给草坪施肥时，可能需要三思。在世界的其他海区，类似的问题也在不断出现。在西澳大利亚，由于过去 10 年海滩上日益堆积的腐烂海藻，巴瑟尔顿镇的居民见证了其国家最美的海滩变成了“环境梦魇之地”。

2009 年，在法国，布列塔尼集约化养猪业所造成的影响成了头条新闻。在圣米歇尔格雷夫海滩上，文森特·佩蒂（Vincent Petit）在遛退役的赛马，毫无防备，他和马就陷入了腐烂的海藻坑，海藻在几分钟内就淹没了整个马身，导致赛马溺亡，佩蒂也昏了过去。碰巧，在附近作业的推土机驾驶员看到了这一幕，旋即把他从海藻坑里拖了出来，救了他的命。多年来，如同皮吉特海湾一样，冲上岸的海白菜，不断堆积在海滩上，直接受养猪场排污水的滋养。有时候，太阳晒干了上层的海白菜，形成了覆盖层，密不透风，造成下面的有毒气体无法释放。佩蒂的遭遇警示了法国海洋污染的严重程度，促使市政展开全面的清理工作。几个星期后，一位推土机司机硫化氢中毒，为此付出了生命的代价。海滩遭到致命污染，情况日益严重，然而，法国当局仍未从源头解决饲养场污染问题。因此，腐烂发臭的海藻仍继续不断地向海滩淤积，由此带来的危险也依然存在。

这些新闻报道令人震惊，但仍不同寻常。许多人仍然对环境导致的恐怖事件感到困惑，因为这与他们的日常生活不符。他们会说，如果情况真的那样，日益恶化，那么，我自己的生活为什么却变得越来越好呢？根据联合国“千年生态系统评估”计划（the Millennium Ecosystem Assessment）对世界环境状况的全面评述，可以说他们是对的。[6]尽管我们身边的物种及其栖息地在逐渐地消失，但人类的幸福指数却在不断提高。这在环保主义者看来，就是悖论。这有助于解释一些人对气候变化持坦诚的怀疑观，有助于解释他们为什么不仅断定气候变化不存在，而且认为这都是科学家和环保主义者的阴谋，完全是他们一起编造的弥天大谎。

幸福确实在不同方面得以改善，世界各地儿童的生存率、国内生产总值和教育水平等稳步提高，但是撒哈拉以南非洲的情况却严重滞后。这些方面并没有涵盖所有的幸福指数和领域，可是，对幸福或性别平等等方面的衡量，支持了许多人认为生活在不断变好的观点。然而，有一种情况可能会唤醒最激烈的气候变化怀疑论者，那就是自然灾害的明显增多。由于沼泽地和森林等栖息地的丧失，灾害性的洪水和山体滑坡情况日益严重。2005年，卡特里娜飓风给新奥尔良造成了史无前例的灾难性影响，要是城市建设没有破坏沼泽湿地，那么，情况应该就没有那么糟糕。当堤坝被冲垮，整个城市就变成了一个咸水湖。但是，我们面临灾难的风险在上升，而同时，我们应对灾难的能力也在增强，准备更加充分和完善，因此全球范围内自然灾害造成的死亡风险也已在下降。

对于环保主义者的悖论有几种可能性解释。

首先，食物是人类幸福的绝对关键，食物生产在提高。鱼类、肉类和谷类的生产已经超过了全球人口的增长，健康和预期寿命也因此而受益。然而，增长并不均衡，许多地方水土流失加剧，水资源匮乏，从而引发饥荒。

其次，人类的创造力让我们免受环境变化的不利影响。今天，如果一个地方的食物生产因干旱或病虫害而停滞，我们可以从其他地方调运食物；土壤侵蚀和肥力缺失可以用化肥来改善；鱼资源储量下降可以靠远洋捕捞来弥补。

最后，可能是更不祥的预兆。我们仍未意识到自己活动的真实代价，而影响已经发生。谨慎的财务经理会告诉你利润是可以花的，但资本是不能消耗的。然而，几十年来，我们一直以不可持续的速度消耗着自然资源，并直接侵蚀着我们的自然资产。现在，时日尚好，但是，一旦耗尽了储备，我们会切身感受到挥霍所产生的影响。令人震惊的人口增长加速了这一天的到来，欠债终究是要还的，一些资源终将提前耗尽，有些地方的人也必将为此提早付出代价。与美国或欧洲的超市消费者相比，菲律宾的渔民受到的冲击会更快，但总有一天，我们也会受到同样的冲击。我们就像过着高贵生活的债务人一样，终有一天会资不抵债，由债权人逼迫破产。

据可靠的估计表明，依据能源开发、利用和消耗的可持续程度及范围，目前，我们所消耗的自然资源值相当于一个半星球。造成这种情况的唯一可能是依靠我们现有的资源储量，换句话说，就是消耗数千年、数百万年自然积储的资源。[7]迄今为止，技术创新和全球化挽救了富裕的国家，但是，随着环境问题开始凸显，影响日益严重，我们无论贫富，都不得不面对前几代人以及我们自己的生活方式所产生的代价。受英国政府委托，2006 年，英国经济学家斯特恩完成并提交了《斯特恩报告》（Stern Review），评估气候变化所造成的经济成本。据估算，到 2040 年，可能会导致 2 亿气候难民。[8]今天，我们已经看到了欧洲的难民潮，索马里、苏丹和巴基斯坦等地因干旱、饥荒和洪水而绝望的难民纷纷涌往欧洲。据一广为引用的报告估计，20世纪90年代，已有2500万环境难民。预计到2010年，这一数字将翻一番。[9]

随着时间的推移，人与海洋的关系发生了变化。几万年前，我们的祖先经常会在沿海和河口捕捞、采集海鲜。在他们居所的附近，几千年来堆积的贝壳和鱼骨残骸表明，他们的活动消耗了一些物种的丰富性，由此改变了生态的系统结构。可是，他们的影响还不足以威胁一望无际的海洋。那是无忧无虑享用海鲜的时代。人类既不在乎，也不需要担心其海洋所取，无须担心其对海洋的影响。就那时的人类需求规模而言，海洋资源是无限的，是取之不尽的。

从人类的角度看，当人们最初是为了自己的生计开始大规模地利用海洋时，海洋仍处于“黄金时代”，人们的利用对海洋的丰富性和繁衍力造成不了什么影响。地中海的“黄金时代”始于古代对金枪鱼的商业捕捞，海洋养殖的出现以及大型港口和码头的建造。在过去的几百年中，人们对海洋的影响和冲击不断加剧，促使人们逐渐意识到其活动可能会导致污染或过度捕捞等问题。起初，这些海洋环境问题仅限于局部的、区域性的，人们的反应若有的话，也是零星的、分散的。对于捕鱼量日渐减少之类的问题，往往被忽略，人们仍可以到更远的海域去捕捞，从而不断获得渔业之需。然而，随着时间的推移，尽管人们对海洋环境的意识日益增强，但问题却不断蔓延，日趋严重。

我们能否克服困难，解决自己造成的问题？我们还不知道事情会如何发展，会有什么样的结局。问题的现状既令我担忧，也让我乐观，满怀希望。海洋环境变化的程度之严重，速度之快，影响之复杂，我们处理全球性问题的经验之缺乏，都的确令人担忧。但是，我们仍有理由充满期待，人类有充分的智慧和能力应对挑战，我们已经找到了一些问题的解决方案，也一定能找到更多其他的对策。因此，这也是我一直所关注的问题。在本书的余下部分，我将集中讨论具体的应对之策，以改善我们的海洋现状，维护这个海洋星球的健康发展。而难以回避的关键在于我们必须有所改变，继续以现状发展下去，终将导致环境进一步恶化，危及海洋生命，威胁人类的健康。

我是一个乐观主义者。我们解决问题的意愿是从未有过的强烈，从这一点上，我看到了希望。当然，也是这同样的意愿，在人类星球的发展过程中，首先给我们带来的是环境的困惑和挑战。尽管如此，我们今天很幸运，而我们的先辈则很遗憾，他们的文明未能改变自己的环境。[10]我们与过去的社会相似的就是人，人类饱经生存的磨难，生性目光短浅，行为自私。我们若能克服这些进化中的怪癖，就可能拥有可持续的未来。哈佛大学的科学家爱德华·奥斯本·威尔逊概述了我们所面临的挑战，“我们拥有旧石器时代的情感，中世纪的制度和上帝一样的技术。”难怪我们从自然资源的过度利用向可持续利用的转型如此艰难。如果我们要生存下去，就必须在不到一个世纪的时间里，用新的路径改造我们目前数千年形成的社会组织方式。减少海洋生命压力的行动越迟缓，改变业已造成的负面影响就越难，陷入环境危机容易，拯救环境则难。而风险就在于日益恶化的境况难以逆转。我们珍爱我们的海洋，爱惜我们的海岸。它们充满奇趣，给我们带来愉悦，为我们提供休养之所，让我们富于想象，充满灵感。但是，如果我们意识不到海洋生命所面临的危险，意识不到由此我们人类所面临的危险，如果不行动起来消除这些危险，那么，这些乐趣和愉悦可能将不复存在。

我们未来一代又一代的孩子生活在被我们改变的环境中，他们将做何感想？若要看到未来的风险，就看一看当今的冰岛，那里吃苦耐劳的冰岛人，在那片贫瘠的火山岩土地上，艰难地谋生。[11]但冰岛并非一直都是这样贫瘠、荒凉。当斯堪的纳维亚水手发现冰岛时，那里土地肥沃，灌木丛生，树木茂盛。而今天，过度放牧摧毁了脆弱的植被，土壤流失海洋，造成了如今的荒芜沙漠。直到几年前才有人意识到他们的岛也曾经绿意盎然。但现在，那里只能看到单调的岩石，他们只能在想象中漫步丛林和荒野，呼吸春天花楸的香味。如果我们不能控制气候变化，找到节能的生活方式，我想，我们的后代面对我们遗留的问题，是不会轻易原谅我们的。

第十六章 海洋养殖

海洋是无穷无尽、永不枯竭的。随着人们对海洋了解的深入，开发工具的日臻完善，海洋渔业的开发也变得更加容易，渔产更加富饶，收益更加可观。

——马塞尔·赫卢贝尔 法国海洋生物学家

这是法国海洋生物学家马塞尔·赫卢贝尔（Marcel Herubel）1912年写的一段话，[1]他也是一位杰出的思想家。与同时代的其他人一样，他注意到局部地区的渔场会被过度开采，却未曾料到海洋资源的生产力会面临全球范围的削减。目前，由联合国粮农组织收集到的鱼类捕捞量的资料显示：经过持续千年的不断增长，野生鱼类的捕捞量从1988年开始有了下降的趋势。这种情况实在让人始料未及。[2]

如果拿鱼类捕捞量与快速增长的人口数量做比较，情况看上去更糟。1970年，野生鱼的可食用量达到了峰值，之后便开始下降，如今已下降了25%。在1970年，如果将捕捞的鱼直接均分给星球上的每个人（不提供给家畜），每人每周的食用量可达到190克，现在每人每周为136克。[3]

最晚从20世纪初期开始，政府就鼓励我们多吃鱼类，这样可以让我们变得更加健康、苗条。一些政府甚至还为我们应该吃多少制定了标准。在新西兰和希腊，每人每周应吃500克，甚至更多。然而，加拿大和奥地利政府认为150克已经可以了。美国则建议每人每周340克，而英国推荐280克。从全世界各国界定出的平均数字来看，我们每周应该食用的鱼和贝类大约为260克。这个数字几乎是野生鱼捕捞量的两倍。野生鱼可以说是供不应求。

人类足智多谋，热衷于使用科技手段。当海里的野生鱼不能再满足人类的需求，真的有必要发展海洋养殖吗？水产养殖十分简单，就是在人为控制下繁殖和培育鱼类和贝类的一项生产活动。如今，与农业中大肆宣扬的绿色革命相呼应，水产养殖业中有许多关于蓝色革命的探讨。在全世界人类消费的鱼类总量中，养殖鱼和贝的占比达到了46%。[4]这是否应归功于水产养殖呢？

水产养殖有着悠久的历史。最早有关池塘养鱼的记载，出现在尼罗河谷地一座埃及古墓的壁画上，这座古墓有近4000~4500年的历史。[5]画中，一个男人坐在带有排水管道的储水池旁边，拿着渔具在钓罗非鱼。渔具由一根鱼竿和两条钩线组成。池中，漂浮植物遮住了鱼儿，还倒映出一个男人正在摘树上的果子。果树可能是利用池中排出的废水进行灌溉。在钓鱼者的身后，一个女人在捡拾钓到的鱼儿。

几乎是在同一时期（前后大约500年），中国的水产养殖也被认为有较大的发展。在中国，人们将从河流或湖泊里收集到的淡水鲤鱼苗投放到池塘进行养殖。因经商规则和风险导论而为今人熟知的中国作家范蠡在公元前475年写了一篇有关鱼养殖的手册，这是有关鱼养殖的最早记载。中国人经过几个世纪的努力，将这些方法不断改进、提炼，形成了一套完善的混养体系。他们将各种不同食性的鱼类放在一起混养，主要是放在池塘里，也有放养在稻田或湖泊里。民间还有一个广为流传的故事：7世纪的中国皇帝李世民，因为鲤鱼的“鲤”与李世民的“李”同音，下令禁止任何人饲养鲤鱼。据说对鱼类进行混养也是为了应对这一禁令。在混养体系中，不同的鱼种食用饲料也有所区别，有藻类、小昆虫、食物残渣，甚至食用污泥。然而，混养对水稻种植却十分有利，它能让池中土壤与空气充分接触，同时，也有效减轻了野草与害虫的危害。

在欧洲，罗马人在骨子里对野生鱼有着偏爱之情。早在2000多年前就已经开始在海洋进行水产养殖。用水工混凝土建造鱼池，亦是罗马人的发明创造。[6]事实证明，这些鱼池的抗波浪和抗潮汐能力十分强大，至今还有许多鱼池完好无损，尚可用来养鱼。建设这些鱼池并非为了满足大众需求，它们的建设和维护成本也非常之高。非常有名的吃鱼美食家卢库勒斯（Lucullus）对鱼比对他的海边别墅还要上心，[7]他甚至为了养鱼还专门穿山开隧道，引海水。

罗马的鱼池设计得相当高端。一些鱼池建在餐厅里，置于宴会厅的核心。对罗马人来说，近距离接触他们要吃的鱼是一件非常有意义的事情。每做一道菜，人们就会将鱼放在餐桌上宰杀，宾客会来围观，观察鱼在整个过程中身体颜色的变化情况。有些鱼池设有观赏台，有的甚至建有钓鱼点，钓鱼者可在上面钓鱼，将钓到的鱼做成自己的午餐。很多鱼池的周围还设有圆形陶瓮池，给鳗鱼提供藏身之所。在那个时代，鳗鱼是极其珍贵的，一些鳗鱼被当作宠物饲养，还在其身上刺孔装点一些黄金珠宝等装饰物。[8]沿海鱼池大多建在天然海湾与岩洞附近，通过管道与大海相连，在与大海连接的管道口处装有滤栅，波浪和潮汐可穿过滤栅，或翻越鱼池外围进入鱼池，循环更换鱼池中的水。与从前的水产养殖一样，罗马的鱼池仅仅是饲养野生鱼的场所，将野生鱼投放到鱼池里进行饲养，这样一来，不管天气和季节如何变化，都能保证供应。

1778 年，库克（Cook）船长首次抵达夏威夷，在那里，他发现数百个鱼塘之间存在着千丝万缕的联系。[9]有一些鱼池非常大，池壁用岩石砌成，有 1 千米长，2 米高，底部有 11 米厚。在库克时期，每年海水养殖和淡水养殖所提供的渔产总量约为 1000 吨。夏威夷的水产养殖业可追溯到 1000 年前，而且当时它可能已经形成了一套完整的生态系统。海洋里的鱼苗和幼鱼穿过滤栅，通过连接大海的管道游进鱼塘，在鱼塘里慢慢长大，最后长到一定长度，被滤栅阻拦无法进入大海，由人们进行定期捕捞。

需要是创造的源泉。中世纪时期（11—13 世纪），在欧洲，大量被冲刷掉的土地被重新用来进行农业耕种，这引发了我在第二章所提到的淡水鱼供应危机。也是在这个时期，鲟、鲑以及白鲑等鱼类的迁移路线被水坝（主要为一些磨坊而建造）阻挡。鱼类供应量下降，无法满足大规模的城市人口不断增长的需求。此外，中世纪的欧洲，基督教盛行，基督教规定信徒们在某些特定的日子不得食用肉食（尤其是四条腿哺乳动物的肉），由此，鱼类更加受到人们的欢迎，从而助推了修道院和贵族扶持的池塘鲤养殖的发展。

可以说，欧洲的淡水养鲤比罗马的海水饲养更加完善，前者涵盖了鱼类从胚胎发育到衰老的整个生命周期。直到 19 世纪，人们才开始认真钻研让海洋鱼类在池塘里完成整个生命周期的方法。需求再一次推动了发展。几个世纪以来，欧洲大小河流里的鲑都被私人占有，这些人拥有捕捞权，所捕的鱼主要提供给上层贵族。然而，工业革命导致大量河流不是被污染，就是被大坝隔断，鲑的数量急剧下降。人们开始着手建立鱼苗孵化场，等池塘里鲑的幼苗长到一指长时，便将它们与鲑爸爸、鲑妈妈分离，将其投放到河流中，任其自然地完成整个生命周期。从 1868 年到 20 世纪初，人们用船将生长在英国地区的鲑与河鳟的幼苗运往新西兰，将它们投放于新西兰的河流和湖泊里，让其在那里生存、成长。所有这些都表明，人们在池塘养殖海鱼这方面所做的尝试不断进步、完善。[10]然而结果并不乐观，虽然河鳟在这里生长十分迅速，鲑的生长却陷入困境，最终只在一个河流区域被成功地孵化、生长。

19 世纪后期，海洋渔业的改革与发展再次让野生鱼的供应面临巨大压力，从而助推了鲽鱼和多宝鱼的水产养殖。同鲑鱼养殖一样，人们致力于通过封闭池塘大量养殖，等鱼产出幼鱼，将幼鱼大规模地投入河流，以此来增加野生鱼的数量。1912 年，马塞尔·赫卢贝尔对这些开创性的尝试做了实质性的总结：

也许，声称育苗养殖（piscifacture）富有社会价值是合情合理的。它不单单指养鱼业（pisciculture），因为养鱼业只限于鱼类的饲养，而育苗养殖致力于鱼类的再生产，首要技艺是培育，其次是养育……如果人类不大量增加自己的捕捞量，育苗养殖将会使海洋的生产量得以恢复。[11]

由于大家熟知的原因，这些愿望美好的尝试最终均以失败告终。幼鱼在野生环境中的死亡率非常高，只有少数可长到成鱼阶段。即使投放上百万条幼鱼，对我们的捕捞量也很难产生太大的影响，最终可供捕捞的成鱼依旧很少，主要是因为与野生的小鱼相比，养殖的小鱼对野生环境的适应能力较低。因此，水产养殖的方向发生了转变。[12]与之前的方法类似，新的方法致力于对野生鱼进行封闭养殖，使野生鱼从幼卵到成鱼整个生长阶段都在养殖场。此外，还改进了贝类（如牡蛎和贻贝）的养殖方法。贝类海产养殖由来已久。在加拿大不列颠哥伦比亚的布劳顿群岛（Broughton Archipelago），那里的人们首次建立横穿海湾的岩墙，将沙子积聚到蛤蜊最喜欢的厚度，蛤蜊便成为人们冬天重要的食物来源。[13]没有人知道这些岩墙首次建成的确切时间，但它们可回溯到5000年前，那里的居民超越狩猎采集的传统，以培育自然来满足自身的需求，这所体现的只是众多类似的方法之一。

在不到100年的时间里，水产养殖就从少数人的尝试失败中非常成功地发展成为国际性产业。从1950年联合国粮农组织开始收集数据起，水产养殖业的产量从每年不到100万吨增长到5500多万吨，其中鲤鱼和罗非鱼等淡水鱼的产量占据一半以上。除此之外，我们还可以加上另外1800万吨的海藻。在过去的10~20年里，除了有机农业，水产养殖比其他所有食物生产模式的发展都快。自1950年以来，在世界肉类生产中，水产养殖的产量增长率提高了三倍，甚至超过了世界人口的增长速度。因此，一旦将水产养殖计算在内，每人每周的鱼类可食用量便从 197 克增加到 207 克，比仅仅依靠捕捞野生鱼类的状况要好，但与健康指标的平均量相比，仍相差 20%。更糟的是，有 1/3 捕获的野生鱼要用来喂养牲畜、宠物和供给水产养殖，可供每人每周食用的量只剩下 160 克。

虽然养殖近 400 多种不同品种的鱼类和贝类，但对产量有主要贡献的只有几种。在海产方面，贡献最大的是贻贝、蛤蜊和对虾。贝类养殖遍布世界各地，主要是海湾的悬绳养殖和覆盖面积达几十英里的淤泥养殖。贻贝和蛤蜊是主要的养殖品，但甚至像扇贝这样的自由软体动物大部分也生长在悬绳网袋中。

许多西方消费者会将大西洋鲑与水产养殖联系起来，但 2008 年，鲑鱼养殖产量为 150 多万吨，仅是同年海洋软体动物与对虾总量的 1/12。鲑鱼以一个不太重要的角色加入了十大水产养殖鱼种，其他的还有虹鳟鱼、鲷鱼、黑鲈、日本鰤鱼、澳大利亚肺鱼等以及比目鱼，由于杂交而不好听，超市里常常会将其在商品名中省略。但现在还养殖一些其他盈利性非常高的鱼种，如蓝鳍金枪鱼、石斑鱼以及鲟鱼等。

2008 年，中国的食用鱼有 80%来自水产养殖。在国外，吃的鱼中有 25%来自水产养殖，比 1970 年的 1/12 要高。在发达的地方，似乎所有的峡湾或海湾都被用来扶持或划为水产养殖区。在中国和日本的某些地方，当你站在海滩上，放眼望去，看到的全是鱼苗池或海藻，一直延伸到海的尽头。从食物生产来看，水产养殖在近阶段取得了非常大的成功，但水产养殖也存在很多的问题，一些问题甚至已经得到倡导水产养殖者的认可，但还有些长期以来潜藏在背后的问题，直到最近才引起人们的注意。

虽然像贝类这样的滤食动物可以喂养自己，但棘手的是，鱼类需由人工喂养，而且像鲑鱼、黑鲈鱼以及金枪鱼这些深受发达国家消费者欢迎的鱼类都是食肉物种。人们常常将鱼类养殖同他们熟悉的牛、羊养殖混为一谈，认为饲养动物就是将人们不能吃的，如草之类的东西转化为可食用的东西。但是这种习以为常的逻辑对食肉鱼类的养殖不适用，而食肉鱼又恰巧是西方消费者最喜欢的鱼种，因为它们个头大、肉质结实、味道鲜美。虽然一些淡水鱼（如鲤鱼和罗非鱼）是素食鱼，但养殖场里几乎所有的海鱼都是食肉物种。因此，我们必须捕捞一些野生鱼来喂养殖鱼。这些野生鱼被称之为“饲料鱼”，如凤尾鱼、毛鳞鱼、青鱼，还有成群生活的鲱鱼。如果我们直接食用这些“饲料鱼”，当然也能成为美味的食物，我们就没有必要吃这些喂了饵料鱼的鲑鱼或黑鲈鱼。那么，鱼类养殖中存在巨大争议的第一个问题就来了，有时我们要用几盎司①的野生鱼才能生产一盎司的养殖鱼，这是否划算？[14]

我们养殖的鱼中，有几种是凶猛的食肉物种，在食物链中位于较高的层级。在澳大利亚和地中海地区，蓝鳍金枪鱼在幼鱼时期便被捕捞，然后放入养殖场，一直长到可以上市买卖。在此期间，蓝鳍金枪鱼要食用大量野生鱼，这些野生鱼的重量是蓝鳍金枪鱼产出量的20倍。从营养等级方面考虑，你可能就会对这个问题有所了解。营养级是确立物种在食物链中所占位置的一种简单的方法。在食物链中，从底层的植物和有机物残渣到最高层的有

① 1盎司约为28克。——编者注

锋利牙齿和目光犀利的食肉动物，食物链如同向上的梯子，而营养级可以看作是梯子上的每一个台阶。植物和岩屑碎属于第一营养级，食草动物与食用碎屑废物的物种属于第二营养级，食肉动物位于第三营养级，吃其他食肉动物的肉食动物位于第四营养级。很少有食物链能超过五级的，因为在通往各营养级时有90%的能量会因维持生命和生产下一代而散失，最终只有10%的能量用来强肌健体。这种能量的流失模式便可以解释为什么羚羊和鹰比兔子少，而狮子比羚羊和鹰更稀缺。

这是对食物链最简单的一种理解，因为它假定了每一物种只占据一个营养级。事实上，大多数动物的饮食具有混合性，所吃的食物来自一个或多个营养级。我们可以通过给它们营养级确立一个中间值来体现这一点。很多人既吃肉也吃菜，所以人类的平均营养级大约是3.2级。大西洋的鲑鱼和蓝鳍金枪鱼的营养级是4.4级，在食物链中的位置高于非洲狮子，非洲狮子的营养级还不到4级。如果你曾在聚会上被一些谈话困扰，你一定是听到了那个让人吃惊的高论：很多家猫比狮子的营养级高。在食肉群体中，所有这些食用鲑鱼和蓝鳍金枪鱼的小猫的位置要比许多大型猫科动物靠前。因为在食物链中，食肉动物所占位置比绵羊、山羊或牛的位置要高，因此，收获与投入二者是不成比例的。

过去10年里，生产者一直努力平衡这两者之间的比例。从整个养殖业来看，野生鱼与养殖鱼的产出比从1：1下降到0.63：1（除去像蚌类这种可以自己从水中获取食物的动物）。[15]尽管有极少的例外，生产者的主要动机还是利润，而非对环境的关注。随着需求的增长，野生鱼粉和鱼油的价格十分昂贵，其涨速比通货膨胀还要快。现在，全球生产的大约一半的鱼粉以及几乎所有的鱼油，都被养殖业消耗使用（其余的用来喂食猪、鸡甚至奶牛）。由于野生鱼捕获量趋于平稳，所以，最晚到2050年，世界上所有的鱼粉生产将用于水产养殖业的消耗。虽然饲料转化率有所提高，但对于某些鱼种来说这一转化率依然很低。鲑鱼饲料的鱼油含量十分高，这些鱼油是从像秘鲁鳀这类鱼种体内提取的，但每生产1千克养殖鲑仍平均需要5千克的野生鱼。

在水产养殖中，有一些可以代替野生鱼鱼肉的饲料。一些生产者将加工鱼的下脚料与饲料混合搅拌在一起，但由于其含油量较低，只有一部分养殖主采用这一方法。另一些养殖主养一些海洋蠕虫供给养殖鱼。应用最广的饲料替代品是富含蛋白质与油的植物（如大豆和油菜籽）。但问题是，若要保证食肉物种的健康不受损害，就要对它们食用的植物量有所限制，而且这也关系到消费者们直接关注的问题，即鱼肉的味道。此外，人们大肆鼓吹吃鱼的益处，因为它们还有ω-3营养油。多年来，关于鱼油的神奇功效有多种说法，包括降低胆固醇、保护心脏、锐化头脑、缓解抑郁、润滑关节、改善视力、预防老年痴呆等。鱼油对心脏的保护作用已被广泛认可，但是，所说的其他的那些益处还有待证实。陆生植物中ω-3油含量十分低，因此，用陆生植物作为饲料替代品会使鱼类食物的健康性流失。德国农用化学品巨头巴斯夫公司（BASF）找到了新方法，他们用已进行转基因的油菜籽来生产鱼油。这类转基因植物已在美国获得批准和认证，但仍有许多人对这种转基因生产保持高度警惕。所以，这种做法似乎并不能使所有人满意。

在一些地方，找到充足的鱼来供给水产养殖和养殖场已变得十分困难。进行拖网捕捞渔场的误捕率非常高，大多被误捕的鱼种被丢弃死亡。[16]在印度和委内瑞拉，找到了解决误捕问题的新方法，就是将这些误捕鱼种进行干燥，加工转换成鱼粉，供养鸡场和水产养殖使用。这初看起来似乎是个好主意，这一方法在造成初始高价值的目标物种走向经济灭绝后，能使拖网捕捞仍长久保持盈利。对渔业的最后制衡可能使海洋栖息地免于过度捕捞而毁灭，但结果是再也无利可图。如果拖网捕捞的每种物种都能售卖，那么拖网会撒向海洋的每个角落，也就意味着最后无鱼可捕。

养殖的海鱼并不都是鲑鱼或金枪鱼这类食肉物种，还有许多以浮游生物、植物或残渣喂食的贝类。尽管如此，在鳍鱼养殖中，每生产 1 千克养殖鱼都需要更多的野生鱼。从全球的水产养殖业来看，它消耗的野生鱼量要比它产出的养殖鱼量多 2/3。然而，很难找到解决过度捕捞的办法。那么我们为什么不直接食用野生鱼呢？事实上，有很多人，包括知名厨师在内，都极力主张这样做。我们食用的鱼主要有凤尾鱼、沙丁鱼、鲱鱼、鲱鱼类的小鱼以及蓝鳕等，这些鱼肉中富含健康的鱼油。但问题是，这些鱼大多个头小，处理起来繁琐不便，而且鱼刺很多，容易钻进牙缝或卡到喉咙。在食物和肉购买起来很方便的发达国家，养殖场能直接提供肉多无刺的鱼片让人们选择，所以，要说服人们去选择那些带着头和尾巴，脏兮兮的，还需进一步处理才能食用的野生鱼相当困难。超市对养殖鱼也青睐有加，因为不管什么季节，什么天气，养殖场都能保证鱼片供应，甚至还能保证要的鱼片规格和形状统一。由此看来，养殖鱼自然必不可少。

令人忧心的是，为了迎合西方消费者对食肉鱼的喜爱，捕捞小鱼来作为食肉鱼的饲料，这一做法会夺走世界上穷人的主食。在非洲、欧洲和世界其他地方典型的36个发展中国家，人们摄入的鱼类蛋白质中有50%以上是通过食用这些小鱼获得的；[17]非洲有一半国家，人们摄入的所有动物蛋白质中，鱼类蛋白质占25%~50%以上。经许可，一些国家到非洲水域进行工业捕捞，这危及到鱼类的供应，从而促使人们到陆地上捕杀野生动物，以满足对野味的需求。[18]

可替代这些小鱼的另一物种是磷虾。磷虾是一种生活在极地海洋、有指头大小的明亮鲜红的小虾。据估计，南极海域拥有大量磷虾，可维持世界上所有的水产养殖。每年都会捕捞成千上万吨的磷虾来做鱼粉。[19]遗憾的是，事情没那么简单。鱼类、企鹅、鲸和海豹都以磷虾为食，如果工业捕捞进入磷虾种群，减少磷虾存量，将会对企鹅等这些物种造成伤害。事实上，由于气候变化，磷虾存量已经下降。在冬季磷虾通过食用附着在浮冰底部的藻类而生存。如果冰块融化，磷虾的供应将会随之崩溃。

水产养殖在饲养方面也存在诸多问题。养殖鱼同其他集中饲养的动物一样，遭受着疾病和寄生虫的危害。为解决传染病和虫害问题，大多数鱼场养殖主在鱼池和鱼场里加入抗生素、杀虫剂和杀真菌剂。由于鱼场大多与海洋相通，这些污染物流出鱼场，扩散到其他地方。这些问题不仅仅存在于密集鱼养殖业。例如，鲑鱼养殖场大多分布在河口处，直接与野生鱼生长的河流相通。野生环境中的成年鲑与幼鲑的接触很少，因为它们要么产完卵就死亡，要么在幼鲑孵出前就已返回海洋。现在，幼鲑在移居海洋时要经受鲑鱼养殖场的一系列考验，它们要与养殖场成年鲑遭受的疾病和寄生虫接触，比如海虱，它依附在鲑鱼皮肤表层，啃食鲑鱼的表皮，吃鲑鱼的肉，由此带来的伤害通常杀不死成年鲑，但却可以杀死幼鲑，野生幼鲑通常不会遇到这种情况，至少不会遇到如此大密度的病害。近几十年来，相比其他河流，过去有鱼养殖场的河流里野生鲑鱼的数量下降程度更高。在不列颠哥伦比亚部分地区，据估算，死亡的野生幼鲑中有95%是被来自养殖场的海虱所杀。[20]在大西洋，以前的野生鱼都变成了亡魂，若以这样的死亡速度，鲑鱼将很快走向灭亡。由于每条河流都要有自己的鲑鱼储存量，以适应当地的环境，因而，每次死亡都意味着又向灭绝迈进了一步。

与野生动物相比，养殖动物遭受的疾病攻势更加凶猛、残酷。这些疾病主要是由动物的密集饲养引起的，此外，养殖场严峻的生活环境和养殖物种的单一性加剧了疾病的盛行。三文鱼贫血症就像一种与禽流感密切相关的新型病毒，已经感染了鲑鱼养殖场里密集养殖的易受感染的鲑鱼。[21]在鱼场养殖出现之前，关于野生鱼中出现这种病毒的报道只有一次。疫病一暴发就席卷了整个养殖业，许多国家要求将养殖场中受感染的鱼全部杀死。有讽刺意味的是，养殖业自身是疾病传播的主要载体。20世纪90年代，苏格兰暴发的疫情就与运载鲑鱼的船只在养殖场之间来回穿梭有密切关系。

在疫病肆虐的情况下，得以生存的鱼会携带有三文鱼贫血症病毒。而且，可通过海虱在鱼之间传播，这引起人们日益关注与受感染养殖场有过接触的野生鱼的生存力。现在，疾病已蔓延到美国和加拿大。2007年，此病毒在智利被首次发现，这时，大西洋里有一半鲑鱼已遭此厄运。

在虾养殖中，另一种疾病跨越太平洋在各个鱼塘之间传播。20世纪90年代，白斑综合症病毒出现于中国，然后蔓延到日本和东南亚。被感染的虾反应迟钝、无活力、身上出现白色斑点，实际上，这些症状很难被发现，因为此病毒在短短几天内便可毁掉整个受感染的养殖场。90年代中期，这种病毒几乎毁掉了中国的虾养殖业。到了90年代后期，它对北美和南美造成了同样的毁灭性灾难。在造成虾的死亡与毁灭的原因中，白斑综合症病毒是其中之一。在这一疾病出现前，虾养殖场往往通过捕捞野生幼虾来补充库存量。但现在，养殖场主要依赖鉴定过的无疾病亲虾产卵。渔场依旧把严重污染的水排向开阔的水域，但已经采取措施将养殖场与海隔离，以此减少感染传播发生的可能性。

从多方面来看，将渔场与开放水域隔开是一个绝佳的办法。面对疾病，养殖场有三种选择：预防、治疗或冒险破产。预防疾病的方法包括接种疫苗、预防和消毒。接种疫苗方法简单而无污染，但只能用于少数物种和疾病，并且通常仅在发达国家采用这一方法。预防通常包括给鱼喂抗生素，而消毒则意味着在池塘撒入有毒化合物（如孔雀石绿）。孔雀石绿已被确定会导致人类癌症的发生。所以，在水产养殖中使用抗生素越来越引起人们的担忧。智利每年用掉100多吨的抗生素，大部分都是用于水产养殖。[22]这些抗生素在人类医学中十分重要，过多使用会造成微生物体内对抗生素产生抗体。从鱼虾养殖场附近的沉渣和水样品种检测到的细菌已经开始产生这种抗体，有些已对多种抗生素产生了免疫。

你可能会认为，海洋病菌没有什么机会伤害到我们。但细菌可转换基因遗传体，带有抗体的基因能从海里传到陆地，从影响动物的小虫传到可以感染人类的物种。20 世纪 90 年代，南美洲暴发的霍乱疫情就属于这类情况，它的起因是厄瓜多尔养殖场大量使用药物，增加了细菌的抗体，这种细菌又与霍乱弧菌接触导致霍乱弧菌也携带此类抗体。一些致命的肠道细菌大肠杆菌也是通过水产养殖获得抗体的。对于一些人类病原体，可能直接通过水产养殖形成抗体。亚洲的鲤鱼养殖，用蔬菜、污泥，或昆虫作为鱼类的食物，对人类产生的废物循环利用，被认为是可持续发展的典范，受到广泛称颂。在越南，一些城市利用大型水产养殖场来处理污水，当你下次在超市看到肉质丰满的巴沙鱼（鲇鱼的一种）鱼片时，你可能要犹豫一下。[23]因此，人类病原体在鱼类丰收前会在鱼池周围转悠，等着获得抗生素抗体，鱼儿丰收时便会再次传给我们人类。

大多数发达国家已经意识到抗生素的危害，并对其禁止使用。在挪威，为防止感染，给大部分鲑鱼接种疫苗。亚洲、南美洲或非洲发生的事情看似离我们很遥远，但现在的世界是全球化的世界，发生在世界任何一个地方的事情很快就会波及另一地方，从禽流感和猪流感的暴发就能看出这一点。在世界水产养殖产量中，90%以上来自发展中国家，只有发展中国家的这些问题得到解决，才算有所进展。亚洲是世界上生产养殖鱼最多的地方，那里的养殖场经常使用抗生素、杀虫剂、消毒剂以及抗真菌剂。

有毒化学物质被释放进海洋让人忧心，但也凸显了水产养殖产生危害的另一途径。大多数鱼塘的水和开阔海洋的水是相互融通的，多余食物残渣以及粪便会被冲入海洋。如果养殖场少，流经的水流量大，我们可能看不到什么影响，不会产生什么不良后果。但鱼场多位于封闭的海湾、河口和峡湾处，这些地方的水流交换量是有限的，此外，随着鱼类养殖的增长，一些地方建满鱼塘，每个鱼塘可容纳数十万条鱼，这大大增加了废物排放量。到2000年，苏格兰鲑鱼养殖场排放的氮气量（氮气是引起浮游生物大量产生的主要营养物）相当于未经处理的320万人排泄物中所含的氮气量，这个人口量相当于苏格兰总人口的60%。[24]磷（另一主要植物养分）的排放量相当于940万人排放的废物量。虾养殖场产生的富养分污泥量大得惊人，进行精养的水产养殖场，每公顷虾产地能生产几十吨到几百吨富养分污泥。[25]毋庸置疑，这些养殖场是造成氧气损耗、有害藻华繁盛以及困扰中国渤海区域的鱼类死亡问题的主要因素。中国受藻华侵袭的区域比密西西比河死亡区的面积还大。有毒藻华一旦进行袭击，可在短短几个小时内杀死所有的海洋生物，损害养殖场的利益，因此，驱使人们去寻找一条更加环保清洁的水产养殖法。菲律宾海湾建有大量鱼塘，分布集中，但开阔的水域很少。从1999年开始，每年都有大量遮目鱼和罗非鱼死亡，鱼产量的损失达数十万吨。这些问题不仅威胁到鱼产量，而且对消费者的健康构成真正的危害。

如果说渤海现在还不是地球上污染最严重的海域，但它一定离达到这个程度不远了。渤海位于中国经济腾飞中心地带的下游，就像欧洲和美国过去的工业革命一样，这种命运的转变是以严重污染为代价的。工业废水和千万户人家排出的污水混在一起注入海洋。地图显示，渤海沿岸几乎每个地区都遭受过量污染物（如铅、铬、汞、砷以及富养分）的污染。[26]天津市周围的水质极差，大多都是“水色浑浊”。水质的严重污染威胁到迅速发展的水产养殖业。为了使动物存活，广泛使用抗菌、杀菌化合物，因此，养殖动物受到了滴滴涕、阻燃剂、水中的汞以及养殖场主使用的预防性化学药物等多种形式的污染。

在前几章中，讨论了全世界的水产养殖如何导致物种入侵以及疾病的扩散。一些人认为，这种“生物污染”是养殖带来的最糟糕的影响，因为当这些问题引起注意时，往往已不可逆转。大西洋鲑鱼已经在不列颠哥伦比亚的一些河流中生存下来。巨大的太平洋牡蛎，个头是人的手掌的 3 倍，被引入北欧海域去替代当地的原生牡蛎，现已融入当地海域环境。在缅因湾，引进的欧洲牡蛎带来了侵袭性的海葵以及指状水松（松藻）。松藻是一种生命力极强的绿色海藻，与本地的动物群为了生存空间激烈竞争。没人知道这些物种或其他数百种外来物种如何在新的环境中繁衍生殖，但可以肯定的是，必有一些被淘汰。但还有另一种释放影响的方式与“生物污染”同样不可逆转，更加让人恐慌，那就是转基因鱼的利用。

同其他类型的养殖业一样，水产养殖业中也有高科技爱好者，他们能找到让鱼类变得更好的方法。在撰写本书时（2011年），首个转基因鲑鱼在美国几近获得批准，这种方法被称为基因改造。[27]这种大西洋鲑鱼被注入大鳞大马哈鱼和大洋鳕鱼的生长基因，大洋鳕鱼基因可使鲑鱼的生长激素在冬天也能发挥作用，比正常鲑鱼的生长速度高2倍。因此，这些鲑鱼在一年内就能达到市场所需的重量。对此持反对态度的人则认为，转基因鱼会进入其他河流，与野生鱼交配，产出变异鱼种，造成不利影响，最后甚至连创造转基因鱼的人都无法控制。然而，生产转基因鱼的公司声称，这种情况是不太可能出现的，因为有99%的转基因鱼体内注有另一种鲑鱼基因组，这一基因组能确保转基因鲑鱼不孕，此外，所有转基因鱼都会在陆地上的封闭环境中长大。尽管如此，反对者还是有反对的理由，因为生物技术一再提供的保证多次证明不那么有说服力，语气并没有他们声称时那么坚定。无论如何，这些转基因鲑鱼要在市场上立足，必须通过美国之外的层层监管，因为大多数鲑鱼养殖在加拿大、智利和欧洲。尽管环境保护者对此强烈反对，但从长远来看，转基因鱼在水产养殖业的开发利用已是大势所趋。

海鱼养殖在全世界的扩张改变了许多国家的海岸、河口及三角洲地区。近年来，中国水产养殖发展进程迅猛。2003年，海产养殖覆盖了近15 000平方千米，约占中国海岸线的50%。[28]这些养殖场大多建在红树林、海滨泥滩、盐沼地和海草床地。渤海地区是水产养殖场最集中的地区，对此地的卫星拍摄图显示了这里在水产养殖方面付出的惨重代价。直堰池塘全呈现蓝色和青绿色，从海岸线纵深到内陆几千米，覆盖整个海滨泥滩地。在过去几十年里，菲律宾和越南已失去了75%的红树林，其中的50%用于水产养殖。遗憾的是，这些鱼塘许多已经废弃。红树林土壤一旦暴露于空气中，便会被酸化。酸化土壤含有大量有毒铝渗入鱼塘，因此鱼塘不能使用，除非将它与红树林隔开。

红树林和盐沼都有自我修复能力，保护海岸地区免受风暴与洪水的袭击。如果未被破坏，还可积聚沉淀物，加高地面厚度，很好地缓解海平面上升带来的不利影响。然而，很多地区的水产养殖不仅使此地失去了这些有利因素，还因为给虾和遮目鱼建造咸水鱼塘大量吸收地下淡水，从而造成地面下陷。

具有讽刺意味的是，栖息地的破坏使鱼场最需要的清洁的水和饲料鱼极度匮乏。水从沿海湿地冲过，留下了营养物质还有污染，沿海湿地成为大量鱼类和贝类的乐园。尽管疾病迫使许多对虾养殖场转向人工鱼苗，但整个热带地区仍有数不清的养殖场，不顾忌对环境造成的毁灭性危害，依靠野生资源来进行水产养殖。

老虎虾，个头大、生长快，是野生虾苗的一部分。捕捞老虎虾虾苗大都是在没有月光的晚上，渔民们拿着夜间照明灯，站在浅水区，几分钟内，便有成百上千只小动物围上来，它们就像扑火的飞蛾一样迎着亮光游去。在马来西亚和菲律宾，每捕捞一只老虎虾就要损耗数百只其他物种的虾苗。生长在孟加拉国的上亿只老虎虾中，有一半是野生的，对其他虾种的损耗从未停止过。科学家在一项研究中发现，每捕捞一只老虎虾虾苗就要损失上百只长须鲸幼苗和1000多只以浮游生物为食的其他鱼种。[29]

在发展中国家，湿地占用剥夺了穷人赖以维持生计的捕鱼和采收场。渔业养殖为移居的人提供工作，带来收入。但贫富差距不断扩大。而且水道阻塞、树木砍伐、池塘污泥注入海洋等严重影响了人民的生活质量。在孟加拉国、泰国、洪都拉斯等许多国家，一些人对此种不公平现象大胆地提出反对，却遭到迫害，以此来镇压反对的声音。

迄今为止，水产养殖使我们大多数都免受过度捕捞的不利影响。在整个发达世界，超市的货架因不堪承受各种鱼类和贝类的重量而嘎吱作响。只要有钱，你不仅能买到大众常买的鲑鱼和对虾，还能买到鲟鱼鱼子酱、蓝鳍金枪鱼生鱼片以及高档餐厅用的半壳的牡蛎。从1950年开始，鱼类养殖猛烈扩张，使海岸区、湿地及浅海区域付出惨重代价。政府一味追求外汇、增加就业，主张发展水产养殖业，因而对这些警告不屑一顾。不难发现，水产养殖业再不能像现在这样继续下去了。

水产养殖的缺陷如此之多，不禁令人怀疑，它是否真的是应对过度捕捞的最佳办法。在自然栖息地保护鱼不是更好吗？如果我们将野生渔场管理好，公海的鱼供应量可能会增加1/3到1/2（稍后我会继续谈论如何做到这一点）。但一般的增长量也远低于2050年预期的90亿饥饿人口的需求。因此，如果世界渴望健康的鱼类饮食，水产养殖将必不可少。同任何形式的养殖一样，水产养殖也是良莠不齐。目前的蓝色革命，就是要将污染性的水产养殖转变成为人类谋福利的贡献者。达到这个目标需要做些什么呢？

有许多更好的养殖实践。在一些国家，实行低密度池塘养虾，大自然可满足虾的食物需求，无须额外补充食物。但是，这类养殖场的占地面积要远远高于密集养殖的养殖场，对湿地和沿海生态系统的破坏性更大。在菲律宾，幸亏有环境科学家和活动家普华（Jurgenne Primavera）的不懈努力，人们才开始逐渐意识到红树林的价值。普华说，几十年的调查研究证明，若要保护沿海的生态功能，虾池的占地面积不应超过红树林面积的25%。她一直致力于红树林的修复工作，并将鱼塘迁出红树林。2008年被《时代周刊》称颂为环保英雄。[30]贝类和海藻也可以在自然红树林和盐沼渠中养殖，伯利兹的实验养殖场采取了一种高科技、超集约的养殖法。他们在覆盖的水渠中养虾，用生物絮团对其养殖，生物絮团主要生长在淀粉颗粒周围，分洒在水中。这减少了对昂贵饲料的需求，并且有助于利用虾排泄物中的养分，从而减少了富养分污泥的产生。

也许，我们要与西方消费者和富裕亚洲人青睐的美味多汁的食肉性鱼说再见了。海产养殖将转向亚洲古老的在淡水池塘和水稻田里进行鲤鱼混养的技术。我们需要找到两种能很好生活在一起的鱼种，一种可以清理掉另一种产生的粪渣。相比肉食鱼，以海藻和残渣为食的鱼类更有助于可持续饲养。鲻鱼到海床周围寻找食物，若将它与食肉鱼共同饲养将会缓解污染问题。在东南亚大部分地区，海参是一道美味佳肴，因此被过度捕捞。这些动物像真空吸尘器一样，在它身体的一端有个空洞，废物残渣可由此进入，另一端的臀部还有个几乎一模一样的孔供排泄，它们是很好的清洁者。几年前，我还尚未意识到海鲜的问题，喜欢品尝海参汤。我承认自己并不是个鉴赏家，觉得海参嚼起来就像橡皮圈。但在中国和日本，海参颇受青睐，因此，可以在鱼塘养海参，帮助循环利用鱼塘的废物残渣。

水产养殖要达到标准，并促进可持续发展，还需做出更多的努力。我遇到过很多水产养殖者，他们都称正在朝这方面努力，带着活力和激情，水产养殖将会真正满足世界的需求。但，它依然还要面临许多挑战。在海鲜产品的生产中，贝类养殖被称之为是最环保的一种养殖方式。这些贝类包括贻贝、蛤和扇贝，它们以浮游生物和水中过滤的有机物为食，不需捕捞野生鱼来喂养，有利于水质的改善。但要注意一点，随着海洋酸性加重，依赖自身碳酸盐壳生活的贝类的生存环境变得更加恶劣，这对水产养殖也是极大的挑战。如果喜爱吃贻贝和扇贝这类海产品，就该努力思考一下，应如何减少二氧化碳的排放。

第十七章
海洋净化

有句古谚语认为“解决污染的最好办法是将污染物稀释”。依照这个逻辑，海洋将是处理垃圾最好的地方。但，即使是海洋，它也有达到饱和的那一天。在过去的 20 年里，河口、海湾、湾流以及内海等被大量各种类型的垃圾淹没，远远超出了它的负荷量。这些垃圾有两种类型：肉眼看得见的，如塑料制品；还有看不见的，如有毒化学物和化肥。

过去，工业废水在流经海滨湿地和红树林时可依靠自然得到净化。聚集在海床上或浮游在浅滩上觅食的动物有数百万只，方圆几十千米到几百千米的水域都成了黑压压的一片，它们张着嘴吞食废水里的废物，因此，当这些废水到达海洋时已被过滤干净。但随着海洋失去这些废物消费者，海岸上曾经密布在小河与水道两岸的湿地被占用，海洋净化的能力也随之下降。稀释自净不再是解决污染的办法。如今，只有强调采用减少垃圾排放，禁止污染以及在某些情况下移除垃圾，借此控制污染问题。

对于重金属和多氯联苯这类永久性污染物，减少和禁止其排放才是最根本的方法。这一举措在过去 20 年里取得了一定成效，但过去十几年遗留下的有毒污染问题则必须由我们去面对。另一方面，这些污染物每年还在不断增加。在欧洲和北美地区，很早就开始禁止含有毒素和多氯联苯成分的化合物及滴滴涕这类有机氯杀虫剂的使用。这些举措减轻了波罗的海及缅因湾的污染负担。但滴滴涕及其有毒分解物依然在我们身边存在。只有所有的发展中国家都遵循这一做法，这些禁令才能产生全球性的影响。若任其发展，许多化学物质会附着在滞留于水中的泥沙和黏土颗粒中。当沉积物沉于水底时，毒素被掩埋在水底，在我们看来，这是比较理想的。不幸的是，风暴和潮汐会将这些沉积物再次卷入水中，毒素经循环会再次进入食物链，从而再次困扰我们。此外，还有人为的因素将泥沙和毒素浮漂回水中，即拖网和挖贝耙。

令我惊讶的是，虽然知道拖网捕捞和挖贝耙会将海底沉积泥沙带入水中，却并没有采取什么应对的措施。浅水区的拖网捕捞从空间上很易看出，因为从网里渗出的淤泥留下了痕迹。缅因湾是地球上拖网捕捞最严重的区域。几年前，海洋学家就知道许多海床上长久覆有一层厚厚的悬浮淤泥层，但并不知道它存在的原因，直到发现常常生活在海底沉积物中的蠕虫被困于底部25米以上的地方时，这一谜团才得以破解，[1] 是底部拖网渔船将淤泥、蠕虫以及其他生物带入水中的。缅因湾还有大量的永久性污染物，这些污染物是从新英格兰的工厂和重工业排放顺流冲下来的。在这里及其他地方，拖网渔船让我们再次看到了过去化工厂的阴影。

可是，似乎直到最近许多发达国家才意识到海洋是全世界共同的大池塘。即使相隔千里，一个国家产生的污染会迅速流到另一国的彼岸。易看见的塑料垃圾和不易检测到并易被忽视的污染物（如汞和滴滴涕）已扩散到全球的各个角落。奇怪的是，许多发达国家依然允许公司生产，并向海外销售像滴滴涕这样的有毒物。用滴滴涕来控制传播疟疾的蚊虫是允许的。在非洲和亚洲，每年有3000~4000吨滴滴涕是用于家庭喷杀蚊虫的。在印度和朝鲜，人们依旧非法将滴滴涕用于农业。疟疾是可怕的，但我们是否能用一种毒性相对较小的药物来控制它呢？

同其他问题一样，这些问题需要一个全球性的解决方案。2004年，涉及永久性有机污染物的《斯德哥尔摩公约》生效。公约起草时，全球195个国家中有176个国家参与，成为成员国。[2]目前，公约要求成员国淘汰17种毒性强的化学物品，并限制其他几种的生产和使用。但要解决此问题，仍有很长的路要走。现在仍有许多国家在使用毒性极强的污染物，并最终排入海洋。

排放的汞，尽管大多都具有毒性，却不在国际公约，甚至国家法律的控制范围。这也许是因为过去工厂的汞排放得到了成功的控制。如今，汞大量排放的原因主要是煤炭燃烧和垃圾焚化，而非生产商对化学物品的使用（尽管在某些地方金属采矿业仍是其主要原因）。与减少温室气体排放一样，降低汞排放，可进一步推动我们淘汰煤炭的能源利用。鉴于潜在毒物甲基汞的存在使海洋食肉动物不断遭受污染，我并不认为这个问题得到了足够的重视。紧随对汞的关注，药物作为另一类污染物需要引起人们足够的重视。同样，清除药物的唯一办法是一开始就阻止它进入海洋。欧盟废水处理厂采用了精密的清洗过滤技术，但成本高、能源消耗大。现在，正在寻找一种成本低、环境友好的方法来替代它。[3]

这几年，除去那些担心忧虑，我也为解决污染所做的努力备受鼓舞。针对净化空气和水的法律不断颁布，直接惠及了海洋生物，水质也得到了改善，甚至潮汐也似乎开始参与抵御塑料垃圾的污染。据估算，每年有近600万塑料块和塑料碎片被排进海洋，若将面部磨砂膏中的微塑料计算在内，数量将上升到几十亿块。在抵制塑料污染中有一个很好的例子，英国海洋摄影家丽贝卡·霍斯金斯（Rebeca Hoskins）关注到了塑料袋对海龟的影响，发现海龟会将塑料袋误认为水母而吞食，她开始与塑料垃圾作斗争，劝英格兰家乡的村庄拒绝塑料袋，最终成功推动全国的超市减少塑料袋的使用。这说明每个人付出一点努力，最终都会带来质的改变。在美国，先是加利福尼亚地区，然后到各州、各市，一直到华盛顿特区，都实行每个塑料袋向消费者收取5美分的政策，见效快，成果显著。对塑料袋的强烈抵制活动也传到了发展中国家。2005年，印度马哈拉施特拉邦（Maharashtra）禁止在街道上、河流和排水沟里堆放垃圾，官方还下令禁止塑料袋的使用，抵制塑料污染的活动达到了顶峰。同样，南非在2003年也下令禁止使用薄薄的塑料垃圾袋，并推向了广大的乡村地区，那里塑料袋四处泛滥开花，人们将其戏称之为“国花”。

几十年来，全世界的环保团体广泛开展海滩清理工作，效果显著。在生活中，每天都会产生成堆的垃圾，这也充分说明我们的生活是多么的混乱。最近，这项工作转向近海，开始清理海洋里和海床上的垃圾。在欧洲，有一个叫“捞垃圾”的项目，目的在于让养殖业把拖网捞到的垃圾装入袋中，带到海岸上进行处理。而不是像之前那样，把误捕的东西再扔回海里。这种方法若能广泛借鉴，对于减少那些海洋深处能捕捞到的垃圾量也许有大效用。2011 年，欧盟委员会宣布，他们计划让渔民打捞地中海里的垃圾，并支付他们一定的费用。[4]地中海周围都是人口密集的国家，每年有百万游客到海滩游玩；地中海又几乎是封闭式的，所以垃圾大量堆积，成为欧洲最脏的海洋。夏威夷州也开展了一项运动，收集丢失和废弃不用的渔具，将其焚烧发电，为夏威夷岛屿提供电能。

大范围的海洋垃圾带在海上漫无目的、无休止地漂散，让世界为之震惊，引起了全世界对塑料垃圾的高度关注。不幸的是，这些垃圾缺乏关键性营养素，浮游生物少，难以涵养丰富的鱼类，因此，渔民对此也没什么兴趣。如果我们放任不管，这些地方将会像海洋黑洞一样吸入大量垃圾。太平洋大型垃圾带的面积约 70 万平方千米，相当于两个得克萨斯州，但尚在控制范围内。从某种意义上讲，海洋旋涡吸附垃圾可以使我们毫不费力便能将这些垃圾集中起来，这帮了我们一个大忙。若要清理掉太平洋旋涡中的垃圾，用 20 艘装有百米宽清理装置的船，昼夜不停地工作，至少也要花费 5 年的时间。这种船实际上并不存在，但越来越多小规模的传统清理工作已经展开。

这种方法只对漂浮的垃圾和达到一定大小的碎片垃圾起作用。如果要解决整体的大问题，我们必须将瓶盖大小的碎片垃圾也打捞出来，这将是一个技术难题。为了一群愚蠢的鸟类做这些值吗？答案是肯定的。即使你不关心这些大的问题，自身利益也会驱使你去做这些事情。随着时间的流逝，塑料垃圾分解成细小碎片，会将毒素传入食物链中，最终潜伏在我们吃的金枪鱼、三明治或寿司中。这些垃圾的分解需要几百年甚至几千年，若不清理这些海洋垃圾带，它们将继续积聚、碎裂，除非我们不再生产、使用耐用塑料品。从长期来看，单靠打捞垃圾，产生的效果并不好。但如果我们一开始就不乱丢弃这些塑料垃圾，将两者结合起来效果就会大不相同。

海滩地区清理出的大块垃圾大多都是当地的。垃圾清运工在巴西一个偏远的海滩发现了漂白剂和洗涤剂的瓶子、皮下注射器以及许多其他种类的垃圾。它们是从附近上游一些城镇和村庄的河流冲刷下来的。马略卡岛（Majorca）海滩上的垃圾主要有雪茄烟蒂、塑料水瓶、苏打水瓶和卫生棉涂抹器等。夏天是岛上最热闹的季节，此时垃圾也最多。有一个在亚洲工作的校友曾写信告诉我，尼泊尔的河岸聚积了大量的塑料垃圾和其他垃圾，数量多得可怕。她问村民这些垃圾是否被清理过。村民说，“是的……每到季风季节，季风雨来的时候这些垃圾就会被带走。”当她驾船穿过孟加拉湾时，又再次看到了这些垃圾。这些垃圾主要来自喜马拉雅山方向，在海洋里集聚成堆。在某些地方，人们在船上装上撇捞器，穿过河流捕捞垃圾，阻止它们进入海洋，局部地区的垃圾清理工作能产生很大作用。但撇捞器的使用本身就存在问题，它会阻挡船只的航行通道，但没有别的办法，因此，使用撇捞器也是无奈之举。

污染问题的解决若从源头上开始，效果可能会更好。对于塑料污染的治理有个“3R”的解决方法，即“减少、再利用、循环”（reduce，reuse，recycle）。在此之上，还可再加两点：恢复和重新设计（recover and redesign）。[5]恢复是指能源恢复，如夏威夷岛利用塑料垃圾来生产能源。但燃烧塑料垃圾的同时会产生新的污染。因此，最好是尽可能做到循环利用。每当吃盒饭时，我们要撕下三层的塑料包装，这时你就会发现，生产商应该做更多的努力来减少塑料的使用，设计产品时让其具有可回收性。一些新型塑料制品，可以用玉米淀粉这类可生物降解材料，具有良好的发展前景。问题更突出的是，还有许多产品设计时注重的是其可破解性，而非可生物降解性，产品一经太阳紫外线照射便会碎裂，但这对填埋场或海洋里的垃圾并没什么益处。海洋上漂浮的塑料垃圾很快被海藻覆盖，阻挡了紫外线，从而阻止其碎裂分解。[6]除此之外，塑料袋分解成塑料碎片只会使海洋里的微塑料颗粒变得更多。

在减少塑料品污染的问题上，预防比法律法规更有效。法律法规在公海海域是无法有效执行的。虽说从船上向外丢塑料垃圾是不合法的，但在 1994—2010 年间，由海洋保护协会发起的英国海滩垃圾清理活动，清理的垃圾量竟增长了 88%，大多数垃圾杂物都是从船上丢弃的，其中有 2/3 是塑料制品。[7]南澳大利亚禁止从渔船上向下丢垃圾，也并没有减少野生动物被垃圾缠困的情况。[8]坎加鲁岛（Kangaroo）的海狮常被饭盒上的带子缠住，海狮被缠的数量增加了六倍，与之前相比，比受困的海豹数量高出两倍还多。南大西洋的南乔治亚岛（South Georgia）也开展了同样的活动，效果令人鼓舞，海豹被缠的几率下降了一半。

北京奥林匹克运动会开始前，每天都有小型船队开到青岛附近的一个重污染海域，几周时间内，船上工作人员就又掘出了大量海藻，将其装上船。这些海藻堆起来就像一个海洋草垛。污水、农业用药以及工业废水都含大量富营养物，流入海洋给青岛造成了严重污染。这些富营养物促使海藻大量生长，堵塞了船只通道。没有这些船员的付出，奥林匹克运动会的船艇赛手可能创造不出那么多激动人心的时刻。

污水和工业废水的排放能追溯到源头，控制管理起来相对容易。但控制由农场和城市街道冲刷进入海洋的营养物，或从耕地流入海洋的富营养物，都相当困难。尽管如此，在黑海的一次无意的尝试证明还是有成功的可能。[9]20 世纪 80 年代初期，苏联南部平原地区使用的化肥流入黑海，形成富营养绿海，鱼几乎灭绝，水母的数量急剧增长，令人担忧。苏联解体后，国营农场财力亏空，买不起农用化肥，化肥使用大幅下降。从 20 世纪 90 年代初开始，沿岸水域里的浮游生物减少，氧气消耗量减小，水质得到显著改善，从而使攻击性淡海栉水母的生存变得困难，数量急剧下降，公海区域的小型鱼类渔业再次恢复。黑海的经验使其他封闭海域看到了希望，这些海域现在正面临严重污染引起的死海、水母剧增、有害藻华繁盛等问题。

波罗的海周围有 14 个工业国家，这些国家的农田都依靠农用化学品，重工业排放大量废水，还有 8800 万人口产生的富营养污水，都流向下游，富营养物充斥了波罗的海，造成严重污染。如我在第九章所述，波罗的海的北大西洋入口小，循环困难，污染物难以流通，海洋底部密集分布着众多的咸水坑。在过去几年，针对恢复波罗的海生态问题提出过许多方案，但没有一个起到实质作用。实际上，随着东欧国家生活水平的提高，这些国家下游支流对波罗的海造成的不利影响越来越大。也许是绝望至极，工程师在想，是否能采取强力措施，或他们所说的技术智慧，来治理波罗的海。[10]

近几年，波罗的海死亡区的面积达6万平方千米。由于流通循环困难，水底盆地积聚了厚厚一层未分解的有机物，吸走了水中所有的氧气。如果我们能将水的表层氧气打入这一潭死水，水下便可再次恢复生机，这些新的生命体便能应对这沉重的废物污染问题。或者将丹麦推平，加强其流通循环，这些也有可能会使波罗的海再次恢复生机，但丹麦人是不可能赞成的。因此，再回头想一下，如何才能将表层氧气注入海水底部呢？工程师曾估算，要使死亡区再次恢复生机，每年需要220万吨到660万吨氧气，相当于要把55 000辆列车车厢装满。

有个方案，设想在水里放入风力涡轮机，水泵能驱使表层水进入海底。另一设想则是装入一系列垂直管，当海浪冲刷而过时，在重力作用下，带空气的水便通过管道从海底端排出。还有一个想法是在海的死亡区撒入明矾和石灰石来消除磷，以此消耗掉浮游生物群的富营养物。但是，它所需的明矾和石灰石的量太大，而且在海里撒入此类东西违反了《伦敦倾废公约》（London Dumping Convention）。波罗的海里的沉积物是由含化肥和污废水的径流产生的，含磷量十分大，因而，有人甚至建议对它进行开采。还有一些建议是大量捕捞鲱鱼，因为鲱鱼吃浮游动物，这样可使浮游生物免于遭难，浮游生物就可吃掉大量浮游植物。我相信这一想法在水产捕捞业很普遍。但它不具说服力，其解决的问题如同其产生的新问题一样多。事实上，密切关注后会发现，这些方法没有哪个是现实的或实际可行的。因此又回到最初的方案，那就是减少富营养污染物流入波罗的海。波罗的海周围的国家也承诺将排放量减少 50%，但要达到这个目标还十分困难，需要付出更大的努力。

海底拖网捕捞加剧了问题的严重性。有机物和富营养物可沉积于海底，不再给浮游生物和有毒藻华提供生长繁盛所需的能量。但，拖网捕捞翻动沉积层，将这些富营养物再次搅回水里，使浮游生物又继续不断地繁殖。一个小型的拖网渔船配有 2 个 7.5 米宽的渔网和一条滚链，滚链扎入海底 2 厘米，这样的渔船每小时可翻起近 2000 吨沉积泥沙，其中有 200 吨会在水中悬浮停滞数日。[11]

我们为什么要这样做？为什么要污染自己生存的空间？请看最近发生的一个例子。20 世纪 90 年代，中国开展了基于燃煤发电的经济发展规划，尽管也充分认识到这个规划很快会阻碍其自身的繁荣发展。也许，他们只是没有预料到还有多久会发生，或即将遭受的污染程度会有多严重。在全世界范围内，文明的产物将河流和海滩阻塞，空气和水中充满了发展过程中产生的有毒物。我觉得我们的思想依然停留在过去。就整个星球的大部分历史而言，人口数量是渺小的，未被利用的空间似乎是无边无际的。我们使用的自然物质被丢弃后，很快会进入水和土壤来滋养新的生命。如今，人类的增长速度远远超过生物自然界的适应能力。20 世纪以前，在人的有生之年，没人能够见证世界人口的翻倍增长。如今，能见证的不仅是世界人口的一倍增长，而且是两倍的增长。这是人类社会增长速度加快的一个标志。[12]我们必须适应，因为在任何时候，前进的浪潮都不会倒退。

虽然海洋清洁是史上最艰巨的工作，但控制污染可能是海洋问题中最易获得政治支持的。在政治民主制度下，健康问题成为政府工作关注的焦点，所有行动大都按照公众的意愿和需求来进行，但后者变得越来越重要。在发展进程中，不管我们能走多远，前方仍有很长的路要走。污染控制和污染防治将一直是我们工作的一部分。随着工业副产品和新型副产品的出现，新型污染物也不断涌现，我们必须时刻保持警惕。

第十八章
人类能否拯救日益趋暖的海洋世界

如果世界上有一个恒温调节器，可以在一定程度上调节气温，那岂不是很好吗？我们就不会面临这么多的问题！从某种意义上说，的确有，二氧化碳和甲烷等温室气体起控制作用，向空气中排放量过多，温度便会升高。清除它们，气温才会下降。技术专家和各国政府在寻找减少温室气体排放方法的同时，也在寻求工程的路径来解决气候问题。

世界上存在处理大气中高浓度二氧化碳的方法。以前受温室效应影响的地方，最终通过消除大气中的二氧化碳和甲烷，降低了温度。二氧化碳在海洋中溶解形成碳酸，碳酸在碳酸盐转化为碳酸氢盐的过程中被中和，这减少了溶解的碳酸盐含量，而深水区因碳酸盐未达到饱和状态，无法进入表层而大量沉积。暴露在海底的数十亿吨碳酸盐沉积物腐蚀着可溶解它们的水。碳酸盐溶解缓解了酸化的影响，海洋便可不断从大气中吸收二氧化碳；水上硅酸盐岩石风化过程中，也吸收二氧化碳。对我们来说，最尴尬的问题是，这些自然调节需经历数万年或数十万年。从这方面来看，化石燃料燃烧产生的污染影响可能比核能源的污染更持久，1 万年后，混合核废料放射性污染程度降低 3000 倍，而大量的碳释放对全球气温的影响相比高峰期只能下降 25%～50%。[1]5500 万年前，始新世时期造成的世界气温升高和酸化后，海洋状况恢复正常用了 10 万年的时间；而 25100 万年前，二叠纪-三叠纪时期的温室积聚后，海洋环境也许用了上百万年的时间才能恢复正常。我们等不了那么久。这就意味着我们必须阻止再向大气中排放二氧化碳，同时要找到清除大气中二氧化碳的办法。

全球正逐步达成共识，将温室气体引起的温度上升控制在 2℃之内，这意味着我们排放的二氧化碳不能超过大气中二氧化碳含量的百万分之 450。一旦超过，气候剧变的风险就会加大。我们甚至连完成这个目标都存在风险，一不小心就可能会越过这个界限点，然后突然发现自己正在向灾难步步逼近。迄今为止，全世界都在致力于寻找减少二氧化碳排放的办法，并采取相应的措施。这些措施包括提高能源利用效率，从可再生能源中挖掘更多的绿色能源。作为最大和最可靠的二氧化碳排放地，海洋已在应对气候变化方面发挥了作用，今后可能作用会更大。地球 2/3 以上的面积被海洋覆盖，且大多无人居住，因此给工程的解决提供了大量的机会。

长期以来，水电和风电为我们提供了清洁能源，但它们的开发及推广受到严重制约。至少在发达国家，在大部分主要河流上拦水筑坝以及建设新的大型水坝（megadam）项目，因对人和环境造成危害而备受争议。风电场不断涌现，却往往有人觉得它破坏风景，遭到强烈反对。海洋波涛汹涌，远在尘嚣之外，给我们提供了一个别样的世界。海洋开阔平坦，覆盖了地球表面的

71%，世界上近90%的风能来自近海。[2]

风力发电站已经遍布世界的众多国家，大片浅海区域也获得了开发许可。有一个断裂性思维的特例，英国王冠地产（UK Crown Estate）对海床拥有掌控权，准许英国独家在整个多格浅滩进行风电场开发。多格浅滩位于北海中部浅丘海域，又恰好是一个渔业资源丰富的渔场，但似乎没有人想过征求渔民或生态环境保护者对此计划的意见，生态环境保护者已经宣布将多格浅滩列为特别保护区。风力发电场还尚未建成，看起来要有一场激烈的争论。建成和拟建的风力发电场将很快覆盖英国领海20%以上的海域，该海域可扩展至近海12海里。预计到2020年可供应约25 000兆瓦的电力（1000兆瓦相当于10亿瓦），约占计划需求的7%。如果全球所有可用的海上风能被开发，就可提供约50 000 000亿瓦，这相当于目前全世界能源消耗的1/3。

风电场计划在美国海域不断推进，在楠塔基特海峡（Nantucket Sound）首次建造了130个涡轮机风电场。同其他国家一样，美国在近海区域利用风能也颇受争议。反对者认为，风力发电场对野生动物是有害的，比如飞进涡轮机的鸟。然而，来自荷兰的证据却表明了其有利的方面。[3]荷兰从2006年开始使用近海风力发电场，涡轮机底部给贻贝、海葵和水螅虫等生物提供了新的栖息地，也给鱼群带来了庇护所。由于荷兰的风力发电场禁止捕鱼，很快将会成为海洋生物种群的保护区。然而，一些鸟类，如常见的黑海番鸭和塘鹅不愿靠近电场，另一些如鸬鹚则喜欢到电场转悠。常常能听到港湾鼠海豚在风力发电场内的叫声，可能是那里有食物可吃。中国也已意识到沿海风能的潜力，并于2009

年建成首个风力发电场。中国海岸线绵长，开发者计划建造更多的风力发电场。中国至今都严重依赖煤炭能源，清洁能源的引入受到全国的追捧。

波浪和潮汐为发电提供了其他的可能性，但其潜能还几乎仍未被开发。值得注意的是，有两个例外。一个是法国 1966 年投入使用的建于朗斯（Rance）河口的河坝水电站；另一个是建于北爱尔兰斯特兰福德湾口（Strangford Lough）的潮汐涡轮机发电站，装有两个直径 16 米的叶片。至少从中世纪开始，潮汐坝已经存在，这一时期主要用于为沿海磨坊供电。但现在我们利用潮汐供电的能力已远远超过了很久以前的那些磨坊主狂热的期盼。今天，我们雄心勃勃，起草制订了宏伟的发展规划，如在英国西南部规划建立横跨 18 千米的塞文河口，高 15 米的塞文河大坝，成为世界第二大潮汐坝。到 2020 年，可供给英国 10%以上的电力需求，但面临巨大的环境压力。如建在上游的大坝改变了水位，潮汐范围将会减小，拥有大量盐沼和滩涂的栖息地随之减少，而这些栖息地对成千上万的候鸟和商用鱼类是至关重要的。到目前为止，塞文河坝的环境成本依旧很高，2010 年它再次被搁置。然而，这一时期却成功推进了 8 个新的核电站建设。但随着气候变化带来的成本越来越明显，对潮汐坝的抵制与反对也许会消失。建立潮汐坝的步伐似乎已在加快。自 1984 年开始，加拿大的芬迪湾（Bay of Fundy）已建立了一个小型潮汐发电站，2006 年在温哥华岛的瑞斯礁（Race Rocks in Vancouver Island）又实施了另一个示范项目。韩国已有多个潮汐发电站，现如今雄心勃勃，计划建立更多。而中国也已成功实施了一个安装项目，印度计划于

2013 年建立首个发电站。

波浪发电方案更合环保主义者的心意。站在悬崖边上，迎着猛烈的风，看海浪气势汹汹地拍向海岸，隆隆作响，你亲身体验风浪的力量，理解大海力量的强大。那强大的能量明显能让人感知到。但让波浪能成为风能和潮汐能的有力竞争者，必须还要克服许多工程领域的挑战。目前，已经设计了许多的方案来利用波浪的能量。一种方法是让波浪在空气管道中不断上升下降，推动空气进入涡轮机，转动涡轮；另一种方法是利用香肠一样的筏式波浪装置，用其弯曲处的液压流体驱动发动机来带动发电机发电，在欧洲海岸有一些运用这些方法的原型，有一个以海蛇命名叫海蛇号（名字比香肠好听）；还有一种方法是依靠海浪通过堤坝将水库填满，然后流经涡轮机产生电能。这些方法都缺乏一定的商业诱惑力。

根据潮汐坝发电的原理，也许可以利用强大的洋流推动下的旋转轮来推动发电机。强劲的墨西哥湾流，流经佛罗里达州和巴哈马群岛之间的海峡，这里海峡狭窄，水力强大，是安装发电机的理想位置，或者曾经流经日本的黑潮洋流也是不错的选择。此类发电机必须安置在水深达 30 米或更深的深水区，以免给海洋运输带来危险。截至目前，此类发电机尚未建成。

抑制二氧化碳排放量，使其低于大气中二氧化碳含量的百万分之 450，这一进程十分缓慢。2011 年，与政府间气候变化专门委员会所掌握的最坏情况一致，二氧化碳排放量已经上升。每一次谈判失败都极有可能伴随着二氧化碳排放量的增长。越来越多的科学家也开始思考这些匪夷所思的事情。如果我们能通过向大气中排放二氧化碳来改变气候，我们就有可能想到另一种方法给地球降温。现在，有些人正在寻找从大气中除去二氧化碳的办法，或者是给地球降温的方法。但这种“技术处理法”仍存在很大争议，它同运用恒温调节器来调节的方法一样，可能会存在弊大于利的风险。美国科学家肯·卡尔代拉（Ken Caldeira）是首次指出海洋存在酸化风险的一员，并于2008年在英国议会委员会上对此做了有力声明：

只有傻瓜才会对气候工程的前景感到乐观。认为能规避或摆脱发生严重气候灾害的风险是愚蠢的，那只是愿望而已。在面临前所未有的、长期存在的风险时，也许我们可以依靠人类的超自我牺牲能力，因此而期望未来温室气体排放量减少。但为以防万一，我们最好有个规划。[4]

对于地球上极其敏感的栖息地以及世界气候系统中平衡性最脆弱的部分来说，二氧化碳含量依旧太高。继续回到珊瑚礁的问题上，全球气候变化使珊瑚礁遭受了严重损伤，受全球变暖和酸化的双重侵袭，珊瑚礁的生存令人担忧。2009年的夏天，我花了一整天的时间与一支杰出的专家小组来讨论如何拯救珊瑚礁。后来，在一个阳光明媚的下午，大卫·艾登堡（David Attenborough）与澳大利亚科学家查理·贝隆（Charlie Veron）在伦敦公布了我们的讨论结果。他们告诉记者，除非我们能将二氧化碳排放量减少到百万分之350，否则，我们所知道和喜爱的珊瑚礁将在劫难逃，这个量约低于现在二氧化碳含量的10%，比我们在2010年哥本哈根会议上定的那个尚未完成的目标量还要低百万分之100。如果这些美丽壮观的栖息地要得以生存，我们就必须找到一种办法，减少我们已向大气中排放的二氧化碳。[5]碳汇或碳封存（carbon sequestration）是我们唯一的希望。

如何消除我们的碳足迹，建议有很多。有些鲁莽轻率，有些严谨认真。这些天，我所参加的每个会议似乎都是在兜售他们解决气候问题的工程方案，吸引一批企业家，分发各种精美介绍手册，无休止的谈判，播放宣传视频等。这些人疯狂地想从碳汇中牟取一些金钱利益，空气中充斥着一股钱的味道。此刻，他们正期盼能从那些要补偿自己碳足迹的一些公司身上谋取利益。但在不久的将来，若碳的可排放量通过正式协商能达成一致，政府将会提供资金来帮助企业完成目标。要浇灭他们的热情并非易事，但许多方案似乎都考虑不周，对工程技术的幻想往往超越了常识，促使人们去检验目前提供的机器设备是否真的如宣传的那样可行，甚或首先使用是不是明智的选择。

有一家公司计划打破热带海洋的双层结构，即水温高、营养物少的海洋表层和水温低、营养物多的底层。公司的想法是将海洋底层的营养物带到阳光充足的表层，刺激表层浮游生物的生长，以此加速二氧化碳的消融。他们的方案就是用立式泵将几百米以下的底层水吸到表层附近。若要使这个方案产生一定的影响和作用，需在海洋里放置几百个这样的立式泵（这在他们的眼里可全是钱）。该公司指出，全球变暖更增加海洋表层水温，毋庸置疑，这导致海洋水体的双层结构更加稳定。他们强调自己的方案可以使海洋更具生产力，生产更多的鱼，因而，能使海洋满足全世界的供给与需求。但此方案也存在一个问题。当表层浮游生物和鱼类死亡后，那些被吸收的二氧化碳会再次释放。从长远来看，在许多地方，海洋生态循环系统能增产的鱼量也不会太多，因而，其效果也是微不足道的。通过波浪发电可能是减少二氧化碳排放量最可靠的方法。此公司相信，他们的立式泵可使死亡海区再次充满生机，或者能降低珊瑚礁的白化威胁。此公司还谈到，由于飓风形成于海洋气温较高的区域，并依靠海洋的热量得以维持，所以他们的立式泵可降低热带暴风的发生频率和强度。他们创业的欲望日渐强烈。

当然也会有其他的方法出现，能让海洋资源更丰富，更具生产力。在远离海岸的大片海区并不缺少浮游生物生长的营养物氮和磷。尽管如此，那里的生产力依旧很低。主要问题是，那里缺乏构成生命所需的少量的微量元素。铁是一种基本的微量营养元素。几十亿年前，在铁元素丰富的水域，铁对生命体的价值随着新陈代谢的发展而得以体现。大部分海洋从河流径流或被风扬起的尘土中获取铁元素，比如从撒哈拉吹来的红土丰富了大西洋的铁元素。有些地方，如太平洋的东南部以及印度洋中部区域，那里缺乏生命体所必需的基本营养素。但有25%的海洋只是缺少铁元素。南极地区周围的整个南大洋都富有氮、磷营养物，但却没有获得铁元素的来源。[6]与此情况相同，太平洋东部热带海域有大量营养元素，但铁元素的含量却微乎其微。一些人推测，铁元素的增加可能有助于浮游生物的大规模增长。

美国加利福尼亚州莫斯兰丁海洋实验室（Moss Landing Marine Labs）的海洋学家约翰·马丁（John Martin）最早注意到了浮游生物的生长、铁元素和气候三者之间的相互关系。[7]20世纪80年代后期，海床上附有大量沉积物，他注意到深海沉积层中所含的铁元素与空气中二氧化碳的含量呈反比关系。冰川世纪时期，空气中二氧化碳含量低，然而，在冰川融化走向冰河时期时，空气中二氧化碳的含量呈增高趋势。马丁认为，铁元素是让二氧化碳含量降低的关键，因为铁元素可促进浮游生物的生长，浮游生物则吸收空气中的二氧化碳，死后的浮游生物和鱼类将二氧化碳带入深海。1993年，马丁在太平洋东部热带海域进行的一项研究表明，铁元素进入海洋会引起浮游生物大量繁殖。科学验证取得了成功，马丁带着满腔激情，说出了一句著名的经典名言“给我半船铁，我就能创造一个冰川世纪”。幸亏没有！

一些企业家和狂热的自由职业者，想象力丰富，提出给海洋大范围施肥可以清除大气中多余的二氧化碳。他们的方案存在一个缺陷，没人知道被吸收的二氧化碳最终去了哪里，这实在令人费解。实际上，许多科学家认为，大量被吸收的多余二氧化碳经过植物的腐烂分解会再次释放到表层水面。当二氧化碳沉到位于水下的一定深度，或是冬天的风暴影响不到的混合区之前，表层水域善于通过微生物作用来循环利用营养物质。但混合区所处的具体深度是多少，每个地方都有差别，主要取决于冬天天气变动的猛烈程度和当地的水流强度，大多数海区这一深度在200~1000米之间。在二氧化碳到达混合区之前，它都不算真正地脱离大气系统。

截至目前，用铁给海洋施肥的方法已尝试过12次。大多数尝试只是造成浮游植物的数量骤增，却并没有证据表明它使二氧化碳沉入深海。早些时候，一些公司成立了自己的商店，并开始引入风险投资基金，理由是他们可以从人工海洋施肥中出售“碳抵消”。有一个叫普兰克托斯（Planktos）的公司甚至设法从夏威夷岛开始自己的施肥计划，他们在摇滚明星尼尔·杨（Neil Young）的旧式游艇附近50千米的海域倾倒一种涂料基铁化合物。虽然杨可能对这一尝试感到十分满意，它抵消了他大量的碳足迹，但这一实验的结果从未公开。

通过倾倒铁化合物来抵消我们的碳消费，这一想法是备受质疑的，因为给海洋施肥违背了《伦敦倾废公约》的条款。近年来，联合国已发布两项关于生物多样性与海洋污染的公约，主要是反对海洋施肥。2008年，普兰克托斯公司彻底垮掉，其创始人认为环保主义者的行为是仇恨运动，并对他们进行了抨击。参与海洋施肥工程的还有其他公司，如克里默斯（Climos）和澳大利亚的海洋营养公司（Ocean Nourishment Corporation），他们提议在不缺乏铁的区域倒入尿素作为氮元素的来源给海洋施肥。不过他们的热情正在消退。预测表明，即使是最乐观的情景，这一方案也只能使海洋吸收目前二氧化碳排放量的1/9。这说明约翰·马丁所说的半船铁的说法是不准确的。要创造一个冰川世纪，你需要持续不断地向面积约2000万平方千米的南大洋施肥，一旦中断，则前功尽弃。

施肥计划可能存在的另一个缺点是它对深海区氧气的影响。如我之前所说，当死去的浮游生物沉到海洋混合区以下，便进入了一个氧气稀少的世界，腐烂的浮游生物会耗掉宝贵的氧气，从而使缺氧的海洋区域扩大，这些区域由于氧气太少，只能维持一些简单的生命体。

解决气候问题的另一种方法是从大气中提取二氧化碳，然后将其注入深海。在约3000米的深海区域，高压和低温会将二氧化碳转为比海水密度还要大的液体。这个想法就是将液态二氧化碳通过长管道打入海洋深沟，或聚拢到海床。虽然这些深沟很适宜形成二氧化碳带，但每个深沟都保有其自身的生命体区域，这里有许多物种在其他地方是找不到的。而这一做法将会导致这些物种的灭绝。加利福尼亚海岸进行的在海床上形成小型二氧化碳坑的实验表明此方法是可行的。但这一方案再次遭到环保主义者的反对。对这些二氧化碳坑拍摄的视频显示，它并没有对周围的鱼类产生伤害，但若用液态二氧化碳覆盖大面积的海洋沉积物，毫无疑问，将会杀死生活在这里的大部分动物。也有人担心储存在这里的二氧化碳会再次回到大气中。计算表明，只有6%的二氧化碳会在200年后混入海水中（尽管后期回归量会多达20%），但这项技术仍可为我们提供更多的时间来减少二氧化碳排放。然而，由于它会加重深海酸化问题，这一方法并不太受欢迎。

处理二氧化碳更实际、实用的方法也许可从活性废弃油井中找到。挪威的一家石油公司从1996年开始从天然气中抽取二氧化碳，再将其注入北海海底的油井。[8] 这一方法主要是为了减少排放税和运输费，提高油井产量，并不是为了减少温室气体排放。这一近期提出的概念被称为碳捕捉（carbon capture and storage，CCS），被大肆吹嘘成是运用于下一代发电的“清洁煤”技术的基石。可是要让人们为避免气候变化而及时放弃化石燃料的可能性很小，因此，我们亟须找到一种对环境影响最小的发电方法。有几种方法可以将二氧化碳在排放时便将其捕捉。气体在捕捉后可将其加压成液态形式，然后用管道强制运送到地下。活性和废弃的石油和天然气田似乎为此提供了一种方法，可将二氧化碳封存数千年到数百万年。地下深处咸水层的水也可被二氧化碳所取代（多出的水会流入海洋）。现在，这种二氧化碳捕捉法是目前气候变化国际谈判的核心要点。通过此方法，二氧化碳的排放量可减少 20%。[9] 不幸的是，目前对这一技术的投资还未达到要求，这意味着我们很有可能会超过所设定的碳排放目标，因此，极有可能发生可怕的气候变化。

还有其他一些方法可以让海洋帮助我们创造一个更凉爽的气候，但目前这些依旧只是空想。一种想法是将地表岩石曝置于高温的二氧化碳和水中，增强硅酸盐岩石的风化，并将反应物作为固体岩石储存或将其分散在整个海洋中。地壳中的大部分岩石由硅酸盐构成，包括沙子、黏土、石英、橄榄石和硅藻土。硅藻土是由古时的浮游硅藻遗体合成的物质，硅藻的壳由硅构成。在这些岩石中，橄榄石是最佳选择。将碳酸盐反应产物分散在海洋有一个优点，就是可以用掉更多的二氧化碳，并且其在溶解时会产生的碳酸氢盐有助于减少酸化。然而，暂不考虑其对海洋生物造成的有害影响，硅酸盐岩石开采带来巨额费用和破坏性影响便是一个潜在的杀手。

另一个方案预见，在未来海上建一个浮式平台将海水蒸气排入大气层，促使更厚密、更明亮的低层云的形成，[10]附加的云层会增加地球的反照或反射，有助于将一些太阳热能反射回太空。这些云层在保持温度降低的同时，还有助于防止，甚至可能扭转极地冰融化现象。这个想法一经提出便引发了争议。有人认为，如果这些云层密布在大西洋之上，那么亚马孙河可能会枯竭；有些人则认为它会引起大量降雨，引发洪水和山体滑坡。问题是，许多关于气候重组的想法都在我们的理解范围之内，但预测其影响几乎是不可能的，存在严重意外后果的巨大风险。

成本较低、影响较小的解决方案可能是将微观颗粒置于地球大气层之上的平流层，在那里形成悬浮微粒，可将一些太阳辐射反射回太空。[11]大型火山爆发偶尔会产生这种作用，使温度快速降低。1991 年，位于菲律宾的皮纳图博火山（Mount Pinatubo）爆发，向大气层喷出大量烟尘。它是 20 世纪以来火山爆发中向大气中注入二氧化硫量最多的一次。在随后的两年里，全球气温约下降了 0.5℃。设计的冷却方案是释放二氧化硫或硫化氢气体，二者发生反应产生粒度适当的硫酸盐悬浮微粒。一些人说，要达到更好的效果我们应在高海拔地区释放硫酸。有人提出，利用世界上商业航空公司的航队在高空释放硫黄酸。然而，这相当于将地球包裹在反射毯中，并不能减少温室气体的积聚或海洋酸化。增亮云层的效果也是如此。阻挡光照的策略可能便宜又快捷，但还不尽如人意。

自 20 世纪 80 年代后期，随着对臭氧造成破坏的含氯氟烃（CFC）气体排放的减少，大气中的臭氧洞在逐渐修复，但高空的硫酸盐颗粒会减缓臭氧洞的修复，导致天空白化，让我们与那些天空蔚蓝、万里无云的早晨说再见。另一方面，悬浮微粒散光，傍晚会出现一片朱红和深红色的晚霞，显得生气勃勃。

气候控制方案要对大气中的二氧化碳含量产生一定影响，势必会造成海洋的极端变化。这将会使海洋承受大量新的人为影响，所以颇具争议。但澳大利亚珊瑚专家查理・贝隆说：“当你的房子着火时，要熄灭它就不必担心会把墙纸弄湿掉。”随着越来越多气候变化证据的出现，我们对工程修复的兴趣可能会增长。

所有工程方案都存在一个问题，即影响的不可预测性。地球的气候系统很复杂，我们在尽力通过模拟其行为重现其中的细微差别。毫无疑问，并不是每个人都会从气候工程中受益。在大气中填充硫酸盐悬浮微粒可将阳光反射回太空，减少降雨量，因为太阳能可加速蒸发，促使云层形成。皮纳图博火山爆发后，有些地方遭受了严重的干旱，因此，有意模拟火山爆发影响的道德性值得怀疑。事实上，在工程方案中会有一些受损者，但不能立刻就否定对这一技术的应用。我们给孩子接种疫苗时就知道少部分孩子会受到疫苗的伤害，但仍这样做是因为我们知道绝大多数孩子会受益。然而，利益分配必须压倒性地偏向于好的一面，以证明风险的干预是合理的。医学伦理的基本信条是明智的指导原则，“无伤害是首要原则”。

迄今为止，大多数工程计划因怀疑和恐惧已被搁置。因成本巨大，所认为的利益又太不确定，无法进行全面的投资。但是，有些技术已进行了尝试和测评，甚至富有商业意义，例如将二氧化碳再次注入排放二氧化碳的油气田。如果将这个过程与从空气中提取二氧化碳的有效系统相结合，就可以使二氧化碳从哪里来回哪里去，解决气候问题。中东国家经常担心一旦石油用完，该怎么办。他们有阳光充足而空旷的沙漠和那些废弃油田，因此，他们有能源、空间和储存二氧化碳的能力，完全可以转变自己的角色，从气候变化的始作俑者成为气候变化的拯救者。

值得一提的是，在进行可能适得其反并且造成无法扭转的高风险实验之前，我们要记得还有另一种从大气中除去二氧化碳的方法，这种方法不会有任何使事情变得更糟的风险，而且运用技术也可以做到，这种技术已经历了几百万年的实验。最健康的方法是利用碳汇（carbon sinks）这个自然生态系统，它从大气中吸收二氧化碳，将其沉积在泥沙、泥炭和碳酸盐岩中。[12]据估计，每年健康的盐沼、红树林和海草床共同吸收清除的二氧化碳量相当于全世界运输网络二氧化碳排放量的50%（2000年总吸收量约占全球排放量的13.5%）。[13]尽管面积仅占世界陆地植被面积的1%，这些栖息地却从大气中除去了相当数量的二氧化碳。这使得它们成为地球上最集中的碳汇库。[14]

然而，在我们最需要它们的时候，这些栖息地正以每年2%到7%的惊人速度在消失。从今天起，若能制止我们的损失，它就如同减少了10%的二氧化碳排放量，能将温度上升控制在约2℃或更低。越南因在战争中大规模使用脱叶剂，战后开始了红树林沼泽的大型修复工程。如果我们能像越南一样开始进行大规模栖息地修复工作，效果会更好。保护盐沼和红树林沼泽，只要能做到一件，便能产生很大的作用！如果只从全球排放量方面去考虑，我们的选择便会受到限制。希望从现在起你能同意我的观点，通过保护、培育和恢复海洋生物，来帮助我们安全地度过气候危机，保护我们的后代赖以生存的地球。

第十九章
海洋新政

不久前，我和欧盟渔业局的一位高级官员一起吃饭。席间，我们聊了一下政策和渔业以及为什么共同渔业政策起不到作用，聊得很投机。喝着咖啡，他沉思起来，开始忆起自己小时候在西班牙的家附近的海滩上，踩着潮汐线戏水的场景，他说："那时，我经常会踩到一条鲽鱼，能感觉到它在沙中愤怒地扭动。但现在，当我带着孩子一起去的时候，再也看不到鲽鱼的影子了。"这个故事很熟悉，每到一个地方我都会听到。无意中，他描述了一种常见的捕鱼方式，这一方式可以追溯到史前时期。早期，我们的祖先手中拿着矛，走到潮汐线上，随时做好准备，一踩到沙下隐藏的鱼便向其偷袭。还有一些地方鲽鱼多得绊脚，到处都是，但随着生活压力的来袭，一想到这种简单的快乐那么轻易地成为遗忘的过去，的确令人沮丧。

在这本书中，我介绍了许多人类出现后改变海洋的不同方式，不管喜欢与否，我们正威胁和杀害着海洋生物。各种物种的生存和繁殖也变得更加困难，为生存而做的斗争也变得越来越艰巨。

但令我困惑不解的是，保护机构不再积极地追求修复和重建自然，而是为了坚守而频繁地进行斗争，虽有胜利但更多的是失败。为单个物种进行的小规模努力依靠的是活力和激情，但当我们赢得个别的胜利时，我们却输了整个战争。若要维护自己的长远利益，就要保护自然。保护自然往往被认为是遥不可及的，这一观点已植根于我们的态度和政策之中。许多人认为海洋对于我们生存的世界来说很遥远，并不重要，海洋的重要性只体现在自然界中，并没有意识到我们受到海洋的恩惠有多大。人类所享受的福祉和经济的繁荣不能脱离自然而存在。气候变化暴露了我们的愚蠢，我们忽视了生命所需的生态基础。一旦生产力高的地方失去土壤，肥沃的山谷因盐化而无法种植农作物，湖泊和河流开始枯竭，地下水太深而无法汲取，海平面再次上升吞噬掉世界上肥沃的、人口密集的土地，人类的生存空间将在全世界范围内减缩。在海洋中，富饶的渔场已被捕捞殆尽，河口、海湾和大片海洋区域中已无生物存在。

并不是从最后一个冰河世纪开始，人类的生存空间越来越小。我们对自然的不重视意味着当我们最需要去提高用自然养活人类的能力时，我们却降低了大自然可维持70亿人口生存的能力。与一些想法相反，扩大地球的生命维持系统并不意味着压缩自然，侵占日益变小的自然范围和空间。

解决我们目前的困难，只能采取战略的方法，重建自然，恢复其活力和繁殖力。重建自然不只是找到解决海洋面临问题的解药，更像是需要一种万灵药，可解决我们遇到的所有问题。这并不是说我们都要成为严格的素食主义者，不再到国外度假，也不是说我们必须要关掉计算机，回到以前的技术阶段，而是说，在思考如何看待和利用自然的问题时，我们能变得更加聪明、睿智。

面临地球环境的巨大压力，我们需要的是一个充满活力的生物圈。生物圈作为地球上维持生命的一部分，主要有四个构成要素：能量、原材料、生物多样性和丰富性。暂且认为能量和原材料是自然原本就存在的，我们来思考一下生物的多样性和丰富性，两者是维持一个宜居地球的基础，共同构成生物圈的引擎。生物的多样性是引擎的主要部件，但引擎的运转速度却取决于其丰富性。在许多地方，野生动、植物已几近枯竭，其生态运转过程现在只是昙花一现，几近停滞。若保持良好的水质，只在河口留有少量滤食性牡蛎是不行的，我们需要做的是在河床上饲养大量的滤食性无脊椎动物和水生植物。

迄今为止，对野生动植物保护集中在品种多样性的维持上，却忽视了其丰富性。自 19 世纪以来，为保护稀缺物种，拯救濒临灭绝的野生动物，数万人付出了常人难以想象的努力，如果没有这些努力，今天的世界奇观将会更少。现在，有许多物种十分稀缺，需要依赖特别悉心保护才能得以生存。在一些地方，已经建立了保护单一物种，甚至单个物种的全自然保护区。我们永远不能放弃这样的工作，但现在我们周围的大自然正在萎缩，我们必须将工作重心转移到物种丰富性上。当然，保护工作主要是在于增加数量；一个物种越常见，其灭绝风险就越小。但是我们必须将目光放得更远，因为阻止灭绝，将物种博物馆式地彻底保护起来，并不能维护海洋的健康，也不利于人类度过将要面临的困难。

自然界的修复在于两个方面：多样性和丰富性。越来越多有见识的经济学家将这两者称为自然界资本的关键要素。多样性使自然界更具灵活性和适应性，增强了自然界朝好的一面转变的能力，可以说维持了生命之机器的运转。丰富性决定了运转速度。在未来社会，如果人类要生存，就必须明白，若不加快生命之机器的运转速度，我们就无法可持续地繁荣与发展，因此，生命的过程必须健康而富有活力：碳的摄入和储存，对水的过滤和消毒，建设能抵御海平面上升和保护海岸的生物结构，如珊瑚礁、沼泽和森林，的确，还有氧气本身的生成。如果把生命体比作一家跨国公司，现在由于生产力下降，许多子公司都面临破产，整个行业都存在失败的风险。当国家或银行失败时，我们意识到无法承受系统的破产，会迅速加入支持、扶助它的行列。在这一点上，我们与自然界达成一致，是时候对我们的环境进行一些特别的治疗了。所以，请允许我为海洋提出一个新政，这是一个大胆的、目标宏大的计划，即重建和维护海洋生物的丰富性。这个新政应当跨越任何界限，适用于这个星球上的每个生态系统及每个区域。

我们应从哪里开始做起呢？人们喜欢用技术解决问题。如果强大的自然具有毁坏力，我们当然有自己防护的办法。我们可以建立海堤阻挡海洋，在池塘养鱼，在贫瘠的地方混入人工营养物来提高生产力，甚至种植塑料海草（上天禁止的做法）来重建鱼和虾的生长栖息地。[1] 对大多数人来说，改善渔业的方法很简单：建人造礁石便可吸引鱼儿过来。还有更好的方法，在海里建人造珊瑚礁。长期以来，水肺潜水员发现沉船残骸中有大量鱼群，鱼儿很小，会发光，吸引了更大的鱼。一个沉船残骸为海床增添了新的维度要素，另一个好处是海床可以避免拖网渔船及挖贝耙的威胁。钓鱼者也酷爱沉船残骸，他们总能从生锈的管道和面板中引出大的鱼儿。但还有一个不尽如人意的问题：它们只是现有鱼类的汇聚，还是增加了更多的生存空间，从而增加每个栖息地供养的鱼类数量呢？

这场辩论在渔业界讨论了几十年，但一直没有结论。也许，它就像许多其他的问题一样，本身就没有确切的答案。有的时候有，有时又没有。但是，即使人工珊瑚礁能提高鱼类储存量，难道据此就能成为向海洋倾倒垃圾的充分理由吗？许多大力提倡人造珊瑚礁的人似乎都有大量的垃圾废物要处理，如轮胎、电站灰、铁路车辆、船只以及石油钻机等。我曾经在泰国看到一张报纸，上面附有一张照片，照片上三辆垃圾卡车被从船的一侧推下。毫无任何讽刺的意思，标题写着，这是诗丽吉王后（Queen Sirikit）倡导的方案，即“拯救遭受多年过度捕捞和污染的海洋”。从此，我的脑海里就时常有这些卡车在泰国海湾的海底收集垃圾的画面。

墨西哥湾一定是世界上垃圾填塞最多的海洋之一。海湾沿岸的所有国家都有人造鱼礁工程，似乎是在环保的幌子下致力于垃圾的清除。亚拉巴马州的自然保护和自然资源部说：

1993 年，美军在对废弃的军用坦克进行非军事使用改装处理时意识到将其浸入海水是个可行的办法，因此，使用废旧材料来创造人工珊瑚礁的想法便诞生了……随着计划的深入实施，该计划对亚拉巴马州的珊瑚礁渔业及相关经济产生的全面影响日益凸显。据保守估计，这些坦克作为人造礁石的寿命有50年，在这期间所产生的经济影响达数百万美元。即使是保守估计，它的效用也远比其他那些处理退役坦克的办法要高，是把剑转换成犁头的最突出、最有创意的方法。[2]

我喜欢这种说法，“浸入海水是一种可以接受的处置方法”。这听起来比“近海倾倒”要好得多。现在，南方各州把海洋当作各种废物垃圾的储存场，这些废弃物包括旧公路桥梁、石油和天然气开采平台、矿山废料、淘汰校车等，你能叫出名字的东西，应有尽有。[3]相比之下，亚拉巴马州和佛罗里达州做得更甚，允许个人和公司在指定地区倾倒垃圾。只有相关的人员知道他们倾倒垃圾的精确位置，所以他们能从渔业改善中获得最大受益。这些新的“珊瑚礁”主要由旧车或混凝土块构成。我不想说人造珊瑚礁没有价值，它们不仅阻止了海底拖网捕捞，也有一些证据表明，人造礁石周围的红鲷鱼捕捞量比开阔的海底地区要高。但是，不得不说这个方法让我深感不快。与将废弃卡车和桥梁倾进海里相比，应该还有更好的办法可以同样恢复生产力。

在日本，建造人造珊瑚礁已与“海洋牧场”的水产养殖结合在一起。据此，海岸地区被用作半封闭鱼类养殖场，用水泥结构块来“改善”栖息地环境。鱼都是在特定的地点和时间进食，有时，在海里放入音乐，所以鱼儿常常将音乐与饲料喂养联系在一起。我不禁会想，这并不是提高鱼产量的合理方法，而只是日本向与其政治联系密切的水泥行业提供补贴的另一种方式罢了。日本渔业补贴中大部分都流向水泥行业，用来资助港口和码头建设。

在提供生态系统服务方面，自然界要比我们用的工程做的好得多。与真正的珊瑚礁不同，佛罗里达州和亚拉巴马州经处置的水下废料场在 5～10 年内便分解，从而使海底到处都散落着废旧的汽车零部件和破碎板材。建造海堤每英里造价数百万美元，后期还必须进行定期的高额维护，但盐沼、红树林和珊瑚礁可更好地保护海岸且不需人去维护。鱼塘里可养一种或少数几种鱼类，通常还要自然界为其提供大量的支持，如饵料、干净的水、土地以及废物处理等。红树林、盐沼和潮滩取代的是鱼苗圃，这些苗圃中有数十种重要的商业鱼类，用来维持渔业的发展。在新西兰进行的实验显示，塑料海草吸引着丰富而多样的鱼类。20 世纪 60 年代以来，新西兰的许多河口已经几乎失去了所有的天然海草。但真正的海草在这方面的效用更好，可增加水中的氧气，过滤废物残渣，利用沉积物，吸收二氧化碳以及为海龟和螺类等大量动物提供食物。自然栖息地靠太阳提供能量，只要有光照，它们就能不断发挥其多重效益，我们要谨慎地保护，不要伤害它们。因此，我们为什么要依赖塑料及水泥这样的解决方案，而不是呵护和维持好我们的自然资源呢？

有许多生态服务功能是不能人为创造的，因为成本太高，或太不切实际，而不能重新建造。再创造一个曾经弥漫海底的无脊椎动物一样的高能量过滤系统是不可能的。向海洋死亡区域注入氧气是一项艰巨的任务，任何人造珊瑚礁都比不上一个健康而丰富的河口。但修复工作只要与自然协同，一切的努力都是值得的。在美国特拉华湾，为修复现有牡蛎礁所付出的大量努力已开始取得回报，因为迁移的牡蛎已开始在海湾里繁衍后代。修复的海床与之前的天然海床一样，为其他无脊椎动物和鱼类种群提供了生存的基础。在菲律宾，重新种植的红树林保护海岸免受侵蚀，同时也给野生鱼和虾创造了生存场所，这些鱼和虾后来都进入了渔民的渔网和篮子。在英国，海上的种植场在很久之前已被回收，现在被海水冲刷淹没用来重建盐沼，取代因海平面上升而消失的泥滩。

虽然我花了大量时间伏案工作，但野生自然界始终激励着我，赋予我无限的生机和活力。不论走到哪里我都带着对自然的记忆，只要有机会，我就会回到那里再看一看。几年前，我有幸在加拉帕戈斯群岛目睹了一场两大海洋生物之间的激烈争斗。我与朋友一行在这儿正当乏味无趣时，我们发现在距离我们 20 米的地方，一头狩猎的逆戟鲸穿过海浪向下俯冲，将一只绿海龟逼进了一处暗礁。白色泡沫流过它黝黯身体的一侧，形成了一道壮美的景观。另一头逆戟鲸在它旁边，猛烈拍打着自己的尾巴，就如食肉动物中的王者，抓住海龟并将其抛出海面。之后，逆戟鲸似乎在与海龟玩耍，一会腾起水面，一会潜入水下，在火山斜坡的背景下拱起鱼鳍，黑色脊背映着黑色山坡。这种时刻无始无终，永远存在。在这些水域中，千百年来，为了生存的斗争一次又一次地上演。兴奋的海燕群在上方掠过，远处的军舰鸟在头顶上盘旋等待，等待着从它们的战斗中分享一点利益。自然界为我们提供了所有人工技法无法创造的东西。如果给自然一个机会，它能自我修复，自我伤愈。

我没有愚蠢到认为时光可以倒流，回到最原始的状态，那时，我们人类开始走出非洲。变化是不可逆转的。物种增增减减，生态系统随着时间推移不断转换、变化。但如果要使我们的生物圈平安度过即将面临的狂风暴雨，我们就必须加强生物的多样性与丰富性这双重核心的保护和修复。

我们如何才能推出这个海洋新政呢？海洋保护是该方案的关键部分。对一些区域实施限制开采和过度利用证明是保护和改善海洋生物的有效途径。但是如果要让海洋保护真正地产生效用，就必须在更广泛的区域实施这一策略，不可能只为了保护少数几个景点而这样做。应该把这些相互关联的、受保护的避风港视为巩固我们为海洋保护而努力的新基础。庆幸的是，世界上越来越多的地区开始对新政感兴趣。

阿伦岛（Arran）的山峰从苏格兰的克莱德河口湾（Firth of Clyde）耸起，高低不一，山脊呈金褐色。该岛因其陆地的轮廓和外形被命名为“沉睡的斗士”。这种斗士精神一定深深地流淌在阿伦岛5000居民的血液中，因为这里曾首次爆发了反对克莱德河口湾过度捕捞和退化的斗争，并最终取得了胜利。

1995年，一小群岛民聚集在一起，发起了保护拉姆拉什湾（Lamlash）海岸的运动。他们感到震惊的是，在短短几十年之内，海湾的鱼类几乎被捕空，脆弱的海底栖息地因挖捕扇贝遭到严重破坏。多年来，对于这些问题，渔业管理者、政府官员和政治家们视而不见。甚至苏格兰当地的自然保护机构也不支持他们，认为海湾并没有特别到需要保护的程度。但岛民们绝不放弃。多年来，他们的运动组织阿伦海底信托社团（Community of Arran Seabed Trust）的成员增长到阿伦人口的一半，[4] 支持政府开设保护区的人和投票支持数都在不断增加。经过他们坚持不懈的努力，一再强调克莱德河口湾的退化应加以重视，阿伦人最终实现了他们的目标。2008 年，拉姆拉什湾成为苏格兰第一个海洋保护区，停止了所有的渔业活动。一个小小的社团将海洋的未来掌握在自己的手中。

阿伦岛民对海洋再生能力的信任与坚持很快被证明是有根据的。两年内，保护区内的栖息地开始呈现出更加繁盛和健康的景象，扇贝的数量也比附近的渔场更多。[5]还有一些其他方面的效益，如大型鱼类的恢复，尽管其增长还需相当长的一段时间，但其他的保护区同样表明，如果海洋得到持续保护，大型鱼类终将会出现。

在世界各地的其他一些地方也已采取阿伦岛相同的办法。在菲律宾，由于鱼类日益稀缺，一些村庄为此而处境困难。在 20 世纪 70 年代，它们建立了小型保护区，帮助恢复珊瑚礁和渔业。西利曼大学（Silliman University）的研究人员在安杰尔·阿尔卡拉（Angel Alcala）领导下，与澳大利亚詹姆斯·库克大学的科学家加里·拉斯（Garry Russ）一起，对这些区域进行了研究。阿尔卡拉和蔼可亲，但很有主见，后来成为了政府的部长。随着时间的推移，保护区的鱼类和珊瑚开始有所恢复。但由于一个村庄负责人的变动导致了苏米龙（Sumilon）保护区在 1984 年重新开放，允许捕捞。一年内鱼类储量就降了一半，保护与利益之间的关系应紧密而牢固。相比之下，支持对阿波岛（Apo Island）保护的呼声依然很强劲，鱼类种群也保持年年上升。[6] 此后 25 年的持续保护使阿波岛的鱼储备量上涨了 11 倍以上。

上面所提到的这些受保护的岛屿是世界上过度捕捞最严重的

区域。在阿尔卡拉和其他热衷于恢复菲律宾海环境的人的鼓励下，保护区附近的渔民前往全国各地分享他们的经验，其他许多村庄也采用了他们的做法。菲律宾现在有数百个由社区管理的保护区。即使其中一些渔民十分贫穷，但他们也意识到，如果不做出一些短期的牺牲，今后就再也吃不到鱼了。

在斐济，几个世纪以来，地方酋长都小心翼翼地守护着他们社区开采的珊瑚礁，常在一些地区禁止捕鱼［称为塔布区（tabu），这是禁忌（taboo）的来源］。近年来，他们致力于设立一个由社区管理的保护区组成的全国性保护网络。斐济承诺到2020年至少有30%的海洋得到保护，目前它已有近200个保护区，很可能在此之前达到这一目标。在斐济看到大鱼很容易，那里有一些世界上最令人兴奋的鲨鱼潜水区。保护发挥作用的例子不断增加，如伯利兹的霍尔·辰海洋保护区（Hol Chan Reserves），墨西哥的卡波普尔莫（Cabo Pulmo）保护区，埃及的穆罕默德角国家公园（Ras Mohammed），巴哈马埃克苏马陆海公园（Exuma Cays Land & Sea Park），南非的齐齐卡马（Tsitsikamma）等，保护区会逐年逐月地增加。所有保护区都生机盎然，海洋生物丰富多样，见证了保护产生的惊人效果。一次又一次，当人们意识到自己已经失去了什么时，才明白对资源的精心管理会给他们带来财富和利益。这一认识点燃了人们行动的激情。

海洋保护区是我们海洋新政不可或缺的组成部分。在20世纪50年代，我们对海洋的开采从海岸狭窄的海域扩展到遥远的海洋和海洋的最深处。19世纪初期，尚未开发的海洋面积远远超过被捕捞海域面积，二者之比至少是100∶1。今天的现状刚好相反。这就像我们最初在陆地的扩张一样，给野生自然界只留了很小的空间。海陆之区别在于我们依靠野生自然来为我们提供大部分的海鲜产品。为了确保这类食物的持续供应，我们必须设立更多的海上保护区，亡羊补牢。如果受到良好的保护，海洋可以利用自然的弹性恢复力繁衍复苏更多的海洋生物。阿波岛的例子已经证明，被开发利用的物种经过10年的保护可能会增加5倍、10倍，甚至20倍，有时只需短短几年。西班牙的帕洛斯角（Cabo de Palos）保护区经过11年的保护后，此地的黑暗石斑鱼数量已超过了之前的40倍，这种鱼是一种非常受欢迎的地中海食肉鱼。而在佛罗里达州的德赖托图格斯海龟国家公园（Dry Tortugas）生态保护区，鲷鱼在短短4年内增加了3倍。[7]

我在加勒比地区多次看到海洋保护区在几年的时间里又活跃着各种生物，真是令人振奋。之前动物稀缺的洞穴、岩架和悬崖里又再次充满生机，碧蓝的海水碧波荡漾，随处可见掠食鱼猎捕的竞技场面。我有10年没有来过位于佛罗里达群岛国家海洋保护区的糖蜜暗礁小型保护区了，最近又去探访了一次，从20世纪70年代以来那里一直受到保护。我很高兴地发现这里的鱼比我第一次来这儿看到的要多得多，还有几种是珊瑚礁附近通常过度捕捞消失的鱼种。一米长的蓝色鹦鹉鱼在海底成群愉快地游着，它们侧腹的苍白色与夜间鹦鹉鱼形成的靛蓝阴影混合在一起形成鲜明的对比，令人愉悦。我甚至在两个珊瑚礁顶之间发现了大量拿骚石斑鱼，它曾是加勒比海鱼类的主要食鱼，现在其种群正逐渐地大量消失。

这样的庇护所不能解决所有难题。它们不能从根本上解决全球变化的问题，也不能降低污染，只能减缓这些问题带来的一些影响。这就是为什么海洋保护区限制捕捞，都能逐步成为最好的生物繁殖地。产生这样的效果主要有两个方面：动物丰富性的增加以及动物寿命的延长。在本书的前面，我曾提到过度捕捞造成了鱼类和贝类储存量的崩溃，其主要原因是又大又肥、生长期长的母鱼被捕捞，这些母鱼是卵产生的来源。一条大鱼的繁殖力是一条小鱼的数百倍，许多海洋生物随着年龄的增长，一生的大多数时间都保持着旺盛繁殖力。所以，保护年长的大鱼是确保鱼类大量繁衍的最明智选择。如果你能将海洋保护区看作是鱼卵和幼鱼海洋繁殖的源泉，你就已经离实现此目标不远了。随着数量的恢复和个体的不断增长，海洋鱼的繁殖量也从最初的小溪流式变成涌流，不断繁衍增长。建立的长期保护区提供丰富的鱼卵、幼鱼、种子、孢子、浮游幼体或其他栖息生物的繁殖，根据物种的不同而定，就如风中的蒲公英种子一样，洋流把这些幼体带离生养区，带到几百千米远的地方繁衍生长。因此，新生命可以播撒到远离保护栖息地的海域。

气候变化和严重的污染会降低生物的生存率，使繁殖更加困难；通过增加动物幼体的繁殖量，保护区可以减轻这些不良影响。大量繁殖的动物种群能更好地缓解我们施加给它们的众多压力，使生存和死亡回归到最佳平衡。

保护区可以做到渔业经营者无法做到的事情。新西兰的利（Leigh）海洋保护区只有 5 千米宽，却比超过 100 千米宽的海岸捕捞水域所产的小鲷鱼更多。这种鱼呈灰色，十分健壮，深受渔民的喜爱。在设立已久的保护区中，就一些动物来说，这个倍数更大，保护区的产量超出渔场100倍。

海洋保护区可以增加鱼类数量，从另一方面促进渔业的恢复。如果你记得，捕鱼的一个影响是它增加鱼类种群的变异，从而导致渔民经济收入的波动。这种情况的发生是由于渔业捕捞导致鱼类数量减少、生长期缩短和繁殖量减少造成的。保护区则不同，它通过更稳定、更丰富的幼鱼繁殖和繁衍来扭转这种影响。[8]如果你是为了生存而捕捞，这种区别很重要。当大量新生命快速繁衍时，就总有鱼可捕。但如果新生命繁衍脆弱，不时地中断，渔业捕捞是不牢靠的。

保护区还可修复被拖网捕捞和海底挖贝耙毁坏的栖息地，亦可扭转因食草动物肆虐引起栖息地瓦解的局面，如以海胆为食的食肉动物的减少造成食草海胆数量肆意增长，从而给栖息地带来伤害。如果保护区建立后的几年，你能匆匆到那里去看一看，你就会看到海草林在海底生长茂盛，海草茂密，遮蔽海底，牡蛎和海绵等无脊椎动物的外壳下铺满了沉积层，它们在那里繁衍生长。水下这些核心生物区的逐渐恢复使海洋生命增强了持续繁衍能力，有了更多生存的途径，也有了更多安全的栖息地。

如果可以选择，大概没有太多人会希望他们盘子上的鱼是以其他物种的灭绝为代价而买到的，但这正是今天大多数渔业要付出的潜在代价。大多数人没有察觉到，从长期来看，出现在鱼商贩摊位上的一些鱼的种群根本无法支撑生产性的渔业。这些鱼种的生长和繁殖速度太慢，大多数鲨鱼、鳐鱼和魟鱼就属于这一类，也包括500米的深海捕捞的所有鱼种，如智利黑鲈、罗非鱼或圆鳕等。之所以被捕捞，是因为那里有；若没有了，便也就从市场上消失了。如果你年龄大一些，你会记得20世纪80年代和90年代超市突然出现的罗非鱼，它们紧实的白色鱼片与鳕鱼肉极其相似，市场销量很好。但在21世纪初随着此类渔场的崩溃，它们在市场上也很快消失了，它们生长的海底山脉海域被捕捞殆尽。这就是为什么我们养殖的是在食物链中既高产、食物链层级又低的动物，如鸡和牛，而不是熊或美洲狮。但是，我们现在渐渐开始习惯于吃海洋中的熊和美洲狮了。

许多被捕捞的物种在很久以前就变得稀有，我们已记不清它们产量丰富是什么时候了，如北欧的天使鲨和巨型鳐鱼，北海（甚至冰岛）的蓝鳍金枪鱼，北大西洋的大比目鱼，加勒比海主要的歌利亚石斑鱼，缅因湾的玫瑰鱼等。名厨和环保组织有时会将品种多样性与可持续性混为一谈，例如，为了缓解被过度捕捞的物种的压力，他们倡导我们少吃鳕鱼，鼓励我们选择吃灵鳕鱼和狼鱼之类的替代鱼。如果能稍微从历史的角度来看，可能有助于我们判断这些替代鱼的选择是否明智。鳕鳘鱼和狼鱼都是引人注目的鱼种。狼鱼完全成熟时的长度要比一个成人还长。狼鱼的面部就像一个老练的橄榄球运动员的脸，牙齿交错，咧嘴而笑时露出有缺口的犬牙，证明了它们艰难的一生，为获得蛤蜊和海胆牙齿经受着不停的撞击。我们不是首批爱吃狼鱼鱼排的人，狼鱼在19世纪和20世纪初备受欢迎。来自英国的拖网捕捞记录表明，自1889年以来，单位渔业捕捞量下降了96%，[9] 鳕鱼捕捞量也下降了96%。我的学生露丝·瑟尔斯坦（Ruth Thurston）曾经在一次陈述报告中，展示了19世纪90年代英国格里姆斯比

(Grimsby) 港口鱼类上岸的照片。照片中 2 米长的鳕鱼堆放在码头，就像一根根圆木一样。听众中有一个渔民指责她将金枪鱼与她所提到的施网捕捞鱼混为一谈。其实弄混淆的是那位听众，他从没见过这么大、这么多的鳕鳘鱼，所以将其误认为是金枪鱼。无论是鳕鳘鱼还是狼鱼都不应成为传统爱食鱼者可持续性的替代选择。之前随处可见的鳕鳘鱼与狼鱼如今已成为稀缺物。所以，如果你要找一种鱼来替代鳕鱼，最好是选择一些常见的鱼种，如黑线鳕、牙鳕或青鳕等。

海洋保护区为我们提供了摆脱两难选择困境的办法，是从大量捕捞高产量和高繁殖的扇贝、虾和鲽鱼等中受益，还是进行小规模的捕捞以防大鱼和较脆弱鱼种的消失。如今，像“不再常见的鳐鱼”等鱼种都生活在拖网和挖贝耙无法触及的原始海域中。但是，随着应用新技术的大肆捕捞和渔民们不断地开拓以前未能所及的海域，这些实际上的海洋避难区域范围也在不断缩减。苏格兰西部的水肺潜水员报告称，在精密的水下传感设备的引导下，海底的扇贝挖掘已将要触碰到水下珊瑚礁的边缘。他们挖起数吨珊瑚礁之上的沉积物，使岩石上的生物窒息，他们的活动明显已影响到了之前十分安全的地方。保护区可以为那些脆弱、易受影响的动、植物提供一个避难所，使它们可以茁壮成长，同时也不妨碍捕捞作业。高强度的渔业捕捞可以和易受影响的野生生物共存，只是不在同一个地方。从这方面来看，海洋与陆地并无差异。脆弱敏感的动、植物无法在以工、农业为主的地方生存，便到受保护的林地、荒地和大草原寻找安全居所。我们只是尚未意识到，我们需要在海洋里建立保护区这一简单事实，因为我们很难看到水下在发生什么，但许多现代捕捞技术相当于将砍伐和单作物耕作合二为一了。

有这么多的利益，为什么海洋保护区经常遭到那些最大受益者——渔业群体的反对呢？2010 年，英国开始建立一个全国性海洋保护区网络的宏大项目，以补偿一个世纪以来对海洋生物造成的累积性破坏，并履行其在可持续发展世界首脑会议上的承诺。与世界其他沿海国家一样，英国承诺到 2012 年将建立一个全国性海洋保护区网络。令人遗憾的是，从事渔业的许多人选择反对这一提议。可怕的标题和夸张的言辞已充斥了渔业新闻界，一个典型的例子是渔业新闻（Fishing News）中的一个标题“绝不允许任何划定海域威胁渔业”。[10]实际上，捕捞业最大的威胁是捕捞本身，过度捕捞使渔民失业，而不是保护区。所有证据都表明，保护区建设可以使渔民继续工作。在发展中国家已经证明，海洋保护区提高了生活在附近居民的食物安全。[11]在地中海，与那些生活在没有海洋保护区附近的渔民相比，生活在海洋保护区附近水域的手工渔民生活得更加美好，手工渔民是沿海文化和社区的生命力。[12]

美国捕捞的黑线鳕有 25% 是从乔治浅滩（Georges Bank）上的一个大型保护区附近 5 千米之内捕捞的，乔治浅滩在科德角（Cape Cod）东部，缅因湾内。[13]紧邻英格兰兰迪岛（Lundy Island）有一个小型保护区，是 2003 年申报设立的，现在保护区内的龙虾量已是之前的 7 倍，保护区内小龙虾多得外溢，游到周围的渔场。[14]像这样的例子每年都在增加，但仍有人固执地认为这些科学的证明是毫无根据的。[15]15 年前，我听到过类似的反对保护区的观点，认为保护区建立预示着渔业的沦陷，并对繁荣的港口造成沉重打击。但港口濒临关闭的原因是缺乏保护措施，从而造成鱼类不断减少。有一个我比较熟悉的例子。在20世纪中期以及之前的很长一段时间，约克郡海岸的惠特比（Whitby）港口曾是捕捞业最繁华的中心，旧照片中显示，海港挤满了船只，码头上装满鱼的箱子堆得很高。但在2010年，只剩10艘船，在等着出售。

有一个老生常谈的说法，认为海洋保护区不能给像鳕鱼这种流动性强的鱼类带来任何益处，流动性强的鱼类是欧洲、北美和日本冷水渔业的支柱。这种说法产生的主要原因是对鱼类生活方式的误解。近年来，人们在鳕鱼身上装有追踪器来跟踪其行踪。许多鳕鱼并不爱动，几个月来都不怎么移动。有些甚至一整年都在附近区域转悠。这是一个很具说服力的例子，说明我们可以为波罗的海蜿蜒复杂的入口处的鳕鱼做些什么以保护它们的存在。[16]

在丹麦的哥本哈根和瑞典的马尔默之间，有一个短而窄的海峡叫厄勒海峡（Öresund），它的宽度从4千米到45千米不等，是进出波罗的海的主要航线。由于其对航运的重要性，自1932年以来厄勒海峡一直禁止使用移动渔具，如拖网渔船和围网。在厄勒海峡主要用固定渔网进行捕捞。在其北部有一个海峡叫卡特加特海峡（Kattegat），面积是它的10倍，主要用拖网捕捞。在35年前，它们各自的渔业命运发生了天壤之别。20世纪70年代末，渔民从卡特加特海峡拖网捕捞的鳕鱼量达15 000~20 000吨，而刺网渔船在厄勒海峡的捕捞量只有2000吨。到2008年，从卡特加特海峡捕捞的鳕鱼量有450吨，相比之下，厄勒海峡的鳕鱼产量有2140吨。据研究报告显示，那年厄勒海峡的鳕鱼捕捞量是卡特加特海峡的15~40倍之多，鱼的个头也更大。现在这些水域捕捞的鳕鱼个头可与之前的大个头鱼相媲美。其他几种鱼种也发现了这种类似的体型大小差异，如檬鲽、黑线鳕、比目鱼和牙鳕等。厄勒海峡及此地的渔业因受到保护，免遭了对渔业的破坏性影响，依旧保持良好状态。尽管它的面积只有2000平方千米，而且紧邻海峡两岸居住着近400万人，厄勒海峡里的海洋生物依旧十分丰富，蓬勃发展。

渔业得益于其复杂性。如发现的那样，不是所有的鳕鱼都像我们认为的那样，在数千英里的育苗、饲养和繁殖海域之间无休止地迁移。在这方面，厄勒海峡的鳕鱼和克莱德河口湾的一样都不爱移动，适应着当地的变化。盲目地捕捞导致当地鱼种多样性的退化，在这个过程中，削弱了鱼类随着环境变化而继续繁衍的能力，也削弱了依靠鱼类而存在的渔业。随着我们周围世界环境的不断变化，鱼类的这种适应能力变得越来越有价值。

阿拉斯加的布里斯托尔湾（Bristol Bay）的鲑鱼渔业完美地诠释了鱼类多样性对渔业稳定的作用。[17]布里斯托尔湾有400千米长，近300千米宽，深入辽阔的白令海东部。它由几十条鲑鱼河流和溪流汇聚而成，每条河流和溪流中的鲑鱼都是适应当地环境变化的红大马哈鱼。随着气候的变化，鲑鱼的大小和生产力不尽相同。在任何给定的条件下，一些鲑鱼生产力十分匮乏，另一些则十分旺盛。50年的鲑鱼捕捞记录显示，鲑鱼产量都是上下起伏不定的，但是产量在总体上仍然十分强劲，比海湾靠养殖单一的红大马哈鱼的生产力更强，更稳定。

这被称为“均衡效应”。就如投资者通过购买不同种类的股票来分散风险一样，通过养殖各种不同的鱼群种类来保持生态系统和渔业的稳定。乔治·罗斯（George Rose）在纽芬兰纪念大学（Newfoundland's Memorial University）工作，他亲自见证了加拿大鳕鱼的衰退，活着的人中没有谁能比他更了解鳕鱼。在20世纪90年代初，即使渔民们挖掉了最后一片大鳕鱼滩，他仍发现海岸不同地区那些适应当地环境的鱼种没受任何影响。他将大自然描述成一个乐队，并不是一开始所有乐器便同时开始演奏，而是“一开始先吹响号角，慢慢地琴弦开始演奏”。[18]

这种均衡效应在其他物种中也是显而易见的。每种动、植物的生活方式都存在细微的差别。当环境发生变化时，每一个物种的反应都不同，都以不同的方式来回应人类活动带来的压力。有些东西对一些物种来说很难注意到，也容易克服，但对另一些物种来说则是挑战。但如果利用物种之间的均衡，即使海洋环境发生变化，生态系统也能继续发挥这种均衡作用。现在，许多地方这种占主导地位的、简单的生态系统几乎已经失去了这种弹性均衡能力。一些品种被选进了这个多样性系统，如大虾和扇贝。我们无法单靠修补网眼大小和渔具来恢复这些地方的生物。海洋保护区对保护和促进生物多样性至关重要，在未来的动荡时期也能对野生动物和渔业有所帮助。

海洋保护区不太受到赞赏的一个方面是高强度的保护需要产生高效益。在这本书的最前面，我曾描述了“捕捞已达到底层食物链”的现象，因为食物链高层的食肉动物已被捕捞殆尽，渔业开始转向捕捞食物链中层级较低的小动物。对海洋栖息地的开发产生的影响与此趋势相符，结构层级中的动物不断消失，复杂多样的栖息地变成物种单一的栖息地。海洋保护区要真正发挥效益，就必须把生态系统从崩溃边缘拉回。还有多久才能做到，换句话说，就是恢复的可能性有多大，这主要取决于海洋保护区受保护的程度。低程度保护，如小幅度减少捕捞，可轻微推动其有所好转。中等程度保护，如停止扇贝挖掘，但继续进行施网捕捞，会得到中等适当的效益。中等大小的动物比中等程度保护的效用更大，但体型庞大、生长期较长的物种不会重新归来。只有实施强有力的保护，禁止所有开发，减少其他危害因素，这样才能推动生态系统恢复到生产力富饶的状态。因为建立海洋保护区常常引起争议，激发强烈的反对声。政客们常常在给予海洋保护区多大程度的保护上寻求妥协方案，而不是将如何创造保护区放在首位。结果是，海洋中的大部分保护区都没有得到真正的保护。许多欧洲特别保护区［实际上应被叫作缺乏保护的可疑保护区（Suspicious Absence of Conservation）］就是这种情况。在某种程度上，“表面上的保护区”还不如没有保护区，因为它们没有受到真正的保护，所谓的保护区都是虚的。美国的政客也一样意志薄弱，遭遇到同样的问题。尽管目前情况已慢慢变好，而美国的一些国家海洋保护区仍没得到足够的保护。

海洋保护区只有在不断扩展和不断扩大的情况下，对提高生物多样性和丰富性才具有十分重要的意义。如果我们还像之前那样，只是高度保护几个美丽的景点，那就没有多大价值。1997 年的《联合国生物多样性公约》确定了 2012 年有 10%的海洋受到保护的目标。截至 2011 年底，本书仍在撰写时，只有 1.6%的海洋得到保护。因此，将这一目标推迟到 2020 年。这样的决心真的够吗？一个诚实的科学家一定会说“不”。

从更广的角度来看待保护多少的问题会得到与上面一致的答案。研究考察了需要多大保护范围才能维持和提高渔业产量、保护更多地方的物种数量（避免偶然的灾害造成的损失）、防止基因多样性的丧失以及确保保护区足够大，且相互联系以维持自身的繁荣。将所有这些包括在内，答案是我们要保护的海洋比例应是双位数。中间值应是 35%，[19]联合国所提出的 10% 的目标太低了。在我看来，我们需要保护 1/3 的海洋使其免受直接开发和破坏，并将其余的区域管理得比现在更好。触及联合国所定的目标，意味着在未来十年这个比例要增加六倍。我认为，在这个阶段期待更多是不切实际的。但是，这个目标只是未来可持续发展道路上的一个阶段性目标，而不是终极目标。

第二十章
生态循环的海洋生命

我经常碰到一些人，他们认为，每天有那么多人要吃鱼，减少捕捞是不可能的。但简单的数学问题告诉你，给海洋补充鱼苗、储存鱼群是有经济意义的。你这样想：如果海里有 100 万条鱼，若不耗竭储存量，你每年可捕捞总量的 20%，也就是 20 万条鱼。但你再想，如果你将这些鱼养着，并让它们长大，你就能有 500 万条鱼，你的 20% 捕捞量就变成了 100 万条。你的资本利率是一样的，但你的收益量却大得多。而且鱼越多，捕捞越容易，船只的需求量会更少，经营成本也会随之下降。

这是空想吗？并不是。1889 年，英国周围海域里生活在海底的鱼储存量是现在的 10~15 倍，这些鱼有鳕鱼和比目鱼等。如我所说的那样，19 世纪后期的船队中，大部分是带露天甲板的帆船，与今天相比付出的努力少了十多倍，但捕获的底栖鱼量却是今天的 2 倍。捕捞次数少，捕获的鱼却更多、更大，市场供给量也更丰富。世界银行估算，如果我们减少捕捞，世界上的主要鱼类储存可增产 40% 以上，据此做了一份报告，标题为《缩水的亿万美元》（*The Sunken Billions*），[1] 报告强调指出疯狂的过度捕捞，表达十分贴切。这听起来似乎很矛盾，少捕捞却是为了获得更多，但这是简单的道理。在欧洲，由于那里的海洋鱼类储存状况十分糟糕，减少捕捞获得的利益甚至更大，可能高达60%。[2]

然而，那里也有人坚持认为，海洋整体状况很好，那些持不同意见的都是热衷绿色主义的环保主义者或科学家。他们中的代表人物是西雅图华盛顿大学受人尊敬的渔业科学家雷·希尔伯恩（Ray Hilborn）。他的观点体现在2011年他在《纽约时报》发表的一篇名为《尽请吃鱼》的文章中，他声称："平均而言，全球的鱼储存量是稳定的，美国的鱼储存量也在恢复，而且大多数复苏速度很快。"希尔伯恩一直孤军奋战，反对他所谓的"末日论者"（doom-mongers），不辞辛劳地在全球搜寻相关的要闻，他有自己的听众，然而，有谁不愿听别人说我们现在做得很好呢？但他对渔业现状的理解是片面的，他似乎对鱼储存量下降的历史证据完全置若罔闻。确实，世界上有些地方的渔业做得非常好。美国经过近几年的改革，鱼储存量在多年的失控后有所回升。[3] 从狭义上理解，这是一个好消息。但这些渔业产量的回升很大部分是以其他鱼种为代价的，例如扇贝挖掘捕捞，渔业的繁盛是由于清除了其他鱼种，留出了广阔、砂质、无捕食者的海底生存空间。但正如加拿大的鳕鱼状况显示的那样，降低捕捞率（希尔伯恩衡量成功的标准）并不总能引起鱼产量的恢复。与可靠的证据相比，希尔伯恩似乎对数学模式更情有独钟，就如有的人下雨也坚持不拿伞一样，因为天气预报说会转晴。我很欣赏他的乐观，但他自己对海洋现状理解的坚持，却有点过分乐观。

过度捕捞曾被认为是世界环保问题中最易解决的。无须多说，我们都知道该怎么做。减少捕捞，降低浪费，采取破坏性小的捕捞方式以及为鱼类提供安全的避风港，在那里鱼能长到成年，富有繁殖力，栖息地能够繁衍，易受影响的鱼可得到保护。但为什么没有这样做呢？

每年，欧洲的领导人都会设定一些可笑的渔业指标，说在过去的25年，渔业捕捞量的平均值比科学家们提出的安全捕捞量高出1/3。[4]显而易见，这种做法多么愚蠢。若一名林业员砍伐的树比种植的多，很快就没有木材可用，同样，一个农民若每年向市场上出售的牛比养殖棚里新增的还多，很快他的畜棚会空空如也。在政治指标设定的复杂演算中，他们疏忽了简单的一点：你欺骗不了自然，自然提供不出比它产出的还要多的东西。科学家告诉了政治家应如何善待海洋才能提高渔业生产，可却被忽视，因而，欧洲大多数地方的鱼已近枯竭。为了追求渔业眼前的利益或者其狭隘的选举目标，我们的政治领导人不惜以渔业的中、长期利益为代价。

集体决策也存在同样的推理失当和缺陷，对公海上的渔业管理造成不良影响。在远离海岸的国际水域，渔业捕捞由区域渔业管理组织负责管理，这些机构的成员代表着世界各个国家，似乎与地区捕捞业存在利益关系。为了追求自己国家的利益，这些官员往往不听从科学家的意见，并以公众利益为代价。蓝鳍金枪鱼管理失控事件就是说明整个管理体系混乱的一个很好的例子。蓝鳍金枪鱼的价值非常高（部分原因在于现在十分稀缺），所以，即使科学家们一致说明，要恢复蓝鳍金枪鱼的储量就一定要停止捕捞，相关国家也都不愿这样做。各个国家都忙着同其他国家竞争，拼命也要从渔业中分得一块饼，却没有注意到这个饼在逐年缩小。查尔斯王子（Prince Charles）对这一愚蠢行为做了精辟的总结："因无知而毁掉一个物种是一回事，但是，明明知道自己所做之事正在毁掉一个物种却依旧在做，则完全是另外一回事。"[5]

渔业本身就反映出政治决策的任意和荒诞。两者都是"公众式的悲剧"的表现。如果渔民实施禁渔，从长远来看，他们仍会获得更好的利益，尽管如此，他们仍坚持尽可能地提高捕捞量，以获取收益最大化。依据经济学的观点，人们通常更愿意关注他们所能拥有的，所以才有了"捕捞份额"这一想法。

在新西兰、冰岛以及北美部分地区的渔业中，捕捞行业已按配比分配了捕捞份额。比如，2010 年，新英格兰从事黑线鳕、比目鱼等底栖鱼捕捞的渔业已转化为捕捞份额管理体制，还有加拿大的大比目鱼渔业已进行捕捞份额管理 20 年了。拥有 10%的份额，你就可得到全年捕获量的 10%。捕捞份额管理的益处在于结束了捕捞竞争。在此之前，加拿大大比目鱼渔业的季节性交易时间被逐年缩减，到最后，全部捕捞量的交易时间只有六天。捕捞份额制开始在一些环保机构流行实施，这些机构将其视为所有渔业问题的补救方法，也有很多支持他们的慈善家。但我认为，他们对此有点儿过度夸张了。我担心将人类共同拥有的海洋资源分给一小部分人，以后会带来许多问题。并不是我一个人这样认为。其中最著名的批评家是美国威斯康星大学应用经济学教授丹尼尔·布罗姆利（Daniel Bromley），在一场针对捕捞份额的激烈争论中，他放弃了学术界用的那些中立性的语言，说道：

所有针对渔业管理失败的政策应对都是乌托邦式的想象，借捕捞份额之名，向那些商业捕捞部门免费输送长久的利益和福利。对这一系列混乱、臆想、欺诈的份额制的认可是极其危险的，它只会加重过去那些渎职行为造成的悲剧。[6]

我们似乎有点盲目相信新的私人业主会管理好渔业，保护渔业，追求渔业的健康发展。私人业主的动机是，如果鱼储量恢复到健康水平，他们所占的份额也会随之增值。捕捞份额不单单具有激励作用，它还可以进行买卖交易，结果是小型家族企业将自己的份额卖给大公司，最终渔业的所有权掌握在既定的少数人手中，他们所占份额也越来越大。在新英格兰捕捞份额计划投入使用一年之内，格洛斯特（Gloucester）船队的船只就减少了 20%。在实行捕捞份额管理前，渔业 80%的捕捞利益被 68%的船只拥有，实行后，被 20%的船只所拥有。很少有证据表明，新的捕捞份额所有者觉得自己对海洋长期管理负有责任，或者捕捞份额管理确实产生了更广泛的环境效益。[7]将公共财产赠送，如果我们改变主意，将其收回，将会让社会付出代价。试想，如果政府将本属自然保护区、为大家共同拥有的国有森林赠送给企业，20 年后，再用我们的税来购买大片森林，将其变成自然保护区或公共福利，你会怎么想？

美国罗得岛大学（University of Rhode Island）的塞思·麦金科（Seth Macinko）是布罗姆利的同事。他指出政治家们常常无视科学家提供给他们的建议，说：“捕捞份额被视为解决渔业管理问题的办法，但我们还没有去试着管理。”[8]在我看来，如果政府像对待其他公共特许经营一样，如经营铁路网络，将份额租给行业经营，并设定期限，将它租给出价最高的，捕捞份额管理的缺陷就能得到解决。尽管如此，捕捞份额管理自身也不能解决过度捕捞问题，不能保护栖息地免受破坏性捕捞，不能阻止对其他野生动物的误捕，也不能拯救已消失的石斑鱼或鲨鱼等鱼类，它们生活的海域因捕捞恢复力较强的鱼类而损失殆尽。[9]为此，我们需要开明有效的公共渔业管理，建立保护区来保护那些脆弱、易受影响的海洋种群。

经常有人问我："我能帮忙做些什么?" 首先不吃自然界中遭过度捕捞的鱼，不使用对其他野生动物造成伤害的方法。说起来容易做起来难。2011 年冬天，我受一些富有的慈善家的邀请，到伦敦的上流住宅区梅费尔（Mayfair）中心的一家顶级海鲜餐厅吃晚饭，交谈结束过度捕捞的事宜，受邀的还有政府部长、环保团体的领军人物、记者、媒体大亨以及商界精英。不用说，要安排一份既美味又彰显可持续性的示范性菜单着实让主人为难。第一道菜一上来，就陷入了尴尬境地，菜单上写的是"手工法恩湾扇贝"（Loch Fyne），但盘子上那三个只剩一半的壳却共同诉说着从海洋到餐盘的不幸。由于扇贝在挖掘中不断地被翻搅，它们的壳受到破损，出现残缺。就像一个苏格兰挖贝者提供的新鲜捕捞扇贝一样，带花纹的外壳就像易碎的瓷器展现在我面前。尽管他们尽了最大的努力，我的主人还是被骗了。即使有海鲜采购专家的一流餐厅也能出错，又怎能期望一个对此并不了解的消费者在超市买鱼时深思熟虑，试着挑选晚饭的食材呢?

你可能听说过海洋管理委员会（Marine Stewardship Council），一个致力于帮助人们从可持续渔业中选择海鲜的机构。机构的标志是一个鱼形符号，蓝白两色，在鱼的尾巴上有一个对勾标记，以此标记来提示你这类鱼可以买回家，没有对勾记号的鱼就是背景来历不明了的。该组织的首席执行官鲁珀特·豪斯（Rupert Howes）当然希望你知道这个标志，如果不认识，你会得到很好的帮助。2011 年，被问及的购物者中有 75%的人不知道这个标志是什么。在海洋管理委员会赢得普遍认可方面，鲁珀特陷入两难境地：如果人们找不到经过认证的鱼，那么标签对购买习惯将不会有什么影响，但渔业在授予标签之前必须经过严格的认证。认证的标准包括三个方面：此鱼种的储存量是否处于健康水平？渔业是否伤害到其他野生动物？管理是否优良？如我在本书所说，若听到没有多少渔业达到这些标准，你无须惊讶。因此，一些渔业通过保证自己会做得更好而获得认证，这让环保人士感到十分忧虑。截至 2011 年，有 100 多家渔业被授予了海洋管理委员会的标志，所有这些渔业在报告的世界捕捞量中占 12%。现在该机构有了知名度，捕捞行业也迫不及待地去努力获得认证，尤其是在一些大型供应商，如沃尔玛、麦当劳和德国考夫兰德连锁商等，都承诺只售卖经过认证的鱼（麦当劳确已履行了承诺）之后，更是趋之若鹜。荷兰承诺只售卖带有“可售卖”标签的鱼。如果其他销售商也采用这一做法，那必定会产生很大影响。

成功是有代价的。越来越多的渔业得到认证，并不意味着对其他野生动物和栖息地的伤害有所减少。试问，那些扇贝和对虾渔业看似健康合理，目标物种管理良好，但在挖耙扇贝时没有伤到任何海绵动物吗？或者对虾施网捕捞时没有带走小鳐鱼吗？而得到认证的渔业对这些广义的环境破坏似乎不以为然。针对苏格兰对虾渔业的报告称，捕捞对虾必定会伤害到其他误捕鱼种或海床，结论是海底受到损坏已久，但并没有带来什么破坏。以下是苏格兰西部海域四天对虾捕捞的鱼种误捕情况，捕到 28 300 条对虾，有其他 38 个分属鱼种 12 500 条被误捕，误捕的鱼全被扔掉，大部分已死亡。[10]而对海底生物的破坏还未记录。

问题是，现在大多最强劲的渔业针对的都是那些高生产率，且在恶劣环境中依然能生存的物种。但其特殊之处在于，有可能是“可持续的过度捕捞”，那些恢复力强的物种是在其他物种消失后才得以在那里存在的。例如，扇贝和对虾是因为过度捕捞消除了它们的猎食者才得以生存；鳕鱼、天使鲨、巨型鳐鱼和其他种群曾也和大量对虾与扇贝生活在一起。现在剩下的是渔业最后的资源。在所有鱼种消失之后，它们是我们最后剩下的全部。扇贝和对虾是苏格兰克莱德河口湾最后可行的商业渔业。甚至在 2011 年，渔民们过度捕捞到的对虾已变得很小，被称为“甲虫”。当一个重要的环保组织与那里的对虾拖网渔业合作，帮助他们获得海洋管理委员会认证时，我对此异常愤怒。我问那个机构的行政长官，如果能证明造成森林砍伐的棕榈油生产是可持续的，他是否会支持破坏雨林。在他积极寻找以行业为导向来解决过度捕捞问题时，他忘了自己工作的核心是成为大自然的捍卫者。

这是否意味着海洋管理委员会的标志并不可信呢？虽然它的声誉受了点损害，但我并不这样认为。对那些管理良好、所捕鱼种数量仍然相当丰富的渔业来说，标志是一个可靠的指南。但它的作用也就这么大。你无法确定正在造成的伤害有多大，除非停止认证那些靠最后的鱼类和采用破坏性方法捕捞的渔业。有一个简单的方法可以摆脱这一困境，即海洋管理委员会需借鉴“缓解”的理念。在我看来，只有在一种情况下方可允许使用拖网和挖贝的渔业通过认证，那就是渔业管理者建立大范围的保护区，使脆弱和恢复力弱的鱼类有避难的保护海域。最近，我与鲁珀特·豪斯和加拿大的丹尼尔·保利（Daniel Pauly）进行了一次对话，有些许尴尬，他们也听了我对海洋管理委员会的担忧。我提出了我的建议，但鲁珀特说海洋管理委员会的核心工作并不是恢复过度捕捞的鱼类。天呐！鉴于世界上如此多的渔业面临枯竭的状况，海洋管理委员会不能狭隘地仅仅思考渔业的可持续性，这远远不够。基于海洋面临的诸多压力，我们应当管理好海洋，促使它得以恢复，这就是“可持续+”。要做的是促进生物丰富度的全面增加，而不是简单拯救我们挖耙、捕捞殆尽其他鱼种后剩下的鱼类。工作方向的转变会增强海洋管理委员会的职能，中止多次捕捞造成的伤害。然后，在下次吃挖耙的扇贝时，我们就会心安理得。

因此，若还要给站在卖鱼摊位前左右为难的消费者提出建议，那么，我的建议是：尽量不吃对虾和扇贝以及其他用挖贝耙和拖网捕捞的海底深处的鱼，如比目鱼、鳕鱼。如果真想吃，试着自己去钓。手执钓丝来钓（将鱼钩和钓线系在船上）比放长线钓的误捕率要低很多。吃食物链中层级较低的鱼，因此赞成吃小鱼，如凤尾鱼、鲱鱼和沙丁鱼，少吃大的食肉鱼，如智利黑鲈、旗鱼和大金枪鱼（这对自己也有好处，因为食肉鱼含有更多的毒素）。如果你无法释怀食用金枪鱼，选择用鱼竿和线这种误捕率几乎为零的方式去捕捞。“海豚友好”的说法本身可能不会做得那么友好，因为围堵海豚的大型围网可能会困住金枪鱼，猎捕鲨鱼、海龟和其他野生动物。养殖鱼类和对虾破坏栖息环境，还需野生鱼来喂养，环境代价很大。相比鲑鱼和黑鲈这类食肉鱼，罗非鱼和鲤鱼这类素食鱼会更好。有机的也好，那样，你的鱼接受的化学物质会更少。具体请参见我在附录一所提供的详细建议。[11]

海洋能继续养活我们吗？在未来酸化环境下存活的海洋浮游生物够支撑其他海洋生物吗？死亡区会继续扩大吗？人口数量的持续增长以及我们日益增长的物质追求，这一切都成为未知数。过去半个世纪以来发生的人口大爆炸意味着，未来的变化速度会比我们迄今经历的所有变化都要快。我们唯一确定的是，在事情转好之前，问题会变得很糟糕，甚至更糟糕。已排放的温室气体使我们承受着不可避免的气候变化，也可能使一些物种和生态系统达到它们承受力的极限，若加上珊瑚礁的破坏，可能会超出它们的承受极限。如果要避免未来发生更多这种可预见的灾难，我们就必须用尽一切办法来缓解大自然的压力，提高海洋生物的丰富性和多样性。我们可能只有向大自然争取足够的时间，稳定人口增长，转换能源资源替代化石能源，找到星球限定范围内的生活方式。

为此，我们需要补救的措施，完善保护区的治理，降低捕捞强度。压力过大的人都说，压力会影响到生活的方方面面，感到很累，免疫力减退、易生病，无力处理自己的日常生活，长期承受压力最终会导致生理或心理的崩溃。海洋的多重压力有产生类似的副作用，导致物种的繁殖力低、伤害率高，疾病和寄生虫感染的发生率高。受重压的生态系统对物种入侵更为敏感，更容易受侵害，因为生态系统是动、植物之间相互作用的产物，会相互影响。如果水下海洋世界要应对因气候变化造成的影响，我们必须尽全力最大限度减小其他的压力。澳大利亚的一项研究表明，如果珊瑚礁生活在干净、没有沉积物、不受富营养污染的水里，就可以更多地应对全球变暖导致的温度升高。[12]我们不可能在一夜之间创造奇迹，但有些国家已经明白，他们应竭尽全力保护自然资源。2010年，泰国政府意识到多重压力的综合影响，珊瑚礁因海水升温而白化，因此，立即关闭了18个极受欢迎的潜水景点。[13]

影响海洋生物的许多压力其根源是局部的，因此，局部的补救措施会比较有效。珊瑚礁图表说明什么濒于险境，什么才是正确的选择。2006年的《斯特恩报告》明确指出，处理气候变化带来的问题可能比直接从源头上解决温室气体排放问题的成本低。[14]你可通过建造海堤来阻挡海洋，但成本昂贵，它们的效用也没有自然栖息地好，而且许多依靠珊瑚礁生存的国家也承担不起这些昂贵的费用。

最近，我在马尔代夫看到一个关于历史海平面的报告，作者写道，在过去几千年中所测的海平面要比现在高50~60厘米。[15]他们认为："似乎再也没有理由说马尔代夫在不久的将来会被淹没。"这可能鼓舞人心，但在马尔代夫人看到这则新闻获得安慰前，也要谨记，今天的珊瑚礁面临着一连串过去不存在的其他问题。马尔代夫在世界舞台上引领着关于遏制温室气体排放的谈判。他们的声音要提高，要让世界听到：我们需要凭借地理位置形成一个全世界的"建立湿地"联盟，站在全球变化的最前沿。显然，这些谈判十分困难，需要时间来完成，也许是几十年。但是留给珊瑚国家的时间很短，给他们争取足够时间的唯一办法是将珊瑚礁的保护标准提升到最高水平。这可能起不到什么作用，但却是唯一可行的办法。

许多和我交谈过的人对未来都表现出一种悲观情绪，觉得人性难改，我们会继续消耗和破坏自然。我们都易感到不知所措，但直接放弃，什么也不做是不对的。圣雄甘地（Mahatma Gandhi）曾说："欲变世界，先变其身。"如果我们都能肩负起改善海洋的责任，不管会产生多大的影响，终将会带来变化。涓涓细流，汇成江河，一个人小小的影响，只要有数百万的汇聚，也足以产生巨大的能量。

未来是未知的，有时又是可怕的。当我还是孩童时，"冷战"正烈，在我成长的过程中总害怕在下一转弯处就会发生核毁灭。我为那个未来的世界末日做准备，在野外看尽了关于生存和自救的书籍。今天正在成长的年轻人担心慢慢到来的世界末日。气候变化的蔓延和人口增长带来的重压，都意味着未来的世界将以我们预测的截然不同的方式行进。今天，若要成功，全社会的人都必须锻炼他们的生存技能。我们必须清楚如何用我们自己的方式去生存，时间紧迫，关键在于行动。

但是，我们有强大的适应能力，我们的成功就是最好的证明。如今，在工业时代，人类的适应力和恢复力一直都体现在面对资源日益减少的情况下能维持对自然资源的开发和利用。对于捕捞来说，这包括增强捕捞强度和力度，发明新的设施和方法以及周期性的转向并不太受欢迎的某些鱼类。现在，我们需要做的是用我们的能力来维护和恢复我们的资源。适应改变，坦然面对。有如此多的途径重建生物的丰富性和多样性是我们的幸运。

办法总是有的，但我们有这个意志吗？若要使我们的星球焕然一新，就需要我们重新定位人与自然的关系。

从整个社会的视角来看，最好的政策是实现长期利益最大化和成本最小化。但决定政策的是人。他们更关注、更热衷于向他们献殷勤的人的利益，在做出权衡时，将眼前利益看得比长期利益更重要。我常遇到一些政治家，他们认为自然保护是奢侈品，富足的社会只能为此付出一点点，不可能太多。也许，这就是我们为什么经常发现对自然保护的政策只是挂在嘴边的原因，他们并没有意识到这对人类福祉来说是必需的，至关重要的。他们的逻辑是，经济与自然争夺空间，自然应让步于经济利益。我们的这种逻辑需要转变，自然空间越多就意味着我们的空间越大，我们的共同利益远不只大多数人所想的那样，视野要放大，眼光要放远。

第二十一章
拯救海洋巨兽

有天晚上，在格拉斯哥做完一次讲座后，我被一名脾气暴躁的苏格兰人拦住谈话。他十分不友好地盯着我，愤愤地说："海豹吃的鱼比我们捕捞的还多，你告诉我们，接下来，我们要如何应对那些海豹？"我的谈话被一些大型捕食动物的照片和20世纪捕捞上岸的图表打断，图表上的线条像参差不齐的山坡，朝着零倾斜靠近。这个人挑选的一些图片，在我看来反映了退化的海洋中一部分亮点：自1970年停止猎捕灰海豹以来，英国周围的灰海豹数量一直在增加，并超出了正常量，另外，自19世纪末，在我们停止捕食海鸟之后，塘鹅和海鸥之类的海鸟数量也在迅速恢复。

这证明是保护的结果。如果我们不捕杀动物，它们会活得更长，分布会更广泛。东太平洋的灰鲸已经于20世纪30年代接近灭绝，但如今已重新恢复到近2万头之多；蓝鲸正在南极、大西洋和太平洋慢慢繁衍；20世纪以来，几种海狗已经摆脱了灭绝的命运；墨西哥湾的肯普（Kemp）海龟已经走出了濒危的阴影，恢复了生机；佛罗里达州的巨人石斑鱼1990年被禁止捕捞后也正在恢复。这些例子令人欣喜，值得推崇和借鉴。

许多大型的海洋物种都是典型的环球迁徙动物，因而保护它们是项复杂的工程。2011 年 3 月的日本海啸引发了福岛核泄漏灾难，这引起了美国公众对相互关联的海洋动物的注意。长鳍金枪鱼冬天生活在日本附近海域，尔后向东游往 8000 千米之外的加利福尼亚海域，它们支撑着那里的渔业经济。北部的蓝鳍金枪鱼在同一水道迁徙，但更分散，范围更广。刹那间，觉得福岛离自己并没那么遥远。座头鲸从南、北半球冰冷刺骨的极地水域，奔游数千英里，迁往加勒比海或非洲与马达加斯加之间的莫桑比克海峡等温水繁殖地。灰鲸活跃在北美的西海岸一带，穿梭于墨西哥的养殖潟湖和白令海的夏季饲养场之间；白鲨和鲸鲨从繁殖地到饲养地要游数千英里；信天翁一生中要多次环南极洲飞行。为这些不断迁徙的动物建立保护区常被视为浪费时间而放弃。事实上，如果你对候鸟了解的话，将保护区建在合适的地方，会给许多迁徙物种提供很大的帮助。

哈尼法鲁岛（Hanifaru）是个环形珊瑚礁，位于马尔代夫芭环礁的东部，是壮美的自然奇观。当发生潮汐被海水淹没时，形成珊瑚陷阱中的暗礁，周围聚积了丰富的浮游生物。若浮游生物和潮汐两个条件适宜，就会有几十条、甚至数百条蝠鲼游到此处觅食。最近，在一次潜水中，我有幸目睹了这番景象。

首次看到蝠鲼，令人意外惊喜。畅游于潟湖，白色的砂质海底渐渐消失，水开始变得昏暗，成群的桡足类动物在我周围移动，触碰着我的身体，皮肤感到有点刺痛。我从未见过如此多的浮游生物。对蝠鲼来说，这是无法抗拒的盛宴。在我面前，一个巨大的月牙形状的东西从黑暗中隐约出现，一个接一个，从头到尾共有六条蝠鲼，张着椭圆形的大嘴。腹部一道苍白的光线吸引了我的眼球，一转身，又看到了一条蝠鲼，侧身卷曲着，在享用着丰盛的美食。这时，眼前又出现了其他的蝠鲼，它们轻松优雅的姿态令我着迷。不一会儿，有20条蝠鲼从我的上、下及四周绕过，它们安静地围着浮游生物美食打转，似乎丝毫没注意到我的存在，尽管我就在它们中间，但并没有鱼鳍触碰到我。有两条巨大的蝠鲼直接向对方冲过去，但在最后一刻转头向上，腹部对着腹部，向后翻回。似乎另一条蝠鲼的尾巴下方要打到我，但它完美地一掠而过，并没有碰到我。这才是舞蹈应有的感觉，美餐舞持续了约一个小时，直到落潮，浮游生物退离礁石。

芭环礁的蝠鲼是幸运的，它们有盖伊·斯蒂文斯（Guy Stevens）这位守护者。盖伊有30多岁，身材瘦高，头发像被日光漂白了似的，每次从潜水中出来头发总是湿漉漉的。他花费了几年时间来了解蝠鲼，很快就发现，每条蝠鲼腹部都有一个独特的黑色图案。从此之后，他通过上万次的观察，记录了2000多种不同蝠鲼的活动，其中有50%的蝠鲼都去了哈尼法鲁岛。

蝠鲼没有毒刺，体型比黄貂鱼大得多，它们离开海底到开阔的水域生活。蝠鲼的翼展达7米，重量超过2吨，是海洋中最大的鱼类之一。数百年或数千年来，它们唤起目睹者或想象者的敬畏和恐惧。19世纪海洋生物方面的书籍，都曾描述过不幸的潜水员成为蝠鲼受害者的故事。不过，这些故事都是不现实的，因为相比其他动物而言，蝠鲼更惧怕人类。许多到海面晒太阳的蝠鲼常常被运动冒险者刺到和勾到。20世纪初，猎捕者在美国的南、北卡罗来纳州海域追逐蝠鲼来娱乐。有时，蝠鲼也能智胜这些追逐者，它们毫不费力地戏弄拖拉这些游船，直到钓线拉断为止。

如今，渔民占上风，是优势方。商业性蝠鲼渔业已在印度尼西亚、菲律宾、斯里兰卡和墨西哥等国发展起来，每年有数千条蝠鲼被猎捕。在其他地方，蝠鲼受到长尾线纠缠的威胁，被绕着鱼群设置的围网和打渔船捕获。由于盖伊·史蒂文斯为保护蝠鲼的不断努力，最终宣布在哈尼法鲁湾建立海洋保护区。虽然马尔代夫人从未捕捞过蝠鲼，但哈尼法鲁岛却是他们捕捞鲸鲨（现在已被保护）最爱的地方，鲸鲨的肝脏和鱼鳍价值十分高。

通过对这些流动性强的物种的集聚地、繁殖地、哺育幼鱼地及迁徙路线中狭窄水域的保护，海洋保护区对保护这些物种发挥了很大作用。加勒比海的柠檬鲨 2~3 岁主要生活在沿海的红树林水域，若没有红树林，鲨鱼的数量将会下降。19 世纪后期，捕鲸者发现了墨西哥潟湖的灰鲸之后，灰鲸数量急剧下降，但 20 世纪 70 年代，对其采取了保护，促进了灰鲸数量的恢复。在许多地方，鲑鱼在从海洋返回产卵时，遭到横跨河口的网围捕，几乎灭绝。对鱼类迁徙路线上的渔业实施严密监管，从而使阿拉斯加的鲑鱼量得到了复苏，再现生机。海龟在漫长的一生中，在同一海滩上一次又一次地陷入围网。对这些地区进行保护是明智的，有助于拯救这些动物，使其免受伤害。但海洋保护区只能为海洋大型动物提供部分所需的保护。

我最近看到一项研究，描述了哥斯达黎加为减少长线鲯鳅渔业的误捕所做的努力，着实令我心寒。如果你对所食用鱼的可持续性有稍微的注意，就可能知道鲯鳅（又叫剑鱼）被认为是不错的选择。它身体柔软，呈金黄色，发着闪闪的蓝光，与小鱼群生活在温暖的海洋水域。它们繁殖早，长得快，因此对渔业的适应力强。零售商通常喜欢用“在太平洋清澈的水域钓来的”这样诱人的标签，让人脑海中浮现一个拿着鱼竿的人，勇敢地将一条鱼甩到船上的画面，以示没有误捕，觉得心安。然而事实并非如此。除了金枪鱼杆线手工钓之外，其他的线钓多指长线钓，一条长线有几十千米长，上面带有数千个鱼钩。而问题是，捕捞的鱼种大多都不是它们的目标鱼种。

我提到的研究中所说的长线渔业是在哥斯达黎加普拉亚德尔科科（Playa del Coco），由这里向美国和当地许多地方供应鲯鳅。[1] 要捕获211条鲯鳅需放54条长线来完成，共带有43 000个鱼钩，造成的连带伤害是惨痛的。会有468只榄蠵龟、20只海龟、408条黄貂鱼、47条魔鬼鱼（与蝠鲼属同类）、413条丝鲨、24条长尾鲨、13条双髻鲨、6条鳄类鲨、4条远洋白鳍鲨、68条太平洋旗鱼、34条条纹枪鱼、32条黄鳍金枪鱼、22条青枪鱼、11条刺鲅鱼、8条旗鱼以及4条翻车鲀上钩误捕。为捕获足够的鲯鳅为5个大小平均的办公区提供一顿午餐，在哥斯达黎加的海域就要进行一场大屠杀。更令人不安的是，这种长线渔业还称已改成所谓的龟友好圆形钩。怎样的友好呢？是为了捕捞200条鲯鳅而钩住近500只龟的友好吗？圆形钩不同于钩向上弯的标准J形钩，它的钩是向内弯曲，所以龟被钩到的可能性较小，如果海龟直接将钩吞下也不会产生划伤。但即使这样，海龟也经常死亡，因为它们被长线缠困，导致溺亡。

暂且不说海龟，那么魔鬼鱼、鲨鱼以及我们几乎一无所知的世界上最大的硬骨鱼该怎么办？普拉亚德尔科科的渔业不仅仅是糟糕，简直是荒唐至极！不管把长线渔业说得多么合理，它显然都不可能是可持续的。这还只是海洋中肆意屠杀的其中一个例子。鲨鱼被砍掉鱼鳍，还没死，我们再将它抛入海洋，这样的画面我们能忍受多少次？下次当你吃着美味的鲯鳅三明治时，想一下为捕捞到鲯鳅而被屠杀的其他动物的冤魂。海洋大型动物的保护不仅限于保护区，否则，哥斯达黎加渔业以及与它类似的渔业用不了多久就要关门大吉了，因为已经没有什么可捕捞了。

既然谈到了海鲜的选择，那我们就再回到这些天提到的大多金枪鱼罐头上贴有“海豚友好”标志问题。你应当知道，它们是有误导的。这一切都要从太平洋东部说起，那里成群的斑海豚和飞旋海豚与黄鳍金枪鱼鱼群交织在一起。渔民们发现找海豚比找金枪鱼更容易，所以他们在海豚群周围设置围网。在这一过程中，每年有几十头到成千上万头海豚被缠困或溺死在渔民的收网绞轮里。1990 年，美国下令禁止进口用此种方法捕捞的金枪鱼。因此，渔民们改变了捕捞方式，许多渔民仍利用海豚来寻找金枪鱼，但是，他们采用了一种能让海豚逃离的方式来拖网，借助游泳者跳入围网区域，将海豚从网的后部赶出去。现在，每年“仅有”5000 头海豚直接死于渔业活动。但十分令人担忧的是，我们目标保护的两种海豚种群仍没有恢复。它们的繁殖率下降，这可能是由于每月金枪鱼捕捞者都让它们有过几近死里逃生的经历所致，给它们带来巨大的压力。[2]捕鱼作业的混乱还可能造成有些幼鱼与鱼妈分离。在金枪鱼群周围设置围网捕捞是最有效的方法，但它会像长线渔业一样，造成严重的附带性伤害。[3]

在过去，当迁徙动物离开它们季节性出没的地方时，我们只能猜测它们去了哪里，做了什么。在20世纪，如同之前几个世纪的普遍认识差不多，我们靠猜测判断它们在特定的海洋底部长期过冬。如今，精密的电子追踪可以让我们时刻掌握它们的动向，大海不再那么神秘。我们可以利用对海洋大型生物新的革命性认识来制定更好的保护措施和管理方案。

追踪计划中最雄心勃勃的是斯坦福大学，加利福尼亚大学的圣克鲁斯分校（UC Santa Cruz）和加利福尼亚州太平洋渔业环境实验室提出的“太平洋食肉鱼追踪计划”。自2000年以来，这个团队已给2000多个动物加上了追踪器，其中包括海鸟、鲸、鲨鱼、海狮，甚至墨鱼等。[4]太平洋东部带有追踪器的棱皮龟从繁殖地到季节性的饲养地沿相同的路线迁徙。了解这些路线有助于建立季节性中心保护区域，保护它们免受致命长线渔业的伤害。不管名字是什么，这项工程还对世界其他区域的动物进行了追踪。近期，他们将墨西哥湾蓝鳍金枪鱼的追踪数据与金枪鱼在迁徙过程中经过的海洋环境信息数据相结合，形成了一幅蓝鳍金枪鱼最适宜的栖息概况图。结果还显示，捕捞旗鱼或黄鳍金枪鱼这类远洋迁徙的食肉动物的渔民如何才能避开蓝鳍金枪鱼喜欢去的海域。研究表明，蓝鳍金枪鱼最喜欢的海域是墨西哥湾西北部一带，而那里却受到“深水地平线”石油泄漏的严重影响，蓝鳍金枪鱼都是到墨西哥湾繁殖，这一研究发现的确令人担忧。

400头北极鲸沿着美国和加拿大东海岸迁徙，那里是世界上最繁忙的一条航道，每年都会有一头北极鲸遭船撞击而死亡。卫星追踪器和大量水下听音器显示出鲸聚集的水域位置。在加拿大，通过水下听音器监听这些鲸的动向，当鲸靠近时，警告船只多加注意并减速。船只需要谨慎小心，因为计算结果表明，对于北极鲸这类种群来说，即使只损失两头母鲸，就可能打破平衡，走向灭绝。[5]

即使在保护区，航运也是一个主要问题，因为多数被列入《联合国海洋法公约》的船都拥有“无害通过权”。斯特勒威根（Stellwagen）海岸国家海洋保护区位于新英格兰海岸的科德角附近，主要是为了保护每年夏天到这里觅食的座头鲸，因为夏季冷流与暖流在此相遇，小鱼和磷虾便大量繁殖，它们是座头鲸的最爱。2001年，我独自租船来到斯特勒威根，想看看这个地方。海水是铁灰色，海面没有波涛汹涌，相对比较平静，境况良好。很快，我便发现一股水花从座头鲸那儿喷出。共有七头座头鲸，靠近时我才发现它们是在进行“柱网”捕食，着实感到兴奋。这种捕食技巧是座头鲸在鱼群周围吐出气泡，将鱼群合拢成紧紧地一团，然后逼向鱼团中心一口将其吞食。瞬间一排嘴大张，成团的鱼、虾，伴着水顺着它们的额进入口中。这些座头鲸可能在很久以前已学会了忍受那些观鲸船只，但由于斯特勒威根横跨进出波士顿的航道，越来越多大而危险的船只闯入它们的世界。

每年有3500多艘船只经过斯特勒威根保护区，每两个半小时一班。为了降低对鲸，特别是北极鲸的伤害风险，人们将航道变窄，移动了位置，以避免船只撞击鲸，这样风险降低了80%。在北部地区，进出加拿大的航道也做了类似的改建。虽然受欢迎，但没有减少航运噪声的危害，噪声阻断了鲸的呼叫声，破坏了鲸群体的组织。当大型船只经过斯特勒威根时，保护区内充满噪声，大大缩小了鲸的交流空间。

我在有生之年竟看到海洋最大的、最尊贵的动物数量下降的速度如此之快，令我甚是震惊。自 20 世纪 60 年代以来，棱皮龟和蠵龟，多数的信天翁，几乎所有的鲨鱼，它们的数量以 75%到如今的 90%的速度下降。也许，最让人愤怒的是，即使原因已经很明确，并且能有所改变，可是，世界对此的反应却如此冷淡。大西洋蓝鳍金枪鱼的消亡已经暴露了相关机构在制定物种恢复措施时的无能为力。他们不计后果，让有资源保护意识的大多数国家屈从于商业捕鱼活动依旧的少数国家的意愿。国际论坛通常建立在平等的基础之上，每个国家都有平等的投票权，协商一致做出决定。如果达不到全体一致，则制定的措施就无效。这种体制给了少数人过大的权力，造成环境管理基本措施的制定受到少数利己团体的阻拦。

在 2006 年联合国大会上就发生了一个典型的例子。会上提出在全球禁止深海拖网捕捞，因为这种捕捞方法严重破坏了脆弱的海底栖息地，对它的废除得到了广泛支持。就在这项措施马上就要通过时，却在最后一刻被冰岛代表团否决。一个 30 万人口的国家阻碍了对深海生物的生存至关重要的保护。我也是民主主义者，但这却让我心烦意乱。有些时候，我们需要划个界限，防止少部分人葬送地球的命运。到我们下一代，野生动物承受的环境压力会比今天更大。尽管进行改革没那么容易，也不受欢迎，但那是根本，且也是必须。

我见过许多像联合国这样的机构，在决策中常常采取协商一致的原则，尊重每个国家的意见，不论其大小、强弱，如区域渔业管理组织、欧盟或联合国本身。现在它们正在形成新的原则，如对于有关环境保护的重要决定，如果多数人支持便可获得批准，无须全体达成共识。如果转换成多数支持原则，我们就可以在国际范围内暂停深海拖网捕捞，大西洋的蓝鳍金枪鱼也会走向复苏。

当然，大多数支持也可能会由胁迫和贿赂来获取，因此，仍会出现为满足眼前的贪婪和固执而不顾长期责任的有关决定获得多数支持，这一原则并不是万能的。例如，国际大西洋金枪鱼资源保护委员会对蓝鳍金枪鱼的下降速度和范围感到震惊，加之在政策制定中的僵局而倍感挫折，一个富有资源保护意识的国家和环保组织联盟，于是在2010年的卡塔尔会议上提出将大西洋蓝鳍金枪鱼纳入国际濒危物种贸易公约（CITES）。国际濒危物种贸易公约对如象牙之类的国际贸易进行管理，努力确保濒危物种受到妥善的保护。在2010年前，它从没对具有极高商业价值的鱼类进行过管理，好像已经默许这些物种最好由渔业管理部门负责，而这正是支持渔业的国家在卡塔尔会议上争论的焦点。奇怪的是，其他代表团对这一想法也持赞成态度，提议金枪鱼的唯一原因就是渔业管理部门的无能。日本是金枪鱼消费最大的国家，它竭尽全力进行游说，不让金枪鱼列入国际濒危物种贸易公约的清单。为了消除环保工作者和外交官的愤怒不安，日本代表团用蓝鳍金枪鱼举办招待宴会，并赠送用红珊瑚制作的耳环和项链，红珊瑚是另一种正在考虑被纳入清单的濒危物种，但不久之后便被抛在清单之外。

想象一下，在一个事关海洋保护的会议上，一个国家冒天下之大不韪，竟提供烘烤的阿穆尔豹或由宫古岛翠鸟和菲利普岛木槿制作的精美装饰品。这并不是日本骄傲的时刻，它的自私自利将引起人们对国际濒危物种贸易公约存在价值的质疑。因此，整个世界必须凌驾于国家的自我傲慢之上，团结起来，拯救人类的共同遗产，造福我们自己以及子孙后代。之前，许多人认为这是国际濒危物种贸易公约所应该做的，但现在看来未必如此。保护蓝鳍金枪鱼的科学案例不可能再怎么强了，但它仍被否决了。尽管按多数原则进行决策会增加制定有利于保护政策的几率，但不会自动导致良好环境政策的通过。

我没有完美的方案，全体一致原则和多数决定原则都有缺陷。后者在一些地方并不受欢迎，会使小的和贫穷的国家感到不安。显而易见，我们必须重新界定这个喧嚣的星球的社会责任感。随着世界生产力的增强，干舷船的发展使人肆意放纵，公然浪费，或制造污染，这些污染还涌入其他物种的生存空间。世界决策不能再接受那些将个人私利和短期利益放在首位，而不顾地球、人类或其他现存的或即将到来的人或物种的共同利益。从全球层面来看，我们需要一个自然宪章，即类似于联合国人权宣言的生命宪章。毋庸置疑，反对者会立马批评说，这在人类的需要难以满足的世界是站不住脚的。但针对野生动物的宪章实际上是有关人类生活和福祉的宪章。正如美国参议员、地球日的创建人盖洛德·尼尔森（Gaylord Nelson）曾说的："经济完全附属于环境，而不是相反。"他的意思强调了，我们做任何事都要依靠环境。然而，政府在制定海洋管理战略时，很少考虑到环境对海洋生物的支撑作用，这一疏忽使我们付出了巨大的代价，海洋被剥夺了生命，损坏了它为我们提供我们认为理所应当的东西的能力，如防止暴风雨伤害，提供干净健康的水等。这可以从美国南部沿海暴发的有毒红潮得以见证，它主要由径流的污染引起，对鱼和人类都会产生毒害作用。另外，从死亡区域的蔓延扩张、波罗的海地区堵塞渔网的大量腐烂海草以及地中海附近度假村的水母灾害等，也可以看出恶化的海洋环境给我们带来的影响。

关于公海治理的法律是脆弱的。首先，国家必须签署《联合国海洋法公约》，并受其条例的约束（美国还尚未签署）。它们也必须签署成为区域渔业管理组织的成员，并遵守其规则。未签署这些协议的国家如果捕鱼，或污染，或违反这些组织的任何其他法律规定的，都不被认为是违法，因为它们不是这些组织的成员。这看起来很疯狂，事实就是如此。就像一个强盗可以随意闯入他人房屋，拿走他想要的东西，因为他不承认法律禁止偷盗。这种法律漏洞产生了一种所谓的“旗帜便利”贸易，在这种贸易中，有些国家如伯利兹、巴拿马和利比亚，可以将自己国家的旗帜售卖给那些希望不受法律约束的船只。这种贸易通常是为了避免在渔业上的限制和国际劳工法的约束，如此一来，他们便能让劳工在恶劣的环境下工作，剥削劳工，且不受法律约束。你可以在几分钟内在线购买到一个旗帜，只需花费几千美元。

与并非公然违法的行为做斗争是非常困难的。取得成功的一个方法是让区域渔业管理组织拒绝他们进入港口，以此来“困扰”那些非签约国的船只。公海是辽阔的，所以这样会使那些在法律之外航行的船只变得极不合算。然而，即使公海的保护措施对所有人都具有法律约束力，也难免其管理权落到那些将开发利用看得重于保护的组织手中。

有没有什么好的国际合作激励模式呢？以“自然为先”的管理方法始于《南极海洋生物资源养护公约》。迄今为止，已有31个国家签署该协议。公约的首要目标是确保南大洋的海洋生物保持健康状况，它只允许与该目标相适应的捕鱼量，对企鹅、信天翁、海豹等其他物种进行密切监视，确保其不会造成不利影响。该组织在驱逐长线捕捞船只上取得了相当的成功，这些船只在捕捞智利黑鲈时屠杀了数以千计的信天翁。然而，一个地方的胜利可能意味着另一地方的灾难，因为这些非法或不受管制的船只会转移到其他地方。我们所需的是像南极这样的治理，并将其在所有公海上推行，适用于每个人，无论他们有没有签署公约和协议。世界太小，太拥挤，再也不能允许任何船队挂着不负责任国家的旗帜随意破坏我们的海洋。

《联合国海洋法公约》构思和起草于20世纪60年代和70年代，到20世纪80年代生效，现在已经严重过时。该公约第六十二条给出了起草者的动机：

沿海国决定其捕捞专属经济区内生物资源的能力。沿海国在没有能力捕捞全部可捕量的情形下，应通过协定或其他安排……准许其他国家捕捞可捕量的剩余部分。

换句话说，默许地认为所有的海洋都必须得到利用。事实上，尽管已广泛意识到保护区的重要性，海洋法仍没有哪条规定要建立保护区，即使在联合国内也是这样。几年前，在我们可能期待有所改变时，有关这方面的问题，我问了一位联合国的法律专家。他转动了两下眼睛，叹口气，似乎在说：“在我有生之年不可能了。”

我们没有太多的时间来改革我们对海洋的管理。就算真的有，大型动物快速、急剧下降，而且恢复起来较慢。大多数物种的幼鱼量小，恢复起来可能要花几十年到一个多世纪。鲸通常是每隔一年产一头小鲸，有时更少。马尔代夫的蝠鲼则每五年只生产一次。[6]对于大型动物来说，没有应急措施，加之其物种丰富性低，繁殖期长，损失无法弥补，它的数量将会陷入困境。但还是有希望恢复的。2010 年，一头北极鲸在过了一个世纪，甚至更长的一段时间后，首次在塔斯马尼亚岛霍巴特市的德文特河口（Derwent Estuary near Hobart in Tasmania）生产。19 世纪初期，船舶从海湾的一个区域到另一个区域必须靠近海岸行走，因为鲸太多，从中间航行太危险。19 世纪 30 年代，霍巴特附近有九个捕鲸场，但到 40 年代，捕鲸者就无事可做了。以前海湾里所有的鲸几乎全被他们杀死了。它们经历了漫长的一段时间才有所恢复。

一些区域性机构正在致力于建立公海保护区。最近，我有幸与奥斯陆巴黎保护东北大西洋海洋环境公约（OSPAR）组织合作，它是一个监督东北大西洋环境保护的区域性组织。2003 年，参与该组织的 15 个国家的部长达成一致，到 2010 年，他们将在海洋上建立海洋保护区，形成野生动物保护网。但到 2008 年，很明显，大多数公海还没有出现新兴的保护网，所以他们请求约克大学的团队寻找一些能保证保护区建设的地方，并在每个地方建立一个示范。[7]结果十分可观。2010 年，公约组织宣布北大西洋中部的六个地方成为海洋保护区，总共覆盖公海面积达 28.5 万平方千米，相当于一个内华达州的规模，比新西兰或英国还要大，是德国的 80%。听到这个消息时，我正在参加一个会议。在科学生涯中，这种如此激动人心的时刻不多，我顿感自己像要庆祝一个足球运动员射球入门一样，想脱下外套，围着房间跑起来，但是还有许多人在那里，所以我还是控制住了自己的情绪！我们的科学还是简单点儿。而要看到这点则需要非凡的政治技能和许多人的坚持。正如我们在一系列国际会议上目睹的那样，政治是复杂的，常常令人沮丧。我们不得不多次反复考察一些保护区域，重划边界线，或支持试点工程。我们还不得不放弃其中的两个保护区，因为一些成员国反对，包括英国，这令我十分懊恼。当冰岛和葡萄牙向联合国声称，大面积的海底区域是他们国家水域的一部分时，最后的难题来了。但，最终我们还是赢了。[8]我们建成的可能是第一个公海保护区域网。另一个正在南大洋建立，太平洋岛国也宣布在专属经济区之间的国际水域上建立金枪鱼禁捕区。世界的转变是缓慢的，但海洋生物的未来正在构建形成之中。[9]

19 世纪，生物学家恩斯特·海克尔（Ernst Haeckel）花费大量的时间用显微镜观察浮游生物。他那细腻精美的插图十分有名，并启发了新艺术主义的形成。[10]一管海水里存在着浩瀚无穷的美，但小物种和大型动物带给人的感觉是不同的。我曾到加利福尼亚海峡群岛的一个海草林潜水。我们坐上船，离开陆地，航程中遇到了两头正在喂食的蓝鲸，我们被它们的样子给迷住了，足足看了半个小时。一头鲸发出声音，尾巴向空中抛起，带起的水如瀑布一样向下倾落，宽度有双车道高速公路那样宽。如此近距离地接触这星球上生活过的最大动物，我充满敬畏之情，觉得自己如此渺小。任何在海草林潜水的经历都不能与之相比。在船返回的途中，有 400 头太平洋斑纹海豚从我们周围的水中突然出现。

在温暖的夕阳照射下，一群身体发光的海豚在海上跳跃着、扭动着。巨型动物演绎着它们自己的传奇。

长期以来，海洋中的巨型动物使人既好奇，又恐惧。它们拥有其他生物无法比拟的地位。然而，不仅如此，它们还成为我们海洋状态的象征。如果鲸、海豚、鲨鱼和海龟消失，海洋将是不完整的。我们失去的东西远比这些物种的躯体重要。慢慢地，我们意识到，巨型动物不仅仅是海洋的装饰，它们对维持生命的自然节奏至关重要。只阻止这些物种的灭绝是不够的，我们要做的是恢复它们的数量。

那个向我发问的脾气暴躁的苏格兰人没有意识到，灰海豹问题的产生是因为我们没能扭转鱼类数量的下降。这种鱼受到灰海豹和人的喜爱。在他看来，我们应当将灰海豹捕杀，这一逻辑正是苏格兰政府和言不由衷的日本捕鲸官员的逻辑。他们为自己辩解说，由于许多国家禁止，所以他们的猎捕是必要的，能为人类提供更多的鱼食用。在过去，野生动物和我们都有足够的鱼吃，这正是我们需要再次付出努力，争取实现的目标。由于海洋巨兽吃鱼，就将它们剔除，这只能治表，而不能治本。

46. 密布渤海南岸的鱼虾养殖塘。从空中俯瞰渤海沿岸大多都是如此，严重污染的渤海海域已很难看到自然的栖息地

47. 巴西圣保罗附近的一个社区。世界许多地方都一样，日常清理海岸已成常态。尽管一直禁止向海洋倾倒废塑料，但许多地方清理的垃圾量仍在不断增加，有非法倾倒的，也有陆地风吹入大海的，还有一些是河流冲入近海的

48. 2008年成为苏格兰完全禁渔的阿伦岛拉姆拉什湾。为保护这片海域，当地社区居民与政府官员和企业进行了十余年的斗争，反对他们的偏见、冷漠和阻挠。2010年和2011年的调查表明，海湾的海洋生命已经开始恢复

49. 自1999年实施禁渔保护以来，墨西哥下加利福尼亚的卡博普尔莫国家海洋公园的海洋生命得以不断恢复。到2009年，图中所示的猎食鱼类的体重已增长了11倍之多

50. 像加利福尼亚拉霍亚海洋保护区中的海鲈成年大鱼。其数量的恢复需要禁渔许多年，这种鱼类最易受过度捕捞的影响，也最难恢复

51. 2003年，奥斯陆-巴黎公约组织的欧洲成员国同意于2010年前建立国际海洋保护区系统。图中红色为保护区，黄色为国际水域禁渔区（东北大西洋渔业委员会提供）。保护区网络具有开创性的意义，其保护范围超越了各国水域200多海里，覆盖了深海国际水域的六个保护区

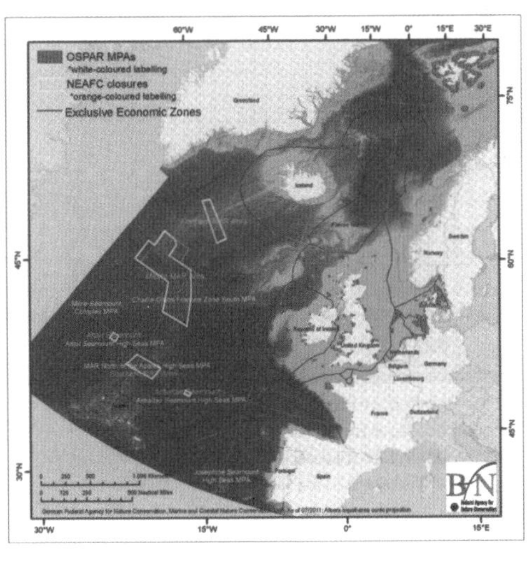

52. 20世纪30年代的广告。如该广告所示，几十年来，政府和渔业组织都鼓励人们为了健康要多吃鱼。最近，由于更多地了解了鱼油对大脑认知和血液循环的作用，又一次唤起了人们对鱼的需求。但是，野生海鲜产品供应在日益萎缩，而且由于海鲜不断受到污染，不断受到有害藻类泛滥的毒素影响，鱼油的保健作用也大打折扣

53. 被缠在长线捕鱼套中的棱皮龟。最近的20年，由于这样的误捕，太平洋的棱皮龟数量急剧下降，已几近灭绝。卫星图片说明保护东太平洋重要的迁徙通道也许有助于遏制棱皮龟数量的下滑

54. 暴雨后的几天中，巴西巴伊亚沿岸发现漂浮在废弃鱼网中的17只死绿皮龟。数世纪以来，人们猎捕绿皮龟获取其卵和肉。最近大部分国家都制定了相应的法律对其实施保护，但是，误捕的现象仍时常发生

55. 马尔代夫的哈尼法鲁珊瑚海域通常集居大量进食丰美浮游生物的魔鬼鱼。图中的魔鬼鱼两翼宽达数米。2011年，该珊瑚群由于对魔鬼鱼和鲨鱼的生存至关重要，因此被列入世界遗产保护地，也被马尔代夫政府划为海洋保护区

56. 印度尼西亚苏拉威西海珊瑚中横尸"鲨鱼坟墓"的鲨鱼。过去20年，由于人们对鲨鱼翅汤美食需求的追逐，鲨鱼种群的数量急剧衰退。为获取鱼翅，捕获的鲨鱼在码头上被砍去翅鳍，然后扔回大海，在痛苦中慢慢死亡。保护鲨鱼既需要采取措施禁止过度捕捞，又要严禁食用鲨鱼羹

57. 尽管保护海洋巨兽需要几十年艰苦的工作，但仍不乏成功的案例。在巴西，自1980年一个国家环保组织实施保护措施以来，圣保罗北部的榄蠵龟种群数量增加了15倍

58. 19世纪中期，大量易捕的鲸类种群几近灭绝，而在白令海北部却发现了大量的弓头鲸。随之就遭到猎捕，10年中便几近消失。20世纪后期，保护措施开始实施，其数量在慢慢恢复。最近因纽特人猎捕的鲸体中发现了石和钢叉头，从而意外发现这些鲸的寿命可以长达170年，甚至200年。我们可以想象它们一生中在海洋世界里所要面对多少动荡和劫难

第二十二章

生命的海洋，严峻的挑战

我们正处于地球生物重组的风口浪尖。我们的世界已经历了五次大动荡，最终结果都是大量生物灭绝。小行星撞击和地质剧变导致地球内部产生巨大压力，喷出大量火山岩，其影响就是这几次的大灭绝。许多科学家，包括我自己在内，都认为现在我们处于第六次大灭绝的开始阶段，因为现在动、植物灭绝的速度达到100~1000倍，从之前来看，这种速度曾出现在地质大灭绝之间的间隔期。[1] 如今，我们人类是这次大灾难发生与否的主要诱因，因此，还有可能避免灾难。

现在这个世纪，生死攸关。根据最理想的估计，人口在未来90年的某个时段会达到峰值，数量在90亿~110亿人之间。[2] 随着生育率的下降，持续数千年的人口增长即将终止。对人口问题的极度关注，会让人觉得这是一个好消息。但这很大程度上还是假定的预测，我们不能想当然。最终的人口数字对我们至关重要，人口达到最高值考验我们的生存能力。而人口增长很大程度上取决于发展中国家能否降低生育率。人口学家担心的是，人们只是希望看到人口数量达到峰值，然后慢慢下降。但是，为了将世界人口稳定在90亿人以下，快速降低生育率需要我们确保发展中国家的人有快速、安全的计划生育措施。世界宗教也必须面对由此带来的挑战。因为在当今世纪全球危机的状况下，旧的资源利用方式再也行不通了，所以数千年前形成的宗教教义也必须重新阐释。

暂不考虑人口达到峰值的具体水平如何，但对资源的需求将愈加旺盛，也无法保证世界能支撑这么庞大的人口数量。在这个人口水平上，当我们竭力寻找可持续生存的方式时，巨大的压力将聚积到自然界。虽然预测人口增长率曲线在2050—2100年间将保持平稳，但由消费产生的增长人口曲线并非如此，它的增长将以一定的指数陡然直线上升。

所有星球上新增的人口都不愿每天仍用一美元的标准勉强糊口。就像今天生活在赤贫中的10亿人一样，他们会追求更高的物质生活水平。联合国在21世纪初建立的发展目标中，有一项是有关消除贫困和饥饿的。如前所述，如果世界已经在使用一个半星球的可持续生产量资源的话，那么在人口增长30%到60%的情况下，世界需要的资源量会是多少呢？其中那些最贫困的人是否会比当今穷人要求的份额更大呢？这正是令我感到不安与惶恐的一点。

如果我们像以前一样继续资源商业化，那么，人类的未来将是暗淡的、动荡的。最可怕的预测是，我们将生活在一个全球日益变暖的星球上。干旱和海平面上升引起的洪涝会掠去世界上最肥沃的土地，而野火、洪水和暴风雨会在不同的地区引发动乱。随着第六次大灭绝的加速到来，海洋和陆地物种将大量毁灭，只留下不断减少的一部分以满足我们的需要。人类为了生存开始竞争，民事骚乱将增多，国家间的冲突也会不断增加。难民为了逃离战争、饥荒和海平面上升引发的灾害会涌入那些幸免的国家，甚至会造成那些国家不堪重负。结果，不管是发展中国家还是发达国家，人民的生活水平都会急剧下降。

如果人类社会能迅速不再使用化石燃料，发挥每个人的聪明才智找到自然限定条件下生存的方法，并快速降低人口数量，那么，未来将不会那么糟糕。很多人希望采取后者，但必须面对强硬的反对和冷漠的旁观，这些人担心这一改变会给自己的生活和工作带来不便，阻力很大，成功的希望不大。不愿改变长期形成的习惯是人的自然反应。正如本书所述，我们与海洋的关系已经发展了十多万年，摆脱那些我们从未质疑的、根深蒂固的思维模式是极其困难的。我们一直相信海里有更多的鱼，认为捕捞鱼类时产生的一点附带性损害不会有太大的问题，相信海洋可以无限地容纳废物与垃圾，能够分解、中和所有我们排放进去的毒素。

每一代人都认为自己与前辈不同。在过去的几千年中，大多数情况确实如此，每代人都苦思冥想、开拓创新，找出之前遗留下来的问题及解决方案。在历史的长河中，我们大部分时间都是利用自然来实现自己的目标，确保生活的舒适和富足。但现在这种关系已经开始动摇，我们的需要已经超出了大自然供给所需的能力。

这一变化来得太快，所以我们一时觉得难以适应，这并不奇怪。我们的祖辈、父母从未担心他们赖以生存的世界会燃料耗尽，或耕田枯竭，肥沃的土壤流失，或鱼类消亡。面对整个星球储存量赤字的问题，需要应对的是我们人类。我们必须恢复自然界的资源储存，否则人类将面临破产、崩溃。问题的核心是：在资源日益减少的情况下，发展中国家如何满足自己的渴望？这实在让人进退两难。这个问题让发达国家来做出指示并不合适，发达国家不能决定发展中国家要坚守贫穷，或支付高额的代价来获得能源和基础设施，而这正是气候变化谈判的困惑和至今仍未成功达成共识的主要原因。全面考虑后，我们极有可能会选择走一条介于最好和最坏之间的中间路线，但有一点是肯定的：事情趋好之前，我们必须面对日益变得更糟的局势，我们必须做好准备面对未来的艰难岁月，迎接更加严峻的挑战。

在遥远的过去，有一些类似于我们未来 100 年可能遇到的海洋酸度变化，它会导致生命的大量灭亡。一些科学家，如澳大利亚珊瑚生物学家查理 · 贝隆，发现之前的危机与现在惊人地相似。他说，随着海洋温度和酸度的增加，我们失去的不止一个生态系统，它会产生连锁反应，我们将会看到海洋生态系统一个接着一个崩溃。它可能会重演 5500 万年前古新世-始新世极热事件时发生的事情，那时二氧化碳量急剧增高，温度攀升，海洋酸度剧烈飙升，全球变暖失去控制。这个星球已从之前的灭绝危机中恢复过来，但灾难性的大动荡仍然持续不断，生命大量消亡。一些物种衰落，其他物种再次复苏，生态系统也从新、旧交叠中不断重构，融入了众多新的生态要素。但是，这一切都需要数百万年的变迁历程。

地质变化的历史过程足以迫使我们采取行动。但是，我们做不到像阻止人口增长那样，去阻止大气依据自身规律而进行的化学演变。二者都有足够的潜能来维持星球变化的趋势，推动其步入 22 世纪。海洋似乎越来越不利于生命的存在。

即使我们认真对待减少温室气体排放问题，但人口越来越多，他们需要食物，对海洋的威胁和袭扰还会继续下去。越来越多的化肥和污水流入海洋，海藻过盛的发生频率会不断增加，加剧氧气耗竭，扩大死亡海域，从而让水母成为海洋生命的主导。水产养殖业的普遍发展侵蚀了自然栖息地，加剧了富营养化问题。在土地削减情况下，进行高强度农业种植会导致大量泥土流失，进入沿海水域，这可能有助于形成如盐沼和红树林这样的沿海湿地，但也会破坏像珊瑚礁这样由无脊椎动物构成的敏感栖息地。由我们过去排放的温室气体引起的海平面上升将导致沿海硬化，促使我们去建设更多的海堤和其他防御工程，从而造成生产力丰富的栖息地逐渐缩减，如泥滩和沼泽。一旦这些重要的滋养栖息地消失，野生鱼类将受到影响，候鸟的觅食地也随之减少。如果我们依旧沉迷于现代技术带给我们的舒适，一如既往地浪费资源，海洋中的有毒物质会继续聚积，塑料垃圾碎片也会越来越多。

事情的结果不一定非要这样，但我们正在不自觉地朝这个方向发展。我们可以通过今天的作为，改变未来的趋向。有一句古老的谚语，深受许多自救类书籍的青睐：“今天是你余生的第一天。”如果从现在开始每天将前进的方向改变一点，那么，50 年后，我们将会到达一个与最初趋向相悖的地方，我们的后代会从中受益。未来的大事情在于防患于未然，时刻准备着面对挑战。我们不信天命，事在人为。在这本书剩下的几页中，我将探讨我们应该做些什么，最大限度地抓住机遇，实现可持续生活方式的转型，既不使自然恶化，也不至于毁灭人类自己。我必须断定，我们会努力控制人口增长，改用清洁能源，减少排放，降低污染。没有这些转变，未来的结果肯定很糟糕，这毋庸置疑。唯一不确定的是，那一天究竟何时会到来。

美国环保运动的创始者之一奥尔多·利奥波德（Aldo Leopold）表示："聪明匠工的首要原则是保持每一个齿轮和轮子完好和谐。"这句话不无道理，因而经常被引用。即使有些东西在整个自然机制中看似是多余的存在，但我们并不知道哪些是多余的。但在应对变化时，自然界最大的资本就是它的多样性，因此也是我们资本的一部分。我曾提到的渔业中的均衡效应也广泛适用于其他方面。如果一个投资者拥有多样化的资产投资组合，那么无论未来带来什么变化，他都可以肯定自己依然会获得收益。因为在任何一个特定的时间，一些投资的失败肯定意味着另一些投资的成功。今天稀缺的物种看起来似乎并不重要，但明天也可能就变得十分普遍。在不同的情况下，它可能就成为一些生态演变的关键。然而，面对周围的数千物种，我们无法预测它们是哪些物种。

2001年，欧洲环境部长们给自己设定了一个宏伟的目标：到2010年终止生物多样性的丧失。对许多人来说，甚至对制定此项目标的多数政客来说，这只是简单地意味着阻止更多的物种走向灭绝。虽然这点十分重要，但终止生物多样性丧失涵盖的意义更广，它意味着阻止自然栖息地的进一步丧失、遏制种群数量的衰退和结束对食物链的层层破坏。欧洲自然未能实现这个目标。在不解决造成损失的驱动因素的情况下，终止生物多样性的崩溃简直是天方夜谭。我不会再期待一个酒窖藏满美酒的爱酒者放弃喝酒。同样，终止生物多样性的丧失需要做的远远不止说大话。在全球层面上，欧洲的这一宏伟目标缩水成为“大幅减缓生物多样性丧失的速度”。我们甚至连这样缩水的目标也没实现。[3] 我们欢迎这些目标的设定，但同时我们也必须彻底改变对待自然的态度，否则，我们设定这些目标永远都是空谈。

有些人正在做最坏的准备，大量储存植物、珊瑚和其他动物的冷冻种子和基因物质。对我来说，这种基因库存有点太科幻。它们对一些植物或珊瑚可能有点效用，但这种方法对大多数动物来说有很大的局限性。圈养的动物，即使是由动物妈妈亲自养育，在放入野生环境后也很难应对大自然。试想一下，通过组织样本恢复一种物种是多么地难。有一些梦想家渴望把西伯利亚寒漠深冻的猛犸基因碎片整合起来，使猛犸再现，但这些冷冻基因库对保持地球环境正常运行毫无作用。我认为，我们能够想出更好的方法来创造一些庇护所，在人类可以控制我们曾放任不管的气候大动荡之前，物种能够一直在那里得以保护、生存。

一种方法是确定好栖息地以及物种最有可能生存下来的地方，然后给予强有力的保护。在过去的冰河时代，气候恶化迫使许多物种与它们的大种群分离。在某些地方，气候依然很温和，形成了让动、植物生存下来的保护区。冰川融化后，幸存者失去了它们之前生存的地方，被迫去寻找新的栖息地。一些人正在想方设法探索建立现代版的避难地，特别为像热带珊瑚礁这种易受破坏的物种设立的栖息地。罗德·萨尔姆（Rod Salm）就是这样一位探索者。他在大自然保护协会工作，负责珊瑚礁工程。在过去的10年里，他一直在寻找那些无论是气候变暖还是海洋酸化加剧都不影响珊瑚礁生长的地方。结果发现，在这些地方往往几乎没有人类居住。乔治·布什总统（George Bush）作为一名环境保护主义者，在任期即将结束时，在太平洋中部建立了一些这样的栖息地的保护区，如罗斯环礁、巴尔米拉环礁、金曼礁（Rose Atoll，Palmyra and Kingman Reefs）和夏威夷群岛西北部，与人类居住区的周围相比，所有这些地区的珊瑚礁都更富有生机，而且未受到损害。

2010年，英国建立了世界上最大的海洋保护区，限制了查戈斯群岛（Chagos Archipelago）的所有捕捞活动。这片英国领土就像印度洋中部出现的天堂一样，有白色的沙滩、摇曳的棕榈树、耀眼的青绿色潟湖，景色十分迷人。这里似乎是一个理想的庇护所，印度洋边缘的珊瑚礁在这个更加惬意的环境里有可能得到恢复，再次充满生机。除了美国的军事基地，实际上也正是因此群岛上无其他居民。[4] 受1988年全球珊瑚礁大规模白化事件的袭击，这里的珊瑚礁有90%遭到毁灭。但是，它比印度洋其他地方的珊瑚礁恢复情况要好。[5] 在没有任何污染、建设或重要开发等其他压力的情况下，珊瑚礁可以应对这里的自然环境。查戈斯群岛和与它类似的一些地方证明，努力减少当地人类对珊瑚礁造成的众多压力，对珊瑚礁的恢复有很大作用。

阿拉斯加的皮尤全球海洋遗产（Pew Global Ocean Legacy）计划是支持保护查戈斯群岛的一个组织。他们的目标是能够看到世界上一些完整无损的标志性海洋生态系统得到高水平的保护。目标太宏伟远大，不仅是因为他们的目标清单上包含的区域众多，还因为以前从未有过如此大规模的尝试。但在乔治·布什总统和英国的帮助下，他们却取得了一些成功，还将目光投向了澳大利亚的珊瑚海和新西兰的克马德克群岛（Kermadec Islands）。[6]

蓝色海洋基金会（Blue Marine Foundation）是一家环保组织，总部位于英国，它保证查戈斯群岛前五年所需的保护资金。基金会打算鼓励私人资本参与资助保护特别的、重要的海洋区域，无论其位置所在。也有可能包括位于南大西洋的南乔治亚岛和戈夫岛（South Georgia and Gough Island）。戈夫岛是一个受大风侵蚀的荒野，岛上岩石堆积，只栖息着信天翁、企鹅和一些强壮的野生动物，还有19世纪捕鲸者留在这里的老鼠。这些老鼠身形巨大，是普通鼠的3倍，以幼小的海鸟为食。1505年，葡萄牙人首次发现了戈夫岛，1938年，英国声明对其拥有主权。岛的周围环绕着近12.5万平方千米的海洋。想象一下，如果将这里保护起来，它对自然会产生多么大的价值。戈夫岛曾被描述为地球上最重要的海鸟聚居区，其海域是大量鲸、海豚、鱼类和无脊椎动物的栖息地。[7] 尽管我们的世界很拥挤，但仍有许多机会来保护富有野生动物的地区，为后代留下恒久的遗产。

其他组织致力于保护一些热点地区，那里有大量丰富、独特的植物物种和其他生物物种，他们认为，阻止这些植物和生物的灭亡将会产生不可估量的价值。保护国际（Conservation International）是美国的一个强有力的组织，它已在陆地上找到了许多热点地区，如巴西的大西洋森林、加利福尼亚的花卉、马达加斯加以及南非那美妙的鲜嫩卡鲁（Succulent Karoo）。他们投入大量的资金来拯救那里的物种，还好为时不晚，取得了相当大的成功。

海上也有类似的地方，尽管勘绘出的只有几个栖息地和物种群体，如珊瑚礁和深海水域里的食肉动物，但要对海洋生物做系统的目录归类仍需数年的时日。[8] 其他组织，如世界野生动物基金会，致力于对那些相对分散的区域保护，被称为“优先保护区”。他们想，生物生活的范围广泛，保护工作应当努力做到疏而不漏，这些分散的生态区包括阿拉斯加湾、北海、日本南部黑潮以及亚得里亚海（Adriatic Sea）。

由于全球变化，保护像查戈斯群岛这种遥远但依然完整的地区给我们提供了更好的拯救生物多样性的机会。对此我完全赞同。但是，身边的大自然难以满足我们的审美或精神需求。一些地方保存完整是因为它们十分偏远，很难到达。了解在遥远的冰川上有野生北极熊追赶着海豹是一件令人愉快的事情。想到现实中还存在着一些孤立着的珊瑚礁，它们依旧保持着 200 年前的样子，就如太平洋中部的金曼礁一样，那里有大量鲨鱼游荡，数量多到不可思议，还有很多鱼群如巨大的帝王鱼和石鲈，它们等待夜色降临，便去寻找和捕杀猎物，这一切想起来都让人感觉十分地舒服。但我们身边也需要这样的地方。

近在咫尺的大自然，几乎都是无价的，如果不相信，你可以看看那些城市公园。美国的中央公园就像被石崖峭壁、混凝土和玻璃包围起来的一片绿洲，远离灰尘和交通喧嚣的街道，是个安静美丽的地方。画眉在自己屋顶上歌唱的声音远远要比遥远的北湖上一只潜鸟传来的无声呼唤更加美妙。身边的自然就是能给你带来清洁、健康的水和清新的空气等有益的东西。不久前，我看到了一个杰出的科学家团体进行的一项研究，他们认为，如果我们退出那些并不合算的保护区，将其土地卖掉，用这些钱再买更便宜的、更有效用的更大区域，会加强我们对生物多样性的保护。[9] 这听起来很合理，数字加起来似乎也很有价值。但它有一个缺点，认为最不合算的地方是靠近城市的公园，那里的土地价格直线飙升。而对我来说，这些地方的自然价值是最高的，那是我们最易去放松、享受的地方。为了那些遥远的栖息地而舍弃这些公园就相当于撤走人类体验的根本。我曾经飞往巴西的圣保罗，在飞机下降时我们历经了数不清的、杂乱无序的高层建筑、公寓楼，还有简陋的小木屋。建筑物像模具一样从低矮的山坡依次排列，几乎没有一点空地或绿色植被，一眼望去几乎看不到绵延的自然景观。这是我见过的最令人沮丧的情景。

在拯救物种的竞赛中，保护主义者常常将目标锁定在剩余的最好的栖息地上，这在资金紧缺的区域是可以理解的。这些好的区域能让投入的每元钱都在物种保护中最大限度地发挥作用。但这样做就忽视了对那些物种没那么丰富、不太引人注目的地方的保护，有时是因为这些地方退化严重，但更多的是因为环境和进化没有赋予这些地区多样性的特征。然而，社会与多样性程度较低的地区也存在很大的利害关系。事实上，与那些被视为需优先保护的多样性丰富地区相比，这些地区更易丧失重要的生态系统功能。加勒比海珊瑚礁只有少数对珊瑚建设起重要作用的珊瑚种类，西太平洋有几十种。加勒比地区的流行疾病已击垮了两个珊瑚物种，现在正在向第三个蔓延。结果，加勒比地区的珊瑚礁生长瞬间中止。在许多地区，受侵蚀的影响，珊瑚礁的情况也急剧逆转。这些情况在水下是很容易看到的。水下明亮的珊瑚塔被五颜六色的鱼环绕，你通常可以看到一个低的丘状全景，上面布满密密麻麻的绿草，低凹处游动着海绵动物和海扇。这样的结果在海面也能看到，度假村的海滩遭到冲刷侵蚀，酒店公寓倒塌，沉入海洋。所以，即使没有太多保护的物种，地方保护工作也十分重要。

我们往往对政府的承诺和目标持怀疑态度。但是，曾经也有针对海洋保护的宏伟激励目标给我留下了深刻的印象。2002 年，在南非的可持续性发展世界首脑峰会上，代表团一致同意在 2015 年前，建成更多的海洋保护区，并恢复鱼类种群，增强其繁殖力，使其达到更加安全的水平。[10]事实上，后一个目标是不可能完全实现的，因为一些鱼类增长缓慢，其数量不可能在三年之内得到恢复。像欧洲终止生物多样性丧失的计划一样，我怀疑，那些同意此项目标的人是否也认为自己能在最后期限内完成所定目标。这些目标所达到的就是驱赶着你往前跑，在它们的激励下，人们为保护海洋做出了前所未有的努力，海洋保护区蓬勃发展。乔治·布什总统建立了太平洋保护区，靠个人的努力使世界海洋保护区总面积增加了 30%，令世人瞩目，也使他成为世界上最伟大的海洋保护主义者。这可能让那些未做出多少贡献的人无话可说。无论你怎样评价布什，但他确实给海洋留下了极好的遗产。

其他领导人也开始着手制定全球议程。2005 年，太平洋上的小国，帕劳共和国的总统汤米·雷门格绍（Tommy Remengesau）推出了“密克罗尼西亚挑战计划”。他呼吁位于庞大的密克罗尼西亚群岛的其他国家到 2020 年使 30% 的海洋和 20% 的陆地环境受到保护。2007 年，《时代周刊》将他誉为环保英雄。但雷门格绍并不是一个完美的领导人，他卷入腐败，未经许可就在环境已经很脆弱的红树林建造自己的房屋。尽管如此，“密克罗尼西亚挑战计划”还是得到了该地区许多岛国的支持，并激励了遥远的一些域外国家，如印度尼西亚和加勒比海的格林纳达岛。海岛国家拥有最多的海洋资源，也许可以不理会管理不善而带来的损耗，但它们却依旧致力于海洋保护，它们的做法值得所有土地资源富庶的国家效仿学习。

保护区要发挥最佳的作用，需要建立多大范围，保护区之间相隔的优化距离等，的确是令人费神的事情。[11]根据动、植物活动和分散的距离范围，普遍认为，保护区通常应在 10~20 千米范围之间，保护区之间的距离不能超过 40 千米，最远为 80 千米。最具风险的分布为间隔 80 千米建立一个 10 千米范围的保护区，这种保护网可覆盖海洋面积的 1/9；风险较小的分布为间隔 40 千米建立一个 20 千米的保护区，可覆盖海洋面积的 1/3。在保护网建设中，我们要尽量注意投资者的提醒，之前的行为与效果并不总是未来的参照。在日益温暖的海洋中，幼卵和幼苗生长速度较快，这意味着在它们找到栖息地前，在开阔水域中游荡或漂泊的时间会比现在更短。[12]这说明，在保护区设定的间距、范围内，建立保护区密度最低的保护区网才是明智的选择。一些国家已经依照这些原则开始采取行动。

1999 年，加利福尼亚开始建立沿海保护区网，完成后将覆盖约 20%的海洋。与美国所有其他州一样，加利福尼亚可以控制海上 3 海里的海域，其余的由联邦政府管理。我之前提到的英国的保护网预计将覆盖 25%的海洋，但并不是全部都能受到高度的保护。一些地区将允许破坏性较小的捕鱼活动继续进行，如龙虾捕捞。法国宣布，到2020年，将有20%的水域受到保护，其中有一半水域将禁止所有的捕捞活动。在许多国家，发展可再生能源可能会促进总体保护，因为风电场通常会为了保护电缆而禁止捕鱼。考虑到风能源普遍受到人们的欢迎，所有这些效用综合起来可以保证30%~40%的沿海水域受到保护，这也正是我们需要做到的。

超出保护区的范围，我们需要相应降低捕捞的强度和破坏力。尽管短期内也许需要付出一些代价，但从长期来看，这并不意味着放弃捕捞，而是借此将鱼类储存量从目前的最低点加以恢复，进而能使捕捞量在未来5~10年内大幅增加，而且成本、能耗则相对较低。然而，这也意味着要逐步淘汰或大力限制极具破坏性的渔具（如拖网和挖贝耙）以及那些不加区别滥捕的多钩长线。早就该采取这样的行动了。14世纪的英国农民恳求国王下令禁止使用新发明的拖网，说“拖网捕捞时，沉重的网在海底粗暴地拖行，毁坏了海底的野生环境”，[13]这话完美地诠释了拖网给海洋带来的危害。从长远来看，海洋资源的坚定保护者和关爱者将是最大的受益者；从局部来看，建立保护区和禁止拖网捕捞带来的丰厚利益是显而易见的。复兴海洋生机并不是牺牲自我的利他行为，而是以自我利益为基础的利己行为。

过去的15年里，我们在一些前沿领域取得了巨大进步，但在另一些方面也有所倒退。建立保护区的参与及新动议层次更高了，为海洋保护注入了活力，令人鼓舞，我看到了这些参与及行动背后所付出的惊人努力与艰辛。最终，保护区得以成功扩大，从近海岸水域延伸到国际远海水域，为公海保护网的建设奠定了基础。2011 年，欧洲终于承认将捕捞后死掉的鱼再扔回海里属疯狂行为，最好是一开始就采用有选择性的捕鱼方式，不要误捕，让那些你不想要的鱼类依旧在海里好好生活。但与这些成就形成对比的是，来自人类的压力在不断加剧。2011 年 10 月，当我即将完成这本书稿时，人口数量已突破 70 亿人。在这个全球化的世界，一个新的鱼类、贝类，或渔场，从被发现到最后耗竭，所需的时间已经从几十年缩减为短短的几年。因此，现在比以往任何时候，都迫切需要决定性的变革。

附录一

问心无愧的海鲜

发达国家从未有过如此丰富的海鲜供应，由于全球化，源自世界上最遥远的海岸、珊瑚礁岛和公海的美味海鲜不断输往发达国家，供给那里有钱的消费者。超市的海鲜柜里，丰富的贝类和鱼类，鲜活亮丽，看上去赏心悦目，令消费者垂涎。经常有人问我是否可能既是海鲜爱好者，同时又是海洋生命的关爱者。作为二者的热衷者，我的回答是肯定的“是”。但这个“是”是有限定的，即，有良知的消费者必须谨慎选购。因为正如我在本书中所阐述的那样，对于许多售卖的海鲜物种而言，捕捞所付出的环境代价要远远大于市场标识的物价。

挑选海鲜时，有四个主要问题需要咨询：

（1）在捕捞海洋动物的野生环境下，这些物种会受到影响吗？

（2）捕捞这些物种会破坏海洋栖息地吗？

（3）是否有大量附带物种与目标物种一起被误捕？

（4）捕鱼场是否存在遗弃的问题？一般而言，有些捕捞的体型偏小的鱼类，因市场价值低而被遗弃。

对于同样物种的渔业来说，其捕捞的方式以及捕捞的海域不同，对海洋生物产生的影响也不同，所以对于买什么样的海产品和不买什么样的海产品很难给出一致的建议。不过，依据我的经验，建议避免买大型的、寿命长但成熟晚的海洋物种，它们很容易被过度捕捞，比如像鳐鱼、鲨鱼、旗鱼、金枪鱼（比如蓝鳍金枪鱼和大眼金枪鱼）、狼鱼、大比目鱼、鲟鱼（鱼子酱）等；坚决反对享用鱼翅羹，这不仅是因为世界各地鲨鱼的数量急剧下降，而且还因为鱼鳍是从活着的鲨鱼身上割下来的，然后将失去鱼鳍的鲨鱼丢入海中，使其在痛苦中慢慢死亡；再者，要杜绝购买深海的海鲜品，这类深海物种很容易被过度捕捞，而其繁衍恢复的速度却非常缓慢。深海物种与大型鱼类一样，同样寿命长，成熟晚，深海捕鱼还会造成严重的物种误捕，并给海洋栖息地带来巨大的破坏。如橘棘鲷、南极犬牙鱼（也叫南极银鳕）、海魴、叉尾带鱼（带鱼）、长尾鳕科（鳕鱼）、格陵兰大比目鱼、红鲑鱼、深水虾等之类的深海生物，一旦被误捕，带到水面，经受极压和温度的变化，几乎无一能够生还。

正如我在书中所讲的那样，很多捕捞方法都会对海洋栖息地和其他海洋生物造成恶劣的影响，如海底拖网、扇贝耙、液压挖蛤船等，都会破坏海洋底部生物栖息地，毁灭珊瑚、海贝、海绵等非常脆弱的海洋生命。幽灵墙似的刺网悬浮在海水中，常常困成千上万只海洋哺乳动物和海鸟，致其溺亡大海。同时还有许多不具有经济价值的海洋生物，捕捞致死后被随意遗弃。捕虾业的误捕记录最高，是可用捕获量的5~10倍，有时甚至更高，这些误捕生物都被抛出船外遗弃。下次你在尽情享用盘中的野生虾时，想想有多少其他生物遭到误捕而废弃扔掉！因此，要选择购买那些对环境危害最小的海洋捕捞鲜品，如采用手工采摘、潜水捕捉、钩线捕捉（注意不是延绳钓，最好是手工钓）、竿钓、捕虾笼、陷阱捕捉等方式所捕捞的海产品通常是合适的选择。不要选择那些利用拖网、挖贝船、刺网、延绳钓、浮漂渔网等所捕捞的海产品。像鲱鱼、沙丁鱼、鳀鱼这样的集群鱼类可以用网捕捞，几乎不会发生误捕的情况，是非常纯粹的渔业，出于健康的考虑，这些也是非常好的选择，它们进食低食物链的物种，因而含油质高，毒素少。

“海豚友好”牌的金枪鱼并不总是像它们的品牌标识的那样。正如我阐述的那样，在东太平洋捕捉金枪鱼的围网中依然有可能围困附近的海豚。虽然很少有海豚会直接被捕杀，但是，海豚会很紧张，而且导致母海豚与小海豚失散分离。所以，购买竿钓或线钓的金枪鱼是最佳的选择。在罐头盒上会有相关的标记。超市中新鲜的金枪鱼排上面有同样的附加说明，但大部分的金枪鱼都是用延绳钓和围网捕捞的。现在，许多围网都围绕着诱鱼设备来设置，这些设备由渔船在特定的海域安放数日，甚或数周，以诱引金枪鱼围聚。而问题是，这种设施在围聚捕杀金枪鱼的同时，也可能围杀了海龟、鲨鱼、鲸以及其他数十种海洋动物。

第十六章中涉及了很多有关水产养殖的问题，我在这里只做一个简单的回顾。可以说，很多养殖鱼类真的也免不了受到污染。它们很多受到化学物的污染，这些化学物往往在拥挤的池塘中用来防治鱼类感染疾病。一些养鱼场备满了幼鱼苗或野生小鱼，像对虾和蓝鳍金枪鱼等。水产养殖同样也对环境产生直接的影响，包括化学污染、过量喂食和由此产生的废料、外来物种引进以及建设鱼塘对栖息地的破坏等，世界上一些地方的不法商家对人权的践踏就更不用说了。养虾业造成热带沿海的大面积红树林遭到砍伐。任何人都不喜欢受到污染的海产品。然而并非所有的水产养殖都如此糟糕。选择食物链中进食低端物种的鱼类，如罗非鱼和鲤鱼。不要选择像三文鱼、石斑鱼、金枪鱼等之类的捕食鱼类，它们一生中食用大量的野生鱼，但自身的生长却相对很有限。选择像贻贝和牡蛎这样的贝类海鲜。贝类养殖对沿海水质有益，因为这些贝类过滤水中的浮游生物和其他有机物。虽然有机养殖使用的化学物对环境污染较少，但是这些生物排泄依然产生污染，而且通常还要以野生鱼类为食。不过，有机养殖海鲜仍是较好的选择。

了解这些是一回事，而应用则完全是另一回事。我们买鱼时大家所面临的问题是重要信息的缺失，即鱼的来源和捕捞方式。有时首先要了解鱼的定义，DNA 检测显示，相当一部分产品的标识是错误的，即使在一些信誉好的商店也是如此。不要担心麻烦，一定要向鱼商问清鱼的来源。买鱼或点餐时，如果要记的东西太多，你可以下载如下的手机应用端，就如带了钱夹大小的卡片一样，上面会提醒你该买哪种鱼和不该买哪种鱼。

位于加利福尼亚州的蒙特雷湾水族馆（www. montereybayaquarium. org/cr/seafoodwatch. aspx）率先实施海鲜监管，致力于不同鱼类的可持续性评估。它制作海产品说明卡，列出哪些鱼类是应避免购买的，哪些是值得选购的。有美国全国通用卡和六个地区指南卡，有英语的，也有西班牙语的。此外，还有一个寿司鱼类指南卡（www. montereybayaquarium. org/cr/cr_seafoodwatch/download. aspx)。蒙特雷湾水族馆也有一个安卓版应用软件，为你推荐有益于海洋生态的最新海鲜和寿司。最新版本里所带的“钓鱼图”，能让你分享餐厅和市场的位置，你可以在那里买到有利于海洋可持续发展的海鲜。随着地图的扩展，你也能看到在你附近的其他人的发现。

另一个推荐可持续性海鲜产品的机构是位于美国的蓝海研究所（Blue Ocean Institute）（www. blueocean. org/seafood/seafood-guide)。他们也开发苹果及其他手机应用系统（www. blueocean. org/fishphone)。

在欧洲，要选择最好的海鲜，可以参阅英国海洋保护协会的鱼品在线网（www. fishonline. org)，网站资源丰富。

为了方便世界其他地方的用户，有很多指南也使用各地不同的语言。下面这个网站提供来自荷兰、比利时、瑞典、芬兰、德国、瑞士、加拿大、澳大利亚、印度尼西亚、南非等国以及中国香港特别行政区的指南链接：overfishing. org/pages/guide_to_good_fish. php。

最后，《网线的尽头》（*The End of the Line*）一书的作者查尔斯·克洛弗（Charles Clover）创建了 Fish2Fork 网站：www. fish2fork. com，为那些想在餐厅里健康吃鱼的人提供活动指南。目前，该网站对英国、美国、西班牙、法国和比利时的餐厅进行信用评估。

生态标签

有些鱼鲜品配有生态标签，旨在提醒消费者食用可持续的鱼类。目前为止，最容易辨认，且唯一独立的标签是由海洋管理委员会（www. msc. org）设计的。正如我所阐述的那样，带有该生态标签的渔业产品应该符合如下原则。

原则 1：从长期来看，鱼的储量是否具有可持续性？管理和监控是否合理、妥当？

原则 2：渔业捕捞是否对栖息地造成破坏？是否附带捕杀了海洋哺乳动物和海鸟之类的其他物种？

原则 3：为确保捕捞监管和管理条例的实施到位，是否有良好的管理程序？

MSC 标签普遍受到批评，其中也包括我在内，特别是有关原则 2 的实施更是备受争议，尽管如此，但它仍然有助于指导市场消费，确保标签鱼类自身的可持续性，并且选择有 MSC 标签的鱼总比没有标签的鱼要好。

海鲜安全

幸运的是，我们可以避免海鲜食品中最糟糕的化学品污染问题，同样，也可以避免最糟糕的过度捕捞问题，即避免捕捞金枪鱼、旗鱼和枪鱼之类的大型猎食性鱼类，选择捕捞和食用食物链中较低层次的鱼类，如鲱鱼、沙丁鱼、凤尾鱼、罗非鱼和贻贝等。要想消除海鲜污染的负面影响，从食用鱼类中获得健康营养，请登录儿童安全海鲜计划海洋网（SeaWeb KidSafe Seafood programme）：www. kidsafeseafood. org。

该网站包含大量有关避免污染、促进渔业可持续发展的最佳路径信息以及相关污染源的背景信息。

附录二
保护海洋生命的慈善机构

如果读过我的书，你也许会支持为保护海洋生命而付出努力，又或许只是想了解更多有关的信息，在此，我可以向你推荐一些出色的机构供你参考。下面所列的组织或机构，我与之都合作多年，由于它们的奉献精神、创新能力和工作效率，我愿以自己的切身感受向大家举荐。每个机构都有自己从事海洋保护的不同途径和重点，望你能从中找到自己的兴趣和意愿。

海洋网（www. seaweb. org）

海洋网的座右铭是“倡导健康的海洋”，其计划和活动推广的基本宗旨在于普及质量高而精确的海洋现状及科学知识。采用独特的海洋保护路径，利用通信科学的最新理念，努力提高人们对海洋问题的认识，转变思维定式，采取具体措施，保护海洋生命。海洋网致力于基础科学研究，滤除那些功利性的信息报道，成为用户可信赖的信息之源。在附录一中，我曾提到一个儿童安全海鲜计划海鲜网（www. kidsafeseafood. org）的信息门户，专为父母提供信息帮助，为他们提供对孩子健康有益的海鲜知识，避免儿童误食因汞等污染的海鲜而受到伤害。多年来，我从海洋网的一项专业服务中获益良多。该网站定期更新电子邮件，为专业人士提供最新的科学研究，即海洋科学评论：www. seaweb. org/science/MSRnewsletters/msr_archives. php。

若想以图片的方式了解我对海洋问题的关注，可浏览海洋网中的海洋图库（www. marinephotobank. org），其中汇集了数千张神奇的图片，它们来自世界各地，由摄影师捐赠，可供媒体下载应用。

海洋网并不像一些环保机构那样敌视企业，而是力求与他们合作，致力于双赢。多年来，它的旗舰项目“选海鲜”一直发挥着重要的桥梁作用，促进了海产品行业和环保人士之间良好关系的建立。为此，它还寻求一些名厨、餐馆业主和行业领军人物的帮助，倾听他们的呼声，鼓励业界和消费者选择更可持续的渔业之路。它一年一度的“海鲜峰会”备受欢迎，为环保者和消费者提供了一个中立的平台，让他们相聚一起，促进交流。数年来，海洋网的关注范围不断扩大，已从关注受过度捕捞威胁的箭鱼和鲟鱼（鱼子酱）等物种的保护，发展到关注污染和气候变化带来的威胁及应对。自 2007 年以来，作为海洋网的董事会成员，我切身体会到，海洋网团队为促进我们对海洋重要性的了解不懈地努力，辛勤地付出。

野生动植物保护国际（www. fauna-flora. org）

野生动植物保护国际（Fauna and Flora International，FFI）于 1903 在英国成立，早期致力于保护非洲的大型野生动物。由于过度的狩猎，那里像狮子、猎豹和豹子这样的标志性动物正在走向灭绝。随着该组织在全球范围的不断发展，如今，在美国、澳大利亚和新加坡都设立了其所属的卫星机构，引导相关区域计划的实施。经过一个多世纪的动、植物保护实践，野生动植物保护国际积累了丰富的经验，已成为世界上最重要的动、植物保护组织。然而，尽管其认识到海洋生命所面临的危险日益严峻，但直到 2010 年在里斯柏·劳辛、彼得·鲍德温和阿卡迪亚基金会慷慨捐助的支持下（Lisbet Rause、Peter Baldwin 和 Arcadia），才设立了一个成熟的海洋保护项目。目前，这一项目仍在不断地发展完善之中，但其核心是支持海洋保护区的建立和有效管理。作为野生动植物保护国际的理事会成员，自 2007 年以来，我很荣幸能一直帮助它开展相关的工作。

蓝色海洋基金会（www. bluemarinefoundation. com）

2009 年，电影《网线的尽头》的成功促成了蓝色海洋基金会（Blue Marine Foundation）的诞生。基金会由该电影的制作人乔治·达菲尔德（George Duffield）和克里斯·戈雷尔·巴恩斯（Chris Gorrell Barnes）共同创立，由创作了同名书的查尔斯·克洛弗担任基金会主席。蓝色海洋基金会在 2010 年首次成功筹集了资金，资助了新成立的印度洋查戈斯海洋保护区（Chagos Marine Reserve）。他们认为，只要能够找到简单、可靠的渠道为有意义的事业提供捐助，许多企业和个人都会愿意为更好地保护海洋提供支持。基金会致力于寻找需要支持的优秀项目，并为其筹集资金。自 2010 年成立以来，我一直是蓝色海洋基金会董事会的成员。

世界自然基金会［www. worldwildlife. org（US）；www. wwf. org. uk（UK）；www. panda. org（international）］

2011 年，位于美国的世界野生动植物基金会和其他各地的世界自然基金会开展了环保工作 50 年庆典活动。该组织机构庞大，拥有数百万会员，分布在世界上 100 多个国家，开展的项目涉及诸多领域。世界自然基金会的合作对象既有来自非洲村级社团，也有国家机构和国际组织。长期以来，基金会一直提倡必须直接与政府和企业合作，促进环境保护，由此招致了一些人士的批评，他们认为建立这样的合作关系弊大于利。然而，世界自然基金会通过这些倡议，能够经常荣幸地参与高级别会议和论坛，使其在环保工作方面取得了更多具有里程碑意义的成就。自 2009 年以来，我在世界自然基金会的美国全国委员会任职两届，并一直担任世界自然基金会英国的大使。

瑞尔保护协会（www. rareconservation. org）

瑞尔保护协会（Rare Animal Relief Effort，RARE）是一个自下而上开展工作的国际组织，旨在促进人与自然之间建立牢固的文化和情感联系。几年前，我在圣卢西亚研究海洋保护区的有效性时，偶然接触到了该组织。它起源于加勒比海的圣卢西亚岛，在那里以饱满的热情开展保护运动，拯救当地濒临灭绝的鹦鹉。鹦鹉是那里非常独特的鸟类，为了拯救运动的成功，协会成员充分利用了日益增长的民族认同感和自豪感。从此，该协会在 50 多个国家开展同样的保护运动，培训当地的动物保护员，向他们引介成功的经验，快速、持久地惠及当地的环境保护，从而提高其社会的生活质量。近年来，在菲律宾等迫切需要海洋保护的国家和地区，瑞尔保护协会积极工作，致力于推进更多、更有效的海洋保护区的建立。

保护国际（www. conservation. org）

保护国际（Conservation International，CI）于 1987 年在美国成立。其理念认为，我们不应像零星地保护“历史遗址”那样，而应致力于未来健康的环境保护和建设，为日益繁荣的社会提供绿色的心脏。因此，该组织已成为土著社会及其拥有的野生动物和栖息地的捍卫者。和野生动植物保护国际一样，它最初的保护重点是陆地环境，但不久就制订了积极有效的海洋保护计划。与其他陆地环境保护组织一样，保护国际积极投身于海洋保护，为地球上富饶的栖息地寻求保护，尤其是如东南亚的珊瑚礁三角区之类的珊瑚礁保护，珊瑚礁是海洋生物多样性的核心海域。此外，它还协调了东太平洋等地区域计划的实施。

绿色和平组织（www. greenpeace. org）

绿色和平（Greenpeace）运动起源于 20 世纪 60 年代末的环境运动，“彩虹勇士”号舰船的下水开启了其针对海洋问题的运动。近年来，该组织一直倡导对国家领海之外的全球公海和深海进行保护。几年前，我的研究小组为绿色和平组织撰写了一份报告，其中，我们提出了一个问题，即，如果我们今天建立一个公海海洋保护区网络，它会是什么样。这是一次狂热的运动，但却彰显了这些地区保护的完全缺失。我很高兴地看到，通过绿色和平运动的努力，我们提议的一些太平洋海域已经划定，该区域禁止捕捞金枪鱼。奥斯陆-巴黎公约组织（OSPAR）也进一步提出关于北大西洋海洋保护区的建议，并于2010年付诸实施。我一直乐意与绿色和平组织合作，他们的理想主义总是令人耳目一新，他们的信念和意志总是那样坚定，那样令人钦佩。

皮尤环境组织（www. pewenvironment. org）

皮尤环境组织（Pew Environment Group）在皮尤慈善信托基金的支持下成立，长期以来，对海洋有着浓厚的兴趣。该组织经营着著名的皮尤海洋保护研究员项目，支持那些倾其职业生涯于更好地保护海洋的人，我很幸运成为其成员之一。在乔什·莱希特（Josh Reichert）孜孜不倦的领导下，皮尤一直是海洋保护的有力倡导者，为此，他们成立了皮尤海洋委员会，该委员会于2003年报告了美国的海洋现状。虽然皮尤环境组织通常关注的重点在美国，但随着解决的问题趋向国际化，其全球影响日益扩大。它积极致力于建立广阔的重点保护区，如夏威夷群岛西北部、英属印度洋的查戈斯群岛和澳大利亚的珊瑚海等。同时，正在致力于制定和实施鲨鱼保护战略。皮尤环境组织为基础科学研究提供了强有力的支持，为环境保护提供信息帮助。

野生救援协会（www. wildaid. org）

野生救援协会（Wildaid）致力于减少对野生动物产品的需求，认为“没有买卖，就没有杀戮”。它是少数几个关注亚洲重要海鲜消费的环保组织之一。其最有名的是它奇特而完美的广告宣传，借此敦促人们改变饮食习惯，避免饮食鱼翅汤或海龟蛋等。该协会邀请美国影星莱昂纳多·迪卡普里奥、英国传奇企业家理查德·布兰森和中国篮球明星姚明等名人做代言，广泛宣传其环保理念和信息。

海洋保护协会（www. oceanconservancy. org）

海洋保护协会（Ocean Conservancy）总部设在美国，历史上一直致力于国家领海的保护，致力于减少塑料和垃圾破坏海洋和海岸的事业，致力于建立更多、更有效的海洋保护区。作为为数不多的参与者之一，它积极参与并成功推动了加利福尼亚州海洋生物保护法的制定，并据此构建海洋保护区的网络系统。我认为，随着时间的推移，这个保护区网络系统将会成为国家的骄傲。2010 年，在英国石油公司“深水地平线”钻井涌喷事件发生后，该协会积极努力，呼吁为墨西哥湾的环境保护寻求新的途径。在灾难发生后，它以此为契机，建议将一些损害补偿基金用于治理墨西哥湾多年被忽视的环境退化。正如我曾提到的那样，不要忘记那些垃圾海域，即所谓的人工珊瑚礁！

海洋环境保护组织（na. oceana. org）

海洋环境保护组织（Oceana）声称是世界上致力于海洋保护的最大组织，拥有超过 50 万的成员，活跃在世界各地，尤其在美国和欧洲。其活动范围涉及各种不同的海洋问题，如过度捕捞、海洋酸化、汞污染等。在阿拉斯加，它成功地阻止了海底拖网的渔业捕捞，保护了那里的海洋；在智利，成功地推进了禁止鲨鱼的捕捞；在加利福尼亚，同样成功地推动了禁止鱼翅贸易，由此成为全球海洋保护的典范。海洋环境保护组织积极参与解决政府提供补贴支持过度捕捞的问题，消除其带来的负面影响。为此，它发起了一场持久的运动，呼吁取消补贴，虽未取得成功，但其产生的潜在影响是巨大的。补贴源于纳税人的慷慨，取消对公海和深海渔业的补贴，就可能产生立竿见影的作用，很快消除这些渔业对海洋造成的大部分伤害。

海洋保护研究所（www. marine-conservation. org）

海洋保护研究所（Marine Conservation Institute，MCI）总部设在美国，是一个备受尊敬的机构，但其影响远远超出了美国。这在很大程度上归功于其创始总裁埃利奥特·诺尔斯（Elliott Norse）的无私奉献和远见。埃利奥特是一位充满智慧的战略家，也是精力旺盛的运动家。他和他的团队不计名利，虚怀若谷，在克林顿和乔治·布什（George W. Bush）担任总统期间，他们取得了一系列的成功，尤其是在推进建立大型海洋保护区方面取得了显著成就。研究所积极投身于海床保护，尤其是深海海底的保护，使其免受拖网捕捞的破坏。2008 年，获得联合国深海保护的支持，成为深海保护联盟（Deep Sea Conservation Coalition）的核心合作伙伴。与海洋网一样，海洋保护研究所为发展保护海洋生命事业，致力于优秀的科学发展和应用。

西尔维娅·厄尔联盟（ocean. nationalgeographic. com/ocean/missionblue/sylvia-earle-alliance）

西尔维亚·厄尔（Sylvia Earle）是世界最杰出的海洋保护倡导者。她作为科学家、海洋学家、探险家、政府要员和作家，职业生涯持久辉煌，灿若明星。虽然现在已经 70 多岁了，但她仍老骥伏枥，辛勤工作，积极投身环境保护事业。2009 年，她获得了著名的泰德奖（TED Prize），并赋予她机会说出自己的愿望。她说：“尽我们所能，充分利用电影、探险、网络等，激发公众对全球海洋保护区网络建设的支持，‘希望网点’足以扩大到能够拯救和恢复我们的海洋，地球的蓝色心脏。”其影响和成就引人注目。西尔维亚付出了大量的努力，促使人们认识海洋生命所面临的危险，呼吁他们利用所拥有的丰富资源和手段，为海洋生命的保护尽匹夫之责。西尔维亚·厄尔身体力行，利用部分泰德奖创立了以自己名字命名的联盟，从此，为海洋保护事业筹集了数百万美元的基金。

大自然保护协会（www. nature. org）

大自然保护协会（Nature Conservancy）20 世纪 50 年代成立于美国，但后来其影响逐步走向国际化。多年来，它投入大部分资金用于购买土地，为受到威胁的栖息地和物种建立保护区。海洋是人类共有的，因此，这种方法只适用于沿海的海权区域，在那里，大自然保护协会充分有效地通过这种方式保护湿地和海岸。对于远海区域，该组织一直致力于探讨新的途径以促进自然栖息地的恢复，更好地缓解我在这本书中所描述的一系列环境压力。与保护国际（Conservation International）一样，它也积极参与位于印度尼西亚、马来西亚、巴布亚新几内亚、菲律宾、所罗门群岛和东帝汶之间的珊瑚礁三角区的珊瑚保护。

地球正义组织（www. clientEarth. org）

地球正义组织（Client Earth）是由一群理想主义的律师（他

们确实存在!）组成的组织，他们致力于依据法律打击环境破坏行为。他们的出发点是人权，提倡人人享有在健康环境中生活的权利。但是，正如他们所指出的那样，这项权利仍处在法律的初级阶段，仍然十分脆弱。正如其组织的名称一样，他们认为地球就是他们的服务客户，他们的宗旨就是为地球伸张正义。有时，这意味着对晦涩难解的法律创造性地运用，但更多的只是意味着确保法律效力的充分发挥。如果没有适当的法律，他们的目的就是要酝酿健全法律的存在。在海洋领域，地球正义组织一直致力于欧洲共同渔业政策的改革，以结束过度捕捞，制止对蓝鳍金枪鱼的盲目捕捞，质疑超市鱼类包装上不实的环境标识，促其加以纠正。

海洋守护者协会（www. seashepherd. org）

这是附录上唯一一个我本人没有以某种身份有过与之合作经历的组织。但是，对于那些希望自己的保护工作更具有对抗性者来说，海洋守护者协会可能是再好不过的了。它的使命是保护海洋野生动物，其成员为了阻止那些有意捕杀和捕猎海洋动物的人，甘愿赴汤蹈火。他们最有名的行动就是抵制日本在南极洲捕鲸，当然，在其他许多地方，都可以看到他们投身环保的身影。在数十次行动中，他们积极参与加拉帕戈斯海洋保护区的巡逻，阻止鲨鱼偷猎者；倾力保护日本太地町海域迁徙的海豚免遭屠杀，反映此境况的影片《海湾》（*The Cove*）引起了国际社会的广泛关注。多年来，他们一直在与加拿大猎杀格陵兰海豹的行为作斗争。

这里，如若没提到你所钟爱的组织，请见谅。全世界有数百个这样的组织。上述名单中，我只侧重于介绍致力于国际性活动的组织，所以，在此我向所有那些投身于国家环保事业的优秀团体表示歉意，如加拿大的海洋生命协会（Canada's Living Oceans Society）、澳大利亚环保基金会（Australian Conservation Foundation）、英国的海洋保护协会（UK's Marine Conservation Society）和墨西哥的社会与生物多样性组织（Mexico's Communidady Biodiversidad）等。我坚信，所有这些组织以及无数其他更多与海洋保护和环境有关的组织，都值得信赖。

注　释

PROLOGUE

1. McClenachan, L. (2009) Documenting loss of large trophy fish from the Florida Keys with historical photographs. *Conservation Biology*, 23: 636–43.

1. FOUR AND A HALF BILLION YEARS

1. Valley, J. W. (2005) A cool early Earth? *Scientific American*, October: 58–65.
2. We can date the timing of Earth formation very precisely to 4.567 billion years ago based on the age of the earliest meteorites. Valley, J. W. (2006) Early Earth. *Elements*, 2: 201–4.
3. Sleep, N. H. et al. (2001) Initiation of clement surface conditions on the earliest Earth. *Proceedings of the National Academy of Sciences*, 98: 3666–72.
4. Fedonkin, M. A. et al. (2007) *The Rise of Animals: Evolution and Diversification of the Kingdom* Animalia. The Johns Hopkins University Press, Baltimore.
5. Strangely, it has been very hard to find evidence for higher and more energetic tides in the geological record. As Harvard professor Andrew Knoll put it to me, perhaps we don't know what to look for.
6. Wilde, S. A. et al. (2001) Evidence from detrital zircons for the existence of continental crust and oceans on the Earth 4.4 Gyr ago. *Nature*, 409: 175–8.
7. Drake, M. J. (2005) Origin of water in the terrestrial planets. *Meteoritics and Planetary Science*, 40: 519–27.
8. Isotopes are variants of elements that have different atomic weight because they contain different numbers of neutrons. They help us to

distinguish the origins of ocean water, since the isotopic composition of the source must be similar to that of the oceans.

9. Hartogh, P. et al. (2011) Ocean-like water in the Jupiter-family comet 103P/Hartley 2. *Nature*, 478: 218–20.
10. Schopf, T. J. M. (1980) *Paleoceanography*. Harvard University Press, Cambridge, Mass.
11. Koeberl, C. (2006) Impact processes on the early Earth. *Elements*, 2: 211–16.
12. Charette, M. A. and Smith, W. H. F. (2010) The volume of Earth's ocean. *Oceanography*, 23: 112–14.
13. Snelgrove, P. V. R. (2010) *Discoveries of the Census of Marine Life*. Cambridge University Press, Cambridge.
14. Hawkesworth, C. J. et al. (2010) The generation and evolution of continental crust. *Journal of the Geological Society*, 167: 229–48.
15. Nutman, A. P. (2006) Antiquity of the oceans and continents. *Elements*, 2: 223–7.
16. Hessen, D. O. (2008) Solar radiation and the evolution of life, in E. Bjertness (ed.), *Solar Radiation and Human Health*. The Norwegian Academy of Science and Letters, Oslo, pp. 123–36.
17. Battistuzzi, F. U. et al. (2004) A genomic timescale of prokaryote evolution: insights into the origin of methanogenesis, phototrophy, and the colonization of land. *BMC Evolutionary Biology*, 4:44, doi:10.1186/1471-2148-4-44.
18. Some of this warming probably came about through splitting of methane in the upper atmosphere and conversion of ethane, another powerful greenhouse gas. Haqq-Misra, J. D. et al. (2008) A revised, hazy methane greenhouse for the Archean Earth. *Astrobiology*, 8: 1127–37.
19. This lack of physical evidence means that the study of earliest life is highly controversial and is constantly under review as new evidence emerges.
20. Our best estimates suggest the oceans of the deep past were tens to hundreds of times less productive than today.
21. Canfield, D. E. et al. (2006) Early anaerobic metabolisms. *Philosophical Transactions of the Royal Society B*, 361: 1819–36.
22. Canfield, D. E. (2005) The early history of atmospheric oxygen: homage to Robert M. Garrels. *Annual Reviews of Earth and Planetary Science*, 33: 1–36.
23. Buick, R. (2008) When did oxygenic photosynthesis evolve? *Philosophical Transactions of the Royal Society B*, 363: 2731–43.
24. Anbar, A. D. et al. (2007) A whiff of oxygen before the great oxidation event? *Science*, 317: 1903–6.

25. Kopp, R. E. et al. (2005) The Paleoproterozoic snowball Earth: a climate disaster triggered by the evolution of oxygenic photosynthesis. *Proceedings of the National Academy of Sciences*, 102: 11131–6.
26. Williams, D. M. et al. (1998) Low-latitude glaciation and rapid changes in the Earth's obliquity explained by obliquity-oblateness feedback. *Nature*, 396: 453–5.
27. Kappler, A. et al. (2005) Deposition of banded iron formations by anoxygenic phototrophic Fe(II)-oxidising bacteria. *Geology*, 33: 865–8.
28. Anbar, A. D. and Knoll, A. H. (2002) Proterozoic ocean chemistry and evolution: a bioinorganic bridge? *Science*, 297: 1137–42.
29. Sulphide is toxic to oxygen-producing cells, so they were excluded from deeper layers.
30. The earliest oxygen users might have gained their oxygen from the breakdown of hydrogen peroxide. Dismukes, G. C. et al. (2001) The origin of atmospheric oxygen on Earth: the innovation of oxygenic photosynthesis. *Proceedings of the National Academy of Sciences*, 98: 2170–75.
31. Gill, B. C. et al. (2011) Geochemical evidence for widespread euxinia in the Later Cambrian ocean. *Nature*, 469: 80–83.
32. Dahl, T. et al. (2010) Devonian rise in atmospheric oxygen correlated to the radiations in terrestrial plants and large predatory fish. *Proceedings of the National Academy of Sciences*, 107: 17911–15; Lenton, T. M. (2001) The role of land plants, phosphorus weathering and fire in the rise and regulation of atmospheric oxygen. *Global Change Biology*, 7: 613–29.
33. Lambert, O. et al. (2010) The giant bite of a new raptorial sperm whale from the Miocene epoch of Peru. *Nature*, 466: 105–8.
34. Gill et al. (2011), op. cit.
35. Benton, M. J. and Twitchett, R. J. (2003) How to kill (almost) all life: the end-Permian extinction event. *Trends in Ecology and Evolution*, 18: 358–65.
36. Kidder, D. L. and Worsley, T. R. (2004) Causes and consequences of extreme Permo-Triassic warming to globally equable climate and relation to the Permo-Triassic extinction and recovery. *Palaeo*, 203: 207–37.
37. Knoll, A. H. et al. (2007) Paleophysiology and end-Permian mass extinction. *Earth and Planetary Science Letters*, 256: 295–313.

2. FOOD FROM THE SEA

1. Landau, M. (1984) Human evolution as narrative. *American Scientist*, 72: 262–7.

2. Verhaegen, M. et al. (2007) The original econiche of the Genus *Homo*: open plain or waterside?, in S. I. Munoz (ed.), *Ecology Research Progress*. Nova Science Publishers, New York, pp. 155–86.
3. Recently the term Hominin has replaced the previous use of Hominid. The term Hominin includes humans and all their ancestors, while Hominid refers to all of the great apes (including us) and their ancestors.
4. Tishkoff, S. A. et al. (2009) The genetic structure and history of Africans and African Americans. *Science*, 324: 1035–44.
5. Marean, C. W. et al. (2007) Early human use of marine resources and pigment in South Africa during the Middle Pleistocene. *Nature*, 449: 905–8.
6. Although Blombos was occupied for longer, it wasn't inhabited as early as Pinnacle Point.
7. Brown, K. S. et al. (2009) Fire as an engineering tool of early modern humans. *Science*, 325: 859–62.
8. Braun, D. R. et al. (2010) Early hominin diet included diverse terrestrial and aquatic animals 1.95 Ma in East Turkana, Kenya. *Proceedings of the National Academy of Sciences*, 107: 10002–7.
9. For a long time it was thought that Neanderthals and modern humans overlapped in their habitation of Europe. But new dates for deposits seem to contradict that, pushing back the dates of the last Neanderthals to before our arrival. However, researchers from Spain suggest that their dates of 32,000 years ago are robust. No doubt the debate will continue. http://news.sciencemag.org/sciencenow/2011/05/were-neandertals-and-modern-huma.html?ref=hp; accessed 18 May 2011. Stringer, C. B. et al. (2008) Neanderthal exploitation of marine mammals in Gibraltar. *Proceedings of the National Academy of Sciences*, 105: 14319–24.
10. Clottes, J. and Courtin, J. (1996) *The Cave Beneath the Sea: Paleolithic Images at Cosquer*. H. N. Abrams, New York.
11. Erlandson, J. (2001) The archaeology of aquatic adaptations: paradigms for a new millennium. *Journal of Archaeological Research*, 9: 287–348; Erlandson, J. M. et al. (2007) The kelp highway hypothesis: marine ecology, the coastal migration theory, and the peopling of the Americas. *Journal of Island and Coastal Archaeology*, 2: 161–74.
12. There is evidence for earlier sea journeys by other hominins. For example, *Homo erectus* made it to the island of Flores in Indonesia between 800,000 and 700,000 years ago, involving a couple of short sea journeys. Those journeys would never have required them to be out of sight of land, however. Similarly, Neanderthals probably crossed short stretches of sea in the Mediterranean before 22,000 years ago (Erlandson (2001), op. cit.).

13. Hine, P. et al. (2010) Antiquity of stone-walled tidal fish traps on the Cape Coast, South Africa. *South African Archaeological Bulletin*, 65: 35–44.
14. O'Connor, S. et al. (2011) Pelagic fishing at 42,000 years before the present and the maritime skills of modern humans. *Science*, 334: 1117–21.
15. Erlandson, J. M. et al. (2009) Fishing up the food web? 12,000 years of maritime subsistence and adaptive adjustments on California's Channel Islands. *Pacific Science*, 63: 711–24.
16. Geoff Bailey, University of York, personal communication.
17. Johannes, R. E. (1981) *Words of the Lagoon*. University of California Press, Berkeley.
18. O'Connor et al. (2011), op. cit.
19. Kvavadze, E. et al. (2009) 30,000-year-old wild flax fibers. *Science*, 325: 1359.
20. Soffer, O. (2004) Recovering perishable technologies through use-wear on tools: preliminary evidence for Upper Palaeolithic weaving and net-making. *Current Anthropology*, 45: 407–13.
21. Erlandson, J. M. and Rick, T.C. (2008) Archaeology, historical ecology, and the future of ocean ecosystems, in T. C. Rick and J. M. Erlandson (eds.), *Human Impacts on Ancient Marine Ecosystems*. University of California Press, Berkeley, pp. 297–308.
22. Walters, I. (1988) Fish hooks: evidence for dual social systems in south-eastern Australia? *Australian Archaeology*, 27: 98–114.
23. Radcliffe, W. (1921) *Fishing from Earliest Times*. John Murray, London.
24. Mair, A. W. (1928) *Oppian, Colluthus and Tryphiodorus, with an English translation*. William Heinemann, London.
25. It is a testament to the popularity of Oppian's poem that 58 contemporary copies survive. Bartley, A. N. (2003) *Stories from the Mountains, Stories from the Sea. The Digressions and Similes of Oppian's Halieutica and Cynegetica*. Vandenhoeck and Ruprecht, Gottingen.
26. Trakadas, A. (2003) The archaeological evidence for fish processing in the western Mediterranean, in T. Bekker-Nielsen, *Ancient Fishing and Fish Processing in the Black Sea Region*. Aarhus University Press, Aarhus, pp. 47–82.
27. It might also be effective for catching large bottom dwellers like skates and rays.
28. Gosnell, M. (2007) *Ice: The Nature, the History, and the Uses of an Astonishing Substance*. Chicago University Press, Chicago.
29. Trakadas (2003), op. cit.
30. Corcoran, T. H. (1963) Roman fish sauces. *The Classical Journal*, 58: 204–10.

31. Ibid.
32. Aquerreta, Y. et al. (2002) Use of exogenous enzymes to elaborate the Roman fish sauce 'garum'. *Journal of the Science of Food and Agriculture*, 82: 107–12.
33. Curtis, R. I. (2003) Source for production and trade of Greek and Roman processed fish, in T. Bekker-Nielsen, *Ancient Fishing and Fish Processing in the Black Sea Region*. Aarhus University Press, Aarhus, pp. 31–46.
34. Ejstrud, B. (2003) Size matters: estimating trade of wine, oil and fish-sauce from amphorae in the first century AD, in T. Bekker-Nielsen, *Ancient Fishing and Fish Processing in the Black Sea Region*. Aarhus University Press, Aarhus, pp. 171–82.
35. Barrett, J. H. et al. (2004) The origins of intensive marine fishing in Medieval Europe: the English Evidence. *Proceedings of the Royal Society B*, 271: 2417–21; Barrett, J. H. et al. (2004) Dark Age economics revisited: the English fish bone evidence AD 600–1600. *Antiquity*, 78: 618–36.
36. Barrett, J. H. et al. (2008) Detecting the medieval cod trade: a new method and first results. *Journal of Archaeological Science*, 35: 850–61.
37. Merwe, van der, P. (ed.) (1986) *Hooking, Drifting and Trawling: 500 Years of British Deep Sea Fishing*. National Maritime Museum, Greenwich.
38. Roberts, C. M. (2007) *The Unnatural History of the Sea*. Island Press, Washington, DC.
39. Duhamel du Monceau, M. (1769) *Traité général des pesches et histoire des poissons*. Saillant and Nyon, Paris.
40. Johannes (1981), op. cit.
41. Webster, G. (2004) The invention of the kite. *The Kiteflyer*, 98: 9–14.

3. LESS FISH IN THE SEA

1. Smith, J. (1624) *The Generall Historie of Virginia, New-England, and the Summer Isles*. Reprinted 1907 by J. MacLehose, Glasgow.
2. Thurstan, R. H. et al. (2010) The effects of 118 years of industrial fishing on UK bottom trawl fisheries. *Nature Communications*, 1:15, doi: 10.1038/ncomms1013.
3. We are very grateful to G. H. Engelhard for making the calculations that made our analysis possible. Engelhard, G. H. (2008) One hundred and twenty years of change in fishing power of English North Sea trawlers, in A. Payne, J. Cotter and T. Potter (eds.), *Advances in Fisheries Science 50 years on from Beverton and Holt*, Blackwell Publishing, Oxford, pp. 1–25.

4. Fish like menhaden were often caught in such vast numbers they were used as fertilizer since most of the catch spoiled before it could be sold for human consumption and only a limited amount could be fed to available livestock. Brown Goode, G. (1884) *The Fisheries and Fishery Industries of the United States. Section I. Natural History of Useful Aquatic Animals*. Government Printing Office, Washington, DC.
5. Hoover, H. (1917) The food armies of liberty. The winning weapon: food. *National Geographic*, September, pp. 187–212.
6. Collins, J. W. (1887) *Report on the Investigation of Fishing Grounds in the Gulf of Mexico*. Government Printing Office, Washington, DC.
7. Lewis Anspach, quoted in *The Literary Gazette and Journal of Belles Lettres for the Year* 1819. William Pople, London.
8. Wallace, S. and Gisborne, B. (2006) *Basking Sharks. The Slaughter of BC's Gentle Giants*. New Star Books, Vancouver.
9. One vivid account from Ireland in 1744 describes the slaughter of a large group of porpoises: 'Yesterday being a great spring tide, a vast army of porpusses came up Lough Foyle in pursuit of salmon. As they rolled by Londonderry, the sailors pursued them in their boats, and killed them all the way, drove them six miles farther up the lough, to the flats about Mount Gavelling. There a new chase began by our fishermen and country people, who stretched a net across the lough, and drove them up to the narrow passages of the Great Island, which lies a mile below this town; there they fell on them with guns, swords, hatchets, and all kinds of weapons, and made a terrible slaughter. There were killed here above one hundred and sixty, besides as many mortally wounded and carried off by the flood. Including those the men of Londonderry killed, there have at least fallen in this battle five hundred porpoises, generally weighing from 1,000 to 1,500 [lbs] weight, and very good oil. Some of them were full of young ones as big as calves; and some had from six to ten salmon in their stomachs. But we hope that since these grand devourers are destroyed, our fishing will hereafter flourish, and we are pretty well repaid by this oil for the damage they have done.' From the *Post-Boy*, dated 12 November 1744, and quoted in T. de Voe (1866) *Market Assistant. Containing a brief description of every article of human food sold in the public markets of the cities of New York, Boston, Philadelphia and Brooklyn*. Hurd and Houghton, New York. The weights quoted seem too high for porpoises, suggesting they may have been dolphins.
10. NOAA National Marine Fisheries Service (2011) 2010 Report to Congress: Status of U.S. Fisheries. Washington, DC. http://www.nmfs.noaa

.gov/sfa/statusoffisheries/2010/2010_Report_to_Congress.pdf; accessed 18 November 2011.

11. Continental shelves are the shallow areas adjacent to landmasses and are typically less than about 200m deep. Watling, L. and Norse, E. A. (1998) Disturbance of the seabed by mobile fishing gear: A comparison to forest clearcutting. *Conservation Biology*, 12: 1180–97.
12. Bertram, J. G. (1873) *The Harvest of the Sea*. John Murray, London.
13. Bailey, D. M. et al. (2009) Long-term changes in deep-water fish populations in the northeast Atlantic: a deeper reaching effect of fisheries? *Proceedings of the Royal Society B*, 276: 1965–9, doi: 10.1098/rspb.2009.0098.
14. The study in which this figure first appeared (Myers, R. A. and Worm, B. (2003) Rapid worldwide depletion of predatory fish communities. *Nature*, 423: 280–83) has been hotly argued over since it came out and the figures questioned. Some critics say the wrong analysis was used and that all fish stocks will have collapsed by early in the twenty-second century rather than the mid-twenty-first. Others contend that catches are an inappropriate metric of the condition of fish stocks, given that they depend on fishing effort as well as how many fish are in the sea. In fact, the authors never suggested that all fish stocks would be gone by 2048, just that they might all have experienced collapse, defined as catches falling below 10 per cent of their maximum. It is perfectly possible for some collapsed fisheries to have recovered by then, and for others to still produce fish, but in much lower quantities than they could at higher abundance. The picture has been revised in recent years (Worm, B. et al. (2009) Rebuilding global fisheries. *Science*, 325: 578–85) to reflect efforts to recover fish stocks in the US and elsewhere, and to account for differences when biomass rather than catches are used as measures of the condition of stocks (Branch, T. A. et al. (2011) Contrasting global trends in marine fishery status obtained from catches and from stock assessments. *Conservation Biology*, doi: 10.1111/j.1523-1739.2011.01687.x), but the picture looks bleak at a global scale.
15. Rick, T. C. and Erlandson, J. M. (eds.) (2008) *Human Impacts on Ancient Marine Ecosystems*. University of California Press, Berkeley.
16. Swain, D. P. et al. (2007) Evolutionary response to size-selective mortality in an exploited fish population. *Proceedings of the Royal Society B*, 274: 1015–22; Mollet, F. M. et al. (2007) Fisheries-induced evolutionary changes in maturation reaction norms in North Sea sole *Solea solea*. *Marine Ecology Progress Series*, 351: 189–99.

17. Hsieh, C. et al. (2006) Fishing elevates variability in the abundance of exploited species. *Nature*, 443: 859–62.
18. Daniel Pauly coined the term 'fishing down the food web' (Pauly, D. et al. (1998) Fishing down marine foodwebs. *Science*, 279: 860–63). The phenomenon has been questioned by some scientists who suggest what is happening is fishing through the food web (Essington, T. E. et al. (2006) Fishing through marine foodwebs. *Proceedings of the National Academy of Sciences*, 103: 3171–5) and that species are simply added to the fishery over time as the big ones are still caught, or that the effect doesn't exist (Branch, T. A. et al. (2010) The trophic fingerprint of marine fisheries. *Nature*, 468: 431–5). However you slice it, serial depletion of big fish is easy to see wherever there is a gradient of fishing pressure. Intensively exploited places lack the biggest species and big individuals that less fished places have. Although the phenomenon is most often cited in relation to trophic level in the food web, in reality trophic level is just a correlate of what drives fishermen, which is profit. So fishers are really fishing down the value chain (Sethi, S. A. et al. (2010) Global fishery development patterns are driven by profit but not trophic level. *Proceedings of the National Academy of Sciences*, 107: 12163–7).
19. Discovery of a new cod depot. Quoted in *Friends' Intelligencer*, Volume XVIII, T. Ellwood Zell, Philadelphia, pp. 618–19.
20. Beaufoy, H. (1785) Third report from the Committee appointed to inquire into the state of the British fisheries, and into the most effectual means for their improvement and extension. Sixteenth Parliament of Great Britain: Second session (25 January 1785–2 August 1785). In Reports from the Committees of the House of Commons 1715–1801 (1803). *Miscellaneous Subjects Vol. 10: 1785–1801*, pp. 18–189.
21. Thurstan, R. H. and Roberts, C. M. (2010) Ecological meltdown in the Firth of Clyde, Scotland: two centuries of change in a coastal marine ecosystem. *PLoS ONE*, 5: e11767. doi:10.1371/journal.pone.0011767.
22. http://www.dunoon-observer.com/index.php/news/past-stories-covered-in-cowal-and-argyll/549-fishermens-leaders-slam-clyde-report; accessed 27 December 2011.
23. O'Leary, B. et al. (2011) Fisheries mismanagement. *Marine Pollution Bulletin*, 62: 2642–8.
24. Fromentin, J. M. (2009) Lessons from the past: investigating historical data from bluefin tuna fisheries. *Fish and Fisheries*, 10: 197–216.

4. WINDS AND CURRENTS

1. Lozier, M. S. (2010) Deconstructing the conveyor belt. *Science*, 328: 1507–11.
2. Had they been able to measure deeper, they would have found the temperature drop to just 3° or 4°C.
3. Benjamin, Count of Rumford (1757) An account of the manner in which heat is propagated in fluids, and its general consequences in the economy of the universe. *A Journal of Natural Philosophy, Chemistry and the Arts*, Volume 1. William Nicholson, London.
4. Denny, M. W. (2008) *How the Ocean Works. An Introduction to Oceanography*. Princeton University Press, Princeton.
5. The total flow of world rivers is approximately 40,700km^3 per year. The Amazon accounts for 15 per cent of this flow. The flow of the Atlantic Meridional Overturning Circulation, as the Atlantic arm of the global ocean conveyor current is known, is about 490,000 km^3 per year, or just one third of 1 per cent of the volume of the sea. Willis, J. K. (2010) Can in situ floats and satellite altimeters detect long-term changes in Atlantic Ocean overturning? *Geophysical Research Letters* 37: art. L06602; Postel, S. L. et al. (1996) Human appropriation of renewable fresh water. *Science*, 271: 785–8.
6. Lenton, T. M. et al. (2008) Tipping elements in the Earth's climate system. *Proceedings of the National Academy of Sciences*, 105: 1786–93.
7. Arrhenius won the Nobel Prize for Chemistry in 1903, not for the spectacular leap of logic he made in predicting global warming, but for his theory of the dissociation of ions in solution.
8. Planetary wobbles, called Milankovich cycles after their discoverer, are also critical to glaciations (http://en.wikipedia.org/wiki/Milankovitch_cycles; accessed 22 May 2011).
9. Arrhenius, S. (1908) *Worlds in the Making. The Evolution of the Universe*. Harper & Brothers, London and New York.
10. http://www.asi.org/adb/02/05/01/surface-temperature.html.
11. 388ppm of CO_2 was the value for 2007. IPCC (2007) *Climate Change 2007: Synthesis Report. Contribution of Working Groups I, II and III to the Fourth Assessment Report of the Intergovernmental Panel on Climate Change* (Core Writing Team, Pachauri, R. K and Reisinger, A. (eds.)). IPCC, Geneva, Switzerland.
12. Calculated over a time horizon of 100 years; since methane reacts with other compounds over time, its global warming potential is high to begin with and declines as time passes: http://en.wikipedia.org/wiki/Global_warming_potential.

13. There are also vast quantities of methane hydrates deep in the oceans; past episodes of intense global warming, such as that at the great end Permian extinction, led to their release.
14. 1kg of seawater contains about 4.13 times the heat of 1kg of air at the same temperature and pressure. A kilogram of air has a volume of 856.2 litres at a pressure of one atmosphere and 25°C, compared to a volume of 1 litre for seawater under the same conditions. So the heat capacity of water is 3,536 times higher than air under these conditions.
15. Schubert, R. et al. (2006) *The Future Oceans – Warming Up, Rising High, Turning Sour*. German Advisory Council on Global Change, Berlin.
16. Hoegh-Guldberg, O. and Bruno, J. F. (2010) The impact of climate change on the world's marine ecosystems. *Science*, 328: 1523–8.
17. Schofield, O. et al. (2010) How do polar marine ecosystems respond to rapid climate change? *Science*, 328: 1520–23.
18. http://www.timesonline.co.uk/tol/news/uk/article767459.ece; accessed 26 September 2011.
19. Kerr, R. A. (2007) Is battered Arctic sea ice down for the count? *Science*, 318: 33–4.
20. This notion of the Gulf Stream as the North Atlantic's winter warmer has recently been questioned (Seager, R. et al. (2002) Is the Gulf Stream responsible for Europe's mild winters? *Quarterly Journal of the Royal Meteorological Society*, 128: 2563–86). The Rocky Mountains squeeze air into a thinner layer as it flows from the west, and twists winds to the north in the process. As air flows east beyond the Rockies, the twist unwinds to the south, bending winds above the warm Sargasso Sea that surrounds Bermuda. There they pick up heat, which is carried northeast. Europe's mild climate is a result of ocean warmth, but the Gulf Stream carries little of that heat, or so the authors argue. However, this view is at odds with sea surface temperature maps built up from satellite measurements, which show warm ocean waters pulled far into the north-eastern Atlantic by the global ocean conveyor. Because of the much greater heat capacity of water than air, far more heat would be required to warm those waters than mere winds could transfer blowing from the tropics.
21. Rahmstorf, S. (2002) Ocean circulation and climate during the past 120,000 years. *Nature*, 419: 207–14.
22. Nesje, A., Svein, O. D. and Bakke, J. (2004) Were abrupt late-glacial and early-Holocene climatic changes in northwest Europe linked to freshwater outbursts to the North Atlantic and Arctic Oceans? *The Holocene*, 14: 299–310.

23. Sachs, J. P. and Lehman, S. J. (1999) Subtropical North Atlantic temperatures 60,000 to 30,000 years ago. *Science*, 286: 756–9.
24. Rahmstorf (2002), op. cit.
25. Water at the surface veers at about 45° to the wind direction. Friction transfers wind energy from surface to deeper layers. If you take a pack of cards, place your finger in one corner and fan them using a finger in the opposite corner, friction moves each card a little less than the one above until the cards do not move at all. In the same way, friction moves water less as you go deeper. However, a peculiarity of the Coriolis force is that as depth increases, water twists a little further, so the angle of flow relative to the wind increases with depth, rather than lessens. The net flow, taking into account the whole water column, is at right angles to the wind direction.
26. Thermoclines are well-developed and virtually permanent features of tropical seas, but they are poorly developed or absent from polar seas where warming is less. In between, they tend to be seasonal, forming in spring and breaking up in autumn when storms stir the sea.
27. Bakun, A. et al. (2010) Greenhouse gas, upwelling-favorable winds, and the future of coastal ocean upwelling ecosystems. *Global Change Biology*, 16: 1213–28.
28. Bakun, A. and Weeks, S. J. (2004) Greenhouse gas buildup, sardines, submarine eruptions and the possibility of abrupt degradation of intense marine upwelling ecosystems. *Ecology Letters* 7: 1015–23.
29. Ibid.
30. Bakun, A. (1990) Global climate change and intensification of coastal ocean upwelling. *Science*, 247: 198–201.
31. Ekau, W. et al. (2010) Impacts of hypoxia on the structure and processes in pelagic communities (zooplankton, macro-invertebrates and fish). *Biogeosciences*, 7: 1669–99.
32. Daniel Pauly, whose breadth of understanding always amazes me, has come up with an elegant theory to explain much about why fish are built the way they are and do the things they do. He articulates the case for oxygen as a limiting constraint in Pauly, D. (2010) *Gasping Fish and Panting Squids: Oxygen, Temperature and the Growth of Water-Breathing Animals*. International Ecology Institute, Germany.
33. Bakun, A. (2010) Afterword, in D. Pauly, *Gasping Fish and Panting Squids: Oxygen, Temperature and the Growth of Water-Breathing Animals*. International Ecology Institute, Germany, pp. 137–40.
34. Field, J. (2008) Jumbo squid (*Dosidicus gigas*) invasions in the Eastern Pacific Ocean. *CalCOFI Report*, 49: 79–81.

35. Stramma, L. et al. (2008) Expanding oxygen-minimum zones in the tropical oceans. *Science*, 320: 655–8.
36. Chan, F. et al. (2008) Emergence of anoxia in the California Current Large Marine Ecosystem. *Science*, 319: 920.
37. http://www.sciencedaily.com/releases/2006/08/060812155855.htm; accessed 22 May 2011.
38. Zeidberg, L. D. and Robinson, B. H. (2008) Invasive range expansion by the Humboldt squid, *Dosidicus gigas*, in the eastern North Pacific. *Proceedings of the National Academy of Sciences*, 104: 12948–50.

5. LIFE ON THE MOVE

1. Roberts, C. M., Hawkins, J. P. et al. (2002) Marine biodiversity hotspots and conservation priorities for tropical reefs. *Science*, 295: 1280–84; Hawkins, J. P. et al. (2000) The threatened status of restricted range coral reef fish species. *Animal Conservation*, 3: 81–8.
2. Ushatinskaya, G. T. (2008) Origin and dispersal of the earliest brachiopods. *Paleontological Journal*, 42: 533–9.
3. Sepkoski, J. J. (1997) Biodiversity: past, present and future. *Journal of Paleontology*, 71: 533–9. Microbes, by contrast, seem almost immutable over vast stretches of geologic time.
4. Perry, A. et al. (2005) Climate change and distribution shifts in marine fishes. *Science*, 308: 1912–15.
5. Brander, K. (2009) Impacts of climate change on marine ecosystems and fisheries. *Journal of the Marine Biological Association of India*, 51: 1–13.
6. Beaugrand, G. et al. (2003) Plankton effect on cod recruitment in the North Sea. *Nature*, 426: 661–4; Beaugrand, G. et al. (2002) Reorganisation of North Atlantic marine copepod biodiversity and climate. *Science*, 296: 1692–4.
7. Personal communication from John Pitchford, University of York.
8. Cheung, W. W. L. et al. (2009) Large-scale redistribution of maximum fisheries catch potential in the global ocean under climate change. *Global Change Biology*, 16: 24–35.
9. Sheppard, C. R. C. (2003) Predicted recurrences of mass coral mortality in the Indian Ocean. *Nature*, 425: 294–7.
10. Cheung, W. W. L. et al. (2008) Application of macroecological theory to predict effects of climate change on global fisheries potential. *Marine Ecology Progress Series*, 365: 187–97.
11. Hamilton, L. et al. (2000) Social change, ecology and climate in 20th century Greenland. *Climatic Change*, 47: 193–211.

6. RISING TIDES

1. Countering this spurt in wetland creation, coastal construction and reclamation has reduced wetland area in some places.
2. With the caveat that solids such as ice can take up more space than their warmer liquid phases.
3. Lambeck, K. et al. (2004) Sea level in Roman time in the central Mediterranean and implications for recent change. *Earth and Planetary Science Letters*, 224: 563–75.
4. Pilkey, O. and Young, R. (2009) *The Rising Sea*. Island Press, Washington, DC.
5. Nicholls, R. J. and Cazenave, A. (2010) Sea-level rise and its impact on coastal zones. *Science*, 328: 1517–20.
6. Jevrejeva, S., Grinsted, A. and Moore, J. C. (2009) Anthropogenic forcing dominates sea level rise since 1850. *Geophysical Research Letters*, 36: L20706. doi:10.1029/2009GL040216.
7. Fanos, A. M. (1995) The impact of human activities on the erosion and accretion of the Nile delta coast. *Journal of Coastal Research*, 11: 821–33.
8. Bamber, J. L. et al. (2009) Reassessment of the potential sea-level rise from a collapse of the West Antarctica ice sheet. *Science*, 324: 901–3. doi 10.1126/science.1169335. This study revises downwards the widely reported six-metre rise in sea levels that the melting of the West Antarctic ice shelf was expected to produce.
9. Weiss, J. L. et al. (2011) Implications of recent sea level rise science for low-elevation areas in coastal cities of the coterminous U.S.A. *Climatic Change*, 105: 635–45.
10. Blanchon, P. et al. (2009) Rapid sea-level rise and reef back-stepping at the close of the last interglacial highstand. *Nature*, 458: 881–4.
11. Kopp, R. E. et al. (2009) Probabilistic assessment of sea level during the last interglacial stage. *Nature*, 462: 863–8.
12. Nicholls, R. J. et al. (2011) Sea-level rise and its possible impacts given a 'beyond 4°C world' in the twenty-first century. *Philosophical Transactions of the Royal Society A*, 369: 161–81.
13. Jenkins, A. et al. (2010) Observations beneath Pine Island Glacier in West Antarctica and implications for its retreat. *Nature Geoscience*, 3: 468–72. doi 10.1038/ngeo890.
14. Connor, S. (2011) Vast methane 'plumes' seen in Arctic ocean as sea ice retreats. *Independent*, 13 December, www.independent.co.uk/news/science/vast-methane-plumes-seen-in-arctic-ocean-as-sea-ice-retreats-6276278.html.

15. UN-HABITAT (2008) *State of the World's Cities 2008/2009 – Harmonious Cities*. UN-HABITAT (United Nations Human Settlement Programme), Nairobi, Kenya: http://www.unhabitat.org/pmss/getPage.asp?page=bookView&book=2562; accessed 18 August 2011.
16. Kabat, P. et al. (2009) Dutch coasts in transition. *Nature Geoscience*, 2: 450–52.
17. Subsidence rates in the Maldives are around 0.15mm per year, which is very slow compared to subsidence rates in many deltas. Fürstenau, J. et al. (2010) Submerged reef terraces of the Maldives, Indian Ocean. *Geo-Marine Letters*, 30: 511–15.
18. http://www.parliament.uk/documents/post/postpn342.pdf; accessed 22 May 2011. Two other factors explain the difference: Scotland has fewer people and more hard coastal rock than England, so it has less to defend and less need for coastal defence.
19. Large dams are defined as those with walls higher than 15m. Syvitski, J. P. M. et al. (2005) Impact of humans on the flux of terrestrial sediment to the global coastal ocean. *Science*, 308: 376–80.
20. Engelkemeir, R. et al. (2010) Surface deformation in Houston, Texas using GPS. *Tectonophysics*, 490: 47. doi: 10.1016/j.tecto.2010.04.016.
21. Extremes will rise faster than the average if the extent of the variation around an average value is proportional to the value of the average.
22. Kerr, R. A. (2010) Models foresee more-intense hurricanes in the greenhouse. *Science*, 327: 399.
23. Ericson, J. P. et al. (2006) Effective sea-level rise and deltas: causes of change and human dimension implications. *Global and Planetary Change*, 50: 63–82.
24. Ibid.
25. Other effects of climate change, including higher temperatures and altered rainfall patterns, will also affect agricultural production.
26. Tanaka, N. et al. (2007) Coastal vegetation structures and their function in tsunami protection: experience of the recent Indian Ocean tsunami. *Landscape and Ecological Engineering*, 3: 33–45.
27. Analyses of satellite images show that 14 of the world's largest deltas lost 3 per cent of their wetlands in the last 14 years of the twentieth century. Coleman, J. M., Huh, O. K. and Braud, D. (2008) Wetland loss in world deltas. *Journal of Coastal Research*, 24: 1–14.
28. Alongi, D. M. (2002) Present state and future of the world's mangrove forests. *Environmental Conservation*, 29: 331–49.
29. Waycott, M. et al. (2009) Accelerating loss of seagrasses across the globe threatens coastal ecosystems. *Proceedings of the National Academy of Sciences*, 106: 12377–81.

30. Pilkey and Young (2009), op. cit.
31. Chatenoux, B. and Peduzzi, P. (2007) Impacts from the 2004 Indian Ocean Tsunami: analysing the potential protecting role of environmental features. *Natural Hazards*, 40: 289–304.
32. King, S. E. and Lester, J. N. (1995) The value of salt marsh as a sea defence. *Marine Pollution Bulletin*, 30: 180–89.

7. CORROSIVE SEAS

1. W. Russell, quoted in Littell, E. (1846) *Littell's Living Age*. Volume X. Waite, Pearce & Company, Boston.
2. Hall-Spencer, J. and Rauer, E. (2009) Champagne seas – foretelling the ocean's future? *Journal of Marine Education*, 25: 11–12; Hall-Spencer, J. M. et al. (2008) Volcanic carbon dioxide vents show ecosystem effects of ocean acidification. *Nature*, 454: 96–9.
3. If you are familiar with the language of chemistry, the equations that represent the dissolution of carbon dioxide in the sea are:
   CO_2 (carbon dioxide) + H_2O (water) $\leftrightarrow$ H_2CO_3 (carbonic acid)
   H_2CO_3 (carbonic acid) $\leftrightarrow$ HCO_3^- (bicarbonate ion) + H^+ (hydrogen ion)
   H^+ + CO_3^{2-} (carbonate ion) $\leftrightarrow$ HCO_3^-
4. Forest clearance and wetland drainage liberate large quantities of stored carbon, most of which ends up in the atmosphere as carbon dioxide.
5. Secretariat of the Convention on Biological Diversity (2009) *Scientific Synthesis of the Impacts of Ocean Acidification on Marine Biodiversity*. Montreal, Technical Series No. 46.
6. Ridgwell, A. and Schmidt, D. N. (2010) Past constraints on the vulnerability of marine calcifiers to massive carbon dioxide release. *Nature Geoscience*, 3: 196–200. doi: 10.1038/NGEO755.
7. This assumes business-as-usual in growth of carbon dioxide emissions.
8. Caldeira, K. and Wickett, M. E. (2003) Anthropogenic carbon and ocean pH. *Nature*, 425: 365.
9. De'ath, G. et al. (2009) Declining coral calcification on the Great Barrier Reef. *Science*, 323: 116–19.
10. Maier, C. et al. (2011) Calcification rates and the effect of ocean acidification on Mediterranean cold-water corals. *Proceedings of the Royal Society B*, doi:10.1098/rspb.2011.1763.
11. The depth below which carbonate dissolves is shallower in the Atlantic than in the Pacific, because deep water in the Pacific is 'older' (as you will remember, deep bottom water forms in the North and South Atlantic and

flows around the world from there) so it has had more time to accumulate carbon dioxide from the breakdown of organic matter.

12. Veron, J. E. N. et al. (2009) The coral reef crisis: the critical importance of 350 ppm CO_2. *Marine Pollution Bulletin*, 58: 1428–36. Some of my colleagues were pleased there was no agreement on emissions reduction in Copenhagen in 2010 because it left negotiating space for a tougher deal that could save coral reefs.
13. Fabricius, K. E. et al. (2011) Losers and winners in coral reefs acclimatized to elevated carbon dioxide concentrations. *Nature Climate Change*, 1: 165–9. doi: 10.1038/nclimate1122.
14. Deep waters are more acidic because they contain higher levels of carbon dioxide as a result of respiration by the organisms that live there, and less oxygen because there is no light for photosynthesis. Manzello, D. P. et al. (2008) Poorly cemented coral reefs of the eastern tropical Pacific: possible insights into reef development in a high-CO_2 world. *Proceedings of the National Academy of Sciences*, 105: 10450–55.
15. Yamamoto-Kawai, M. et al. (2009) Aragonite undersaturation in the Arctic Ocean: effects of ocean acidification and sea ice melt. *Science*, 326: 1098–100.
16. Tropical seas warmed about 5°C while those at the poles warmed up to 9°C. Deep bottom waters also warmed by 4–5°C. Zachos, J. et al. (2005) Rapid acidification of the ocean during the Paleocene–Eocene thermal maximum. *Science*, 308: 1611–15.
17. Kerr, R. A. (2010) Ocean acidification. Unprecedented, unsettling. *Science*, 328: 1500–501.
18. Carbon dioxide was removed by weathering of silicate rocks above sea level, as well as dissolution of carbonates in the sea.
19. Scheibner, C. and Speijer, R. P. (2008) Decline of coral reefs during late Paleocene to early Eocene global warming. www.electronic-earth.net/3/19/2008/. doi:10.5194/ee-3-19-2008. Charlie Veron thinks that there was a major reef coral extinction event as well, but the research has yet to be done to document it.
20. Zachos et al. (2005), op. cit.
21. There is a possibility that lack of oxygen in bottom waters killed these species, rather than being a direct effect of acidification. Zachos, J. C. et al. (2008) An early Cenozoic perspective on greenhouse warming and carbon cycle dynamics. *Nature*, 451: 279–83.
22. Gibbs, S. J. et al. (2006) Nannoplankton extinction and origination across the Paleocene-Eocene Thermal Maximum. *Science*, 314: 1770–73.

23. Although oxygen is fundamental to life, there is little chance we will run out of it quickly. Even if all photosynthesis were to cease tomorrow, it would take over a thousand years to draw down atmospheric oxygen to levels that would threaten human existence.
24. Fernandez, E. et al. (1993) Production of organic and inorganic carbon within a large-scale coccolithophore bloom in the northeast Atlantic Ocean. *Marine Ecology Progress Series*, 97: 271–85.
25. Despite these encouraging results from lab experiments, a recent study has shown that calcification by coccolithophores in the sea is reduced by higher dissolved carbon dioxide levels. Whether this affects other aspects of their growth and oxygen production is not known. Hutchins, D. A. (2011) Forecasting the rain ratio. *Nature*, 476: 41–2.
26. Suttle, C. A. (2005) Viruses in the sea. *Nature*, 437: 356–61. By weight, all the viruses in the sea are equivalent to 75 million adult blue whales (of which there are about 10,000 left today).
27. Shi, D. et al. (2010) Effect of ocean acidification on iron availability to marine phytoplankton. *Science*, 327: 676–9.
28. Dixson, D. et al. (2010) Ocean acidification disrupts the innate ability of fish to detect predator olfactory cues. *Ecology Letters*, 13: 68–75.
29. Munday, P. et al. (2009) Ocean acidification impairs olfactory discrimination and homing ability of a marine fish. *Proceedings of the National Academy of Sciences*, 106: 1848–52.
30. Cigliano, M. et al. (2010) Effects of ocean acidification on invertebrate settlement at volcanic CO_2 vents. *Marine Biology*, 157: 2489–502.
31. Kerr (2010), op. cit.

8. DEAD ZONES AND THE WORLD'S GREAT RIVERS

1. Actually the flush toilet was a reinvention – the Romans had them and there are claims in the archaeological literature for even more ancient examples.
2. Another important source of nutrients to the sea is atmospheric deposition, especially of nitrogen.
3. Beman, J. M. et al. (2005) Agricultural runoff fuels large phytoplankton blooms in vulnerable areas of the ocean. *Nature*, 434: 211–14.
4. Diaz, R. J. and Rosenberg, R. (2008) Spreading dead zones and consequences for marine ecosystems. *Science*, 321: 926–9.
5. Rabalais, N. N. et al. (2007) Sediments tell the history of eutrophication and hypoxia in the northern Gulf of Mexico. *Ecological Applications*, 17, Supplement: S129–S143.

6. http://edition.cnn.com/2008/TECH/science/08/18/dead.zone/; accessed 19 November 2011. Dead zones are actually far from lifeless. In these places we have reproduced the conditions of ancient oceans and awakened the sulphur-loving microbial communities of old.
7. Rabalais et al. (2007), op. cit.
8. Fahlbusch, H. (2009) Early dams. *Proceedings of the Institution of Civil Engineers*, 162: 13–18. doi: 10.1680/ehh2009.162.1.13.
9. Chen, C.-T. A. (2002) The impact of dams on fisheries: case of the Three Gorges Dam, in W. Steffen et al. (eds.), *Challenges of a Changing Earth*. Springer, Berlin, Chapter 16.
10. Ibid.
11. Gwo-Ching, G. et al. (2006) Reduction of primary production and changing of nutrient ratio in the East China Sea: effect of the Three Gorges Dam? *Geophysical Research Letters*, 33, L07610, doi:10.1029/2006GL025800.
12. Ryan, W. B. F. et al. (1997) An abrupt drowning of the Black Sea shelf. *Marine Geology*, 138: 119–26. A recent study suggests the flood was not as severe as this, with only a 30m height difference between the Mediterranean and Black Sea lake, rather than 80m: Giosan, L. et al. (2009) Was the Black Sea catastrophically flooded in the early Holocene? *Quaternary Science Reviews*, 28: 1–6.
13. The Black Sea basin gets abundant freshwater inflow from rivers. This mixes with seawater to form a low density, low salinity layer, which flows out through the Bosporus into the eastern Mediterranean. Some of the outflowing water is replaced by a deeper return flow of high salinity water from the Mediterranean which sinks into the Black Sea basin. The two layer nature of the Black Sea is thus maintained by salinity and temperature contrasts between deep and shallow water, which mean that the surface water layer is much less dense and floats above the deep layer.
14. Savage, C. et al. (2010) Effects of land use, urbanization, and climate variability on coastal eutrophication in the Baltic Sea. *Limnology and Oceanography*, 55: 1033–46.
15. Conley, D. J. et al. (2007) Long-term changes and impacts of hypoxia in Danish coastal waters. *Ecological Applications*, 17, Supplement: S165–S184.
16. Jackson, J. B. C. et al. (2001) Historical overfishing and the recent collapse of coastal ecosystems. *Science*, 293: 629–38.
17. Boesch, D. F. et al. (2007) *Coastal Dead Zones and Global Climate Change: Ramifications of Climate Change for Chesapeake Bay Hypoxia.*

Pew Center on Global Climate Change and University of Maryland Center for Environmental Science.

18. The causes of Florida red tides are less straightforward than a simple response to increased nutrient pollution, but this doubtless plays an important role in triggering and sustaining them. Alcock, F. (2007) *An Assessment of Florida Red Tide: Causes, Consequences and Management Strategies*. Technical Report 1190, Mote Marine Laboratory, Sarasota.
19. Kirkpatrick, B. et al. (2006) Environmental exposures to Florida red tides: effects on emergency room respiratory diagnoses admissions. *Harmful Algae*, 5: 526–33; Kirkpatrick, B. et al. (2010) Gastrointestinal emergency room admissions and Florida red tide blooms. *Harmful Algae*, 9: 82–6. See also www.topcancernews.com/news/1797/1/Algal-toxin-commonly-inhaled-in-sea-spray-attacks-and-damages-DNA.
20. Knowler, D. J. et al. (2002) An open-access model of fisheries and nutrient enrichment in the Black Sea. *Marine Resource Economics*, 16: 195–217.
21. Richardson, A. J. et al. (2009) The jellyfish joyride: causes, consequences and management responses to a more gelatinous future. *Trends in Ecology and Evolution*, 24: 312–22.

9. UNWHOLESOME WATERS

1. Safina, C. (2011) The 2010 Gulf of Mexico oil well blowout: a little hindsight. *PLoS Biology*, 9: e1001049. doi:10.1371/journal.pbio.1001049.
2. Crone, T. J. and Tolstoy, M. (2010) Magnitude of the 2010 Gulf of Mexico oil leak. *Science*, 330: 634.
3. This figure took me by surprise when I first saw it; the wellhead was gushing so fast at 68,000 barrels a day. But tankers are monumental these days, and it would take a long time to fill one at that rate. The rate and total amount of oil loss was estimated by experts in fluid dynamics who used footage of the leaking wellhead to measure the speed at which the oil gushed from it.
4. I am grateful to Nigel Haggan of the University of British Columbia for sharing this witticism!
5. Schrope, M. (2010) The lost legacy of the last great oil spill. *Nature*, 466: 305–6.
6. http://www.birdlife.org/news/news/2010/06/seabird-petition.html.
7. At the time of writing, October 2011, an area of 1,041 square miles around the Deepwater Horizon wellhead remains closed: http://sero.nmfs.noaa.gov/media/pdfs/2010/Area%206%20and%207%20Press%20Release_FINAL.pdf; accessed 29 October 2011.

8. Safina (2011), op. cit.
9. Jernelöv, A. (2010) How to defend against future oil spills. *Nature*, 466: 182–3.
10. National Research Council (2003) *Oil in the Sea III: Inputs, Fates, and Effects*. Washington, DC.
11. Wurl, O. and Obbard, J. P. (2004) A review of pollutants in the sea-surface microlayer (SML): a unique habitat for marine organisms. *Marine Pollution Bulletin*, 48: 1016–30.
12. Quite a lot of pollutants are also carried long distances by wind alone to be deposited into the sea far from the sources.
13. Wurl and Obbard (2004), op. cit.
14. Kessler, J. D. et al. (2011) A persistent oxygen anomaly reveals the fate of spilled methane in the deep Gulf of Mexico. *Science*, 331: 312–15.
15. Wells, R. S. et al. (2005) Integrating life-history and reproductive success data to examine potential relationships with organochlorine compounds for bottlenose dolphins (*Tursiops truncatus*) in Sarasota Bay, Florida. *Science of the Total Environment*, 349: 106–19.
16. Reddy, M. L. et al. (2001) Opportunities for using Navy marine mammals to explore associations between organochlorine contaminants and unfavourable effects on reproduction. *Science of the Total Environment*, 274: 171–82.
17. Hoover, S. M. (1999) Exposure to persistent organochlorines in Canadian breast milk: a probabilistic assessment. *Risk Analysis*, 19: 527–45.
18. AMAP (2009) *Arctic Pollution 2009*. Arctic Monitoring and Assessment Programme, Oslo.
19. Porterfield, S. P. (1994) Vulnerability of the developing brain to thyroid abnormalities: environmental insults to the thyroid system. *Environmental Health Perspectives*, 102: 125–30.
20. AMAP (2009), op. cit.
21. Sunderland, E. M. et al. (2009) Mercury sources, distribution, and bioavailability in the North Pacific Ocean: insights from data and models. *Global Biogeochemical Cycles*, 23, doi: 10.1029/2008GB003425.
22. Anh-Thu, E. V. et al. (2011) Temporal increase in organic mercury in an endangered pelagic seabird assessed by century-old museum specimens. *Proceedings of the National Academy of Sciences*, 108: 7466–71.
23. Frederick, P. and Jayasema, N. (2010) Altered pairing behaviour and reproductive success in white ibises exposed to environmentally relevant concentrations of methylmercury. *Proceedings of the Royal Society B*, doi: 10.1098/rspb.2010.2189.
24. Sunderland et al. (2009), op. cit.

25. Lowenstein, J. H. (2010) DNA barcodes reveal species-specific mercury levels in tuna sushi that pose a health risk to consumers. *Biology Letters*, doi:10.1098/rsbl.2010.0156.
26. Tarbox, B. M. (2010) *Toxic Fish Counter*. www.gotmercury.org.
27. Muir, D. C. G. and Howard, P. H. (2006) Are there other persistent organic pollutants? A challenge for environmental chemists. *Environmental Science and Technology*, 40: 7157–66.
28. Law, R. J. et al. (2006) Levels and trends of brominated flame retardants in the European environment. *Chemosphere*, 64: 187–208; Darnerud, P. O. (2003) Toxic effects of brominated flame retardants in man and in wildlife. *Environment International*, 29: 841–53.
29. Roze, E. et al. (2009) Prenatal exposure to organohalogens, including brominated flame retardants, influences motor, cognitive, and behavioral performance at school age. *Environmental Health Perspectives*, 117: 1953–8.
30. Arnold, K. et al. (in press) Medicating the environment: impacts on individuals and populations. *Trends in Ecology and Evolution*.
31. Heckmann, L.-H. et al. (2007) Chronic toxicity of ibuprofen to *Daphnia magna*: effects on life history traits and population dynamics. *Toxicology Letters*, 172: 137–45.
32. Daigle, J. K. (2010) Acute Responses of Freshwater and Marine Species to Ethinyl Estradiol and Fluoxetine. MSc Thesis, Louisiana State University.
33. Hannah, W. and Thompson, P. B. (2008) Nanotechnology, risk and the environment: a review. *Journal of Environmental Monitoring*, 10: 291–300.
34. Koehler, A. et al. (2008) Effects of nanoparticles in *Mytilus edulis* gills and hepatopancreas – a new threat to marine life? *Marine Environmental Research*, 66: 12–14.
35. Ylitalo, G. M. et al. (2009) High levels of persistent organic pollutants measured in blubber of island-associated false killer whales (*Pseudorca crassidens*) around the main Hawaiian Islands. *Marine Pollution Bulletin*, 58: 1922–52.

10. THE AGE OF PLASTIC

1. Ebbesmeyer, C. C. and Scigliano, E. (2009) *Flotsametrics and the Floating World*. HarperCollins, New York.
2. http://www.epsomandewellhistoryexplorer.org.uk/Yarsley.html; accessed 3 November 2011.

3. Yarsley, V. E. and Couzens, E. G. (1941) *Plastics*. Penguin Books, Harmondsworth.
4. Thompson, R. C. et al. (2009) Plastics, the environment and human health: current consensus and future trends. *Philosophical Transactions of the Royal Society B*, 364: 2153–66.
5. Hohn, D. (2011) *Moby Duck*. Viking, New York.
6. Maury, M. F. (1883) *The Physical Geography of the Sea*. Thomas Nelson and Sons, Edinburgh and New York.
7. Purdy, J. (1845) *Memoir Descriptive and Explanatory, to Accompany the Charts of the Northern Atlantic Ocean*. R. H. Laurie, London.
8. Ebbesmeyer and Scigliano (2009), op cit.
9. Moore, S. L. et al. (2001) Composition and Distribution of Beach Debris in Orange County, California. ftp://www.sccwrp.org/pub/download/DOCUMENTS/AnnualReports/1999AnnualReport/09_ar10.pdf; accessed 20 May 2011.
10. Barnes, D. K. A. (2005) Remote islands reveal rapid rise of southern hemisphere sea debris. *The Scientific World Journal*, 5: 915–21.
11. Barnes, D. K. A. et al. (2009) Accumulation and fragmentation of plastic debris in global environments. *Philosophical Transactions of the Royal Society B*, 364: 1985–98.
12. Yamashita, R. and Tanimura, A. (2007) Floating plastic in the Kuroshio Current area, western North Pacific Ocean. *Marine Pollution Bulletin*, 54: 464–88.
13. Gregory, M. R. (2009) Environmental implications of plastic debris in marine settings – entanglement, ingestion, smothering, hangers-on, hitch-hiking and alien invasions. *Philosophical Transactions of the Royal Society B*, 364: 2013–25.
14. Moore, C. J. et al. (2001) A comparison of plastic and plankton in the North Pacific central gyre. *Marine Pollution Bulletin*, 42: 1297–1300.
15. Lavender Law, K. (2010) Plastic accumulation in the north Atlantic subtropical gyre. *Science*, 329: 1185–8.
16. Young, L. C. et al. (2009) Bringing home the trash: do colony-based differences in foraging distribution lead to increased plastic ingestion in Laysan albatrosses? *PLoS ONE*, 4: e7623. doi:10.1371/journal.pone.0007623.
17. As any frustrated golfer knows, golf balls sink in fresh water, but they float in higher density salt water.
18. Ryan, P. G. et al. (2009) Monitoring the abundance of plastic debris in the marine environment. *Philosophical Transactions of the Royal Society B*, 364: 1999–2012.

19. Mrosovsky, N. (2009) Leatherback turtles: the menace of plastic. *Marine Pollution Bulletin*, 58: 287–9.
20. Plot, V. and Georges, J.-Y. (2010) Plastic debris in a nesting leatherback turtle in French Guiana. *Chelonian Conservation and Biology*, 9: 267–70.
21. Teuten, E. L. et al. (2009) Transport and release of chemicals from plastics to the environment and wildlife. *Philosophical Transactions of the Royal Society B*, 364: 2027–45.
22. Eriksson, C. and Burton, H. (2003) Origins and biological accumulation of small plastic particles in fur seals from Macquarie Island. *Ambio*, 32: 380–84.
23. Stamper, M. A. et al. (2006) Case study: morbidity in a pygmy sperm whale (*Kogia breviceps*) due to ocean-borne plastic. *Marine Mammal Science*, 22: 719–22.
24. Tarpley, R. J. and Marwitz, S. (2003) Plastic debris ingestion by cetaceans along the Texas coast: two case reports. *Aquatic Mammals*, 19: 93–8.
25. Jacobsen, J. K. et al. (2010) Fatal ingestion of floating net debris by two sperm whales (*Physeter macrocephalus*). *Marine Pollution Bulletin*, 60: 765–7.
26. Ryan et al. (2009), op. cit.
27. American Chemical Society (2010) Hard plastics decompose in oceans, releasing endocrine disruptor BPA. ScienceDaily, 24 March, http://www.sciencedaily.com-/releases/2010/03/100323184607.htm; accessed 20 May 2011.
28. Mato, Y. et al. (2001) Plastic resin pellets as a transport medium for toxic chemicals in the marine environment. *Environmental Science and Technology*, 35: 318–24.
29. According to Captain Charles Moore, plastic debris from Central and North American coasts probably also arrives there via ocean highways joining the gyre from coastal inputs without having to go around.
30. Boerger, C. M. et al. (2010) Plastic ingestion by planktivorous fishes in the North Pacific Central Gyre. *Marine Pollution Bulletin*, 60: 2275–8.
31. Teuten et al. (2009), op. cit.
32. Ebbesmeyer and Scigliano (2009), op. cit.
33. Ryan et al. (2009), op. cit.

11. THE NOT SO SILENT WORLD

1. Frisk, G. V. (undated) Noiseonomics: the relationship between ambient noise levels and global economic trends. http://pruac.apl.washington.edu/abstracts/Frisk.pdf; accessed 14 February 2011.

2. Denny, M. W. (1993) *Air and Water: The Biology and Physics of Life's Media*. Princeton University Press, Princeton.
3. Doug Anderson's favourite marine mammal call is that of the Weddell Seal of Antarctica. You can hear a clip of this and many other marine mammals at Discovery of sound in the sea: www.dosits.org/audio/marinemammals/pinnipeds/weddellseal/; accessed 1 January 2012.
4. http://news.bbc.co.uk/1/hi/sci/tech/7641537.stm; accessed 20 May 2011.
5. Frantzis, A. (1998) Does acoustic testing strand whales? *Nature*, 329: 29.
6. Not all military sonars produce sound within the hearing range of whales. Some use lower frequencies that may be perfectly safe. Cook, M. L. H. et al. (2006) Beaked whale auditory evoked potential hearing measurements. *Journal of Comparative Physiology A*, 192: 489–95.
7. Fernández, A. et al. (2005) Gas and fat embolic syndrome involving a mass stranding of beaked whales (family *Ziphiidae*) exposed to anthropogenic sonar signals. *Veterinary Pathology*, 42: 446. doi: 10.1354/vp.42-4-446.
8. Tyack, P. L. et al. (2006) Extreme diving of beaked whales. *Journal of Experimental Biology*, 209: 4238–53.
9. Nosengo, N. (2009) The neutrino and the whale. *Nature*, 462: 560–61.
10. Frankel, A. S. and Clark, C. W. (2002) ATOC and other factors affecting the distribution and abundance of humpback whales (*Megaptera novaeangliae*) off the north shore of Kauai. *Marine Mammal Science*, 18: 644–62.
11. Kroll, D. A. et al. (2002) Only male fin whales sing loud songs. *Nature*, 417: 809.
12. Researchers played dolphins the whistle sounds of others that had been synthesized electronically to ensure dolphins responded to the call rather than the sound of the voice of the caller. They still recognized one another as individuals. Janik, V. N. et al. (2006) Signature whistle shape conveys identity information to bottlenose dolphins. *Proceedings of the National Academy of Sciences*, 103: 8293–7.
13. Buckstaff, K. C. (2004) Effects of watercraft noise on the acoustic behaviour of bottlenose dolphins, *Tursiops truncatus*, in Sarasota Bay, Florida. *Marine Mammal Science*, 20: 709–25.
14. Wysocki, L. E. et al. (2006) Ship noise and cortisol secretion in European freshwater fishes. *Biological Conservation*, 128: 501–8.
15. Papoutsoglou, S. E. et al. (2007) Effect of Mozart's music (Romanze-Andante of 'Eine Kleine Nacht Musik', sol major, K525) stimulus on common carp (*Cyprinus carpio* L.) physiology under different light conditions. *Aquacultural Engineering*, 36: 61–72.

16. Fay, R. (2009) Soundscapes and the sense of hearing of fishes. *Integrative Zoology*, 4: 26–32.
17. Simpson, S. D. et al. (2005) Homeward sound. *Science*, 308: 221.
18. Vermeij, M. J. A. et al. (2010) Coral larvae move towards reef sounds. *PLoS One*, 5: e10660.
19. Lohse, D., Schmitz, B. and Versluis, M. (2001) Snapping shrimp make flashing bubbles. *Nature*, 413: 477–8.
20. Rowell, T. et al. (2010) Presentation given at Gulf and Caribbean Fisheries Institute Meeting, Puerto Rico, titled 'Use of passive acoustics to map grouper spawning aggregations, with emphasis on Red hind, *Epinephelus guttatus*, off Western Puerto Rico': http://www.gcfi.org/Conferences/63rd/GCFIBook_Of_AbstractsEngPDF.pdf; accessed 22 May 2011.
21. Vascocelos, R. O. et al. (2007) Effects of ship noise on the detectability of communication signals in the Lusitanian toadfish. *Journal of Experimental Biology*, 210: 2104–12.
22. Bass, A. H. et al. (2008) Evolutionary origins for social vocalization in a vertebrate hindbrain-spinal compartment. *Science*, 321: 417–21.
23. Anderson, A. (1985) Humming fish disturb the peace. *New Scientist*, 12 September, pp. 64–5.
24. Parks, S. E. et al. (2010) Individual right whales call louder in increased environmental noise. *Biology Letters*, doi: 10.1098/rsbl.2010.0451. See also http://www.whoi.edu/oceanus/viewArticle.do?id=84868; accessed 14 February 2011.
25. Foote, A. D. et al. (2004) Whale-call response to masking boat noise. *Nature*, 428: 910.
26. Slabbekoorn, H. and Den Boer-Visser, A. (2006) Cities change the song of birds. *Current Biology*, 16: 2326–31.
27. Aguilar Soto, N. A. et al. (2006) Does intense ship noise disrupt foraging in deep-diving Cuvier's beaked whales (*Ziphius cavirostris*)? *Marine Mammal Science*, 22: 690–99.
28. Mooney, T. A. et al. (2009) Sonar-induced temporary hearing loss in dolphins. *Biology Letters*, 5: 565–7.
29. A short-fin pilot whale also had profound hearing loss, while twelve animals from other species had normal hearing. Mann, D. et al. (2010) Hearing loss in stranded Odontocete dolphins and whales. *PLoS ONE*, 5: e13824. doi:10.1371/journal.pone.0013824.
30. Frisk (undated), op. cit.

12. ALIENS, INVADERS AND THE HOMOGENIZATION OF LIFE

1. Coates, A. G. et al. (1992) Closure of the Isthmus of Panama: the near-shore marine record of Costa Rica and western Panama. *Geological Society of America Bulletin*, 104: 814–28.
2. Brawley, S. H. et al. (2009) Historical invasions of the intertidal zone of Atlantic North America associated with distinctive patterns of trade and emigration. *Proceedings of the National Academy of Sciences*, 106: 8239–44.
3. There is a widely recounted tale, which turns out to be apocryphal, that lionfish were released into the Atlantic during Hurricane Andrew in 1992, when the storm surge overwhelmed Biscayne Bay aquarium. The source of the story has since retracted it: http://news.sciencemag.org/scienceinsider/2010/04/mystery-of-the-lionfish-dont-bla.html#more; accessed 17 November 2011.
4. Albins, M. A. and Hixon, M. A. (2011) Worst case scenario: potential long-term effects of invasive predatory lionfish (*Pterois volitans*) on Atlantic and Caribbean coral-reef communities. *Environmental Biology of Fishes*, doi: 10.1007/s10641-011-9795-1.
5. Mark Hixon was quoted in *The Times*, 20 October 2008; http://www.timesonline.co.uk/tol/news/environment/article4974396.ece; accessed 22 May 2011.
6. Bax, N. et al. (2003) Marine invasive alien species: a threat to global biodiversity. *Marine Policy*, 27: 313–23.
7. Carlton, J. T. (1999) The scale and ecological consequences of biological invasions in the world's oceans, in O. T. Sandlund et al. (eds.), *Invasive Species and Biodiversity Management*. Kluwer Academic Publishers, Dordrecht, pp. 195–212.
8. Shiganova, T. A. and Bulgakova, Y. V. (2000) Effects of gelatinous plankton on Black Sea and Sea of Azov fish and their food resources. *ICES Journal of Marine Science*, 57: 641–8. doi:10.1006/jmsc.2000.0736.
9. Saltonstall, K. (2002) Cryptic invasion by a non-native genotype of *Phragmites australis* into North America. *Proceedings of the National Academy of Sciences*, 99: 2445–9.
10. Cohen, A. N. and Carlton, J. T. (1998) Accelerating invasion rate in a highly invaded estuary. *Science*, 279: 555–8.
11. Personal communication from James Carlton, Williams College, Mystic, Conn.

12. Ray, G. L. (2005) Invasive marine and estuarine animals of California. ERDC/TN ANSRP-05-2, US Army Engineer Research and Development Center, Vicksburg, Miss.
13. Meinesz, A. (1999) *Killer Algae*. University of Chicago Press, Chicago.
14. Musée Océanographique de Monaco.
15. Meinesz (1999), op cit.
16. Carlton, J. T. and Eldredge, L. (2009) Marine bioinvasions of Hawai'i: the introduced and cryptogenic marine and estuarine animals and plants of the Hawaiian archipelago. *Bishop Museum Bulletin of Cultural and Environmental Studies*, 4: 1–202.
17. Tan, K. S. and Morton, B. (2006) The invasive Caribbean bivalve *Mytilopsis sallei* (Dreissenidae) introduced to Singapore and Johor Bahru, Malaysia. *The Raffles Bulletin of Zoology*, 54: 429–34.
18. Reid, P. C. et al. (2007) A biological consequence of reducing Arctic ice cover: arrival of the Pacific diatom *Neodenticula seminae* in the North Atlantic for the first time in 800 000 years. *Global Change Biology*, 13: 1910–21.
19. Scheinin, A. P. et al. (2011) Gray whale (*Eschrichtius robustus*) in the Mediterranean Sea: anomalous event or early sign of climate-driven distribution change? *Marine Biodiversity Records*, doi:10.1017/S1755267211000042.
20. Lewis, P. N. et al. (2005) Assisted passage or passive drift: a comparison of alternative transport mechanisms for non-indigenous coastal species into the Southern Ocean. *Antarctic Science*, 17: 183–91.
21. Ricciardi, A. et al. (2011) Should biological invasions be managed as natural disasters? *BioScience*, 61: 312–17.
22. Galil, B. S. (2007) Loss or gain? Invasive aliens and biodiversity in the Mediterranean Sea. *Marine Pollution Bulletin*, 55: 314–22.
23. One experimental test of this idea proved the case at a very small scale: Stachowicz, J. J. et al. (1999) Species diversity and invasion resistance in a marine ecosystem. *Science*, 286: 1577–9.
24. Some scientists, like Williams College's James Carlton, think this conclusion has more to do with our ignorance of marine life than a real absence of extinctions.
25. Myers, J. H. et al. (2000) Eradication revisited: dealing with exotic species. *Trends in Ecology and Evolution*, 15: 316–20.
26. Ecospeed, for example. See Hydrex Underwater Technology: www.hydrex.be/ecospeed_hull_coating_system; accessed 2 January 2012.

13. PESTILENCE AND PLAGUE

1. Nugues, M. M. and Nagelkerken, I. (2006) Status of aspergillosis and sea fan populations in Curaçao ten years after the 1995 Caribbean epizootic. *Revista de Biologia Tropical*, 54: 153–60.
2. Darwin, C. (1886) *A Naturalist's Voyage*. John Murray, London.
3. Garrison, V. H. et al. (2003) African and Asian dust: from desert soils to coral reefs. *BioScience*, 53: 469–80. Others, like the University of North Carolina's John Bruno, doubt the dust explanation, pointing out that African dust has been falling for thousands of years without obvious harm. On the other hand, it may only have been recently that populations of animals like seafans became sufficiently stressed to be susceptible to epidemics.
4. Patterson Sutherland, K. et al. (2010) Human sewage identified as likely source of white pox disease of the threatened Caribbean elkhorn coral, *Acropora palmata*. *Environmental Microbiology*, 12: 122–31.
5. Gardner, T. A. et al. (2003) Long-term region-wide declines in Caribbean corals. *Science*, 301: 958–60.
6. Arthur, K. et al. (2008) The exposure of green turtles (*Chelonia mydas*) to tumour promoting compounds produced by the cyanobacterium *Lyngbya majuscula* and their potential role in the aetiology of fibropapillomatosis. *Harmful Algae*, 7: 114–25.
7. Ward, J. R. and Lafferty, K. D. (2004) The elusive baseline of marine disease: are diseases in ocean ecosystems increasing? *PLoS Biology*, 2: 542–7.
8. Lafferty, K. D. et al. (2008) Reef fishes have higher parasite richness at unfished Palmyra Atoll compared to fished Kiritimati Island. *EcoHealth*, 5: 338–45.
9. Thornton, R. (1990) *American Indian Holocaust and Survival: A Population History Since 1492*. University of Oklahoma Press, Norman, Okla., pp. 26–32.
10. Lessios, H. (1988) Mass mortality of *Diadema antillarum* in the Caribbean: what have we learned? *Annual Reviews in Ecology and Systematics*, 19: 371–93.
11. Gulland, F. M. D. and Hall, A. J. (2007) Is marine mammal health deteriorating? Trends in global reporting of marine mammal disease. *EcoHealth*, 4: 135–50.
12. Harvell, D. et al. (2004) The rising tide of ocean diseases: unsolved problems and research priorities. *Frontiers in Ecology and Environment*, 2: 375–82. See also http://news.bbc.co.uk/1/hi/4729810.stm; accessed 16 February 2011.

13. Swart, R. L. de et al. (1996) Impaired immunity in harbour seals (*Phoca vitulina*) exposed to bioaccumulated environmental contaminants: review of a long-term feeding study. *Environmental Health Perspectives*, 104: 823–8.
14. Carey, C. (2000) Infectious disease and worldwide declines of amphibian populations, with comments on emerging diseases in coral reef organisms and in humans. *Environmental Health Perspectives*, 108: 143–50.
15. Nugues, M. M. (2002) Impact of a coral disease outbreak on coral communities in St. Lucia: what and how much has been lost? *Marine Ecology Progress Series*, 229: 61–71.
16. Watling, L. and Norse, E. A. (1998) Disturbance of the seabed by mobile fishing gear: a comparison to forest clearcutting. *Conservation Biology*, 12: 1180–97.
17. Ford, S. E. (1996) Range extension by the oyster parasite *Perkinsus marinus* into the Northeastern United States: response to climate change? *Journal of Shellfish Research*, 15: 45–56.
18. Sokolow, S. (2009) Effects of a changing climate on the dynamics of coral infectious disease: a review of the evidence. *Diseases of Aquatic Organisms*, 87: 5–18.
19. Extreme warmth of 31–35°C seems to damp down growth of pathogens. See Sokolow (2009), op. cit.
20. Webster, N. S. (2007) Sponge disease: a global threat? *Environmental Microbiology*, 9: 1363–75.
21. Bruno, J. F. et al. (2003) Nutrient enrichment can increase the severity of coral diseases. *Ecology Letters*, 6: 1056–61.
22. Wood, C. L. et al. (2010) Fishing out marine parasites? Impacts of fishing on rates of parasitism in the ocean. *Ecology Letters*, 13: 761–75.
23. Raymundo, L. J. et al. (2009) Functionally diverse reef-fish communities ameliorate coral disease. *Proceedings of the National Academy of Sciences*, 106: 17067–70; Lafferty, K. D. (2004) Fishing for lobsters indirectly increases epidemics in sea urchins. *Ecological Applications*, 14: 1566–73.

14. MARE INCOGNITUM

1. Cohen, J. E. (2003) Human population: the next half century. *Science*, 302: 1172–5.
2. FAO (1998) *State of Fisheries and Aquaculture*. UN Food and Agriculture Organization, Rome.

3. Clarke, S. (2004) *Shark Product Trade in Hong Kong and Mainland China and Implementation of Cites Shark Listings*. TRAFFIC East Asia, Hong Kong, China.
4. Montgomery, D. R. (2007) *Dirt: The Erosion of Civilizations*. University of California Press, Berkeley.
5. Richardson, A. J. et al. (2009) The jellyfish joyride: causes, consequences and management responses to a more gelatinous future. *Trends in Ecology and Evolution*, 24: 312–22.
6. Arai, M. N. (2005) Predation on pelagic coelenterates: a review. *Proceedings of the Marine Biological Association of the UK*, 85: 523–36.
7. Jackson, J. B. C. (2008) Ecological extinction and evolution in the brave new ocean. *Proceedings of the National Academy of Sciences*, 105: 11458–65.
8. Boyce, D. G. et al. (2010) Global phytoplankton decline over the past century. *Nature*, 466: 591–6. The 40 per cent decline in phytoplankton productivity since 1950 claimed in this study has been challenged as an artefact of differences in sampling methods over time. The authors have rejected this criticism although it seems well-founded. This is an area where more research is needed for clarity to emerge. See also Stramma, L. et al. (2008) Expanding oxygen-minimum zones in the tropical oceans. *Science*, 320: 655–8.
9. Roopnarine, P. et al. (2010) The whale pump: marine mammals enhance primary productivity in a coastal basin. *PLoS ONE*, e13255 doi: 10.1371/journal.pone.0013255; http://harvardmagazine.com/2011/05/why-whales; accessed 23 May 2011.
10. Iglesias-Rodriguez, M. D. et al. (2008) Phytoplankton calcification in a high CO_2 world. *Science*, 320: 336–40.
11. Riebesell, U. et al. (2000) Reduced calcification of marine plankton in response to increased atmospheric CO_2. *Nature*, 407: 364–7.
12. Moy, A. D. et al. (2009) Reduced calcification in modern Southern Ocean planktonic foraminifera. *Nature Geoscience*, doi: 10.1038/NGEO460.
13. Kolbert, E. (2011) Acid oceans. *National Geographic*, April, pp. 100–121.
14. Muir, J. (1911) *My First Summer in the Sierra*. Houghton Mifflin, Boston and New York.
15. Ward, P. and Myers, R. A. (2005) Shifts in open ocean fish communities coinciding with the commencement of commercial fishing. *Ecology*, 86: 835–47.
16. Myers, R. A. et al. (2007) Cascading effects of the loss of apex predatory sharks from a coastal ocean. *Science*, 315: 1846–50.

17. Airoldi, L. et al. (2008) The gray zone: relationships between habitat loss and marine biodiversity and their implications for conservation. *Journal of Experimental Marine Biology and Ecology*, 366: 8–15.
18. Nugues, M. M. (2004) Algal contact as a trigger for coral disease. *Ecology Letters*, 7: 919–23.
19. McIntyre, P. B. et al. (2007) Fish extinctions alter nutrient recycling in tropical freshwaters. *Proceedings of the National Academy of Sciences*, 104: 4461–6; Schindler, D. E. (2007) Fish extinctions and ecosystem functioning in tropical ecosystems. *Proceedings of the National Academy of Sciences*, 104: 5707–8.

15. ECOSYSTEMS AT YOUR SERVICE

1. Seaman, O. (2011) The uses of the ocean, in H. Watson, ed., *Ode to the Sea. Poems to Celebrate Britain's Maritime History*. National Trust Books, London, pp. 162–3.
2. Bellamy, J. C. (1843) *The Housekeeper's Guide to the Fish-market for Each Month of the Year, and an Account of the Fish and Fisheries of Devon and Cornwall*. Longman, Brown, Green and Longmans, London.
3. Shephard, S. et al. (2011) Benthivorous fish may go hungry on trawled seabed. *Proceedings of the Royal Society B*, doi: 10.1098/rspb.2010.2713.
4. Thurstan, R. H. et al. (2010) Effects of 118 years of industrial fishing on UK bottom trawl fisheries. *Nature Communications*, 1: 15, doi: 10.1038/ncomms1013.
5. US Department of Health (2008) *The Burden of Asthma in Washington State: 2008 Update*. DOH Pub 345-240 Rev 05/2009.
6. Millennium Ecosystem Assessment (2005) *Ecosystems and Human Well-being: Synthesis*. Island Press, Washington, DC.
7. Wackernagel, M. (2002) Tracking the ecological overshoot of the human economy. *Proceedings of the National Academy of Sciences*, 99: 9266–71.
8. Stern, N. (2007) *The Economics of Climate Change* (The Stern Review). The Cabinet Office, London. http://www.webcitation.org/5nCeyEYJr.
9. Myers, N. (1997) Environmental Refugees. *Population and Environment*, 19: 167–82.
10. Diamond, J. (2005) *Collapse. How Societies Choose to Fail or Survive*. Penguin Books, London.
11. Ibid.

16. FARMING THE SEA

1. Herubel, M. A. (1912) *Sea Fisheries. Their Treasures and Toilers.* T. Fisher Unwin, London.
2. To see this trend, we have to first correct for systematic over-reporting of Chinese catches. In a centrally planned economy, it seems it is better to cook the books than not meet production targets. We also have to take out Peruvian anchovy catches, which make up the largest single species landed in good years. Anchovy abundance jumps up and down in response to the El Niño-Southern Oscillation climate swings that alter the strength of upwelling in the eastern Pacific, and therefore dictate the productivity of these seas. Watson, R. and Pauly, D. (2001) Systematic distortions in world fisheries catch trends. *Nature*, 414: 534–6.
3. Thurstan, R. and Roberts, C. M. (in press) Health recommendations and global fish availability: are there enough fish to go around? The figures represent fish available after processing losses (inedible bits like heads, tails, bones and shells). Of course, these calculations are only a mind-game because fish are not distributed evenly, and not all of the global fish catch is eaten directly. For countries such as the Philippines and Sierra Leone, fish provide most of the dietary protein. For others, fish are hardly eaten at all; Brazil springs to mind as a place where restaurants seem to sell almost nothing that isn't red and meaty.
4. FAO (2010) *The State of World Fisheries and Aquaculture 2010.* UN Food and Agriculture Organization, Rome.
5. Costa-Pierce, B. A. (1987) Aquaculture in ancient Hawaii. *BioScience*, 37: 320–31.
6. Higginbotham, J. (1997) *Piscinae. Artificial Fishponds in Roman Italy.* University of North Carolina Press, Chapel Hill and London.
7. Pliny the Elder, *Naturalis Historiae*, Book 9, Chapter LIV.
8. Higginbotham (1997), op. cit.
9. Costa-Pierce (1987), op. cit.
10. http://www.teara.govt.nz/en/1966/fish-introduced-freshwater/1; accessed 8 March 2011.
11. Herubel (1912), op. cit.
12. There has recently been renewed interest in restocking and enhancing wild fisheries using hatchery-reared animals, but evidence for success is still limited. Bell, J. D. et al. (2006) Restocking and stock enhancement of coastal fisheries: potential, problems and progress. *Fisheries Research*, 80: 1–8.

13. Williams, J. (2006) *Clam Gardens: Aboriginal Mariculture on Canada's West Coast*. New Star Books, Vancouver.
14. Naylor, R. N. et al. (2009) Feeding aquaculture in an era of finite resources. *Proceedings of the National Academy of Science*, 106: 15103–10.
15. Ibid.
16. Lobo, A. S et al. (2010) Commercializing bycatch can push a fishery beyond economic extinction. *Conservation Letters*, 3: 277–85.
17. Tacon, A. G. J. and Metian, M. (2009) Fishing for feed or fishing for food: increasing global competition for small pelagic forage fish. *Ambio*, 38: 294–302.
18. Brashares, J. S. et al. (2004) Bushmeat hunting, wildlife declines, and fish supply in West Africa. *Science*, 306: 1180–83.
19. Schiermeier, Q. (2010) Ecologists fear Antarctic krill crisis. *Nature*, 467: 15.
20. Krkošek, M. et al. (2006) Epizootics of wild fish induced by farm fish. *Proceedings of the National Academy of Sciences*, 103: 15506–10.
21. Murray, A. G. (2002) Shipping and the spread of infectious salmon anemia in Scottish aquaculture. *Emerging Infectious Diseases*, 8: 1–5.
22. Cabello, F. C. (2006) Heavy use of prophylactic antibiotics in aquaculture: a growing problem for human and animal health and for the environment. *Environmental Microbiology*, 8: 1137–44.
23. Sapkota, A. et al. (2008) Aquaculture practices and potential human health risks: current knowledge and future priorities. *Environment International*, 34: 1215–26.
24. MacGarvin, M. (2000) *Scotland's Secret? Aquaculture, nutrient pollution, eutrophication and toxic algal blooms*. WWF Scotland, Aberfeldy, www.wwf.org.uk/fileLibrary/pdf/secret.pdf; accessed 24 May 2011.
25. Primavera, J. H. (2006) Overcoming the impacts of aquaculture on the coastal zone. *Ocean and Coastal Management*, 49: 531–45.
26. *Caixin Times*, 9 September 2011. http://english.caixin.cn/2011-09-14/100304938.html; accessed 28 October 2011. See also Wang, B. et al. (2011) Water quality in marginal seas off China in the last two decades. *International Journal of Oceanography*, doi:10.1155/2011/731828.
27. Marris, E. (2010) Transgenic fish go large. *Nature*, 467: 259.
28. Cao, L. et al. (2007) Environmental impact of aquaculture and countermeasures to aquaculture pollution in China. *Environmental Science and Pollution Research*, 14: 452–62.

29. Azad, A. K. (2009) Coastal aquaculture development in Bangladesh: unsustainable and sustainable experiences. *Environmental Management*, 44: 800–809.
30. Cressey, D. (2009) Future fish. *Nature*, 458: 398–400.

17. THE GREAT CLEAN-UP

1. Piskaln, C. H. et al. (1998) Resuspension of bottom sediment by bottom trawling in the Gulf of Maine and potential geochemical consequences. *Conservation Biology*, 12: 1223–29.
2. Stockholm Convention: chm.pops.int/Countries/StatusofRatification/tabid/252/language/en-US/Default.aspx; accessed 2 January 2012. The number of countries is a rough total since it often changes.
3. Jones, O. A. H. et al. (2007) Questioning the excessive use of advanced treatment to remove organic micropollutants from wastewater. *Environmental Science and Technology*, 41: 5085–9.
4. http://www.guardian.co.uk/environment/2011/may/04/eu-fishermen-catch-plastic; accessed 24 May 2011.
5. Thompson, R. C. et al. (2009) Plastics, the environment and human health: current consensus and future trends. *Philosophical Transactions of the Royal Society B*, 364: 2153–66.
6. O'Brine, T. and Thompson, R. C. (2010) Degradation of plastic carrier bags in the marine environment. *Marine Pollution Bulletin*, 60: 2279–83.
7. http://www.mcsuk.org/downloads/pollution/beachwatch/latest2011/Methods%20&%20Results%20BW10.pdf; accessed 28 December 2011.
8. Page, B. et al. (2004) Entanglement of Australian sea lions and New Zealand fur seals in lost fishing gear and other marine debris before and after Government and industry attempts to reduce the problem. *Marine Pollution Bulletin*, 49: 33–42; Arnould, J. P. Y. and Croxall, J. P. (1995) Trends in entanglement of Antarctic fur seals (*Arctocephalus gazella*) in man-made debris at South Georgia. *Marine Pollution Bulletin*, 30: 707–12.
9. Mee, L. D. et al. (2005) Restoring the Black Sea in times of uncertainty. *Oceanography*, 18: 100–111.
10. Conley, D. J. et al. (2009) Tackling hypoxia in the Baltic Sea: is engineering a solution? *Environmental Science and Technology*, 43: 3407–11.
11. Weaver, D. (2008) Environmental impacts of bottom trawling suspended solids generation. Report for the United Anglers of Southern California, http://web.me.com/deweaver/bottom_trawling/Links_to_Docs_files/Bottom_Trawling3.pdf; accessed 24 May 2011. See also Palanques, A.

et al. (2001) Impact of bottom trawling on water turbidity and muddy sediment of an unfished continental shelf. *Limnology and Oceanography*, 46: 1100–1110.

12. Kunzig, R. (2011) Seven billion. *National Geographic*, January, pp. 42–63. In 1900, there were an estimated 1.6 billion people on planet Earth. In 2011, the total reached 7 billion.

18. CAN WE COOL OUR WARMING WORLD?

1. Keith, D. W. (2009) Why capture CO_2 from the atmosphere? *Science*, 325: 1654–5.
2. Bollmann, M. et al. (2010) *World Ocean Review. Living With the Ocean*. Maribus, GmbH, Hamburg.
3. Lindeboom, H. J. et al. (2011) Short-term ecological effects of an offshore wind farm in the Dutch coastal zone: a compilation. *Environmental Research Letters*, doi:10.1088/1748-9326/6/3/035101.
4. http://www.eurekalert.org/pub_releases/2008-11/ci-wnc110708.php; accessed 21 March 2011.
5. We will also have to deal with sources of methane. However, as methane has a much shorter life in the atmosphere than carbon dioxide (a half life of about seven years as compared to about a century for carbon dioxide), direct methane removal will not be necessary – only reduced emissions.
6. Jones, I. S. F. and Young, H. E. (2009) The potential of the ocean for the management of global warming. *International Journal of Global Warming*, 1: 43–56.
7. Strong, A. L. et al. (2009) Ocean fertilization. Science, policy and commerce. *Oceanography*, 22: 236–61.
8. Anon. (2009) Carbon sequestration. *Science*, 325: 1644–5.
9. Haszeldine, R. S. (2009) Carbon capture and storage: how green can black be? *Science*, 325: 1647–52.
10. Rasch, P. J. et al. (2009) Geoengineering by cloud seeding: influence on sea ice and climate system. *Environmental Research Letters*, 4: 1–8.
11. Keith, D. W. et al. (2010) Research on global sunblock needed now. *Nature*, 463: 426–7.
12. Turner, W. R. et al. (2009) A force to fight global warming. *Nature*, 462: 278–9.
13. Nellemann, C. et al. (eds.) (2009) *Blue Carbon. A Rapid Response Assessment*. United Nations Environment Programme, GRID-Arendal, www.grida.no.

14. These figures seem high to me and may not stand up to long-term scrutiny. But they are the best we have at the moment.

19. A NEW DEAL FOR THE OCEANS

1. Hueber, A. (2011) Fake seagrass could boost fish numbers. *New Zealand Herald*, 30 January.
2. http://www.outdooralabama.com/fishing/saltwater/where/artificial-reefs/reefhist.cfm; accessed 11 April 2011.
3. All US States have regulations that require contaminant chemicals like engine oil to be removed before dumping.
4. Community of Arran Seabed Trust: www.arrancoast.com.
5. Howarth, L. M. et al. (2011) Complex habitat boosts scallop recruitment in a fully protected marine reserve. *Marine Biology*, doi: 10.1007/s00227-011-1690-y.
6. Alcala, A. C. and Russ, G. R. (1990) A direct test of the effects of protective management on abundance and yield of tropical marine resources. *Journal du Conseil Internationale pour L'Exploration de la Mer*, 46: 40–47; Russ, G. R. and Alcala, A. C. (1996) Marine reserves: rates and patterns of recovery and decline of large predatory fish. *Ecological Applications*, 6: 947–61; Russ, G. R. and Alcala, A. C. (2011) Enhanced biodiversity beyond marine reserve boundaries: The cup spillith over. *Ecological Applications*, 21: 241–50.
7. García-Charton, J. et al. (2008) Effectiveness of European Atlanto-Mediterranean MPAs: do they accomplish the expected effects on populations, communities and ecosystems? *Journal for Nature Conservation*, 16: 193–221; Ault, J. S. et al. (2006) Building sustainable fisheries in Florida's coral reef ecosystem: positive signs in the Dry Tortugas. *Bulletin of Marine Science*, 78: 633–54.
8. Here is a way you can visualize how marine reserves help to steady the variability of fish stocks. Think of habitats in the sea as being like a sponge that is capable of holding only so much life. Imagine that sponge is held beneath a tap that rains new life upon it to replace the life that dribbles away through mortality by natural and human causes. The tap sometimes flows faster, sometimes more slowly depending on how favourable conditions are for survival of young animals and plants. Fishing reduces reproduction so the tap merely trickles and the sponge is only occasionally saturated. Creating marine reserves turns the tap on more forcefully. Although its flow still varies, the sponge is kept full.

9. Thurstan, R. et al. (2010). The effects of 118 years of industrial fishing on UK bottom trawl fisheries. *Nature Communications*, 1: 15. doi: 10.1038/ncomms1013.
10. *Fishing News*, 15 April 2011.
11. Mascia, M. B. et al. (2010) Impacts of marine protected areas on fishing communities. *Conservation Biology*, 24: 1424–9.
12. Goñi, R. et al. (2008) Spillover from six western Mediterranean marine protected areas: evidence from artisanal fisheries. *Marine Ecology Progress Series*, 366: 159–74.
13. Murawski, S. A. et al. (2005) Effort distribution and catch patterns adjacent to temperate MPAs. *ICES Journal of Marine Science*, 62: 1150–67.
14. Hoskin, M. G. et al. (2011) Variable population responses by large decapod crustaceans to the establishment of a temperate marine no-take zone. *Canadian Journal of Fisheries and Aquatic Sciences*, 68: 185–200.
15. PISCO (2011) The science of marine reserves (European edition), www.piscoweb.org. Lester, S. E. et al. (2009) Biological effects within no-take marine reserves: a global synthesis. *Marine Ecology Progress Series*, 384: 33–46.
16. Svedäng, H. (2010) Long-term impact of different fishing methods on the ecosystem in the Kattegat and Öresund. European Parliament, IP/B/PECH/IC/2010_24.
17. Schindler, D. W. et al. (2010) Population diversity and the portfolio effect in an exploited species. *Nature*, 465: 609–12.
18. Kean, S. (2010) The secret lives of ocean fish. *Science*, 327: 264.
19. Unpublished research by myself and colleagues Julie Hawkins, Gemma Aitken and John Bainbridge, Environment Department, University of York.

20. LIFE REFURBISHED

1. The World Bank (2009) *The Sunken Billions. The Economic Justification for Fisheries Reform.* The World Bank, Washington, DC and the UN Food and Agriculture Organization, Rome.
2. Froese, R. and Proelß, A. (2010) Rebuilding fish stocks no later than 2015: will Europe meet the deadline? *Fish and Fisheries*, doi: 10.1111/j.1467-2979.2009.00349.x
3. Worm, B. et al. (2009) Rebuilding global fisheries. *Science*, 325: 578–85.
4. O'Leary, B. et al. (2011) Fisheries mismanagement. *Marine Pollution Bulletin*, 62: 2642–8.

5. Prince Charles made this comment in a speech at St James's Palace, London in March 2011.
6. Bromley, D. W. (2009) Abdicating responsibility: the deceits of fisheries policy. *Fisheries*, 34: 280–90.
7. Essington, T. E. (2010) Ecological indicators display reduced variation in North American catch share fisheries. *Proceedings of the National Academy of Sciences*, 107: 754–9.
8. The Seth Macinko quote is from a talk I heard him give in Arran, Scotland in 2010.
9. Schrope, M. (2010) What's the catch? *Nature*, 465: 540–42.
10. Fox, C. J. (2010) West coast fishery trials of a twin rigged *Nephrops* trawl incorporating a large mesh topsheet for reducing commercial gadoid species bycatch. Scottish Industry Science Partnership Report Number 03/10. Marine Scotland.
11. I offer more detailed advice in Appendix 1 of this book.
12. Wooldridge, S. A. and Done, T. J. (2009) Improved water quality can ameliorate effects of climate change on corals. *Ecological Applications*, 19: 1492–9.
13. Gibson, L. and Sodhi, N. S. (2010) Habitats at risk: a step forward, a step back. *Science*, 331: 1137.
14. Stern, N. (2007) *The Economics of Climate Change* (The Stern Review). The Cabinet Office, London.
15. Mörner, N. et al. (2004) New perspectives for the future of the Maldives. *Global and Planetary Change*, 40: 177–82.

21. SAVING THE GIANTS OF THE SEA

1. Swimmer, S. et al. (2010) Sustainable fishing gear: the case of modified circle hooks in a Costa Rican longline fishery. *Marine Biology*, 158: 757–67. The authors tested a modified hook that would reduce these horrific bycatch rates. The new hooks reduced the number of turtles caught per mahi-mahi from 2.3 to 'just' 1.7, but the authors concluded they would not be acceptable to the fishing industry because they also reduced capture rates of mahi-mahi by 15 per cent.
2. Edwards, E. F. (2007) Fishery effects on dolphins targeted by tuna purse-seiners in the eastern tropical Pacific Ocean. *International Journal of Comparative Psychology*, 20: 217–27. See also Cramer, K. L. et al. (2008) Declines in reproductive output in two dolphin populations depleted by the yellowfin tuna purse-seine fishery. *Marine Ecology Progress Series*, 369: 273–85.

3. The best option for guilt-free tuna is 'pole and line' caught. Look out for this on the label. Anything that doesn't mention pole and line will probably have been caught with longlines or purse seines, so many other animals will have been killed to put your fish in the can.
4. See www.topp.org for exciting examples of how tagging can reveal the enigmatic lives of ocean wanderers.
5. Fujiwara, M. and Caswell, H. (2001) Demography of the endangered North Atlantic right whale. *Nature*, 414: 537–41.
6. Personal communication from Guy Stevens, Maldivian Manta Ray Project.
7. This effort involved many people. My team comprised Beth O'Leary, Rachel Brown, Melanie O'Rourke, Andrew Davies and Tina Molodtsova. Of the rest, particular credit should go to the German delegation to OSPAR under the direction of Henning von Nordheim, together with Jeff Ardron and Tim Packeiser, WWF International, and the delegations of the Netherlands and Portugal, all ably assisted by David Johnson and his team within the OSPAR secretariat.
8. O'Leary, B. C. et al. (2012) The first network of marine protected areas (MPAs) in the high seas: the process, the challenges and where next. *Marine Policy*, 36: 598–605.
9. Iceland tried to scupper the North Atlantic marine protected areas, but fortunately were persuaded against it this time. I find it ironic that a country that knows more about environmental degradation than almost any other should wish the same upon the world oceans. In truth, I think the majority of Icelanders don't want that. From what I have heard it comes down more to the prejudices of their international negotiators whose worldview was forged in the 1960s' fog of cod wars and unilateral enlargement of sovereign waters.
10. Haeckel, E. (1899) *Kunstformen der Natur*. Bibliographisches Institut, Leipzig.

22. PREPARING FOR THE WORST

1. Barnosky, A. D. et al. (2011) Has the world's sixth mass extinction already arrived? *Nature*, 471: 51–7.
2. Lutz, W. et al. (2001) The end of world population growth. *Nature*, 412: 543–5.
3. Butchart, S. H. M. et al. (2010) Global biodiversity: indicators of recent declines. *Science*, 328: 1164–8.

4. The Chagossian people were forcibly removed from their homeland by the UK Government in the 1960s and 1970s to make way for the US military base.
5. Sheppard, C. R. C. et al. (2008) Archipelago-wide coral recovery patterns since 1998 in the Chagos Archipelago, central Indian Ocean. *Marine Ecology Progress Series*, 362: 109–17.
6. In late 2011, the Australian government launched a consultation on a proposal to turn the whole Coral Sea into a Marine Protected Area, half of which would be protected from all exploitation. Australian Government Department of Sustainability, Environment, Water, Population and Communities: http://www.environment.gov.au/coasts/mbp/coralsea/consultation/index.html; accessed 3 January 2012.
7. http://www.unep-wcmc.org/medialibrary/2011/06/23/b3b09e87/Gough%20and%20Inaccessible%20Islands.pdf; accessed 2 January 2012.
8. Roberts, C. M. et al. (2002) Marine biodiversity hotspots and conservation priorities for tropical reefs. *Science*, 295: 1280–84; Tittensor, D. P. et al. (2010) Global patterns and predictors of marine biodiversity across taxa. *Nature*, 466: 1098–101; Trebilco, R. et al. (2011) Mapping species richness and human impact drivers to inform global pelagic conservation prioritisation. *Biological Conservation*, 144: 1758–66.
9. Fuller, R. A. et al. (2010) Replacing underperforming protected areas achieves better conservation outcomes. *Nature*, 466: 365–7. To be fair to the authors they did mention in passing that their cost–benefit metric might be replaced by another that measured amenity value, but this seemed very much an afterthought.
10. In other words, to levels required to achieve the maximum long-term yield from a stock, i.e. maximum sustainable yield.
11. Roberts, C. M. et al. (2008) Guidance on the size and spacing of Marine Protected Areas in England. Natural England Commissioned Report NECR037, Peterborough.
12. Munday, P. L. et al. (2008) Climate change and coral reef connectivity. *Coral Reefs*, 28: 379–95.
13. Alward, G. L. (1932) *The Sea Fisheries of Great Britain and Ireland*. Albert Gait, Grimsby.

后 记

几年前，来自阿拉斯加北坡的因纽特（Inupiat）猎人捕获了一头北极露脊鲸。当他们把它剖开时，在它的肩一样的位置发现了一个铁鱼叉尖，这种鱼叉已经有 100 多年没有使用了。这表明这头北极露脊鲸已经活了 130 年了。还有一头活的时间更长的北极露脊鲸，被抓到时体内含有石鱼叉尖，表明这些动物可以活 200 年。我很好奇，一个活了 200 年的鲸在它的一生中经历了怎样的变化。

19 世纪初，在隔离北美与亚洲的白令海峡附近海域，大约有多达 10 万头北极露脊鲸。当它们开始一天忙碌的生活时，整个海上都回荡着它们的声音。约半年多的时间，它们的世界被处于冰封状态。后来到了 1848 年，一艘捕鲸船进入这片水域，就像屠宰羔羊一样对它们进行捕杀。北极露脊鲸是一种温顺的生物，所以捕杀它们很容易。一年后，又有 150 多艘捕鲸船来到这里，实施同样的猎捕屠杀，海峡南部地区的鲸很快被捕杀殆尽。在几十年的时间里，北极露脊鲸的数量大量削减。之前的每 100 头鲸中只有一两头留了下来，鲸的合唱也销声匿迹。此后的 100 年里，海洋上充斥着船舶的噪声。然后到了 1984 年，世界开始了商业捕猎活动。之后，海洋上又喧嚣着新的噪声，那就是勘探石油和天然气所发出的雷鸣般的、震耳欲聋的噪声。海冰消退，不常见的鱼种和浮游生物开始向北迁移。在漫长的岁月里，北极露脊鲸的数量开始缓慢地恢复。现在在阿拉斯加水域约有1万多头北极露脊鲸，海洋上又再次回响着它们那低沉的吼音，尽管还仍然伴随着船舶发动机的轰鸣声。

一头北极露脊鲸的一生，见证了整个鲸的世界所发生的空前变化。我们人类不像鲸那样长寿，它们是长寿的玛土撒拉（Methuselahs）血族，但我们中的年长者也经历了同样巨大的变化，人类的世界正发生着史无前例的变迁。我们与海洋的关系已日趋恶化，但我们依然有时间加以修正和恢复。今天，尽管海洋及其生命形式也许在我们看来业已生疏，但会持续存在。前进道路上最大的障碍也许是技术方案难以处理的，那就是人，在近20万年的生存博弈中形成的人。我们必须转变自己，从资源消费转向资源培育和保护，这对海洋生命和人类自身来说都至关重要。

人类对海洋有着深厚的感情。海洋赋予我们想象的灵感，磨砺我们的意志，平复我们冲动的胸怀。有人认为我们应将自己的聪明才智和成就归功于祖先的海洋情结。但是我们与海洋的关系追溯起来远不止于此，应该更加久远，可一直追溯到生命的起源，人类也是来自海洋的生物。

在本书中，我强调了野生物种衰退和环境恶化的自然现状，探讨了目前趋势的整体大逆转。我们是这个世界生命体系不可分割的一部分，依靠其他生物来为我们补充能量，因此，从最根本的意义上讲，没有其他生物就没有我们的生存。为了人类现在与未来的繁荣和幸福，我们要抛弃理所当然对待自然的认识和态度，看到自然界对人类的意义，把它置于人类事务的重要位置。对自然仅进行零星的保护，只是警示自己曾拥有过什么，这些是远远不够的。

我并不是要求停止所有的捕捞，但是，我们显然不能再以现在的方式去捕捞了。渔业的价值看起来似乎很大，但与它造成的海洋生态系统功能和恢复力丧失的高额环境成本相比，其价值微不足道。许多人过了很久才慢慢意识到，毁灭世界的飓风和龙卷风、干旱和洪涝等自然灾害都与我们对环境的破坏密切相关。我们失去了自然的防护，大自然发起怒来是一件非常可怕的事情。我们需要修复海洋，让它再次充满生机，给世界提供更多的能量，减少和解决目前许多因野生动物多样性下降而导致的问题，消除我们的困扰。大自然为我们所做的一切，我们认为的想当然，将会以低成本、更安全的、更高级的形式供给人类。富有生机的生态系统面对冲击和变化会有更强的适应力，能更好应对长期的压力，需要我们投入大量资金进行保护的物种就会越来越少。随着野生物种丰富性的增强，我们的生活质量也将不断提高，海洋将持续为我们提供给养和能量，激发我们的灵感和智慧。

本书中记述的变化都对如今的海洋产生了巨大的影响。但新的挑战不断出现。在资源短缺的情况下，经济学将会很快把深海金属开采说成是值得发展的领域。许多地方，在数千英尺下漆黑一片的海底布满了大量拳头大小的、富含稀有金属的结块，只要能够找到获取这些结块的办法，就会有丰厚诱人的奖赏和回报。一些石油公司已经在千米深的海区勘钻了油井。正如可怕的“深水地平线”溢油灾难所暴露的那样，这些深海活动将给海洋生物带来新的冲击和危险。

水产养殖利用最新的基因技术以提高产量，所造成的影响和压力仍在持续加剧。我们必须谨慎，养殖技术培育的生物一旦逃入野生自然界，我们对其将无法控制。正如极地的碳酸盐系统受到酸化的影响，改变了极地的生命，冰层融化将很快打开极地海域的通道，面临开发和利用。一方面，我们想方设法中和、消除有毒污染物，同时，我们又将继续不断地自己衍生新的问题，如磨砂膏中的微塑料颗粒污染和药物污染等。解决海洋问题不可能一劳永逸，而是一个不断修正和调整的持续过程。

书中的一些背景故事令人沮丧，如果我们继续毫无顾忌地一意孤行，未来的情况就会更加糟糕。但是，过去10年的努力让我备受鼓舞。人类已真真切切地注意到自身对整个海洋及海底世界的影响，也正在加倍地努力以补救对其所造成的伤害。我从未见过人类为了解决问题而付出如此多的精力，承担如此多的责任，从卑微的村庄到联合国的辩论大厅，全世界都在为解决海洋环境问题而努力。这正是我依旧保持乐观的源泉。我们可以改变；我们可以消除对生物圈造成的冲击和影响；我们可以与野生自然界和谐共存；否则，我们就只能选择自我毁灭。